应用生物技术
降低烟草中特有 *N*–亚硝胺

周　骏　雷丽萍　刘兴余　马雁军　主编

科学技术文献出版社
SCIENTIFIC AND TECHNICAL DOCUMENTATION PRESS
·北京·

图书在版编目（CIP）数据

应用生物技术降低烟草中特有*N*-亚硝胺 / 周骏等主编. —北京：科学技术文献出版社，2016. 12（2017.12重印）
ISBN 978-7-5189-2013-6

Ⅰ. ①应… Ⅱ. ①周… Ⅲ. ①烟草—亚硝胺—研究 Ⅳ. ① TS424

中国版本图书馆 CIP 数据核字（2016）第 241250 号

应用生物技术降低烟草中特有*N*-亚硝胺

策划编辑：张 丹 责任编辑：张 丹 王瑞瑞 责任校对：张吲哚 责任出版：张志平

出 版 者 科学技术文献出版社
地 址 北京市复兴路15号 邮编 100038
编 务 部（010）58882938，58882087（传真）
发 行 部（010）58882868，58882874（传真）
邮 购 部（010）58882873
官方网址 www.stdp.com.cn
发 行 者 科学技术文献出版社发行 全国各地新华书店经销
印 刷 者 虎彩印艺股份有限公司
版 次 2016 年 12 月第 1 版 2017 年 12 月第 2 次印刷
开 本 889 × 1194 1/16
字 数 414千
印 张 15.25
书 号 ISBN 978-7-5189-2013-6
定 价 128.00元

主编简介

周骏，1966年生，山东济南人，博士，研究员，现任上海烟草集团有限责任公司首席研究员、技术研发中心副主任，中国科协决策咨询专家，中国烟草学会常务理事，国家烟草专卖局烟草化学学科带头人，国家烟草专卖局减害降焦重大专项首席专家，国家烟草专卖局研究系列高级职称评审委员会委员，中国分析仪器学会和质谱学会会员。多年来一直从事烟草化学和卷烟减害降焦技术研究，多次在国际烟草科学研究合作中心（CORESTA）大会和烟草科学家研究大会（TSRC）上作学术报告，在国内外学术期刊上发表过60多篇论文，先后主持和参与了多项省部级重大专项和重点科研项目研究工作，获得国家科技进步奖二等奖1项，省部级科技进步奖特等奖1项、二等奖3项、三等奖1项，科技创新工作先进集体一等奖2项，主编出版烟草专著1部。

雷丽萍，1963年生，云南玉溪人，硕士，副研究员，1998—2001年在美国肯塔基大学做访问学者，曾任云南省烟草农业科学研究院高新技术研究室、栽培研究室副主任，植保研究室主任，农艺研究中心副主任，安全性科研团队负责人；曾被评为云南省中青年学术技术带头人。1980年至今，一直从事烟草微生物学、烟草育种、栽培、植物保护技术研究和推广工作。先后主持了国家自然科学基金项目2项，云南省烟草公司科技项目6项。获得云南省科技进步奖一等奖1项、三等奖5项，地厅级奖8项；获得授权专利8项；主编烟草专著3部，参加编写烟草专著7部；多次在国际烟草科学研究合作中心（CORESTA）大会和烟草科学研究会议（TSRC）上作学术报告，在《Mycology Research》和《Annals of Microbiology》期刊上发表SCI收录论文8篇，在《农业生物技术学报》《中国烟草学报》《中国烟草科学》《烟草科技》《西南农业学报》和《真菌学报》等期刊上发表学术论文50余篇。社会兼职：CORESTA研究合作成员，中国烟草学会、中国微生物学会、中国菌物学会、中国植物病理学会等会员，湖南农业大学烟草农业推广硕士校外导师，湖南省烟草专卖局（公司）外聘专家。

刘兴余，1981 年生，山东日照人，博士，毕业于中国科学院大连化学物理研究所，现于上海烟草集团有限责任公司从事低危害烟草制品风险评估工作，主要研究方向为烟草及烟草制品对细胞、动物和人体健康效应的危害性评价。美国毒理学会会员、南京微生物学会副秘书长、中国烟草学会会员、中国毒理学会会员。先后参与了国家 863 计划课题、国家科技支撑计划课题和国家烟草专卖局卷烟减害技术重大专项等课题，多次获省部级科技进步奖；起草建立了国际烟草科学研究合作中心（CORESTA）推荐方法 2 项，完成多项烟草行业标准；发表 SCI 收录论文 20 篇，获得发明专利 9 项，出版英文专著 1 部、中文专著 2 部，其中，多篇论文获中国烟草学会优秀论文奖，多次获北京市青年科技论文奖励。

马雁军，1970 年生，河南长葛人，硕士，高级工程师，现在上海烟草集团有限责任公司技术中心北京工作站负责烟叶原料研究工作，现为国际烟草科学研究合作中心（CORESTA）常规化学分学组（RAC）成员，任中国仪器仪表协会近红外分会常务理事、北京烟草学会工业委员会委员。承担过多个省部级和厅局级重点科研项目，获得省部级科技进步奖二等奖 1 项、三等奖 1 项，获得厅局级科技进步奖特等奖、一等奖、二等奖各 1 项；参与研制 ISO 标准 1 项、行业标准 3 项，现主持国家标准研制项目 1 项；获得专利 2 项；主编出版烟草专著 1 部。共撰写过 13 篇学术论文，2 篇入选国际烟草学术大会，曾在烟草科学研究会议（TSRC）上作学术报告；发表 SCI 收录论文 4 篇、中文核心期刊论文 7 篇，其中，2 篇论文被中国烟草学会评为 2012 年度优秀论文，3 篇论文分别被省级烟草学会评为不同年度一等奖、二等奖、三等奖。

编写人员名单

主　编	周　骏	上海烟草集团有限责任公司
	雷丽萍	云南省烟草农业科学研究院
	刘兴余	上海烟草集团有限责任公司
	马雁军	上海烟草集团有限责任公司
副主编	夏振远	云南省烟草农业科学研究院
	吴玉萍	云南省烟草农业科学研究院
	汪安云	云南省烟草农业科学研究院
	张　杰	上海烟草集团有限责任公司
	白若石	上海烟草集团有限责任公司
	杨春雷	湖北省烟草农业科学研究院
	马　莉	上海烟草集团有限责任公司
	王金明	山东烟叶复烤有限公司诸城复烤厂
	闫洪洋	中国烟草总公司职工进修学院

前　言

人类对*N*–亚硝胺的认识已经有了近百年的历史，烟草特有*N*–亚硝胺（TSNAs，Tobacco Specific *N*–nitrosamines）是烟草特有的*N*–亚硝基类化合物，主要有4种：4–（*N*–甲基–亚硝胺）–1–（3–吡啶基）–1–丁酮[NNK，4–（*N*–methyl–*N*–nitrosamino）–1–（3–pyridyl）–1–butanone]、*N*–亚硝基去甲基烟碱（NNN，*N′*–Nitrosonornicotine）、*N*–亚硝基新烟碱（NAT，*N′*–Nitrosoanatabine）和*N*–亚硝基假木贼烟碱（NAB，*N′*–Nitrosoanabasine）。TSNAs是卷烟烟气中特有的一类致癌性物质，是烟叶中存在的一种特有的有害成分。在烟草中TSNAs普遍被认为是由烟草中的生物碱和亚硝酸盐反应形成的。NNK、NNN、NAT、NAB是烟草和烟气中主要的TSNAs。NNK被认为来源于烟碱，NNN来源于烟碱和降烟碱，NAT来源于新烟草碱，NAB来源于新烟碱。烟叶中TSNAs在绿叶中的含量非常少，其形成通常被认为主要发生在调制、贮藏等阶段，卷烟烟气中TSNAs主要是卷烟燃烧时形成和烟叶中TSNAs转移而来的，其含量与烟叶中TSNAs、硝酸盐、烟碱及其衍生物的含量，以及燃烧条件有关。

近半个世纪以来，如何降低TSNAs一直是世界烟草业发展中的关键问题。从一粒种子开始，到卷烟产品呈现给消费者，科学家试图在农业和工业阶段通过各种手段降低烟草中TSNAs的含量，从而降低烟草制品对消费者健康的影响。然而目前已有的方法适用性较低，这也导致降低甚至除掉烟草中的TSNAs成为世界性的难题。从TSNAs的生成机制可以看出，烟碱类物质是TSNAs生成的前体物，因此，只要烟碱存在于烟草中，TSNAs便难以清除；而烟碱类物质是满足烟草吸食者的重要成分，不可能从烟草中完全剔除。因此，降低烟叶和烟气中TSNAs的含量就成为长期困扰烟草科学界的难题。

目前已有多种方法可降低TSNAs的含量，但大多数集中在实验室研究阶段，真正实现产业化应用的不多，且多集中于TSNAs生成前的控制阶段，真正从生成后阶段进行降解或减少的手段不多。本书从生物技术角度出发，叙述了酶和烟草微生物在不同烟草加工过程中的作用机制及对烟草品质的影响，并结合打叶复烤生产线和卷烟生产线的工艺质量控制要求，进行生物技术加料工艺技术研究。重点推荐了酶技术、烟草内生菌及植物源减害剂在TSNAs生成后阶段的减害作用，并着重介绍了卷烟工业生产过程中应用生物技术降低烟草中TSNAs含量的系列方法，从而为从事烟草行业减害的科技人员提供解决问题的思路和技术参考，因此是非常有益的。

本书包含七章内容和附录：第一章综述了降低烟草中TSNAs含量的研究历史，简要介绍了应用酶、烟草微生物及植物源减害剂降低烟草中TSNAs的含量的研究进展；第二章讲述了TSNAs的生成机制、生物学作用及其检测方法；第三章讲述了酶工程及其在烟草中的应用、酶降低TSNAs的作用机制、烟碱去甲基酶对TSNAs前体物的影响；第四章讲述了烟草内生微生物的特性和作用、内生菌应用、烟草内生菌降低白肋烟中TSNAs含量的机制；第五章讲述了烟碱的基本特性、对烟草中TSNAs的影响，微生物代谢烟碱的机制及微生物降低烟碱的应用；第六章讲述了微生物技术在烟草调制和醇化过程中的作用及其对品质的影响和控制；第七章简要介绍了打叶复烤和卷烟生产线的工艺质量控制、加料工艺技术研究，重点推荐了酶技术在卷烟生产中降低TSNAs的应用，典型烟草内生菌降低烟草中TSNAs的应用和植物源减害剂降低烟草中TSNAs的机制及应用。附录介绍了烟草中TSNAs最新检测分析方法，降烟碱微生物菌剂的控制处理技术，烟草微生物分离、培养、鉴定及筛选技术。

本书用较多篇幅介绍了酶、烟草微生物及植物源减害剂3种生物技术降低烟草TSNAs的机制和应用，这些内容均来自编者们近10年来的最新科研成果，是众多科研项目工作的总结积累与提炼。

本书主要编写人员：第一章绪论，周骏和雷丽萍；第二章TSNAs的生成、生物学作用和检测方法，刘兴余和张杰；第三章酶技术在烟草中的应用，刘兴余和白若石；第四章烟草内生微生物特性与作用，夏振远和吴玉萍；第五章降低烟草中TSNAs的前体物——烟碱，白若石和张杰；第六章微生物技术在烟草调制和醇化过程中的作用，马雁军和马莉；第七章生物技术在烟草生产中的应用，杨春雷、马雁军、王金明和闫洪洋。附录A二维在线固相萃取LC–MS/MS法测定主流烟气中的TSNAs，张杰；附录B降烟碱微生物菌剂的控制处理技术规范，汪安云；附录C常用培养基配方，吴玉萍；附录D烟草微生物分离技术，雷丽萍；附录E烟草微生物培养技术，夏振远；附录F烟草微生物鉴定技术，雷丽萍；附录G烟草微生物的筛选技术，夏振远和吴玉萍；附录H烟草内生细菌的分离方法，夏振远和吴玉萍。在本书出版之际，真诚感谢所有给予帮助的老师和科研技术人员。本书在出版过程中，得到了科学技术文献出版社张丹编辑的大力帮助，特此诚挚感谢！

本书从酶、烟草微生物及植物源减害剂3种生物技术入手，直至探讨3种生物技术降低烟草中TSNAs工业应用研究，涉及内容较多，专业性较强，资料来源渠道各不相同，尽管编委们付出了较大努力对全书做了专业术语处理，力求减少谬误，保证其科学性和准确性，但由于水平所限，书中难免存在一些疏忽与错误，有待于我们今后改进和完善。编委们以一种虔诚的科学态度对待这本书的编写，恳请同行专家、学者及广大读者对本书的错误予以批评指正。

周 骏 雷丽萍 刘兴余 马雁军
2016年7月25日定稿于北京

目 录

第一章 绪 论

第一节 烟草特有 N-亚硝胺

一、烟草历史

1492 年，哥伦布在发现新大陆的同时，发现了烟草。1500 年前后，烟草由前往新大陆的移民大量带回西班牙。烟草最初被认为能治疗疾病，西班牙人称之为“圣草”，并传进葡萄牙。1560 年，法国驻葡萄牙大使、医生让·尼科将烟草种子送回巴黎，作为观赏植物试种成功。1565 年，烟草传入英国。1571 年，法国人从烟草中发现了粗质烟碱，即以尼科之名将烟碱命名为“尼古丁”（nicotine 或 nicotian），此后尼古丁便成了烟草的代名词。随后数十年内，烟草迅速传遍意大利、巴尔干、中欧和俄国等地。烟草在非洲沿岸、西亚和南亚次大陆的传播主要是 16 世纪后期到 17 世纪初叶，由葡萄牙水手和商人首先传到海岸港口，然后深入内地。1605—1610 年，烟草传进印度和锡兰，后传入西亚和伊朗等地。烟草在东亚和东南亚的传播，基本上是以菲律宾为中心辐射而成的，多以葡萄牙水手和商人为中介。1575 年，西班牙人在墨西哥西部港城阿卡普尔科将烟草装上“马尼拉大帆船”，横渡太平洋，传入菲律宾。1590 年，烟草传入日本。1600 年，烟草传至澳门。1601 年，烟草到达爪哇。从此，烟草在世界许多国家和地区被广泛种植和生产加工。

烟草传入中国以 1600 年在澳门为最早，一般认为分南北两路传入内地。南路来自吕宋（菲律宾）和交趾（越南），约在明朝万历年间。17 世纪初，福建水手从吕宋将烟草种子带回，传进漳泉二州。明末浙江山阴名医张介宾在其《景岳全书》中较早提到烟草说：“烟草自古所未闻，近至我明万历时，出于闽广之间，自后吴楚地土皆种植之。”与此同时，烟草由交趾传入广东。《高要县志》记载：“烟叶出自交趾，今所在有之，茎高三四尺，叶多细毛，采叶晒干如金丝色，性最酷烈。”时称金丝烟。不久，南路二途，波及闽广，而后迅速推进到长江流域。烟草从北路传入的情况是 1620 年由日本传入朝鲜，大约在 1625 年由朝鲜商人传进沈阳。随后，烟草随清军入关，南北两路汇合，扩及大河上下，长城内外。

1999 年，世界著名烟草学者左天觉对烟草科学技术研究的历史进行了回顾和展望，并再次重申他在 1990 年出版的专著《烟草的生产、生理与生物化学》的序言中对现在和未来的科学家的一条忠告：“烟草的使用只不过刚刚开始——请重视烟草！”

人类发现烟草虽已 500 多年，烟草的科学研究却起始于 1918 年，至今才近 100 年历史。Garner W W 和 Allard H A 研究过如何使某种类型的烟草开花。当气候变冷、白昼变短时，他们将难以开花的烟株由大田移入温室，最后于 1918 年的圣诞节开花。由此，他们发现了通过白天与夜晚的相对长度控制植物开花的基本原理，称这种现象为光周期现象。当时，他们均未意识到他们的发现会对农业和科学产生冲击。

1920 年后的 10 年，烟草研究大多是选择性状优良的烟株，然后培育高产并抗病的品种。先前的研究还涉及营养，尤其是微量元素和少量元素。这些研究结果后来被应用于玉米和其他几种作物。1930 年始，化学家们和植物学家们逐渐开始协作研究，分析比较不同类型、不同品种、不同部位、不同栽培方法等的烟叶品质。1940 年初，开始进行采收后的化学研究，如调制、陈化和发酵期间的化学变化。此外，还对烟叶的燃吸品质与其化学性质、物理性质和生物性质的关系进行了大量研究。此后 10 年，烟草普通花叶病成为一个重要的研究课题，该课题促成病毒学的发展，而病毒学是分子生物化学和分子生物物理学的一个分支。在此期间开始的著名的烟草组分 I 蛋白（Fraction I protein）的研究为分子生物学的发展铺平了道路，使人们了解了烟草组分 I 蛋白在光合和光呼吸中的作用，并确定出商品烟叶从何而生，发现了烟草具有生产食品和药品的潜力。1950 年后的 10 年，是烟草科学技术发展的关键时期，它为以后的发展奠定了基础。烟草研究在遗传学、细胞学、育种学、分类学、形态学、生理学、营养、有机代谢和栽培措施等方面都非常活跃。这些烟草研究结果被广泛应用于其他作物，如营养缺乏、培育抗病品种、微量元素生长调节及控制空气污染等方面。

在产品生产技术方面，1950 年第一次研制成作为雪茄烟内包皮用的烟草薄片，同年底卷烟滤嘴的面市使整个烟草业发生了一场革命。烟叶和烟气组分的研究及加工工艺技术的发展也与滤嘴技术结合，取得了巨大的进展，整个烟草业发生了巨大变化。近年来，烟草种植业不断更新生产技术，提高产品质量，改善生产条件，完善种植结构，为世界各国带来了广泛的就业机会，促进了烟农脱贫致富，满足了市场需求，增加了政府税收，推动了与烟草相关产业，尤其是农业的发展，创造了巨大的经济效益和社会效益。

二、*N*–亚硝胺概述

（一）*N*–亚硝胺

N–亚硝胺是一类广泛存在于环境、食品和药物中的致癌物质，其一般结构为 R_2（R_1）N—N=O。当 R_1 等于 R_2 时，称为对称性亚硝胺，如 *N*–亚硝基二甲胺（*N*–Nitrosodimethylamine，NDMA）和 *N*–亚硝基二乙胺（*N*–Nitrosodiethylamine，NDEA）；当 R_1 不等于 R_2 时，称为非对称性亚硝胺，如 *N*–亚硝基甲乙胺（*N*–Nitroso–methylethylamine，NMEA）和 *N*–亚硝基甲苄胺（*N*–Nitroso–methylbenzylamine，NMBzA）等。亚硝胺由于分子量不同，可以表现为蒸气压大小不同，能够被水蒸气蒸馏出来并不经衍生化直接由气相色谱测定的称为挥发性亚硝胺，否则称为非挥发性亚硝胺。亚硝胺在紫外光照射下可发生光解反应。在通常条件下，不易水解、氧化和转为亚甲基等，化学性质相对稳定，需要在机体发生代谢时才具有致癌能力。

人类对 *N*–亚硝胺的认识已经有了近百年的历史。Freund 于 1937 年首次报道了 2 例职业接触 *N*–亚硝基二甲胺（NDMA）中毒案例，患者表现为中毒性肝炎和腹水，其后以 NDMA 给小鼠和小狗染毒也出现肝脏退化性坏死。随后，Bames 和 Magee 分别于 1954 年和 1956 年发现在实验动物体内，NDMA 不仅是肝脏的剧毒物质，也是强致癌物，可以引起肝脏肿瘤。自此之后，人们坚定了 200 多种 *N*–亚硝铵的致癌性。1960 年，Rodgman 指出卷烟烟气中很有可能含有 *N*–亚硝胺，引起了各国研究人员的广泛关注。4 年后，Serfontein 和 Neurath 等率先从卷烟烟气中鉴定出 *N*–亚硝胺。根据 1991 年 Hoffmann 等的报告，烟草中的 *N*–亚硝胺主要有 3 种类型，包括挥发性 *N*–亚硝胺（Volatile *N*–nitrosamines，VNA）、非挥发性的 *N*–亚硝胺和烟草特有的 *N*–亚硝胺（TSNAs），它们主要是烟叶在调制、发酵和陈化期间及烟草燃烧时形成的，其含量与烟叶中硝酸盐、生物碱、蛋白质、氨基酸的含量及工艺技术条件有关。

（二）挥发性 *N*–亚硝胺

挥发性 *N*–亚硝胺是简单的二烷基和低分子质量的含氮杂环化合物亚硝化形成的。1964 年，Serfontein 等首次在南非卷烟烟气中鉴定出 *N*–亚硝基哌啶（*N*–Nitrosopiperidine，NPIP）。随后，Neurath 等在卷烟烟气中鉴定出 *N*– 二甲基亚硝胺（*N*–Nitrosodimethylamine，NDMA）和 *N*–亚硝基吡咯烷（*N*–Nitrosopyrrolidin，NPYR）。到目前为止，在烟草和烟气中已发现的挥发性 *N*–亚硝胺共有 15 种，如 NDMA、NPIP、NPYR、*N*–亚硝基甲基乙基胺（NEMA）、*N*–亚硝基二乙基胺（NDEA）、*N*–亚硝基二丙基胺（NDPA）、*N*–亚硝基二丁基胺（NDBA）、*N*– 甲乙基亚硝胺（NEMA）、*N*–亚硝基吗啉（NMOR）等。人们普遍认为，卷烟烟气中的挥发性 *N*–亚硝胺会对人体健康产生不利影响，特别会引起吸烟者呼吸道内肿瘤的产生。Hoffmann 和 Hecht 所列出的 43 种烟草和烟气中致癌性化合物中包含了其中 5 种挥发性 *N*–亚硝胺：NDMA、NDEA、NEMA、NPYR 和 NMOR。有明显的证据表明挥发性 *N*–亚硝胺可以显著地被醋酸纤维滤嘴过滤掉。

（三）非挥发性 *N*–亚硝胺

非挥发性 *N*–亚硝胺是由氨基酸及其衍生物亚硝基化产生的，主要包括 *N*–亚硝基脯氨酸（NPRO）和 *N*–亚硝基二乙醇胺（NDELA）。在实验动物的生物实验中，NPRO 是唯一一种生物活性实验结果为阴性的在烟草或烟气中存在的 *N*–亚硝胺化合物。1977 年，Schmeltz 等在烟草中分离并鉴定出 NDELA。有研究表明 NDELA 对动物的肝脏、肾脏和呼吸道都有致癌作用。烟草中的 NDELA 主要来源于烟草抑芽剂马来酰肼的二乙醇胺盐。从 20 世纪 80 年代初开始，马来酰肼的二乙醇胺盐已经在烟草中禁用，因此 NDELA 已经不再是烟草和烟气中的重要致癌成分。

（四）烟草特有 *N*–亚硝胺

烟草特有 *N*–亚硝胺（Tobacco Specific *N*–nitrosamines，TSNAs）是烟草特有的 *N*–亚硝基类化合物，其研究最早始于 20 世纪 60 年代初，其从分子化水平上看，是烟草生物碱和亚硝基反应生成的复合物。目前已鉴定出的 TSNAs 主要有 8 种，分别为 4–（甲基亚硝胺基）–1–（3–吡啶基）–1–丁酮 [NNK，4–（*N*–methyl–*N*–nitrosamino）–1–（3–pyridyl）–1–butanone]、*N*–亚硝基去甲烟碱（NNN，*N′*–Nitrosonornicotine）、*N*–亚硝基新烟碱（NAT，*N′*–Nitrosoanatabine）、*N*–亚硝基假木贼碱（NAB，*N′*–Nitrosoanabasine）、4–（甲基亚硝胺基）–1–（3–吡啶基）–1–丁醇 [NNAL，4–（Methylnitrosamino）–1–（3–pyridyl）–1–butanol]、4–（甲基亚硝胺基）–4–（3–吡啶基）–1–丁醇 [*iso*–NNAL，4–（methylnitrosamino）–4–（3–pyridyl）–1–butanol]、4–（甲基亚硝胺基）–4–（3–吡啶基）–1–丁酸 [*iso*–NNAC，4–（methylnitrosamino）–4–（3–pyridyl）butyric acid]、4–（甲基亚硝胺基）–4–（3–吡啶基）–1–丁醛 [NNA，4–（methyl–nitrosamino）–4–（3–pyridyl）–butanal]。这些化合物结构如图 1–1 所示。其中，NNK、NNN、NAT 和 NAB 是烟草和烟气中主要的烟草特有亚硝胺，研究最为深入。1973 年，Klus 等在由高降烟碱含量烟草制成的卷烟烟气中发现了 NNN。同年，Rathkamp 等在无滤嘴混合型卷烟中发现了 NAT。1977 年，Hecht 等在卷烟烟气中发现了 NNK 和 NNA。Hecht 等的研究表明 NNN 的含量与烟草中硝酸盐的含量成正比，且烤烟烟叶中 TSNAs 的含量最低。1987 年，Brunnemann 等在鼻烟和卷烟烟丝中鉴定出一种新的 TSNAs（*iso*–NNAL），但卷烟烟气未发现该物质的存在。两年后，Djordjevic 等在烟草和烟气中发现了 *iso*–NNAC。胺类化合物和亚硝酸盐或氮氧化合物起反应形成 *N*–亚硝胺已被人们证实。烟草中含有大量的胺类化合物，包括氨基酸、蛋白质、生物碱等，其中烟碱是烟草中最重要的生物碱，其含量在 0.2%（某些雪茄烟）～ 4.5%（某些白肋烟）。另外，比较重要的但含量较少的是降烟碱、新烟草碱和假木贼碱。烟草中还含有高达 0.5% 的硝酸盐和痕量亚硝酸盐，因此，在烟草中具有潜在的亚硝胺形成前体。目前普遍认为，NNK 来源于烟碱，NNN 来源于烟碱和降烟碱，NAT 来源于新烟草碱，NAB 来源于假木贼烟碱。TSNAs 在绿叶中的含量非常少，而 TSNAs 的形成通常被认为是在采收后的调制、储存及加工过程中产生。

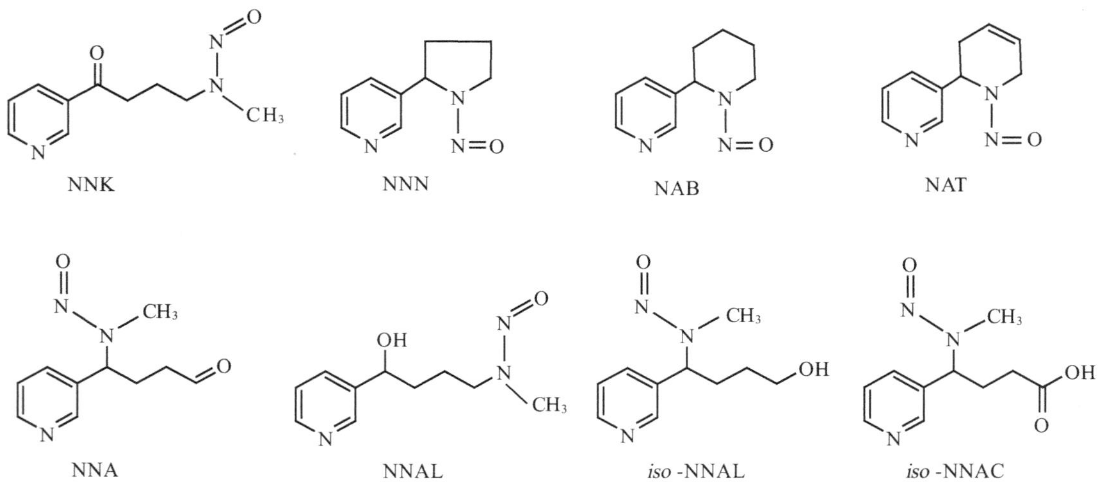

NNK　NNN　NAB　NAT

NNA　NNAL　*iso*-NNAL　*iso*-NNAC

图 1-1　TSNAs 的结构式

三、降低 TSNAs 含量的研究概况

TSNAs 是卷烟烟气中的特有的一类致癌性物质，同时也是烟叶中存在的特有的有害成分。NNK、NNN、NAT、NAB 是烟草和烟气中主要的 TSNAs。在烟草中 TSNAs 的形成普遍认为是由烟草中的生物碱和亚硝酸盐反应形成的。TSNAs 在绿叶中的含量非常少，而 TSNAs 的形成通常被认为发生在调制时期。绝大多数观点认为：在调制时期，由微生物的作用所产生的亚硝化产物及其他氮氧化合物与烟草中的生物碱发生反应形成了 TSNAs。由于晾晒烟中的 TSNAs 含量明显高于烤烟，使得绝大多数科学工作者集中在晾晒烟的研究上。

近几十年来，如何降低晾晒烟烟草中的 TSNAs 的含量一直是烟草科研工作者研究的重点。目前已有多种方法可降低 TSNAs 的含量，但大多数集中在实验室研究阶段，真正实现产业化应用的不多，且各种方法各有利弊。在遗传育种阶段，可通过基因手段，培育低生物碱衍生物的品种，但代际间变异较大，遗传性差；在烟叶采后调制阶段，控制温湿度和改变烘烤条件可抑制 TSNAs 的生成，但对调制场所要求较高；在醇化阶段，控制温湿度可控制 TSNAs 含量的升高，但存在成本较高的问题；利用化学药剂（如 V_C 和 V_E）虽可降低 TSNAs 的含量，但效果不明显，且化学药剂不稳定，易氧化失效，对烟叶的质量也有一定的影响。有学者利用沸石来催化、吸附、裂解 TSNAs，结果表明在过滤嘴中添加沸石能够降低一支香烟 TSNAs 总量的 80% 以上。另有研究通过辐照技术降低烟草及卷烟中 TSNAs 的含量，但由于辐照源的使用限制和对烟草品质的不利影响，大幅降低了辐照技术的工业应用效果。

半个多世纪以来，国际上关于如何降低 TSNAs 的含量问题一直伴随着烟草业的发展，但真正具有农业和工业生产适用性的措施较少，这也导致降低甚至除掉烟草中 TSNAs 成为世界性的难题。从 TSNAs 的生成机制可以看出，烟碱及其衍生物物质是导致 TSNAs 生成的前体物，因此，只要烟碱类物质存在于烟草中，TSNAs 便难以除掉，特别是烟碱及其衍生物在烟草中含量很高时，阻止烟碱类物质向 TSNAs 转化较为困难。而烟碱类物质是满足烟草吸食者的重要成分，烟草行业不可能从烟草中剔除烟碱类物质，因此，降低TSNAs的含量便成为困扰烟草行业多年来的难题，除掉TSNAs就成为烟草科学家一直追求的“梦想”。2000年以来，云南省烟草农业科学研究院通过承担国家烟草专卖局、云南省烟草公司资助项目“降低白肋烟烟草特有亚硝胺技术研究”（该项目获得了中国烟草总公司2007年科技进步奖三等奖），初步摸索了一套降低白肋烟TSNAs含量的综合技术措施：①应用微生物降低白肋烟TSNAs含量；②不同氮素形态配比降低白肋烟TSNAs含量；③喷施微肥亚硒酸钠降低白肋烟TSNAs含量；④选择低TSNAs含量水平的白肋烟品种降低白肋烟TSNAs含量；⑤选择适宜的晾房降低白肋烟TSNAs含量。

目前，降低TSNAs的措施可以分为生成前调控阶段和TSNAs生成后降低阶段。通过农业和工业生产过程中控制TSNAs的生成，称为TSNAs生成前调控阶段。通过农业和工业生产过程中施加物理、化学和生物技术等手段降低TSNAs，称为TSNAs生成后降低阶段。从TSNAs生成的前体物角度来看，可以通过降低烟叶中烟碱类物质和亚硝酸盐来降低TSNAs的生成量；从TSNAs的生成过程分析，可以通过控制生成条件和施加阻断措施减少TSNAs的生成。当今国际上几大烟草公司仍在不遗余力地开展降低TSNAs含量的工作，并将这项课题作为公司科研工作的重中之重。近年来，通过烟草工业和农业科技人员的努力，TSNAs在烟草及烟草制品中含量呈下降趋势。例如，瑞典火柴公司的口含烟，在满足口味的同时，通过育种、调制及工艺改进等工作，将口含烟中TSNAs含量降至低于1μg/g，已远低于欧盟的口含烟标准。国内市场，以国产某品牌为代表的卷烟产品中NNK释放量也呈逐年下降趋势（图1–2），这与该品牌产品原料中NNK的变化密不可分（图1–3）。近年来，国产某品牌卷烟烟气中NNK释放量呈下降趋势，如图1–4所示。同时，与国外混合型卷烟比较，国内混合型卷烟烟气中NNK释放量低于国外（图1–5）。上海烟草集团北京卷烟厂通过多年的努力，从农业和工业的不同环节对降低TSNAs含量进行了研究，并形成了一系列降低TSNAs含量的综合技术，特别是在工业环节，对已经生成的TSNAs进行降解，开发了系列微生物源减害剂和植物源减害剂，应用到烟叶打叶复烤和卷烟加工生产过程中，获得了低TSNAs含量的烟叶原料和叶组配方烟丝，从而生产出低TSNAs释放量的卷烟产品。

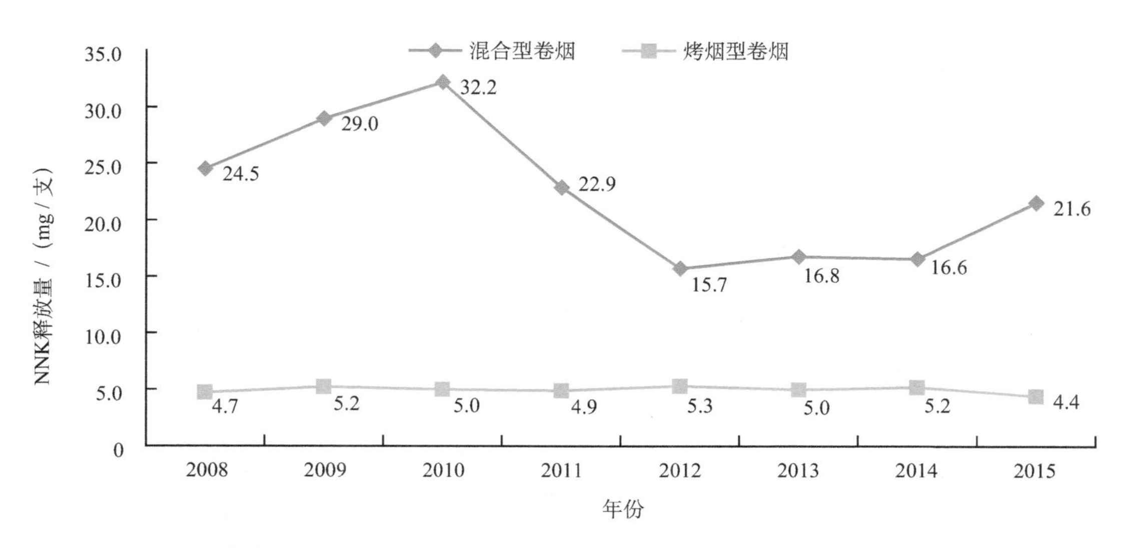

图1–2 2008—2015年国内混合型和烤烟型卷烟烟气中NNK释放量

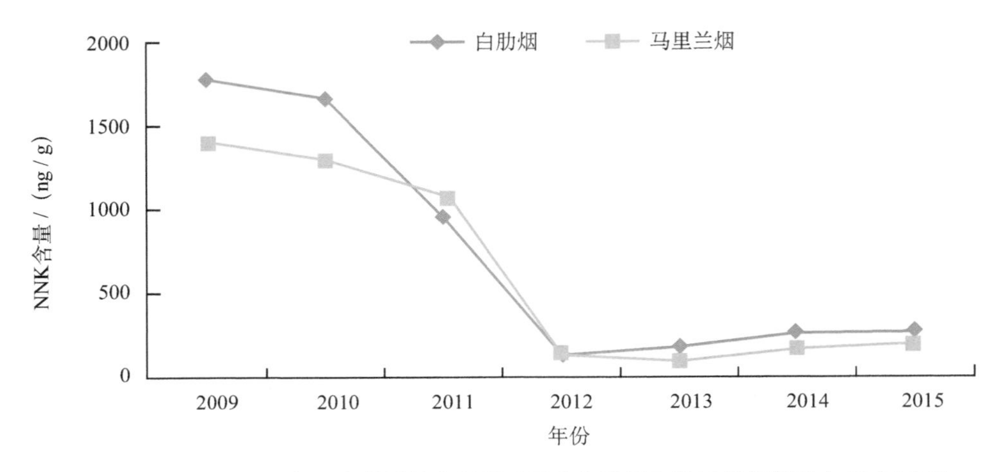

图 1-3　2009—2015 年国产某品牌卷烟所采用的白肋烟和马里兰烟烟叶中 NNK 含量

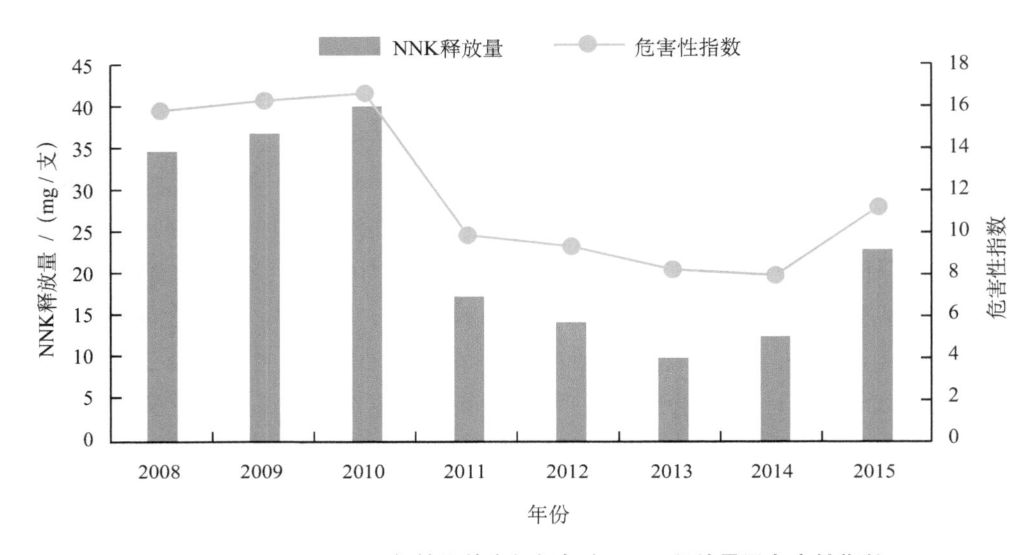

图 1-4　2008—2015 年某品牌卷烟烟气中 NNK 释放量及危害性指数

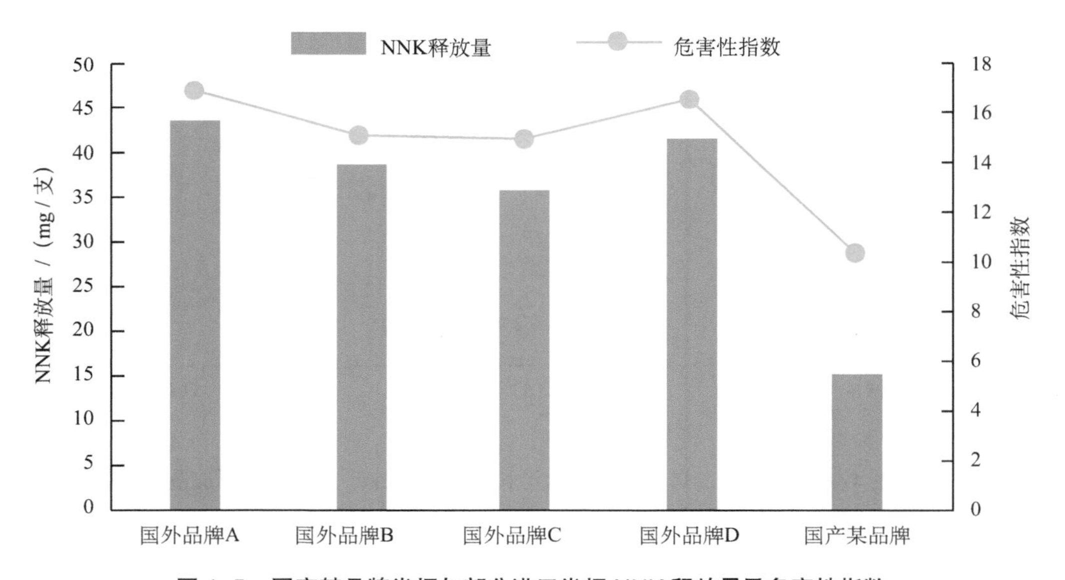

图 1-5　国产某品牌卷烟与部分进口卷烟 NNK 释放量及危害性指数

第二节　酶技术及其在烟草中的应用

一、酶技术的发展简介

根据孙万儒的论述，近代酶制剂工业的发展可划分为 3 个阶段。第一阶段是 20 世纪 50 年代末葡萄糖淀粉酶（糖化酶）用于葡萄糖生产，革除了沿用 100 多年的酸水解工艺；60 年代中期欧洲加酶洗衣粉风行，60% 以上洗涤剂加酶，使得碱性蛋白酶的需求量急剧增加，极大地促进了酶制剂工业的大发展。第二阶段是 1967 年千佃一郎将固定化氨基酸酰化酶用于 *D*–、*L*– 氨基酸拆分，生产 *L*– 氨基酸；特别是固定化葡萄糖异构酶用于生产果葡糖浆，开创了利用淀粉生产食糖的新途径，果葡糖浆的兴起带动了整个食品工业和社会经济的发展。工业上使用酶带来许多的好处，如节约成本、改善品质、减少环境污染等，因而引起人们的广泛重视。随着新品种酶制剂的开发，以及应用领域的迅速扩展，使得世界范围内出现了酶制剂工业及相应的应用产业蓬勃发展的大好局面。现在酶制剂工业已进入了第三阶段，适应多种产业需求的各种酶及其制剂，用于基因工程、蛋白质工程、生化分析、临床检测等各种试剂酶的迅猛发展，将给 21 世纪的工农业生产、环境保护及医药卫生事业带来重大改变。

利用基因工程和蛋白质工程可以改善原有酶的各种性能，如提高酶的产量、增加酶的稳定性、使酶适应不同 pH 与高低温环境、提高酶在有机溶剂中的反应效率、使酶在后提取工艺与应用过程中更容易操作等。也可以将原来由有害的、未经批准的微生物产生酶的基因，或由生长缓慢的动植物产生酶的基因克隆到安全的、生长迅速的、产量高的微生物体内，改由微生物来生产，大幅提高酶的生产水平。特别是近些年来，极端环境微生物资源的研究和开发，结合基因工程和蛋白质工程，为拓宽酶的应用范围和更方便大规模应用创造了条件。

限制性内切酶、DNA 聚合酶、DNA 连接酶和外切酶等工具酶的发现和应用及实现产业化，为人们实现基因重组、异源表达的基因工程的发展，以及蛋白质工程和代谢工程的发展奠定了牢固基础。20 世纪 60 — 70 年代运用基因工程手段提高微生物产酶量，已成功地应用于酶制剂的工业生产。目前，世界上最大的工业酶制剂生产厂商丹麦诺维信公司的酶制剂约有 80% 是基因工程菌生产的。酶蛋白的结构与功能关系的研究，为对酶进行再设计与定向加工，发展更优良的新酶或新功能酶奠定了基础。分子酶设计可以采用定点突变和体外分子定向进化两种方式对天然酶分子进行改造，从而使几百万年的自然进化过程在短期内得以实现。采用体外分子定向进化的方法改造酶蛋白已在短短几年内取得了令人瞩目的成就。

酶的高度催化活性及酶在工业上应用带来的巨大经济效益，促使人们研究化学修饰酶、人工合成模拟酶，以扩大和提高酶的使用性能。核酸酶和抗体酶的研究近年也取得了飞速发展。与模拟酶相比，抗体酶表现出一定程度的底物专一性和立体专一性，抗体酶用于酶作用机制的研究，手性药物的合成和拆分，抗癌药物的制备，其应用前景非常诱人。

二、酶技术在烟草减害中的应用

酶技术作为一种高效的前沿技术，在烟草行业已有研究报道。例如，烟叶和烟梗中含有大量纤维素、半纤维素等大分子物质，还有果胶、蛋白质、木质素等多种大分子物质，这些物质在燃烧裂解过程中会产生具有强烈刺激性和辛辣感的物质。有研究显示将微生物发酵、酶处理等生物技术应用于再造烟叶加工过程中的原料预处理、浸提萃取工序、萃取液处理等方面，能够有效地降解再造烟叶中的蛋白质、果胶及多糖类等生物大分子，调节其内在化学成分组成，增加再造烟叶中的主要致香成分，降低烟碱，从而改善再造烟叶的内在质量，降低再造烟叶的杂气，提高再造烟叶香气及协调性。由于氨、氰化氢等前体物为烟叶原料中的氨基酸等物质，有研究报道将微生物等技术应用于卷烟生产或再造烟叶生产过程中，可以降低相关有害成分的前体物。但这些研究仅针对卷烟原料中的大分子物质或有害成分前体物，未见只针对有害成分的特异生物技术研究。同时，这些报道仅停留于实验室研究阶段，开展大规模工业化应用较少。

酶技术作为公认的无害绿色环保技术，使用方便，污染小，使用后不需特殊处理工艺，保证产品感官质量和安全性。生物酶是一种具有生物催化功能的高分子物质，它具有高度的专一性，只催化特定的反应或产生特定的构型，对其他物质无催化作用。因此，在前期研究的基础上，上海烟草集团北京卷烟厂从微生物中提取可以催化 NNK 的特异酶，应用于烟草中，可选择性地降低烟草中的 NNK。

提取的体外复合酶代谢体系可用于完成 NNK 的代谢。体外代谢体系辅助因子包括烟酰胺腺嘌呤双核苷酸磷酸盐（$NADP^+$，Nicotinamide adenine dinucleotide phosphate）、葡萄糖–6–磷酸（G6P，Glucose 6–phosphate）、葡萄糖–6–磷酸脱氢酶（G6PDH，Glucose 6–phosphate dehydrogenase）等，体外代谢体系复合酶体系主要来源于酶工程，将上述物质以相应比例组合，施加于制丝生产线和再造烟叶生产过程中，可将 NNK 催化降解。这种酶体系在催化代谢 NNK 的同时，不影响其他烟草成分，保证了卷烟焦油的稳定和卷烟的吸食口感，达到了选择性减害而不降焦的目的。

上海烟草集团北京卷烟厂利用的复合酶体系降解 NNK 具有如下优势：①复合酶体系具有高度专一选择性，仅针对 NNK，对其他烟草成分无影响；②复合酶体系为无毒试剂，安全可靠，对人体和环境均无不良影响；③复合酶体系可通过微生物酶工程获取，可大量生产，价格相对低廉，易于大批量使用；④复合酶体系水溶性好，具有一定的耐有机溶剂和耐酸碱等特点，如丙二醇、山梨醇等不影响其效果，酸性溶液中复合酶体系亦能发挥代谢效果，因此，在不改变现有生产工艺的条件下，可混入料液进行施加，便于工业化应用。

上海烟草集团北京卷烟厂用于降低烟草中 NNK 的酶制剂来源于微生物，按照以下方案进行了理论研究和开发应用：①以 TSNAs 为主要目标物，对烟叶内生菌进行了筛选、提纯及最佳生长条件分析研究；②对具有降解 TSNAs 的菌株进行了基因组学分析，确定降解 TSNAs 的细菌内酶体系；③以人源目标酶为模板，进行人工重组蛋白酶的合成，包括分析目的基因序列、合成目标基因、构建质粒载体、转染工程细胞、发酵、提取纯化、工业化扩大化生产；④进行酶制剂降解 NNK 的理论研究和工业生产应用研究，将降低 NNK 的生物酶体系应用于卷烟生产。

第三节　烟草微生物的应用研究

一、烟草微生物研究史

烟草微生物学（Tobacco microbiology）是研究烟草生长、调制和加工过程中微生物的生命活动规律及其控制利用技术的科学。它是以经典微生物学理论和技术为基础，在烟草科学研究过程中以烟草微生物作为研究对象而发展派生出来的一门交叉学科。其研究对象是烟草生长、调制和加工过程中的所有微生物类群，这些微生物包括必须控制的病原微生物、霉变微生物和可资利用的内生微生物、共生微生物、营养微生物、生防微生物及部分调制醇化微生物等。它主要研究微生物在烟草生长、调制和加工过程中的种类组成及活动规律；研究微生物对烟草所产生的有利影响和有害影响；研究防治烟草有害生物、改善和提高烟草品质的微生物学原理、途径、技术和方法，更好地认识和了解微生物在烟草生产和加工各个环节的功能作用，为充分控制和利用烟草微生物提供理论依据。

（一）烟草微生物学当前主要的研究任务

1. 烟草生产加工过程中微生物的基本活动规律

微生物的活动贯穿于烟草生产和加工的全过程，长期的进化使烟草生长期间微生物、烟草与环境之间形成了相互依存、相互制约、相互影响的关系。土壤微生物种群、数量及分布作为评价土壤生态环境质量的重要指标越来越受到重视。植烟土壤微生物与烟草的生长发育过程及烟叶质量品质的形成密切相关，并受土壤类型、栽培技术和气候环境等因素的影响。由于这些微生物存在的种群差异，它们的生物学特性、活动规律及对烟草生长所产生的影响也各不相同，如其中一些真菌与烟草根系形成菌根共生体，一些微生物侵染烟草根系引起烟草根茎类病害，而烟草根际自生固氮菌、磷细菌、钾细菌等微生物生理群对烟草营养的吸收具有重要作用。通过协同进化，许多微生物还进入烟株体内与烟草建立了互利共生关系，成为烟草内生微生物。

目前的研究表明，这类微生物对烟草生理代谢调控和生长发育等的作用极其复杂，利用其栖居于烟草体内的特性，已将其中部分种类筛选应用于烟草病害的生物防治和降低烟草有害物质等方面。烟叶成熟采收后，尽管经过烘烤调制、打叶复烤、醇化发酵等加工过程，大量微生物仍然存在于烟叶表面或组织中，对烟草加工带来各种影响，其中除引起烟叶霉烂的霉变微生物外，许多微生物对烟叶醇化发酵、提高烟叶品质等具有积极作用。研究烟草生产和加工过程中微生物的种类组成、种群数量、生物学特性、发生动态、流行规律、作用功能等能够增加人们对烟草微生物基本状况与活动规律的认识，促进烟草生产和加工技术的发展，为有害微生物的控制和有益微生物的利用提供理论基础。同时，通过研究烟草生产和加工过程中特定的微生物种类，可以增加人们对微生物多样性的认识。

2. 微生物对烟草生产加工的不利影响和控制技术

烟草在生产和加工过程中，会受到许多微生物的不利影响，特别是一些微生物侵染烟草引起各种病害、霉变等。烟草从苗期、大田生长期到烟叶烘烤调制，再到复烤、醇化、卷烟生产及制品的仓储运输等过程中，随时都可能受到微生物不同程度的侵染与危害，致使烟叶及其制品产量降低，品质下降，造成重大的经济损失。沃尔夫（Wolf F A）报道全世界烟草生长期病害共有 103 种，其中非侵染性病害 31 种、侵染性病害 72 种，侵染性病害中真菌病害 25 种、病毒病害 20 种、细菌病害 22 种、线虫病害 2 种、寄生性种子植物病害 3 种；调制、陈化发酵与贮藏中的霉变病害有 11 种。全世界每年因烟草病害造成的直接经济损失达 3 亿美元。卢卡斯（Lucas B G）报道全世界烟草生长调制期病害已达 116 种，其中包括非侵染性病害 39 种和侵染性病害 67 种，侵染性病害中病毒病害 18 种、细菌病害 7 种、真菌病害 30 种、植原体病害 4 种、线虫病害 5 种、寄生性种子植物病害 3 种；陈化与贮藏期霉变病害 12 种。目前，全世界已报道由病原微生物侵染烟草引起的病害有 79 种。中国烟草上已发现的侵染性病害 59 种，除线虫病害 3 种和寄生性种子植物病害 2 种外，由病原微生物侵染引起的病害有 54 种，其中真菌病害 28 种、病毒病害 16 种、细菌病害 8 种、植原体病害 2 种。世界范围内烟草病害的种类及其优势种群处于不断变化之中。主要病害种类的变化，区域性病害发生范围的扩大，常导致某些病害暴发，特别是那些目前尚无有效防治技术的病害，一旦发生往往损失惨重。此外，由于霉菌在烟叶上滋生繁殖造成的仓储烟叶霉变会导致烟叶各种常规化学成分发生较大的不利于烟叶品质的变化，对卷烟工业造成的损失也十分严重，尤其我国南方烟区烟叶霉变甚至成为影响企业经济效益的重要因素。因此，研究对烟草生产和加工造成不利影响的微生物种类、致病机制、发病规律、损失程度及控制技术等，可最大限度减少微生物对烟草带来的不利影响，降低烟草生产和加工损失，提高烟叶和卷烟制品的品质。

3. 微生物对烟草生产加工的有利开发应用

微生物是人类巨大的生物资源宝库。研究微生物对烟草生产和加工可能具有的各种有利作用，筛选一些功效明显的微生物菌株应用于烟草生产和加工的各个环节，探索各种经济、便捷、高效的微生物应用技术，充分挖掘微生物对烟草生产和加工的巨大应用潜力，将对烟草科学和微生物学产生重大而深远的影响。

虽然烟草微生物的研究属于烟草科学研究的一部分，但由于烟草科学的系统研究起步较晚，而烟草微生物在微生物学、病毒学、植物病理学等学科的形成和发展过程中被广泛研究，故烟草微生物的研究比植物学范畴的烟草科学研究起步更早。

（二）烟草微生物的主要研究范畴

1. 烟草病原微生物

烟草花叶病毒（Tobacco mosaic virus，TMV）是烟草病原微生物中最为重要的种类，研究发现其对病毒学的发展具有重要意义。1859 年，范・斯威顿（Van Swieten）观察描述了烟草花叶病，但当时没有命名。1886 年，德国的 Mayer A 在荷兰首次用“花叶”（mosaic）一词描述了烟草上的病毒病症状，并证明其能通过汁液传播。1892 年，俄国的 Ivanowski D 证实烟草花叶病病株的汁液经细菌滤器过滤后仍保持侵染性，但仍然认为是由于细菌滤器裂隙的细菌所造成。1898 年，荷兰的 Beijerinck M W 重复了上述实验结果，并证实这种病原物能通过琼脂凝胶扩散，认为这种病原物不是细菌，而是一种“侵染性活液”，并首次利用来自拉丁语的意为毒物的“病毒”（virus）一词表示这种病原物。正是由于 Beijerinck M W 证明了病毒有别于细菌，将病毒和细菌区分开来，由此认为 Beijerinck M W 是真正的病毒学之父。1935 年，美国生物化学家 Stanley W M 首先获得了烟草花叶病毒结晶，并于 1945 年因此获得了诺贝尔奖。1935—1937 年，英国的 Bawden F C 和 Pirie 证实了 TMV 的结晶是一种核蛋白，由 95% 蛋白质和 5% RNA 组成。1939 年，Kansche、Pfankuch 和 Ruska 第一次用电子显微镜摄下纯 TMV 的粒子照片，证实了早期用其他实验手段所推断的形态。从此开创了真正的植物病毒学研究历史。1952 年 Harris T I、1955—1956 年 Frankel H-Conrat 对烟草花叶病毒粒体中的蛋白质和核酸性质的研究取得重大发现，证明核酸可作为遗传物质，使植物病理学，尤其是植物病毒学的研究有了很大的发展。之后各国学者对其进行了广泛深入的研究，它的研究历史在一定程度上代表了植物病毒学的发展历史。1939 年前，我国的俞大绂和余茂勋报道了烟草花叶病的发生。1953 年，高尚荫对 TMV 粒子的等电点、沉降系数、氨基酸组成及含量进行了分析。

1880 年，美国北卡罗来纳州发现烟草青枯病（Ralstonia solanacearum）。1891 年，科布（Cobb N A）首次在澳大利亚报道烟草霜霉病（Peronospora tobacina），该病于 1932 年在美国和整个北美洲大流行，1960 年传至欧洲大部分烟区，被列为中国对外植物检疫对象。1892 年，埃利斯（Ellis J B）和埃弗哈特（Everhart B M）在美国发现烟草赤星病（Alternaria alternate）。1896 年，布雷达（Breda de Haan）在印度尼西亚发现烟草黑胫病（Phytophthora parasitica var. nicotianae）。1916 年，Doolittle 首次发现了烟草黄瓜花叶病毒病，该病是全世界烟草病毒病中最常见、流行最广的病害之一。1931 年，Smith K M 在马铃薯上首次发现了马铃薯 Y 病毒，此病毒引起烟草、马铃薯、辣椒等多种作物病害，目前世界各地均有报道。1917 年，在美国北卡罗来纳州正式报道烟草野火病（Pseudomonas syringae pv. tabaci ）。1922 年，巴西首次报道烟草炭疽病（Colletotrichum nicotianae），以后德国、日本、美国相继报道此病。1962 年，在印度北部发现弯孢菌叶斑病（Curvularia trifolii）。1916 年，章祖纯首次在北京发现烟草赤星病。1922 年，邹钟琳在南京发现烟草蛙眼病（Cercospora nicotianae）。20 世纪 80 年代，陈瑞泰等对烟草病毒病及黑胫病菌生理小种进行调查鉴定与防治研究。1989—1991 年，中国 16 个主产烟（省）区联合对烟草病害种类、分布、危害，主要病害发生与流行、损失估计及防治做了大规模系统调查与防治研究。

20世纪80年代以来，随着分子生物学技术的发展，带动了烟草病原微生物的分子生物学及分子检测技术研究。Colas等（1998）用RFLP技术研究了烟草黑胫病菌的致病力分化；张修国等（2001）利用RAPD标记对烟草黑胫病全基因组DNA遗传多样性进行了研究，Bai等（1995）和Yi等（1998）分别利用RAPD技术标记了2个与烟草根黑腐病菌和5个与烟草野火病菌紧密连锁的抗性基因；莫笑晗等（2003）利用RT-PCR技术获得了引起烟草丛顶病的烟草丛顶病毒（Tobacco bushy top virus，TBTV）和烟草脉扭病毒（Tobacco vein distorting virus，TVDV）的核苷酸序列，进一步确定了它们的分类地位。在病原菌的分子检测方面，谢勇等（2000）根据疫霉属（*Phytophthora*）真菌rDNA ITS区序列设计了特异性寡聚核苷酸引物，对烟草黑胫病菌进行了特异性扩增；刘凌凤等（2003）设计了一种新型荧光探针来对烟草花叶病毒进行检测；莫笑晗等（2002）建立了烟草丛顶病的RT-PCR快速检测技术。

通过对烟草病原微生物的种类分布、生物学特性、寄主范围、致病特点、传播流行、预测预报及防治技术等研究，目前已形成了相应的防治技术体系，为控制这些病害对烟草的危害奠定了较好的基础。

2. 烟草加工微生物

Johnson（1934）最早发现曲霉属（*Aspergillus*）和青霉属（*Penicillium*）真菌中的一些种类在雪茄烟叶堆积发酵中产热，并推断这些真菌可能发挥了某种作用。随后美国Anderson P J（1948）报道Sclerotinia sclerotiorum、Botrytis cinerea和Alternaria tenuis等3种真菌在康涅狄格（Connecticut）引起一种烤房腐烂病，造成雪茄烟叶的霉腐。Stephen（1955）报道Rhizopus arrhizus在津巴布韦（Rhodesia）南部引起晾烟腐烂。Holdeman Q L和Burkholder W H（1956）报道*Pythium aphanidermatum*和*Erwinia carotovora*在美国东南部引起烤房内烤烟的腐烂。Welty等（1968a）分离鉴定了引起烤烟霉变的主要真菌类群，其中曲霉菌（*Aspergillus*）占57%、青霉菌（*Penicillium*）占16%、链格孢菌（*Alternaria*）占8%、枝孢菌（*Cladosporium*）和毛壳菌（*Chaetomium*）各占4%。Welty等（1968b）对烘烤前和烘烤后烟叶上的真菌进行研究后认为霉变烟叶的优势真菌和烘烤前后烟叶上的优势真菌不同。Welty等（1969）从霉变和非霉变样品的仓储烟叶上分离鉴定出6个属的真菌，其中包括8种曲霉菌。20世纪90年代以来，我国科技工作者先后分离鉴定了引起我国不同地区烟叶霉变的微生物种类，并对霉变微生物的控制技术进行了研究。

早在1858年，就有学者（Koller J B C）对微生物发酵烟叶进行了研究。19世纪80年代，俄国小什列晋格认为微生物对早期烟叶发酵具有重要作用（宫长荣等，1993），但烟叶醇化发酵的机制一直存在争论。20世纪30年代以来，对微生物在烟叶发酵中的作用才受到重视，国外相继开展了对烟叶发酵过程中的微生物类群、数量、消长动态及其作用等研究（Reid J J等，1933；Dixon等，1936；Reid J J等，1944），特别是试图利用微生物在烟叶发酵过程中降低烟碱、蛋白质含量及增加香气等方面做了大量的工作。20世纪80年代，国外对烟叶发酵微生物的研究报道仍然较多，1989年Geiss V L对这方面的研究进行了总结，之后有关研究报道逐渐减少。我国在烟叶发酵微生物方面的研究进展远落后于国外，直到20世纪80年代以来才开展了一些烟叶发酵微生物研究工作，但缺乏系统全面深入的研究。尽管我国烟草科技人员从不同角度进行了烟叶发酵微生物的研究，涉及了烟叶发酵微生物的各个方面，但研究结果报道较为零散。最近，Giacomo M D等（2007）报道利用标准或者分子方法研究烟草发酵过程中微生物的方法程序，为系统全面研究各类烟草微生物提供了新的技术手段。

3. 其他烟草微生物

自1990年以来，我国科技工作者开始了植烟土壤及烟草根际微生物的研究。钱浚等（1993）首先报道了银光膜覆盖对烟田土壤微生物的数量影响，发现烟草经银光膜覆盖后无论旺长期还是现蕾期，烟草根际和根外土壤中的细菌、放线菌和真菌总数及氨化细菌、好气性纤维分解细菌数量均有明显提高。与露地栽培比较，根际效应显著。普通透明膜在旺长期对某些微生物有一定的促进作用，但进入高温季节则表现明显的抑制作用。杜秉海等（1996）报道了烟田土壤微生物区系分析结果。沙涛等（2000）报道了秸秆还田对植烟土壤中微生物结构和数量的影响。张晓海等（2002，2003）报道了施用秸秆、土壤改良剂和菜籽饼后对植烟土壤微生物和根际微生物数量变化的影响。郭红祥等（2002）报道了施用饼肥对烤烟根系土壤微生物的影响。李绍兰等（2002）调查了云南玉溪烤烟土壤真菌的种群和数量。郭汉华等（2004）报道了氮素形态配比对烟草根际土壤微生物数量的影响。

二、烟草微生物在生产中的应用

烟草是重要的经济作物之一，由其带来的经济收入在国民经济中占有重要比例。烟草种植与加工的模式基本为传统模式，在栽培、加工等过程中一直以人畜力、手工作业为主，科技含量低，得到的烟草产量、质量不高，内在品质还远未达到优质烟草的要求，制约了烟草的现代化种植。针对烟草的无公害化生产和品质提高，科研工作者应用微生物技术在种植和加工过程中做了大量科学研究工作，已取得了很大进展和明显效果。

微生物是自然界中生物的一大类群，与人类生活密切相关，有益微生物在烟草病虫害防治、烟草产量及品质提高等方面均取得了相当的进展；许多微生物肥料（菌肥）、微生物农药（包括杀菌剂、农用抗生素）等已应用在烟草生产实践，取得了明显的经济效益和社会效益；在烟草工业生产方面，将微生物应用于烟叶发酵、烟用香精生产和降低烟草有害物质含量等方面的研究工作也不断取得新进展。有益微生物在提高原料品质和降低烟草有害成分含量（如烟碱、亚硝胺、重金属）等方面的研究应用也有了相当的进展。研究微生物在烟草上的应用，是改善烟草生产环境、提高烟草产量与品质、降低生产成本的需要，是烟草生产可持续发展的一项重要措施，微生物技术也显示出了其他农艺措施或传统技术所不具有的优点和先进性，在生产优质烟叶和提高烟草制品品质上，微生物都具有较大的开发应用潜力。

（一）微生物防治烟草病害

烟草生产中微生物主要应用是有益微生物防治病害，其防治对象主要有真菌、细菌和线虫病害。另外，微生物控制烟草病毒方面也成效显著，许多研究成果在生产中已取得可观的经济效益。

活体拮抗微生物作为烟草病害的防治手段，主要是利用微生物活体拮抗和微生物代谢产物，其中活体拮抗微生物研究较多。拮抗真菌中的木霉菌（*Trichoderma spp.*）是最重要的一种，由于其具有广泛的适应性和可抑杀多种烟草病原真菌，木霉制剂已广泛用于烟草立枯病、猝倒病的生物防治，对烟草其他真菌病害如烟草黑胫病、烟草赤星病等也具有较好的防治效果，国内外已有十几个木霉生防制剂登记注册。烟草寄生线虫的真菌控制研究有了很多成果，尤其是在严重危害烟草生产的烟草根结线虫的防治方面取得了显著的成效。淡紫拟青霉（*Paecilomyces lilacinus*）是根结线虫生防菌，淡紫拟青霉食线虫真菌生防制剂已在大田试验示范，对烟草根结线虫防治取得了很好的防治效果。植物根际拮抗细菌是一类与植物关系密切的微生物，可在植物根部定殖存活，并可通过多种机制控制植物病害，发现的菌群主要有 *Agrobacterium spp.*、*Bacillus spp.* 和 *Pseudomonas spp.* 等。对 *Phytophthora sp.* 引起的烟草黑胫病、*Pythium aphanidermatum* 引起的烟草猝倒病、*Pseudomonas solanacearun* 引起的烟草青枯病等都具有很好的防治效果，而且部分拮抗菌株对烟草有不同程度的促生和增产作用。

植物内生细菌作为植物病害的生防菌是个新热点，内生细菌存在于植物体内，有充足的营养来源，具有相对稳定的生存环境，受复杂外部环境的影响较小，与病原菌同存于相同的环境中，因而具有很大生防潜能。已研究的烟草内生拮抗细菌分别对烟草灰霉菌（*Botrytis cinerea Per.*）、烟草黑胫病菌、烟草赤星病菌 [*Alternaria alternate*（Fries）Keissler] 和烟草炭疽病菌（*Colletotrichum nicotianae* Av. Sacca）等具有拮抗活性，某些菌还有多重拮抗活性，可抑制多种病原菌。

烟草拮抗内生菌能拮抗多种病原，并对病原菌具有多样的作用方式，包括抑制菌丝生长，游动孢子游动、萌发等，而且某些菌株代谢物还具有明显的诱导抗病作用。烟草内生拮抗细菌以其存在环境和自身的优势，有可能成为以后烟草病害生物防治的重要资源。

利用病原弱毒株系对强致病株系进行防治是一种很有效的病害控制方法，尤其是在病毒病害的防治应用方面起步较早。自从 Kunkel 提出利用弱毒株预防强毒株系侵染的设想，利用病毒弱毒株系的交互保护，已经成为防治病毒病较为理想的手段之一，而且已有多种病毒弱毒疫苗研制成功并应用于植物病毒病害防治。

除病毒弱毒株的研究外，其他烟草病害病原弱毒菌株的研究也已经受到很大关注。其中利用烟草细菌性青枯病菌（*P. solanacearum*）的无毒产细菌素菌株对烟草青枯病菌的防治研究已经开展了很多工作，取得了一定的效果。利用青枯病菌无毒类群的菌株制成的微生物制剂（青枯散），能够防止土壤中青枯病菌侵染烟草幼苗根部和阻止潜伏病原菌发病，大田防治烟草青枯病的防效可达到 71%。

利用某些非病原微生物可诱导植物产生抗病性。其中，一些植物促生根际细菌（Plant growth-promoting rhi-zobacteria，PGPR）可使植物产生高效表达的广谱抗病性，这种非致病菌所诱导的抗病性称为“系统诱导抗病性”（Induced systemic resistance，ISR）。例如，铜绿假单胞菌（*P. aeruginosa*，7NSK2）可使烟草产生对烟草花叶病毒（Tobacco mosaic virus，TMV）的 ISR，荧光假单胞菌（*P. fluorescens*，CHAO）在烟草上可诱导产生对烟草坏死毒病（Tobacco necrosis virus，TNV）的 ISR。诱导细菌和化学诱导剂结合使用，还可同时诱导“系统获得抗病性”（Systemic acquired resistance，SAR）和 ISR 的表达，且抗性诱导作用是叠加的，大幅提高烟草对病原真菌如簇囊腐霉（*Pythium torulosum*）、瓜果腐霉（*P. aphanidermatum*）和烟草疫霉（*P. nicotianae* var. *parasitica*）的抵抗能力。

另一类有希望的抗病诱导物是激发素（Elicitins），它是主要由弱致病的 *Phytophthora* 和 *Pythium* 产生的、在烟草上可引起过敏反应（Hypersensitive reaction，HR）和 SAR 的一类胞外蛋白质的总称。最早由法国科学家 Ricci 等从寄生疫霉烟草变种（*P. parasitica* var. *nicotianae*）的培养滤液中分离纯化到这种小分子蛋白质，称为 Parasiticein，后来发现 *Phytophthora* 和 *Pythium* 的许多种都能产生这种小分子的蛋白质，将这类胞外蛋白质总称为 Elicitins。

抗生素是使用较早且广泛应用的一类具有杀菌或抑菌作用的微生物代谢产物。目前，应用的抗生素大多是放线菌（Actinomycetes）产生的，其次是真菌和细菌。已应用的有春日霉素（Kasugamycin）、链霉素、多氧霉素（Polyoxins）、有效霉素（Validamycin）、灰黄霉素（Griseofulvin）、灭胞素（Cel-locidin）、防治烟草赤星病的多氧霉素、防治烟草花叶病毒病的宁南霉素等。还有许多防治烟草病害的抗生素正在研究中。

防治烟草病毒病的抗生素除放线菌产生的外，抗烟草病毒病的其他真菌代谢物研究也为人们所关注。已经从 *Penicillium sp.* 分离到抗病毒物质，对多种病毒如 TMV 具有良好的抑制作用；一些高等担子菌的提取物对烟草病毒也具有很好的抗性，已经对部分抗病毒物质进行了分离纯化并进行了抗病毒机制研究。

国内外已将微生物的多种抗病基因转入烟草，其中主要利用的是相关的病毒基因。最初人们从弱病毒株的交叉保护现象中得到启发，开始了利用类似交叉保护方法进行转基因抗病毒烟草研究。自从 Powell-A-bel 等首次将 TMV 的外壳蛋白（Coat protein，CP）基因转入烟草，获得了抗 TMV 烟草后，人们利用病毒的 CP 基因（TMV-CP、CMV-CP 等）、卫星 RNA（CMV-SatRNA）、反义 RNA 或复制酶基因等，相继获得了抗 TMV、CMV、PVY 等的转基因烟草。利用其他微生物的相关基因研究也有部分进展，Liu Guo-sheng 等通过转丁香假单胞中获得的无毒基因，获得了 12 株抗赤星病的烟草植株。通过转 elic-itins 基因还获得了抗 *P. parasitica* 的抗性烟草。通过不同的转基因方法还获得了对多种病原具广谱抗性的转基因烟草。

（二）微生物防治烟草害虫

微生物在烟草害虫防治方面主要包括昆虫微生物病原的直接利用、微生物杀虫代谢产物的利用，以及微生物杀虫或抗虫基因的利用等。微生物农药与化学农药相比也具有许多优点，如对人畜无毒安全，不会在土壤中残留、不污染环境、选择性较强、不杀伤天敌、有利于生态平衡、不易使害虫产生抗药性等。

害虫病原微生物的直接应用是早期研究最先利用的微生物类群，主要是昆虫病原真菌和细菌。其中，昆虫病原细菌中的苏云金杆菌（*Bacillus thuringiensis* Berliner，BT）是已经广泛应用的杀虫微生物，可防治 100 多种害虫，在烟草上可防治烟青虫和烟草粉螟等，对烟青虫的防效可达 90% 以上，防效高而且成本低。病原真菌中的白僵菌（*Brauvria*）、绿僵菌（*Metarhizium*）和虫霉（*Entomophthora*）等，主要用于防治烟青虫、烟蚜虫和地下害虫等；防治粉虱和蚜虫的主要有蜡蚜轮枝菌 [*Verticillium lecanii*（Zimm.）Viegas]、玫烟色拟青霉 [*Paecilomyces fumosorseus*（Wize）Brown & Smith] 等。昆虫病毒治虫也是已经广泛研究应用的微生物直接治虫方法，已发现寄生昆虫病毒 1200 多种，主要有棉铃虫 NPV、斜纹 NPV、小菜蛾 GV 等，主要用于防治鳞翅目害虫，专一性强，杀虫效率高。在烟草上最有希望的为烟夜蛾核型多角体病毒，主要用于防治烟青虫，在国内已经开始研究。

微生物杀虫代谢产物主要是从放线菌中筛选出的各种虫抗生素，有杀蝶素（Piericidin）、杀蚜素、杀螨素、南昌霉素（Nanchangmycin）、阿维菌素（Aver–mectin）等，其中阿维菌素是已经广泛应用的广谱杀虫抗生素，也是高效的杀线虫抗生素，对烟青虫、烟蚜虫及烟草根结线虫均具有很好的杀灭效果。

微生物代谢产物除对害虫具有直接的杀灭作用外，还具有很好的忌避效果，如蜡蚧轮枝菌 Vp28 菌株菌丝体毒素粗提物，在 2000 ～ 6000 倍稀释范围内对烟粉虱成虫有一定的忌避作用。

从杀虫微生物中分离出编码杀虫蛋白质的基因，转移到植物基因组中，使植物建立起内源抗虫机制也是微生物防治害虫的应用方法之一。其中，苏云金杆菌杀虫晶体蛋白基因（ICP）是研究应用较多的抗虫基因，第一个转 ICP 基因的植物是烟草，对鳞翅目害虫有毒杀作用，而且这种 Bt 杀虫晶体蛋白基因和抗虫特性能稳定遗传。1987 年，比利时的 Vaeck 等首次报道将苏云金杆菌的 δ 内毒素基因转移到烟草中，成功获得转 Bt 抗虫基因烟草。此后出现许多相关的研究成果：李太元等曾将 HD–1 的 4 种不同片段的杀虫蛋白基因转入烟草品种 NC89，获得对烟青虫最高杀虫率达 100% 的转基因烟草植株，初步筛选到抗虫纯合系烟草品种；赵荣敏和杨铁钊等将苏云金芽孢杆菌 δ 内毒素（δ–endotoxin）基因和豇豆蛋白酶抑制剂基因（Cowpea trypsin inhibitor，CpTI）同时导入 NC89 中，培育出了双价抗虫烟草；赵存友等利用雪花莲凝集素基因和苏云金杆菌杀虫蛋白基因，获得了既抗棉铃虫、又耐蚜虫的转双抗虫基因烟草。

（三）微生物促进烟草生长和提高烟草产量

烟草生产和加工是为了获得优质烟叶原料及卷烟制品。随着人们环境意识的日益增强，消费者对吸烟与健康问题的高度关注，烟草生产上化学肥料、化学农药等的使用受到越来越多的限制。微生物肥料具有无毒、无害、无污染、营养全面、肥效长久等其他肥料所不及的优点，对烟草的生长发育和品质形成具有良好的作用。能促进植物生长和提高作物产量的微生物制剂被统称为微生物肥料。微生物肥料有 PGPR 类、固氮菌类、解磷细菌类、解钾菌类、菌根菌类、光合细菌类和复合微生物肥料等。微生物肥料在烟草上研究应用逐渐增多。

植物根际促生细菌（PGPR）主要通过对土壤中有害生物和土传病原菌的拮抗作用来增强植株的生产能力。另外，还可具有促进植物对磷钾的吸收、产生植物激素等能力。PGPR 虽然一度成为研究热点，但在烟草上的应用研究报道较少。在烟草上施用增产菌，可提高烟叶的产量和质量，并能提高烟株的抗病性、提高烟草品质。顾金刚等曾研究了两株荧光假单胞菌对烟草的促生作用和促生机制。

菌根菌能与植物根系共生形成菌根的真菌，促进植物对土壤中氮、磷、钾等养分吸收，抑制病菌侵染，同时可增加植物对逆境的抵抗能力。其中，泡囊丛枝菌根（Arbuscular mycorrhiza，AM）在国外研究较早，我国虽然起步较晚，但已在包括烟草VAM真菌资源、增强烟株抗逆性和加强烟株对养分的吸收、提高烟叶产量和质量等方面开展了许多工作。

微生物解磷、解钾和固氮是微生物肥料的主要研究内容。烟草是一种需钾、磷较多的经济作物，特别是钾，不仅影响烟株的生长发育，而且直接影响烟叶的质量。土壤中虽然存在大量的钾、磷元素，但绝大部分是无效或缓效的，很难被烟株吸收利用。利用微生物使土壤中难溶性矿质钾、磷元素变为植物易吸收的速效钾、磷等营养元素，已经得到广泛研究和应用。5406是一种放线菌菌肥，是我国最早也是使用较多的微生物肥料，能疏松土壤，转化氮、磷、钾元素。烟草叶面喷施能增强烟草的光合作用、增加叶绿素含量、促进生长、提高对花叶病的抗性。硅酸盐细菌（Bacillus mucilaginosus siliceus）对钾、磷等元素有特殊的利用能力，它对土壤中难溶性钾、磷有很强的利用能力，能明显地促进土壤中氮、磷、钾养分的转化，从而在作物生长发育期间为作物提供速效钾、磷等营养元素，提高烟株对磷、钾及氮的吸收，同时具有活化土壤中硅、铁、锰等元素的能力，满足作物生长发育的需要。施用硅酸盐细菌不仅能显著地提高烟叶的产量，也能使烟叶内钾含量明显提高。施用生物磷、钾肥能提高烤烟的主要农艺性状和烟叶产量、品质，增强抗病性，降低烟草病毒病和赤星病、野火病、角斑病发生率，提高上等烟比例。

生物固氮菌是微生物肥料研究中的重点之一，但在烟草上的研究和应用较少，但已有的研究成果表明，合理使用生物固氮菌可以显著提高烤烟产量和烟叶质量。

光合细菌（Photosynthetic bacteria，PSB）是一类可利用太阳能生长繁殖的特殊微生物类群，是有效的微生物肥料之一。光合细菌在烟草上的研究较少，但目前已取得了一定进展，研究表明，光合细菌不仅能使烟草提高产量，改善烟草品质，而且还可以提高烟草的抗病毒能力，促进土壤中的固氮菌、放线菌、硝酸细菌、硫化细菌、氨化细菌等的生长，同时抑制反硝化细菌的生长。

还有其他一些微生物对烟草也具有肥料效应，如绿色木霉（Tv-1）不但具有广谱的杀菌、抑菌活性，而且对烟草还表现出较强的促进生长作用，可提高烟叶产量和质量、提高肥料利用率及协调烟株生理代谢平衡等。其他正在研究的能促进烟草生长、提高产量的微生物还有部分食用担子菌等。

（四）微生物提高烟草品质

有些微生物在烟草生产中可以提高烟草品质，主要包括提高有益物质含量、降低有害物质含量，以及协调相关化学物质组成等方面。施用钾细菌微生物肥料能使烟叶落黄速度加快，减少烟叶还原糖、总氮和氯离子含量，提高烟碱含量。生物磷、钾肥对烟叶其他内在质量指标也有一定提高，化学成分协调性好，使香气增加，余味舒适，杂气和刺激性减轻。研究表明，AM真菌不仅能够促进烟草对氮、磷、钾等元素的吸收，提高产量，而且能增加烟叶中钾等物质含量，改善烟草品质，还能显著增加钾在叶中的分配比例，减少了钾在茎中的分配比例，提高了烟叶中钾的累积量。

微生物肥料能够提高烟草的品质、产量和抗性，在生产上大面积推广应用的报道较少。影响微生物肥料实际应用的因素很多，由于各个地区的气候条件、土壤环境不同，微生物肥料中的功能微生物对环境的适应能力有较大差异，很难形成推广应用，微生物肥料不易保存，且使用方法要求较高。目前，应该加大力度研究烟草专用性微生物肥料，针对各个烟区的自然环境和土壤条件研制生态环境专一性的微生物肥料。另外，应该深入研究微生物肥料的剂型，克服环境依赖性强和保存难的问题。

微生物在生长过程中能够利用周围的营养物质合成丰富而强大的生物活性酶系并分泌到胞外环境中，可以将烟草中的某些成分分解或转化形成新的成分，是烟草发生化学反应的物质基础。烟草叶面存在大量的微生物，与烟草的自然醇化密切相关，是推动烟草发酵、提高烟草香气的重要原因。于是研究者们考虑在烟草的醇化过程中外加微生物以提高烟草品质。目前，在外加微生物的应用研究上，多集中于从烟叶表面分离某些有益菌种，经扩大培养筛选后，在烟草的醇化过程中施加于烟叶表面以促进发酵，从而增加烟草香味。

将微生物应用于烟草发酵过程可以缩短烟叶发酵时间、降低烟碱含量和不利于烟草吃香味的大分子物质含量，并增加香气含量等，提高烟草品质。

王革等把从烟叶分离出的微生物应用于降低烟叶中的蛋白质、尼古丁等物质并取得了一定效果。周谨等从优质烟叶上分离筛选得到微生物菌 Yu-1，接种于灭菌后的低次烤烟碎片上，28 ℃发酵 6 天后，烟叶碎片中可溶性还原糖含量明显降低，同时有机酸性成分增多，酸值提高。由于烟草表面存在霉菌，在烟草的加工中霉菌容易分解烟叶成分，引起不利的物理、化学变化，严重影响烟草品质。烟叶表面本身也存在能够抑制霉菌生长的微生物，但是外界环境容易破坏这种抑制作用，因此，有研究者利用从烟叶中分离、纯化、培养出的优势微生物菌种对烟叶进行抑霉菌研究并取得了一定的效果。朱大恒等研究发现，优势微生物不仅可以抑制霉菌的生长，还可以改善烟叶吃香味，达到抑制霉变和提高品质的双重作用。王革等利用从烟叶中分离出的微生物，从中筛选出 10 株产蛋白酶能力强的微生物菌株，运用其对烟叶进行发酵，发现 10 株微生物菌株均有一定降解蛋白质的能力，其中有的还可以抑制烟草上霉菌的生长。到目前，细菌应用于烟草醇化的研究较多，而应用真菌的研究较少。有研究表明，某些真菌也能够改善烟草的吃香味。目前，对烟草发酵的机制研究还不透彻，但普遍认为烟草发酵是酶、化学氧化和微生物三者协同作用的结果。由于对微生物发酵的本质缺乏深入的基础研究，加之生产工艺的限制，微生物发酵技术应用于烟草的品质改良还处于试验研究阶段，与实际应用尚有距离。为了让微生物发酵技术早日应用到烟草的大规模生产中，应进一步开发烟叶表面微生物，获得更多能够改善烟草品质的有益菌株，并对这些有益菌株进行深入研究，了解其生理生化特性、代谢途径、代谢影响因素，彻底弄清楚其对烟草发酵的机制，并运用分子生物学等技术控制其对烟草的发酵，使其有利于提高烟草品质。

（五）烟草内生细菌降低白肋烟 TSNAs

关于利用微生物降解 TSNAs 的研究国内外已有文献报道。日本烟草产业株式会社古贺一治等的专利“减少亚硝胺类的微生物和用其减少亚硝胺类的方法”（申请号 03810579.9，公告号 CN1652702），利用选自属于少动鞘氨醇单胞菌和荧光假单胞菌的微生物组成的组减少烟叶中 TSNAs 含量。日本烟草公司烟叶研究中心 KATSUYA S 等利用反硝化细菌中的一种名为 *Agrobacterium radiobacter* LG77 细菌来降低白肋烟叶 TSNAs；山东农业大学植物保护学院张玉芹等利用反硝化细菌降解烟丝中硝酸盐和亚硝酸盐含量；云南省植物病理重点实验室张玉玲等对移栽成活的烟株进行细菌（鉴定为放线根瘤菌 *Rhizobium radiobacter*）灌根处理，在烟株砍收时进行细菌喷洒烟叶处理，通过灌根和喷洒处理烟叶中 TSNAs 含量明显降低，其中灌根处理比同一时期对照烟叶中 TSNAs 含量降低了 50.98%，喷洒处理比同一时期对照烟叶中 TSNAs 含量降低了 81.32%。

云南省烟草农业科学研究院在国内率先对微生物降解 TSNAs 的研究进行了长期系统深入的研究，取得了一批成果。例如，云南烟草农业科学研究院的祝明亮等的专利《降低烟草特有亚硝胺含量的生物制剂及其制备方法和应用》（专利号 03135607.9），从大量烟草内生细菌中筛选出一株能够显著降低烟草特有亚硝胺含量的菌株铜绿假单胞菌（*Pseudomonas aeruginosa* KenLXP30），通过液体发酵制备成烟草降害生物制剂。该制剂可显著降低白肋烟烟草特有亚硝胺含量，在烟草工业上具有较好的应用价值。祝明亮等的专利《一株降低烟草特有亚硝胺含量的放射根瘤菌及其应用》（专利号 03135608.7），从大量烟草内生细菌中筛选出一株能够显著降低烟草特有亚硝胺含量的放射根瘤菌 KenLXR34 菌株，通过液体发酵扩大培养后，应用于烟草上，可明显降低白肋烟中 TSNAs 含量，以菌株悬液浸泡叶柄处理，降低率最高可达 98.28%。祝明亮等还进行了白肋烟内生细菌的分离鉴定及降低 *N*–亚硝胺含量研究，共分离到 33 株内生细菌，其中 6 株还原硝酸盐和亚硝酸盐能力较强的菌株以粉碎烟叶接种、叶柄浸泡接种和叶面喷雾接种 3 种方式进行处理调制。结果表明，接种内生细菌能降低 27.56% ～ 99.88% 白肋烟中 TSNAs 含量，降低百分率以粉碎烟叶接种最高，其次是叶柄浸泡接种，叶面喷雾接种最低。

云南省烟草农业科学研究院的汪安云研究了白肋烟调制期间细菌动态变化与 TSNAs 的关系，结果表明，晾制期间烟叶中细菌总量约在 10^5 ～ 10^9 cfu/g 波动，晾制初期菌量较高，晾制末期菌量较低。晾制前期（晾制 20 天以前），烟叶中 TSNAs 含量比较低且变化幅度较小；晾制中期（20 ～ 30 天），烟叶中 TSNAs 含量较高；晾制末期，喷洒处理烟叶中 TSNAs 含量明显降低，2003 年和 2004 年喷洒处理比同一时期对照烟叶中 TSNAs 含量分别降低了 81.32% 和 68.80%。烟叶中 TSNAs 含量与细菌量之间没有显著的相关性。汪安云等对一株降低烟草中特有亚硝胺细菌进行了分离鉴定及特性研究，结果表明，该菌株可能是通过还原亚硝酸盐，使亚硝酸盐含量减少，从而降低了 TSNAs 的形成。

云南省烟草农业科学研究院的雷丽萍等研究了烟草内生芽孢杆菌降低烟叶亚硝胺类物质含量，结果表明，减少白肋烟 TN90 的亚硝胺组分，TSNAs 总量比对照组减少了，叶片组织减少 21.7% ～ 44.6%，主脉组织减少 16.7% ～ 80.0%。雷丽萍等还对烟草内生细菌进行了分离和鉴定。

现有公开文献报道能降低 TSNAs 的细菌有：烟草内生细菌铜绿假单胞菌（*Pseudomonas aeruginosa*）、放射根瘤菌、假单胞菌（*Pseudomonas sp.*）、黄杆菌（*Flavobacterium sp.*）、根瘤菌、根瘤土壤杆菌（*Agrobaterium tumefaciens*）、放线根瘤菌（*Rhizobium radiobacter*）、枯草芽孢杆菌（*Bacillus subtilis*）、少动鞘氨醇单胞菌、荧光假单胞菌、芽孢杆菌（*Bacillus sp.*）和节杆菌（*Arthrobacter sp.*）。

有关烟草内生细菌降低白肋烟中 TSNAs 的研究，云南省烟草农业科学研究院对分离出的内生细菌对 TSNAs 形成的影响进行了系统研究，得出了内生细菌能够降低白肋烟中 TSNAs 的结论。对一株能降低白肋烟中 TSNAs 含量的细菌菌株，利用分子生物学方法进行了鉴定，对其生物学特性进行了研究，并在大田试验中研究证明该菌株能显著降低白肋烟中 TSNAs 含量，并对烟叶内在品质无显著影响，为微生物方法降低白肋烟中 TSNAs 含量方面的研究提供了新的理论依据。通过形态、生理生化特性分析及 16S rDNA 序列进行同源比较，鉴定该菌株为根瘤土壤杆菌属，定名为 *Agrobaterium tumefaciens*。该菌株最佳生长时间为 18 ～ 20 h，最佳生长温度为 25 ～ 30℃，最适 pH 为 8.0 ～ 9.5。在采收前一天对白肋烟品种 TN86 进行菌株喷洒处理，检测晾制期间 TSNAs、硝酸盐、亚硝酸盐含量变化。结果表明，在晾制前期，TSNAs 含量比较低且变化幅度较小；晾制 30 天时，TSNAs 含量达到最大；在晾制末期，喷洒菌株处理的烟叶中 TSNAs 含量有明显的降低，比同一时期对照烟叶中 TSNAs 含量降低了 81.3%；常规化学成分及烟叶感官质量与对照组相似，都达到了优级白肋烟标准。通过分析该菌株对硝酸盐、亚硝酸盐及 TSNAs 的影响，推测该菌株可能是通过还原亚硝硝盐，使亚硝酸盐含量减少，从而降低了 TSNAs 的形成。此高效降低 TSNAs 含量的细菌菌株命名为 WB_5。

（六）降低烟草中的烟碱含量

降低烟草中的烟碱含量，目前主要有 3 条途径进行调控：第一，从农业种植的角度。主要从遗传、生态和栽培等方面来进行控制，可进行以下方法：①培育烟碱含量适宜品种；②烟叶种植向生态适宜区转移，使用石灰和适当使用饼肥调节；③适量施用氮磷肥、平衡施用微量元素；④干旱适时浇水；⑤合理确定移栽期；⑥打顶技术；⑦采收调制；⑧陈化等降低烟碱，提高烟叶可用性的技术措施。第二，从化学的角度。烟叶中的生物碱可通过用热水漂洗、有机溶剂萃取、气体抽提和蒸汽蒸馏等处理烟叶的方法将烟叶中的烟碱脱掉。其中，使用溶剂抽提等化学方法虽然可以去除一部分烟碱，但同时会引起烟草中的一些致香成分的损失和外观色泽的显著变化，从而在一定程度上降低了处理烟叶的可用性。第三，从微生物和酶的角度。从烟叶、烟籽和土壤中分离能够降解烟碱的微生物，培养后直接（或者分离出酶系后）作用于烟叶，降低烟叶中的烟碱含量，从而提高烟叶的可用性。通过微生物或酶来处理烟叶，由于酶具有专一性，因此可以较好地避免化学方法带来的问题。

微生物种类繁多，分布广泛，具有多种代谢能力，能够利用多种物质作为生命活动的物质和能量来源。早在 20 世纪初就有从烟草及土壤中分离尼古丁降解菌的报道。1954 年，Wada 和 Yamasaki 等报道了一种被称为假单胞菌的尼古丁降解细菌。此后，Decker 和 Bleeg 从土壤中分离到另一类尼古丁降解菌氧化节杆菌（*Arthrobacter oxidans*）、pA01（后来重新鉴定为 *Arthrobacter nicotinoborans*），它在降解尼古丁的过程中产生了一种蓝紫色的可扩散的色素。Hylin 从烟草种子和土壤中筛选出 5 株可以尼古丁为唯一碳源和氮源生长的微生物，并得到了纯培养物。其中，有 2 株以前文献未有报道，可能是无色杆菌（*Achromobacter nicotinophagumn*），它们属革兰阴性菌，严格需氧，不能运动，不产生芽孢，并且需要维生素 B_{12} 才能生长，在降解生物碱过程中不产生可扩散的颜色物质。Uchida 和 Maeda 等在 1976 年使用 0.2% 尼古丁作为唯一碳源，从烟草生长土壤和烟叶表面分离出能够降解尼古丁的细菌。其中，2 株鉴定为争论产碱菌（*Alcaligenes paradoxus*）和 *Arthrobacter globiformils*。若培养基中添加了葡萄糖，会促进尼古丁的降解活性，但在尼古丁浓度为 0.5% 时，菌的生长受到抑制。

Brown & Williamson 烟草公司（以下简称 B & W 烟草公司）在 1975 年利用假单胞杆菌对白肋烟和烤烟的混合烟丝处理 18 h，烟碱含量从 2.0% 降到 0.85%，吸烟机分析结果：成品烟的烟碱含量从 1.58 mg/支降到 0.98 mg/ 支。后又在 1978 年采用纤维单胞菌来降低烟碱和硝酸盐的含量。在微生物培养基成分中加入一定量烟碱或白肋烟提取液和硝酸盐，对纤维单胞菌降解烟碱和硝酸盐的能力进行诱导，得到最大降解活性。然后接种的细菌培养液在厌氧条件下 30 ℃处理白肋烟叶片 24 h，硝酸盐的含量从 3.54% 降低为 0.22%，烟碱含量从 1.42% 降到 0.32%，此过程中水分保持在 75% 左右。最后将经过处理的白肋烟和其他烟草原料混合，与未经处理的比较得出：硝酸盐含量从 1.63% 降到 1.04%，烟碱含量从 1.79% 降至 1.32%。将这些烟丝制成卷烟后，硝酸盐含量降低了 38.8%，氰化氢含量降低了 19.7%，烟碱含量降低了 15.3%。

1981 年，日本 Maeda 等利用烟叶表面的细菌来降解烟碱-N-氧化物。1983 年，Ruiz 从烟叶表面分离出能够降解尼古丁的菌株，经鉴定为阴沟肠杆菌（*Enterobacter cloacae*）E-150，在含有 5 g/L 烟碱培养基中，在 34 ℃和 pH 7.0 条件下进行发酵，发现该菌降解烟碱的能力得到明显诱导，E-150 菌株还能代谢盐酸，但不能降解去甲基烟碱和新烟碱。

已被证实的第一种称为尼古丁的吡啶途径（Pyridine pathway），主要存在于节杆菌属细菌，该途径从尼古丁吡啶环 6 位羟基化开始，然后吡咯烷被氧化脱氢并自发水解打开，接着吡啶环通过羟基化被打开，逐渐降解。尼古丁降解的遗传学证据是从 *A. nicotinovorans* 发现 pA01 质粒开始的。Brandsch 小组花了近 50 年时间成功揭示了尼古丁的吡啶途径。

第四节　植物源物质在烟草中的应用

植物及植物性成分（包括烟草）在自然界中广泛存在，由于其毒性较弱或无毒，其在不同行业中应用日益广泛，植物提取物的功能开发也得到了越来越多的重视。如今，植物提取物及其制品市场正成为一个新兴产业，然而我国的植物提取物产业与国外相比还有一定的差距，植物及植物性成分的基础研究及应用需要不同行业的科技人员和产业决策者的共同努力，才能够使我国植物原料的大国优势转变为植物提取物工业产品优势。植物成分的优势表现为“天然”“有机”“绿色”，许多植物、中草药、香料及其衍生物都含有多酚类、黄酮类化合物、单宁、生物碱、萜类化合物、异硫氰酸酯、凝集素、多肽和其氧取代衍生物。植物原料自古以来就被用于调味剂、饮料和某些疾病的防御及治疗。据估计，在全球的250 000～500 000种植物中，其中只有1/10被开发使用。植物提取物因其化学多样性为控制微生物生长提供了可能，赋予了植物提取物良好的抗菌或者药用价值，这对食品保存和食品安全有重大的意义。植物及植物性成分在有些行业已被广泛应用。例如，天然香辛料和一些中草药已经在食品和药品中应用多年，天然植物提取物被认为是化学抗菌剂替代品最好的开发资源，因此，天然植物提取物被作为开发新型高效食品生物防腐保鲜剂的重要途径。

近年来，植物及植物性成分在烟草行业已有应用，特别是在提高原料的可用性、延长原料的贮存期、改善/改变卷烟的吸味及烟草减害方面应用广泛。在烟草减害方面，喷施某些化学药剂可以降低烟叶重的亚硝酸盐的水平，*Vc*是植物抗氧化剂，也是亚硝酸盐抑制剂，用*Vc*处理过的烤后烟叶中的亚硝酸盐水平要比对照烟叶低很多。另外，*Vc*也有用在降低TSNAs含量方面的报道。V_E是另一类亚硝酸盐抑制剂，用V_E处理过的烟样，在晾制中亚硝酸盐水平会急剧增加，然而当晾制结束后，亚硝酸盐水平却比对照组低3～10倍。

有报道在模拟人胃液条件下，观察到野生植物（马齿苋）对*N*-二甲基亚硝胺体外合成的阻断作用。有专利报道一种用于降低烟草中有害物质的高纯马齿苋提取物的提取方法，但该专利侧重于高浓度马齿苋提取物的获得，且目的在于降低人体内尼古丁和焦油含量，未涉及TSNAs的研究。有研究对马齿苋提取物进行了杀菌、抗病毒、生物基因和生物代谢作用的研究，但上述研究中的马齿苋或马齿苋提取物均未应用于打叶复烤和卷烟生产过程中降低烟草特有*N*-亚硝胺。综上所述，该项目研发的在打叶复烤过程和制丝生产过程中应用微生物源减害剂和植物源减害剂降低TSNA含量的技术具有显著的首创性和先进性。

上海烟草集团北京卷烟厂针对植物（马齿苋）提取物进行了无公害处理，并确定总黄酮含量作为该植物提取物的活性水平监控指标。在此基础上，进行马齿苋降低TSNAs含量的理论研究，发现马齿苋提取物可大幅清除烟叶中的亚硝酸盐，从而能够有效地抑制TSNAs的生成。研究人员依据不同浓度的马齿苋提取物和降低TSNAs含量的能力，确定马齿苋提取物在打叶复烤和卷烟加工过程中的施加条件，并进行工业生产应用。

第二章

TSNAs 的生成、生物学作用和检测方法

第一节 TSNAs 的生成

一、TSNAs 的生成机制

目前，烟草/烟气中能够检测到的 TSNAs 主要有 NNK、NNN、NAT、NAB、NNA、*iso*–NNAC、NNAL 和 *iso*–NNAL（表 2–1），上述化合物大部分具有致突变性，其中 NNK、NNN、NAT、NAB、NNA 和 NNAL 是典型的致癌物。一般而言，烟草/烟气中的 TSNAs 主要是指 NNK、NNN、NAT 和 NAB，这 4 种化合物是目前研究的重点。

表 2–1 烟草/烟气中的 TSNAs

TSNAs	缩写	CAS	致突变性
4–（*N*–Methyl–*N*–nitrosamino）–1–（3–pyridyl）–1–butanone	NNK	64091–91–4	+
N′–Nitrosonornicotine	NNN	16543–55–8	+
N′–Nitrosoanabasine	NAT	71267–22–6	+
N′–Nitrosoanatabine	NAB	37620–20–5	+
4–（*N*–Methyl–*N*–nitrosamino）–4–（3–pyridyl）–1–butanal	NNA	64091–90–3	+
4–（methylnitrosamino）–4–（3–pyridyl）–1–butyric acid	*iso*–NNAC	123743–84–0	
4–（*N*–Methyl–*N*–nitrosamino）–1–（3–pyridyl）–1–butanal	NNAL	59578–66–4	+
4–（*N*–Methylnitrosamino）–4–（3–pyridinyl）–1–butanol	*iso*–NNAL		

TSNAs 主要来源于烟草中的 4 种生物碱，根据氮原子所连氢原子数，生物碱可分为叔胺类化合物和仲胺类化合物，其中，烟碱（Nicotine）属于叔胺类化合物，去甲基烟碱（Nornicotine）、新烟碱（Anatabine）和假木贼烟碱（Anabasine）属于仲胺类化合物。生物碱的亚硝化反应会生成 TSNAs，其中，仲胺类生物碱的亚硝化反应速度较快，而叔胺类生物碱的亚硝化反应受中间产物亚胺离子的限制，反应速度较慢，且更依赖于反应溶液的 pH。例如，有研究在室温和酸性环境下，烟碱可以被亚硝化为 NNK、NNN 和 NNA，但该反应需要 17 h。Mirvish 等研究去甲基烟碱和假木贼烟碱的亚硝化动力学中，发现仲胺类生物碱的亚硝化是典型的脂肪仲胺类亚硝化反应，反应较为容易。叔胺和仲胺类生物碱的亚硝化过程如图 2–1 所示。烟草的燃烧和亚硝酸盐分解，会产生 NO 和 NO_2 等化合物（反应 1），并与 N_2O_3 处于动态平衡中（反应 2），NO_x 具有强氧化性，遇到叔胺和仲胺类生物碱，在合适的条件下，会发生氧化还原反应，其中叔胺发生的反应

如反应 3 所示，中间产物会进一步反应，生成亚硝胺类化合物（反应 4 和反应 5），因此，烟碱与 N_2O_3 总反应如反应 6 所示。仲胺类生物碱的亚硝化与叔胺不同，亚硝化反应较为容易，反应过程如反应 7 所示，去甲基烟碱与 N_2O_3 反应是典型仲胺亚硝化，如反应 8 所示。目前，关于 4 种 TSNAs 的生成机制，普遍认为如图 2-2所示：NNK 来源于烟碱，NNN 除了来源于烟碱，还有一部分来源于去甲基烟碱，NAT 和 NAB 则分别来源于新烟碱和假木贼烟碱。

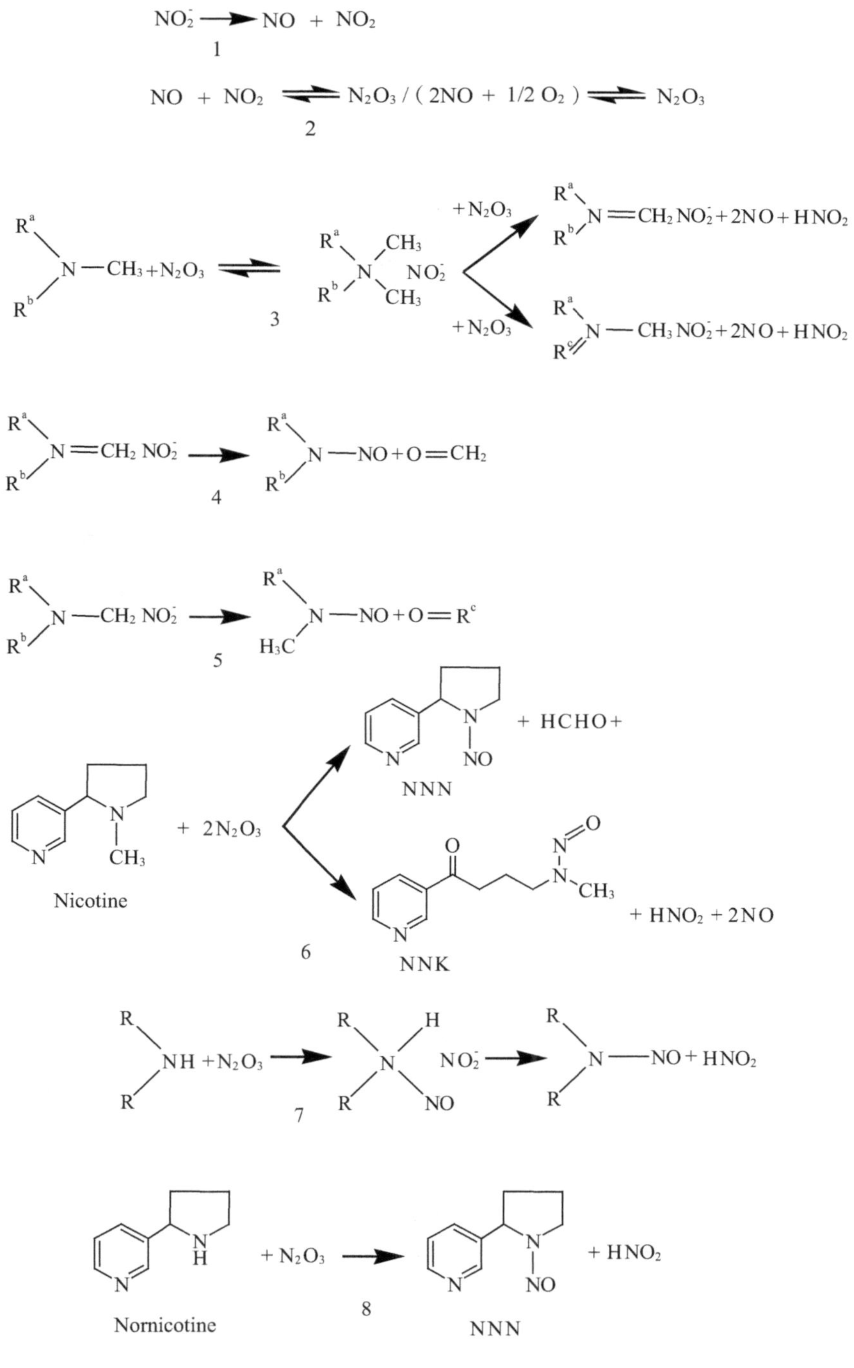

$$NO_2^- \longrightarrow NO + NO_2 \quad (1)$$

$$NO + NO_2 \rightleftharpoons N_2O_3 / (2NO + 1/2\ O_2) \rightleftharpoons N_2O_3 \quad (2)$$

$$R^aR^bN-CH_3 + N_2O_3 \rightleftharpoons R^aR^bN^+(CH_3)(CH_3)\ NO_2^- \xrightarrow{+N_2O_3} R^aR^bN^+{=}CH_2\ NO_2^- + 2NO + HNO_2 \ /\ R^aR^cN^+-CH_3\ NO_2^- + 2NO + HNO_2 \quad (3)$$

$$R^aR^bN^+{=}CH_2\ NO_2^- \longrightarrow R^aR^bN-NO + O{=}CH_2 \quad (4)$$

$$R^aR^bN^+-CH_2\ NO_2^- \longrightarrow R^a(H_3C)N-NO + O{=}R^c \quad (5)$$

$$\text{Nicotine} + 2N_2O_3 \longrightarrow \text{NNN} + HCHO + \ /\ \text{NNK} + HNO_2 + 2NO \quad (6)$$

$$R_2NH + N_2O_3 \longrightarrow R_2N^+(H)(NO)\ NO_2^- \longrightarrow R_2N-NO + HNO_2 \quad (7)$$

$$\text{Nornicotine} + N_2O_3 \longrightarrow \text{NNN} + HNO_2 \quad (8)$$

图 2-1　叔胺和仲胺类生物碱生成 TSNAs 的反应

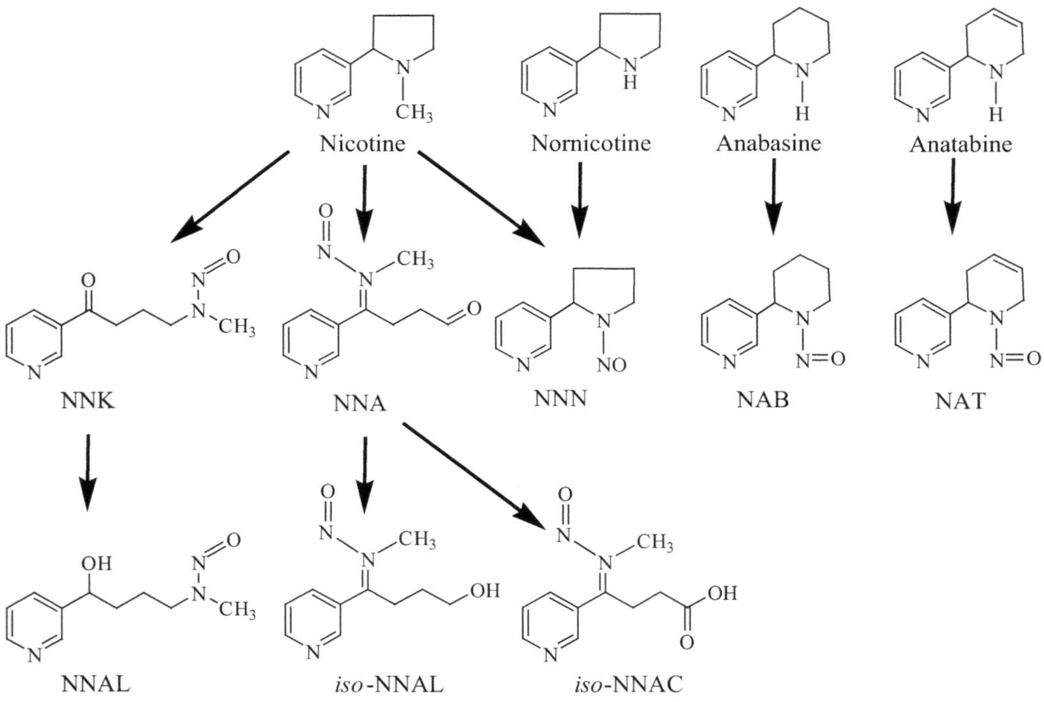

图 2-2 TSNAs 的来源及其结构

云南省烟草农业科学研究院的研究表明各种 TSNAs 及其总量与亚硝酸盐都存在着显著的相关性，尤其是与 NNN、NAT+NAB 和 TSNAs 之间有极显著的相关性，这表明亚硝酸盐是形成 TSNAs 的重要前体物质。TSNAs 总量与 NNN、NAT+NAB 和 NNK 都具有极显著相关性，但与 NNK 的相关性稍低。而 NNK 与 NNN、NAT+NAB 也存在着显著的相关性，NNN 与 NAT+NAB 之间的相关性极为显著（表 2-2）。

表 2-2 晾制期间烟叶中 TSNAs 与硝酸盐、亚硝酸盐的相关性及显著性

	NNN	NAT+NAB	NNK	TSNAs	亚硝酸盐	硝酸盐
NNN	—	0.8689**	0.6781*	0.9761**	0.9765**	0.4920
NAT+NAB	—	—	0.6367*	0.9291**	0.9195**	0.4390
NNK	—	—	—	0.7820**	0.7304*	0.2182
TSNAs	—	—	—	—	0.9874**	0.4611
亚硝酸盐	—	—	—	—	—	0.4875
硝酸盐	—	—	—	—	—	—

注：** 表示两者 *P* 值在 0.01 水平上显著相关；* 表示两者 *P* 值在 0.05 水平上显著相关。

卷烟烟气中的TSNAs由烟草转移部分和卷烟燃烧部分组成，每一部分所占比例至今未形成统一意见。Adams 等认为 63% ～ 74% 的 NNK 是由燃烧产生的。Fischer 等认为大部分 TSNAs 是由烟草中转移而来的，仅有 NAT 和 NAB 与烟草燃烧有关。Moldoveanu 等通过同位素标记添加实验，系统研究了在参比卷烟 2R4F 基质下燃烧产生的 TSNAs 与总 TSNAs 的关系，结果证实高温裂解产生的 NNK 和 NNN 分别占主流烟气中各自总量的 5% ～ 10% 和 5% ～ 25%，在低 TSNAs 释放量的卷烟中上述比例会更高。也正是由于燃烧部分的贡献，传统卷烟烟气中的 TSNAs 难以彻底清除。口含烟等无烟气烟草制品由于不燃烧，无高温裂解反应，因此无烟气烟草制品中 TSNAs 仅来源于烟草自身固有 TSNAs 的转移。

二、不同品种、不同类型烟叶中 TSNAs 的含量

如表 2-3 所示，不同类型烟草烟叶中 TSNAs 含量也不同。有研究对中国主要烟叶类型 TSNAs 含量进行排序：白肋烟＞沙姆逊香料烟＞烤烟＞巴斯玛香料烟，在白肋烟和香料烟中，NNN 和 NAT 为主要的 TSNAs，约占总 TSNAs 的 96%。不同品种烟草烟叶中 TSNAs 含量不同。另外，同一品系，经过改良的品种、转基因品种与原有品种比较，TSNAs 含量差别很大。近年来，从美国引进的白肋烟传统品种 TN90 和改良品种 TN90LC，后者由于烟碱转化率低，烟叶中含有较少的去甲基烟碱，因此，烟叶中 NNN 含量低于前者。而转基因品种 TN90ULC 由于细胞色素氧合酶 CYP82E 的沉默，烟碱转化率仅为 0.7%，TSNAs 含量可低至 0.5 μg/g。烟叶部位不同，TSNAs 含量也不同，如图 2-3 所示，但不同品种及调制方式不同，不同部位烟叶中 TSNAs 含量差别较大。

表 2-3 不同品种、不同类型烟草中 TSNAs 的含量

单位：μg/g

类型	品种（品系）	NNN	NNK	NAT	NAB	总 TSNAs
白肋烟	B37LC	1.23	0.04	0.72	0.03	2.02
	B37HC	1.57	0.05	0.84	0.04	2.50
烤烟	云烟 87	0.35	0.03	0.19	0.03	0.60
	K326	0.35	0.03	0.18	0.04	0.60
马里兰烟	Md609LC	1.12	0.02	0.27	0.02	1.43
	MD609HC	15.17	0.03	0.36	0.02	15.58
晒黄烟	深色公会晒烟	0.58	0.04	0.34	0.02	0.98
	浅色公会晒烟	0.51	0.04	0.35	0.03	0.93

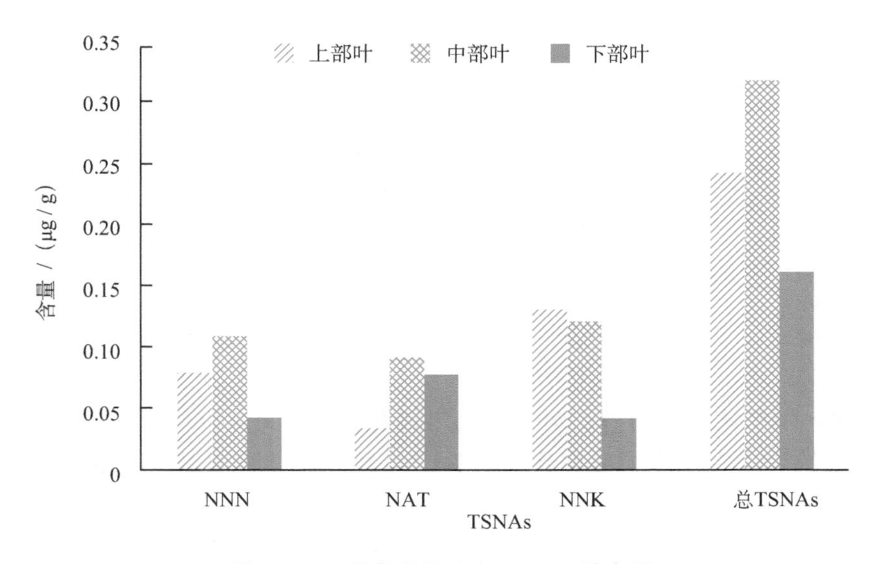

图 2-3 不同部位烟叶中 TSNAs 的含量

三、TSNAs 的不同生成阶段

TSNAs 主要生成于烟草采后加工环节，在烟叶（绿叶）生长期未检测到 TSNAs，仅在烟叶生长的衰退期出现少量 TSNAs。这是由于细胞内物质被细胞膜有效隔离，尽管叶内含有丰富的 TSNAs 前体物，但

它们不能碰撞而发生反应，难以生成 TSNAs。烟叶采后需要经过调制、分级、复烤、醇化（或人工发酵）等一系列初加工，每个环节加工条件不同，造成 TSNAs 生成量不同。例如，在调制阶段，不同的调制方式对烟叶中 TSNAs 的生成影响较大；在醇化阶段，烟叶中 TSNAs 的生成量受贮藏条件的影响。

（一）调制期 TSNAs 的生成

烟叶采后须经调制才能进入下一阶段的加工，烟叶调制是一个生理生化过程，采后的烟叶具有生理活性，由于其脱离了母体，水分和养分来源被断绝，但呼吸作用仍在进行，以自身的养分为呼吸基质，维持其生命机能。在这个过程中，水分逐渐流失，细胞膜破裂，细胞室坍塌，原有的细胞器、内质网和细胞骨架被破坏，维持烟叶正常生理特征的内含物（酶、无机盐等）混合，产生了大量无序的生化反应，一些物质被分解和消耗，部分新的物质生成，这个生理生化反应过程称为饥饿代谢，并一直延续到细胞脱水干燥为止。

烤烟调制期一般分为变黄、定色和干筋，白肋烟变黄期前有一段时间称为凋萎，凋萎期是从收获后开始脱水起，一般持续 10 ～ 12 天。变黄期一般持续 12 ～ 14 天，烟叶化学成分变化很大，由于复杂的化学反应及可溶性组分在叶肉和叶茎之间重新分配，使烟叶失去干重的 15% ～ 20%。此期是最为重要的时期，也是烟叶真正的调制期，相对湿度控制在 65% ～ 70%，若湿度太低，将导致烟叶干燥太快，过早杀死细胞，中断化学反应，尤其是不能使淀粉分解，淀粉的存在会影响烟叶吃味，使叶片颜色固定在绿色或黄色阶段，湿度过高，烟叶干燥减慢，导致烟叶变黑、变薄、发霉。变黄阶段完成后，部分烟叶开始失去活力转变为均匀一致的褐色或棕色，此时烟叶的最终颜色已成定局，这一阶段成为定色期。当叶片已转为较好的白肋烟颜色时，便可加强通风，使之进入干筋期，此时湿度应降低，并保持至叶片和茎秆完全干燥为止。

一般认为，TSNAs 在烟叶采后调制阶段大量生成，但不同调制方式（烘烤和晾晒）对 TSNAs 影响较大，由于烘烤调制温度较高、时间短，生成的 TSNAs 一般低于晾晒方式。李宗平以白肋烟（B37LC）为实验对象，研究了不同调制方式对烟叶中 TSNAs 的影响，如表 2–4 所示，烤制产生的单一亚硝胺和总 TSNAs 均低于晾制和晒制。

表 2–4　不同调制方式对烟叶中 TSNAs 的影响

单位：μg/g

调制方式	NNN	NNK	NAT	NAB	总 TSNAs
烤制	1.08	0.04	0.63	0.03	1.78
晾制	1.23	0.04	0.72	0.03	2.02
晒制	1.17	0.04	0.71	0.03	1.95

另外，研究表明，烤烟调制过程中，使用明火调制方式比热交换方式产生更多的 TSNAs。表 2–5 总结了使用不同加热器的烤房中经烤制后烟叶中 TSNAs 含量，抽样数据表明装备热交换型的烤房中烟叶 TSNAs 含量低于明火烤房。在明火烤制环境中，可燃性气体（液态丙烷气）燃烧产生了 NO_x 气体，会导致生物碱的亚硝化，生成了较多的 TSNAs 化合物。为了验证氮氧化物对 TSNAs 生成的影响，研究人员通过在烤房中人为补充 NO_x 气体，如表 2–6 所示，明火烤制明显增加了 TSNAs 含量（0.95 μg/g → 4.66 μg/g），而且在两种不同加热方式的烤房中，人为补充的 NO_x 会导致烟叶中 TSNAs 含量急剧升高，其中在电加热烤房中注入 NO_x 气体，导致烟叶中 TSNAs 含量由 0.95 μg/g 增加至 174.0 μg/g。1999 — 2000 年，美国雷诺烟草公司对采用不同加热方式的商业烤房进行烟叶采样，发现热交换方式与明火加热方式差别很大，热交换烤房调制的烟叶中 NNN、NAT、NNK 和总 TSNAs 量远低于明火方式（表 2–7）。

表 2-5　不同商业烤房中抽样样品中 TSNAs 含量

燃料	加热方式	样品个数 / 个	TSNAs 含量 /（μg/g）
木材	烟道	6	0.25
柴油	热交换	27	0.66
液态丙烷气	热交换	23	低于检出限
液态丙烷气	明火	1	5.90
液态丙烷气	明火	43	11.1

表 2-6　外源 NO_x 对烟叶中 TSNAs 含量的影响

烤房种类	NO_x 施加量 / kg	TSNAs 含量 /（μg/g）
电加热（对照）	0	0.95
电加热	1.8	174.00
液态丙烷气明火（对照）	0	4.66
液态丙烷气明火	1.8	107.30

表 2-7　美国商业烤房采用不同加热方式调制的烟叶中 TSNAs 含量

年份	TSNAs	热交换 /（μg/g）	明火 /（μg/g）	降低率
1999	NNN	0.19	1.74	89%
	NAT	0.32	2.38	87%
	NNK	0.21	2.82	93%
	总 TSNAs	0.72	6.94	90%
2000	NNN	0.08	1.16	93%
	NAT	0.13	1.64	92%
	NNK	0.09	1.95	95%
	总 TSNAs	0.30	4.75	94%

在烟叶不同调制阶段，TSNAs 的生成量不同。在烟叶变黄期，TSNAs 的生成量并不多，变黄末期，TSNAs 开始生成，至定色期和干筋期，TSNAs 大量生成，至调制结束时，TSNAs 达到最大量，如表 2-8 所示。在变黄期结束时，TSNAs 含量比采收时略高，但调制结束时，TSNAs 含量增加很大，表明定色期和干筋期是 TSNAs 形成的重要阶段。史宏志等以白肋烟鄂烟 1 号为调制对象，置于常规“89”式标准晾房自然调制，结果如图 2-4 所示。白肋烟在晾制过程中其 TSNAs 累积量是先逐步增加，然后又迅速下降的，其变化曲线呈不规则的抛物线形，从第 3 周（21 天）起，开始迅速累积，在晾制时间达到第 6 周（42 天）时达到最大值，第 7 周后 TSNAs 含量开始回落，在晾制结束前会趋于稳定，而且上部叶和中部叶的变化规律相似，总体调制后烟叶中 TSNAs 含量比调制前增加数倍。瑞典火柴公司研究人员将白肋烟烟碱高转化株 BB16NN 置于不同晾房中，以热交换方式调制，发现叶片和烟梗中 TSNAs 生成量的显著变化均为从变黄期结束时开始，并呈逐渐升高趋势，从定色期结束时至调制期结束时，TSNAs 的生成量最大（图 2-5）。因此，有研究将正常定色后的白肋烟叶直接移至高温环境（50 ℃）快速干燥，发现 TSNAs 生成量低于正常干筋期。也有研究将变黄期完成后的白肋烟叶经高温（70 ℃）干燥，发现 TSNAs 生成量远低于正常调制烟叶。但也有研究认为，在白肋烟正常晾制过程中，将后期的干筋期晾制环境置换为烤烟干筋期的烤制环境（68 ℃），会导致 TSNAs 含量的升高。另外，帝国烟草公司研究人员对烤烟进行了调制研

究，发现烤制温度与 TSNAs 含量的生成量呈正相关，高温烤制（＞60 ℃）会导致更多的 TSNAs 生成。因此，虽然调制温度会影响烟叶中 TSNAs 的生成，但会因调制方式及变温点的不同而略有差异。

表 2–8　调制前后 TSNAs 的变化

单位：μg/g

	NNN	NAT	NNK	总 TSNAs
采收时	0.26	0.79	0.28	1.33
变黄期结束时	0.28	1.06	0.13	1.47
调制后	1.56	6.67	1.81	10.04

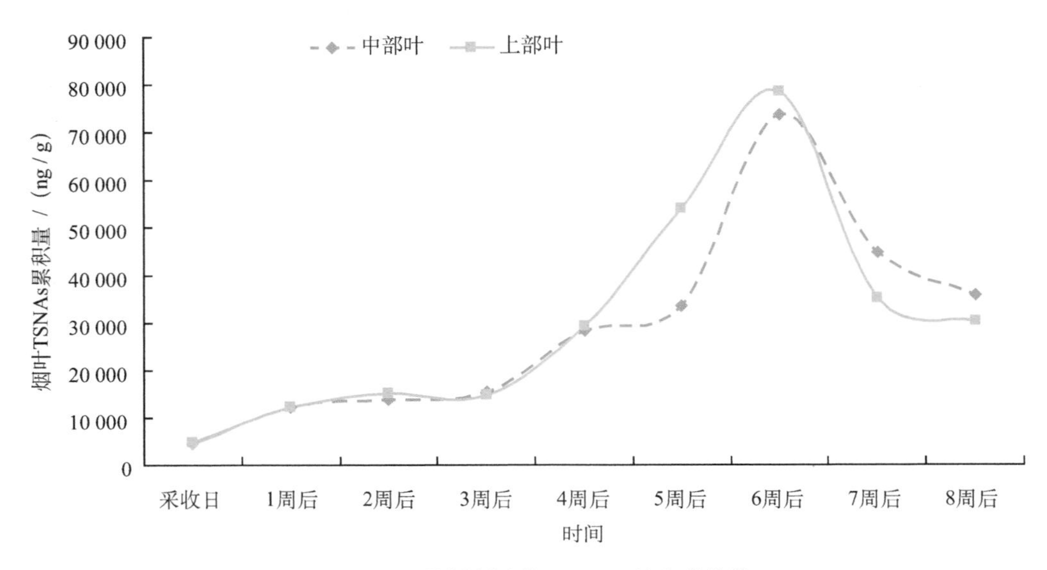

图 2–4　不同调制阶段 TSNAs 的生成趋势

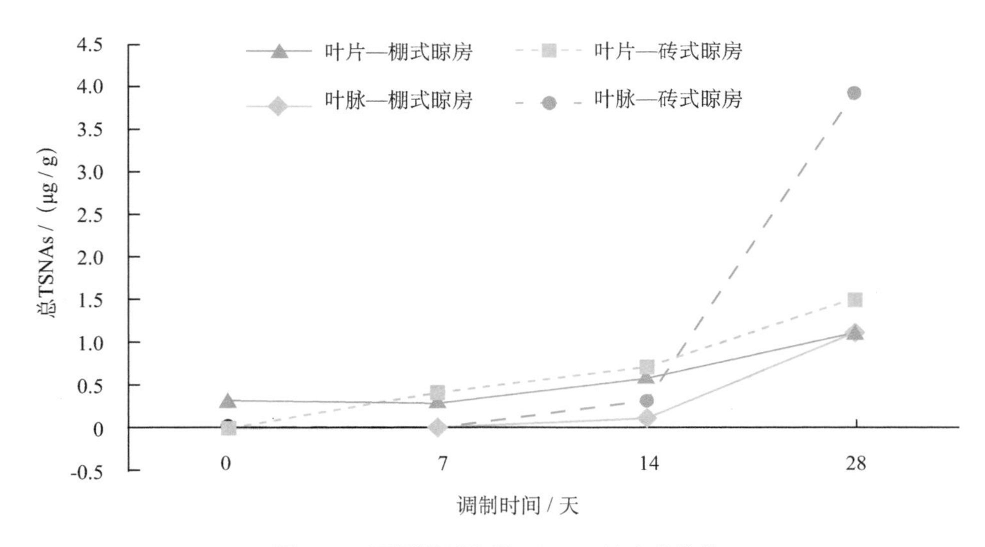

图 2–5　不同调制阶段 TSNAs 的生成趋势

普遍认为，高温和高湿环境会导致调制期间烟叶中 TSNAs 的大量生成，反之，则会生成较少的 TSNAs。有研究在恒湿柜中调制白肋烟，设置不同湿度（83%RH、90%RH），发现 90% 的相对湿度会导致叶片和叶脉中 TSNAs 的大量生成。在环境控制房内进行白肋烟调制实验也表明，32 ℃ /83%RH 调制环境生成的 TSNAs 是对照组（24 ℃ /70%RH）的几百倍。Lion K 等对 2010 — 2014 年美国白肋烟种植区进行了抽查，发现同一年份，不同产区的白肋烟 TSNAs 含量波动范围为 2.5 ～ 18.3 μg/g，而不同年份，同一产区，由于不同年份气候不同，烟叶中 TSNAs 含量差别较大，且与该产区气候湿度呈显著正相关。

选择不同年份和不同地区的晾房，瑞典火柴公司和阿塔迪斯 – 帝国烟草科研人员共同进行了调制环境对 TSNAs 影响的研究。2000 — 2001 年，在美国肯塔基州普林斯顿地区某传统晾房内，烟叶调制期间平均湿度为 78% ～ 85%，平均温度为 22 ～ 25℃（图 2–6），烟叶中 TSNAs 含量为 5 ～ 11 μg/g。而在 1998 — 1999 年同一晾房内的平均湿度为 65% ～ 73%，平均温度为 25 ℃左右，调制后烟叶中 TSNAs 含量仅为 1.1 ～ 2.8 μg/g。2001 年，菲律宾某地晾房 2 平均湿度为 69% ～ 72%，平均温度为 28 ～ 30 ℃（图 2–7），该环境条件下调制后烟叶中 TSNAs 含量为 0.2 ～ 0.8 μg/g。2001 年，美国肯塔基州欧文斯伯勒地区，两个传统晾房内调制的烟叶经过高湿的变黄期、湿度快速下降期（关键期）和定色期后（图 2–8），烟叶中 TSNAs 含量仅为 1.2 ～ 1.7 μg/g。在意大利某地区的两个传统晾房内，调制条件相似，经过关键期调制后的烟叶中 TSNAs 含量低至 0.1 μg/g（表 2–9）。

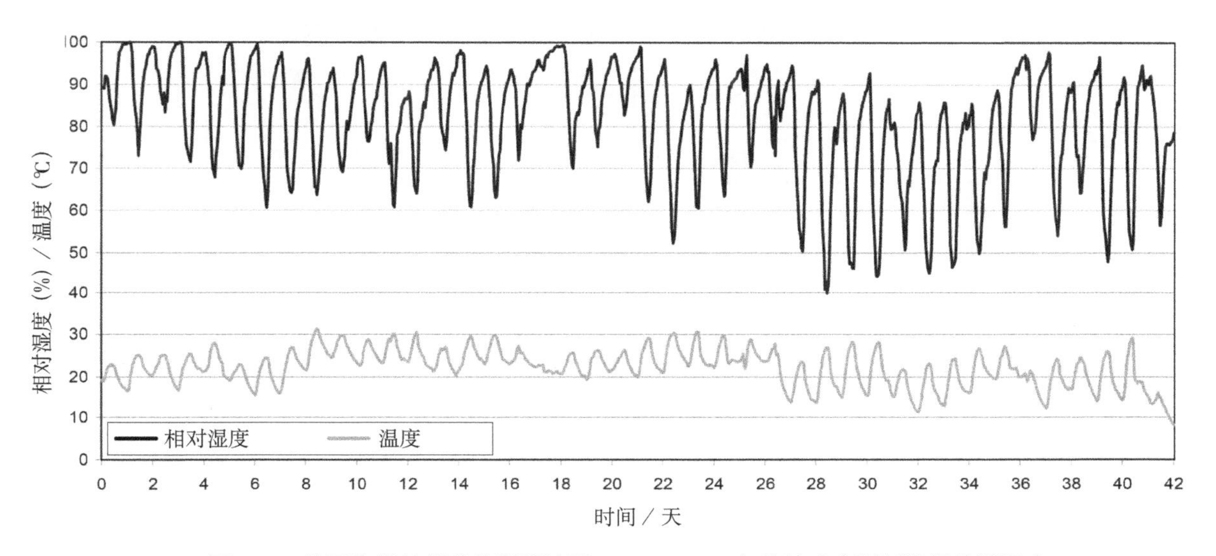

图 2–6　美国肯塔基州普林斯顿地区 2000—2001 年传统晾房调制期间的温湿度

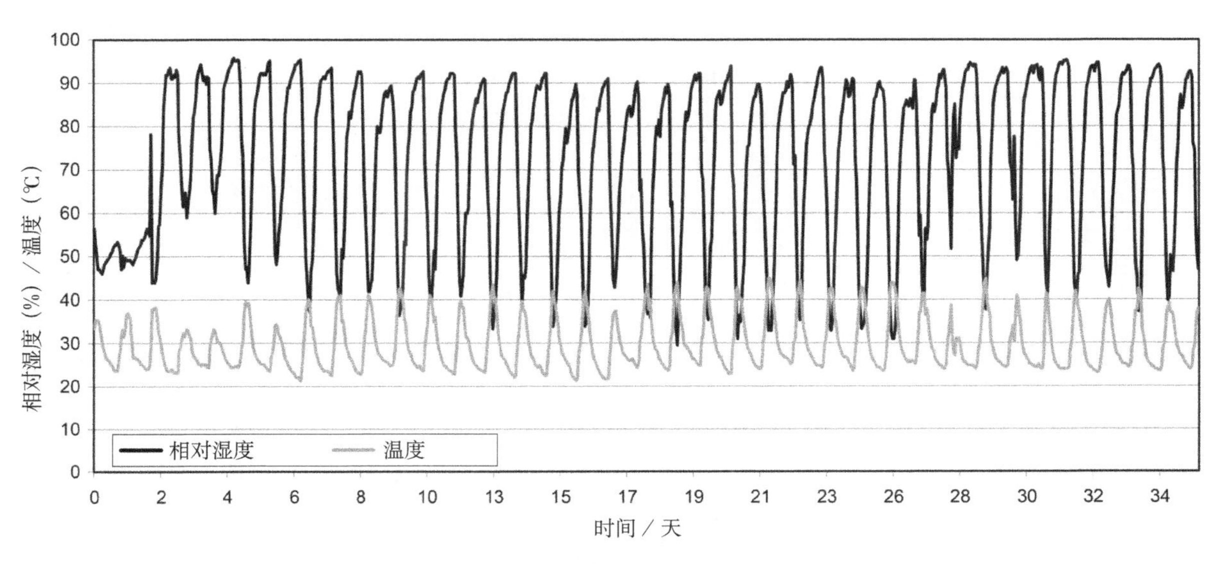

图 2–7　菲律宾某地 2001 年传统晾房调制期间的温湿度（晾房 2）

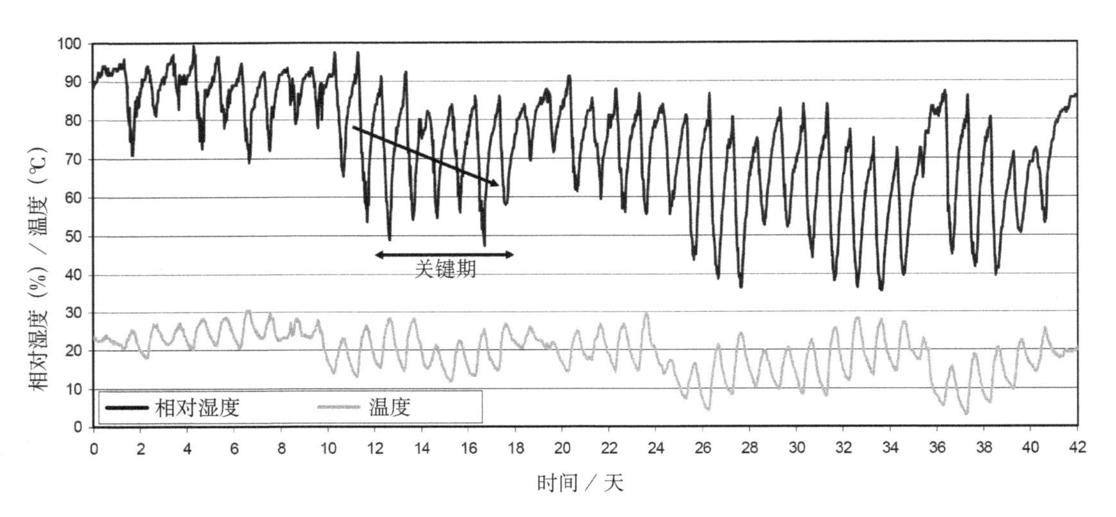

图 2–8　美国肯塔基州欧文斯伯勒地区 2001 年传统晾房调制期间的温湿度（晾房 1）

表 2–9　不同地区传统晾房调制后烟叶中 TSNAs 和亚硝酸盐含量

地点	挂层 / 晾房	平均湿度 / %	平均温度 / ℃	TSNAs/（μg/g）[a]	亚硝酸盐 /（μg/g）[a]
普林斯顿，2000 年	挂层 1	85	24	6.0	16
	挂层 4	78	25	5.0	11
普林斯顿，2001 年	挂层 1	85	22	9.6	78
	挂层 2	83	22	7.0	60
	挂层 3	80	23	6.2	17
	挂层 4	79	23	11.0	67
普林斯顿，1998 年	挂层 2	约 73	约 25	1.3	1
	挂层 4	约 69	约 25	1.4	1
	挂层 6	约 65	约 25	1.1	1
普林斯顿，1999 年	挂层 2	71	24	2.6	3
	挂层 4	67	25	2.8	3
菲律宾，2001 年	晾房 1	69	28	0.2	ND [b]
	晾房 2	72	30	0.8	ND [b]
欧文斯伯勒，2001 年	晾房 1	87/72/70 [c]	23/19/18 [c]	1.2	2
	晾房 2	84/75/84 [c]	24/25/22 [c]	1.7	3
意大利，2001 年	晾房 1	76/72/78 [c]	18/19/19 [c]	1.1	3
	晾房 2	77/59/77 [d]	21/20/16 [d]	0.1	3
法国，2001 年	晾房 1	77/79/84 [d]	16/13/16 [d]	0.1	5

注：a 表示烟叶干重；b 表示未检出；c 表示（1 ~ 12 天）/（12 ~ 18 天）/（18 ~ 45 天）；d 表示（1 ~ 16 天）/（16 ~ 20 天）/（20 ~ 45 天）。

上述研究人员为了验证自然晾制晾房中关键期的作用，通过人工手段，在变黄和定色之间人为制造“调制关键期”，发现调制关键期（2 ～ 3 天）对 TSNAs 的生成影响较大，通过降低关键期的湿度，可以降低调制期烟叶中 TSNAs 的生成。如表 2–10 所示，在欧文斯伯勒地区晾房 1 ～ 3 内的烟叶，经过关键期调制后烟叶中 TSNAs 含量均低于 2.7 μg/g，若关键期内湿度始终保持 60%，TSNAs 含量会低至 0.7 μg/g。

在里兹维尔地区的人工控制实验（图 2–9）也表明，2 天的调制关键期内，如果湿度由 70% 左右快速下降至 35%，调制完成后的烟叶中 TSNAs 含量会降至 1.0 μg/g 左右。

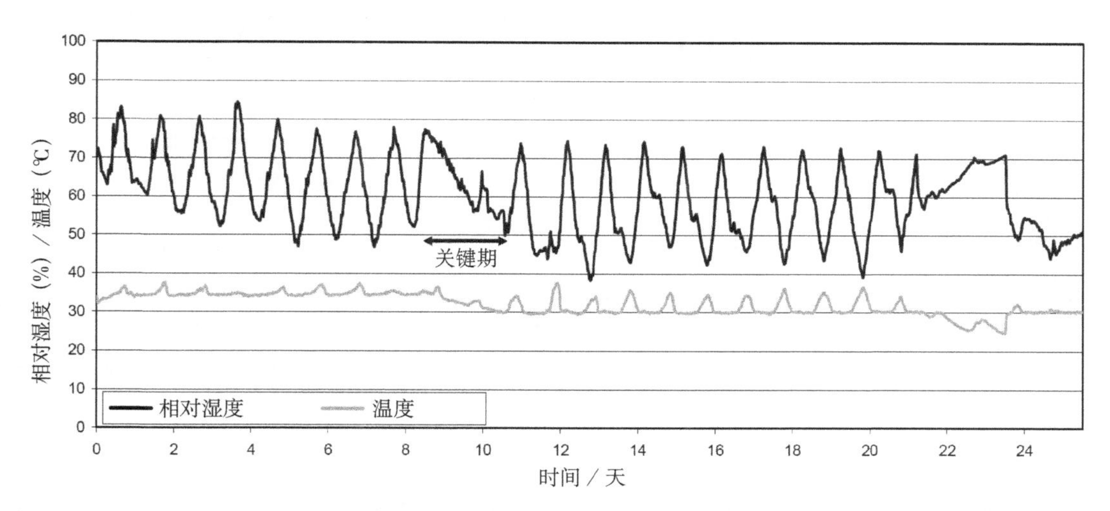

图 2–9　美国北卡罗来纳州里兹维尔地区 2001 年晾房调制期间的温湿度（人为控制调制关键期，晾房 1）

表 2–10　人为控制晾房调制后烟叶中 TSNAs 和亚硝酸盐含量

地点	晾房	平均湿度 /%			平均温度 /℃	TSNAs/（μg/g）[c]	亚硝酸盐 /（μg/g）[c]
		变黄期	关键期[a]	定色期[b]			
迷你晾房							
欧文斯伯勒，2000 年	晾房 1	90	90 → 65	68	29	2.3	4
	晾房 2	87	85 → 61	68	29	2.7	5
	晾房 3	87	85 → 55	68	29	2.0	4
欧文斯伯勒，2001 年	晾房 1 ～ 3	75	60	62	31	0.7	2
大型晾房							
里兹维尔，2001 年	晾房 1	69	70 → 35	47	30	1.0	8
里兹维尔，2001 年	晾房 1（调制 1）	65	80 → 50	57	33	1.3	2
	晾房 2（调制 1）	63	78 → 50	58	32	1.4	2

注：a 表示湿度绝对值；b 表示湿度循环平均值；c 表示烟叶干重。

法国某地 2001 年晾房调制环境的平均湿度约为 80%，温度约为 16 ℃（图 2–10），且调制关键期的湿度达到 79%，但调制后烟叶中 TSNAs 含量仅为 0.1 μg/g（表 2–9），表明尽管关键期湿度较高，但低温生成的 TSNAs 会低于高温调制环境，低温调制的烟叶品质往往难以满足卷烟原料的质量要求。肯塔基大学的研究也表明，低温环境调制和贮存的烟叶虽然等级较低，但 TSNAs 含量变化不大，始终处于较低水平。

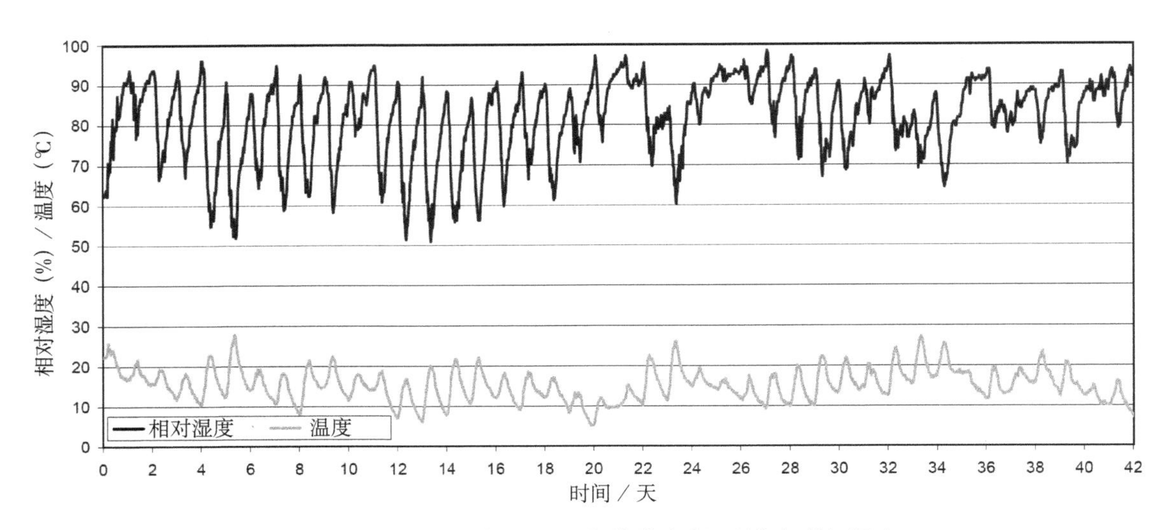

图 2–10　法国某地 2001 年传统晾房调制期间的温湿度

（二）贮存阶段 TSNAs 的变化

烟叶是一种高经济价值的农产品，合理的贮存烟叶是改善烟叶内在与外在质量、稳定卷烟产品质量和解决烟叶供需矛盾的必然要求。一般而言，烟叶贮存分为以下两个阶段：①调制后阶段。调制好的烟叶分级、扎把，短期堆贮后交售给收购站，收购站将烟叶按等级堆贮在站内仓库，打成烟包（初烤烟）逐批发往复烤厂，农户及收购站的贮存时间较短。烟包运输至复烤厂后，一般需贮入仓库等待复烤，烟叶经复烤加工后重新包装，再贮入仓库，复烤厂贮存的烟叶包括初烤烟（水分 16% ～ 18%）和复烤烟（水分 11% ～ 13%），贮存时间长短不一。②醇化阶段。复烤后的烟叶运输至卷烟厂烟叶仓库或贮备库后，一般要贮存 1 ～ 2 年，甚至更长时间，该阶段称为烟叶的醇化阶段。

1. 调制后阶段

尽管烟叶中 TSNAs 主要生成于调制阶段，但在调制后不稳定亚硝化产物仍然存在，TSNAs 的累积也在发生着变化，且不同的处理方式均会影响 TSNAs 的生成。研究人员以白肋烟为研究对象，对正常调制后的烟叶进行了不同处理：（A）留茎，悬挂于晾房中；（B）去茎、捆扎，堆垛于晾房中；（C）去茎，堆垛于晾房中；（D）去茎、捆扎和去把头，堆垛于晾房中；（E）去茎、捆扎和去把头，置于恒温恒湿箱中（不同温度）；（F）去茎，立即打叶复烤。其中，A ～ E 组于各自环境中贮存 3 个月后进行打叶复烤，F 组打叶复烤后装箱，于室温环境贮存 3 个月，结果如表 2–11 所示。新调制的烟叶经 3 个月贮存后，TSNAs 均有不同程度的升高，特别是调制后的烟株，继续于晾房中整株悬挂贮存，烟叶和烟梗中 TSNAs 增加量最多。另外，由表 2–11 中的 F 组数据可以看出，调制后烟叶应尽快打叶复烤，以降低 TSNAs 的累积。

表 2–11　不同处理对调制后阶段烟叶中 TSNAs 的影响

单位：μg/g

品种	处理组	A		B		C		F	
		叶片	烟梗	叶片	烟梗	叶片	烟梗	叶片	烟梗
白肋低转化株 ITB 501	贮存前	0.5	1.2	0.5	1.2	0.5	1.2	0.8	0.8
	贮存后	2.0	4.6	0.8	2.0	0.6	2.3	0.8	1.8
白肋高转化株 BYBC	贮存前	5.2	13.9	5.2	13.9	5.2	13.9	2.9	13.4
	贮存后	6.3	12.1	4.5	13.2	5.2	15.0	3.6	9.6

以白肋烟低转化株（ITB 573）调制后的烟叶为贮存对象（D组），发现去除烟叶把头（图2-11），对贮存后TSNAs的含量存在影响，留有把头会显著增加贮存后TSNAs的含量（图2-12）。

图2-11 去除烟叶把头示意

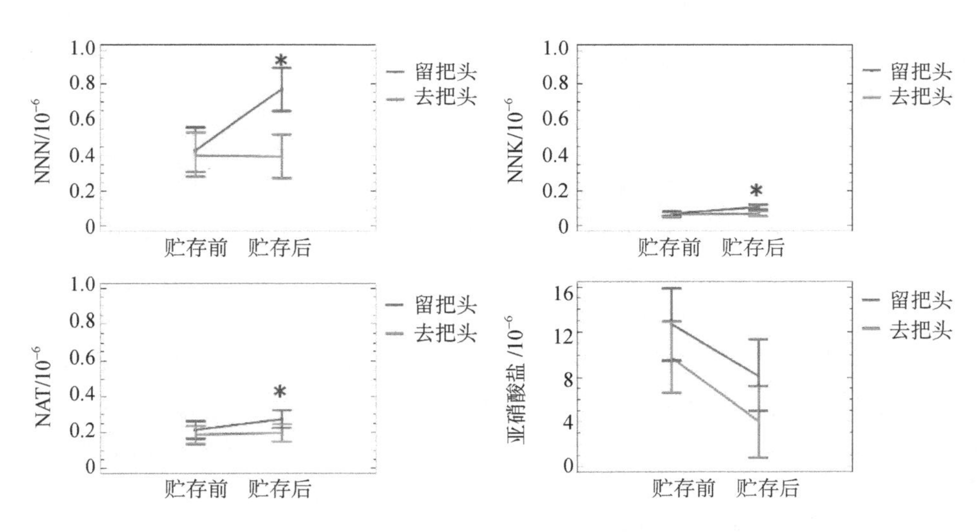

图2-12 去除把头对调制后阶段烟叶中TSNAs含量的影响

另外，贮存温度也影响烟叶TSNAs的累积。研究人员以白肋烟ITB 573和深色晾烟Malawi为研究对象，进行调制后阶段的3个月恒温恒湿环境贮存（E组），发现随着贮存温度的升高，叶片和烟梗中TSNAs含量逐渐升高，且对烟梗的影响更大（图2-13）。

烟叶中TSNAs含量在调制后的贮存期间内会发生变化，烟叶处理方式、贮存时间、贮存温度等因素均会影响TSNAs的生成，因此，应尽量缩短调制后烟叶的贮存时间，烟叶调制后尽快进行打叶复烤，如不能尽快打叶复烤，应将烟叶尽快从挂杆上取下，及时去茎、捆扎和去除把头，并尽量堆垛于低温（<20 ℃）环境中。

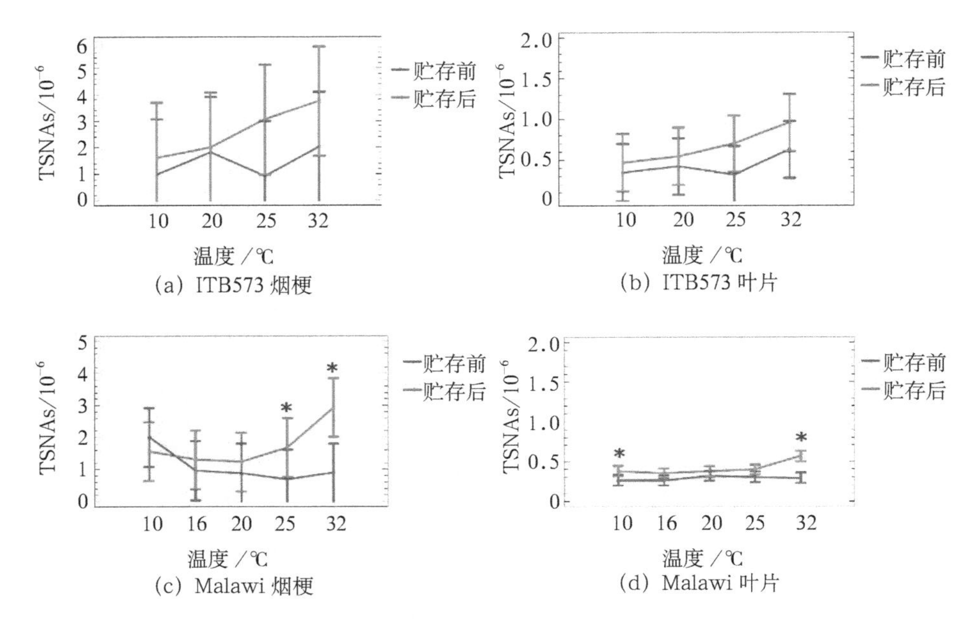

图 2–13 贮存温度对调制后阶段烟叶中 TSNAs 含量的影响

2. 醇化阶段

烟叶醇化（或发酵）主要是为了克服新烟的不良品质，改善和提高烟叶的内在质量和外观质量，使它适合于卷烟产品质量的需要。烟叶经打叶复烤后，运输至卷烟厂进行醇化，既可以进一步提高烟叶的品质，又能调控卷烟厂对烟叶原料的需求。醇化阶段时间较长，烟叶品质受醇化期的温湿度、氧气量等因素影响，因此，烟叶醇化阶段烟叶中 TSNAs 含量的变化受到研究人员的关注。

（1）贮存时间对烟叶中 TSNAs 含量的影响

河南农业大学史宏志等对调制后的烟叶进行了 1 年的实验室贮存实验，发现贮存时间对醇化阶段的 TSNAs 累积影响较大，如图 2–14 所示。白肋烟和晒烟中的 NNN 含量总体呈不断增加趋势，但晒烟在一年贮存中每 4 个月的增加量均未达到显著水平，白肋烟在 2011 年 12 月中旬至 2012 年 4 月中旬增加量很少，未达到显著水平，2012 年 4 月中旬至 8 月中旬，8 月中旬至 12 月中旬 NNN 含量的增加量均达到显著水平，白肋烟 NNN 含量在贮存期间的增加幅度远大于晒烟，这与所用的白肋烟烟碱转化率较高有关，烟碱转化导致降烟碱含量升高，更有利于 NNN 的形成。白肋烟和晒烟中的 NAT 含量随贮存时间均不断增加，同样表现为增加幅度先小后大再减小的趋势，在 2012 年 4 月中旬至 8 月中旬增加量最大且均达到了显著水平，分别增加 116.8% 和 135.6%。此外，白肋烟中的 NAT 含量始终高于晒烟中的 NAT 含量。白肋烟和晒烟中的 NNK 含量均呈不断增加趋势，且在 2012 年 4 月中旬至 8 月中旬增加达到显著水平，这个时期也正是温度较高的时期。对 NAB 而言，白肋烟在 1 年的贮存期中每 4 个月的增加量均达到了显著水平，以 4 月中旬到 8 月中旬的高温季节增加最为显著，晒烟中的 NAB 含量在 2011 年 12 月至 2012 年 4 月缓慢增加未达到显著水平，在 2012 年 4 月中旬至 8 月中旬、8 月中旬至 12 月中旬的增加达到了显著水平，且在 12 月中旬时白肋烟和晒烟中的 NAB 含量较接近。白肋烟和晒烟中总 TSNAs 在 2011 年 12 月中旬至 2012 年 4 月中旬缓慢增加，增加量均未达到显著水平，在 2012 年 4 月中旬至 8 月中旬迅速增加，增加量均达到显著水平，之后增速减缓，在贮存期间，白肋烟的 TSNAs 总量始终高于晒烟中的 TSNAs 总量，这一差异可能主要是 NNN 含量差异较大引起的。

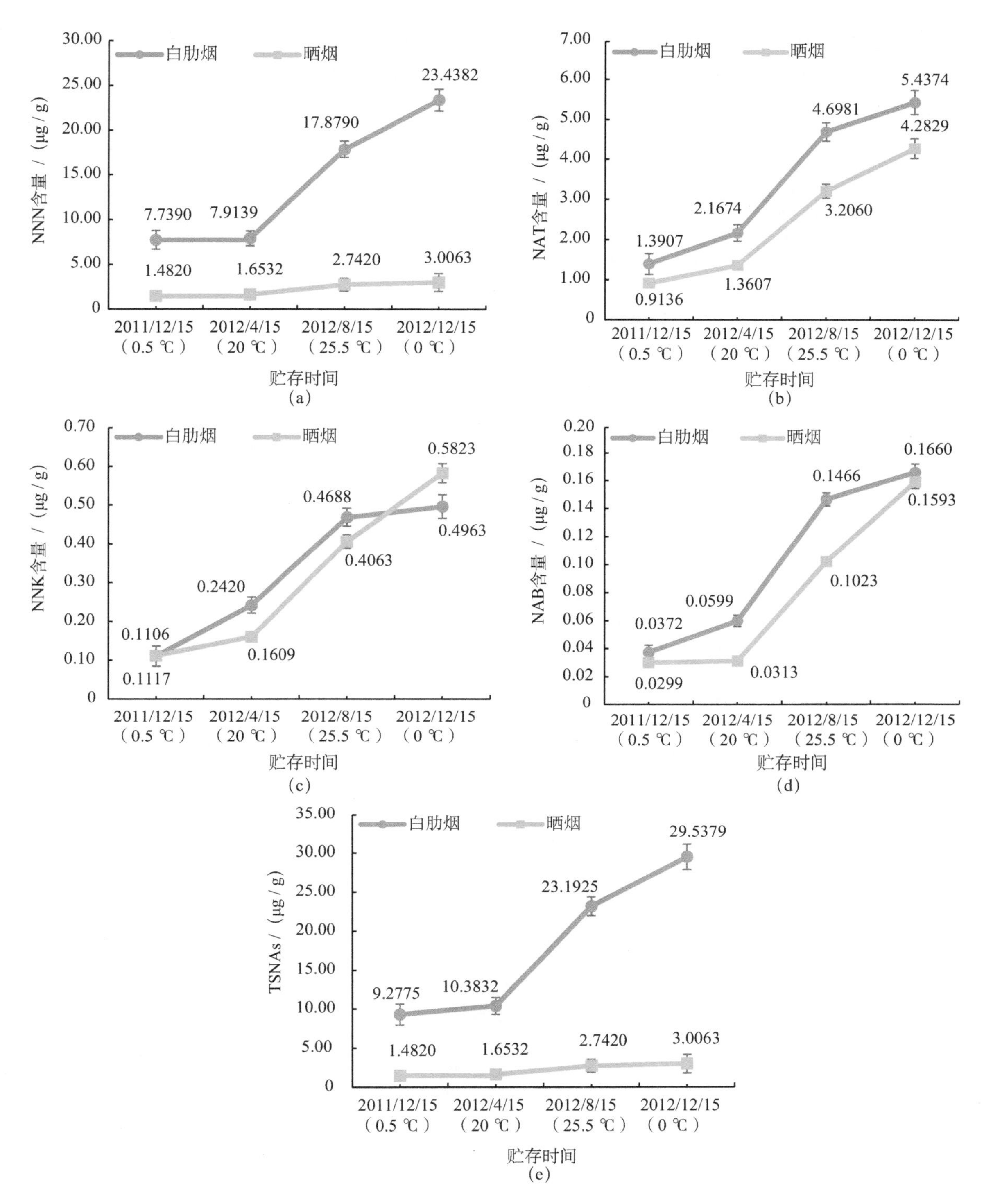

图 2-14 不同醇化时间对烟叶中 4 种 TSNAs 和总 TSNAs 含量的影响（同系列中不同小写字母代表显著性差异）

（2）贮存温度对烟叶中 TSNAs 含量的影响

将调制后的白肋烟烟叶样品在 10 ℃、30 ℃、45 ℃、60 ℃温度下分别放置 6 天、12 天、24 天和 36 天，如图 2-15 所示。随着温度的增加，烟叶中 TSNAs 含量均呈增加趋势，特别是温度达到 30 ℃以后，NNK、NNN、NAT、NAB 及 TSNAs 总含量的增幅迅速加大。10 ℃处理中，随着处理时间的延长，NNK、NNN、NAT、NAB 及 TSNAs 总含量没有明显变化；在 30 ℃温度条件下，随时间延长，NNK、NNN、

NAT 、 NAB 及 TSNAs 总含量逐渐增加；45 ℃处理中，TSNAs 含量随处理天数的增加增加幅度较大；60℃处理下，NNK 、 NNN 、 NAT 、 NAB 及 TSNAs 总含量呈现迅速增加的趋势。

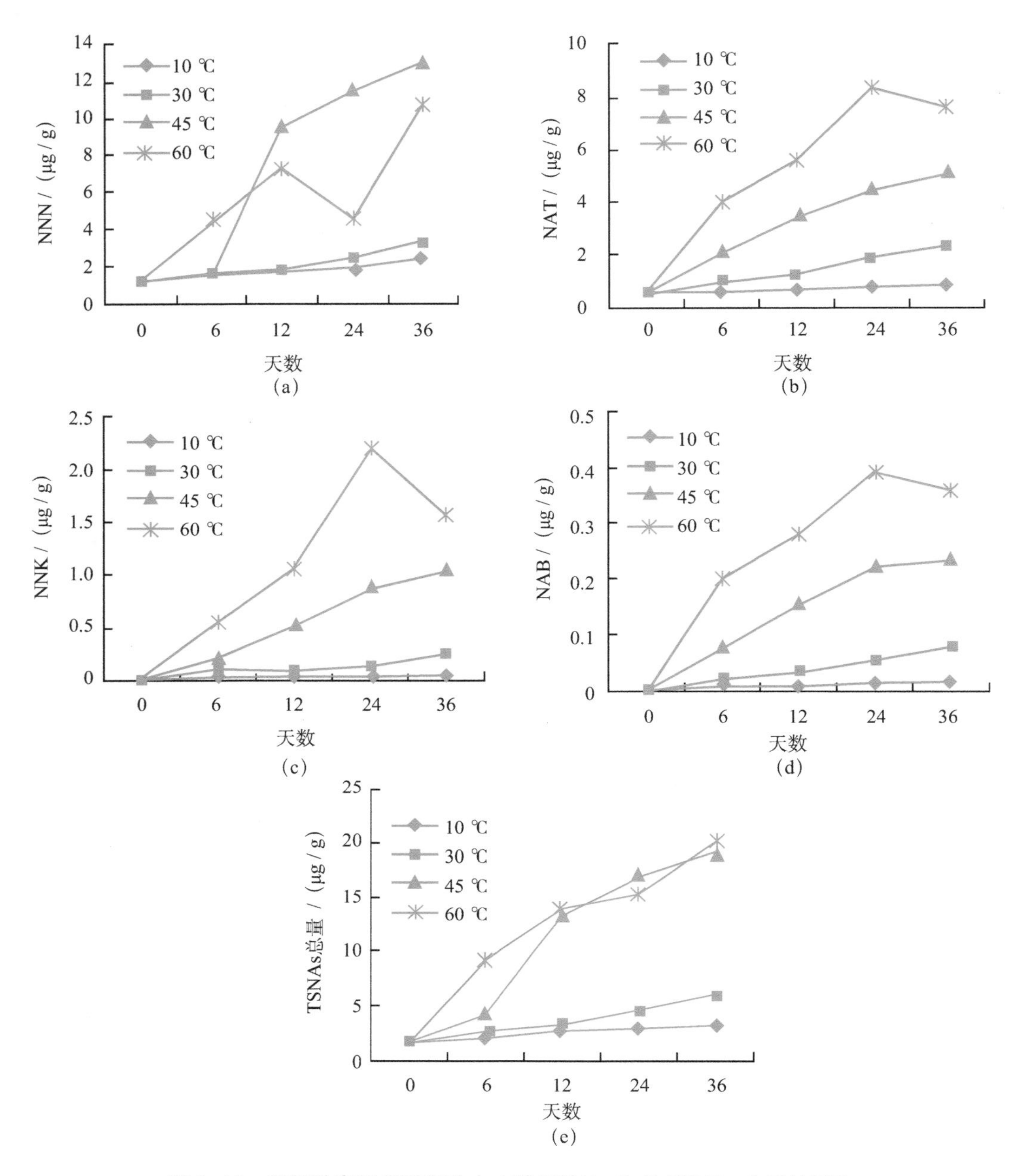

图 2–15　不同贮存温度对烟叶中 4 种 TSNAs 和总 TSNAs 含量的影响

（3）含水率对烟叶中 TSNAs 含量的影响

史宏志等以调制后的白肋烟为对象，研究了烟叶含水率对 TSNAs 含量的影响（图 2–16）。NNK、NNN、NAT 及 TSNAs 总量同烟叶含水率的变化规律基本一致，含水率为 7.7% ～ 11.2% 时，NNK、NNN、NAT 及 TSNAs 总量变化较小；烟叶含水率为 11.2% ～ 17.5%，TSNAs 含量显著下降，之后含水率增加，NNK、NNN、NAT 及 TSNAs 总量趋于稳定。烟叶 NAB 含量随含水率变化无明显规律，在含水率为 11.2% 时，NAB 含量最高；在含水率为 25.1% 时，NAB 含量最低。烟叶含水率对贮存期间 TSNAs 含量的影响，原因尚未明了，需要进一步研究。

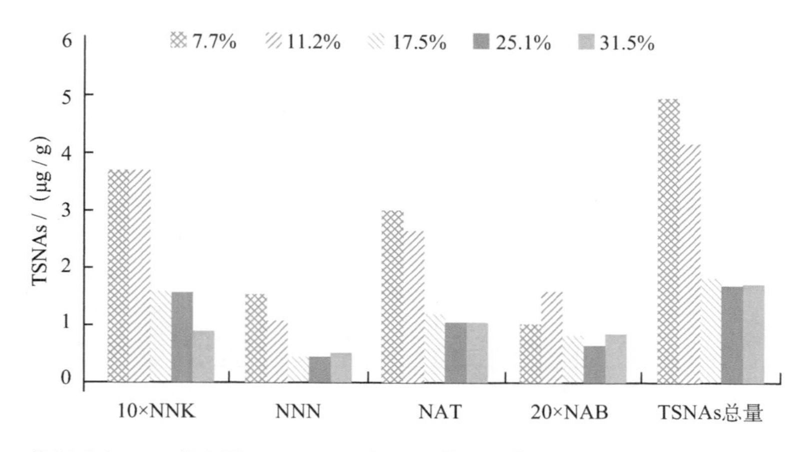

注：10 × NNK 表示 10 倍烟叶中 NNK 的含量，20 × NAB 表示 20 倍烟叶中 NAB 的含量。

图 2–16　烟叶贮存过程中不同含水率对 TSNAs 含量的影响

为了验证温湿度等因素对醇化阶段烟叶中 TSNAs 含量的影响，史宏志等在云南弥渡和河南郑州室温环境中进行了 6 个月的烟叶贮存实验，其中，弥渡贮存点的气温变化较平稳，平均气温 23.6 ℃，最高气温 28.2 ℃，43 天的温度高于 25 ℃，11 天超过 27 ℃ 。郑州贮存点，最高温度 34.6 ℃，有 93 天温度高于 25 ℃，64 天超过 27 ℃，18 天超过 30 ℃，7 月平均温度较高为 28.9 ℃。贮存期间弥渡平均相对湿度为 61.9%，郑州的平均相对湿度为 53.9%，从 6 月开始弥渡进入雨季，相对湿度逐渐提高，平均相对湿度高出郑州 10.7%，如图 2–17 所示。如表 2–12 所示，贮存半年多后，两地烟叶 TSNAs 含量明显增加，弥渡增加幅度较小，与郑州贮存点相比，弥渡贮存的烟叶 TSNAs 含量显著降低，TSNAs 总量减少了 45%，NNK 降低了 58.9%，NNN 减少了 47.8%。考虑到烟叶中 TSNAs 受醇化阶段贮存时间、环境温湿度、烟叶含水率、环境含氧量等因素的影响，在保证烟叶品质（如香气成分）没有受影响的前提下，应选择略微高湿、无明显高温季节的地区进行烟叶醇化，以降低 TSNAs 的累积，提高烟叶原料的安全性。

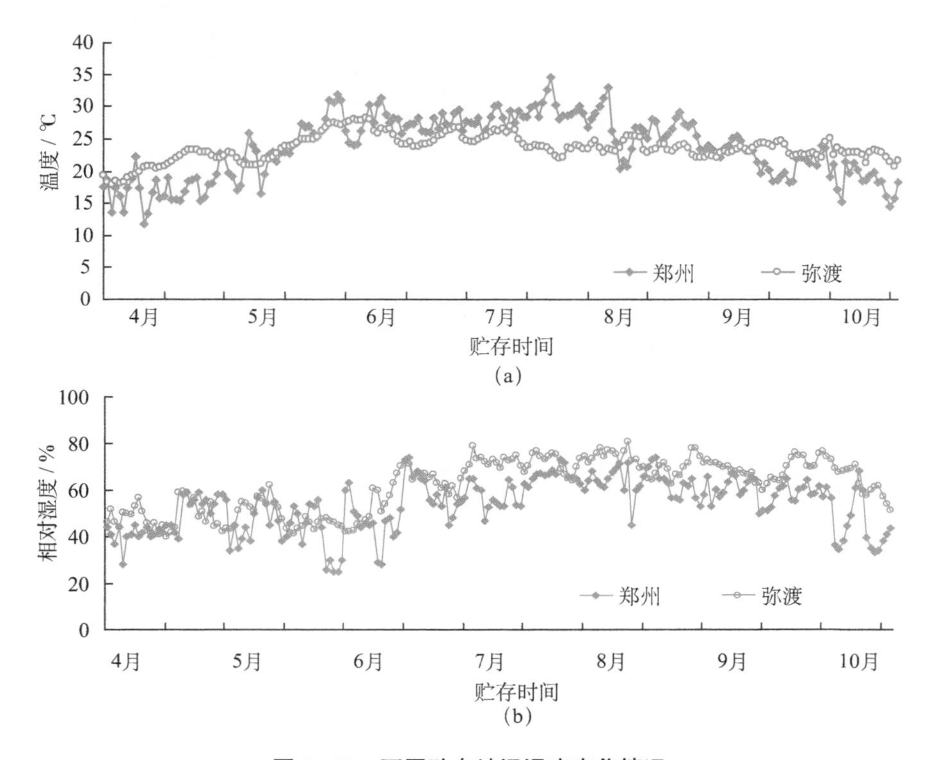

图 2–17　不同贮存地温湿度变化情况

表 2-12　不同贮存地烟叶中 TSNAs 含量

单位：μg/g

	贮存地	NNN	NAT	NAB	NNK	TSNAs 总量
贮存前	−4 ℃	1.481	1.762	0.018	0.033	3.294
贮存后	弥渡	3.568	4.644	0.110	0.123	8.445
	郑州	6.836	8.049	0.172	0.299	15.356
增加值	弥渡	2.087	2.882	0.092	0.090	5.151
	郑州	5.355	6.287	0.154	0.301	12.097

（三）其他影响 TSNAs 生成的因素

1. 烟叶不同成熟度对 TSNAs 生成的影响

肯塔基大学研究人员以白肋烟 KY14 为研究对象，分别于打顶后 1 周（欠熟）、4 周（成熟）和 7 周（过熟）进行砍茎采收，烟叶采收后于环境控制晾房（24 ℃，70%RH）进行整株调制，于不同时间取样，检测 TSNAs 含量的变化情况。结果表明（表 2-13），烟叶成熟度越高，调制过程中生成的 TSNAs 越多，且随着调制时间的延长，3 种不同成熟度的烟叶中 TSNAs 含量逐渐升高。成熟度对烟叶调制期间 TSNAs 的生成有一定的影响，特别是欠熟的烟叶采后调制时，TSNAs 含量显著低于成熟和过熟的烟叶。但近年来也有报道认为成熟度对烟叶中 TSNAs 的生成影响不大。

表 2-13　烟叶不同成熟度对 TSNAs 生成的影响

单位：μg/g

调制时间 / 天	NNN			NAT			NNK			TSNAs		
	欠熟	成熟	过熟	欠熟	成熟	过熟	欠熟	成熟	过熟	欠熟	成熟	过熟
0	0.40	0.43	0.56	1.69	1.98	2.14	0.80	0.13	0.10	2.89	2.54	2.80
1	1.33	1.40	3.03	1.37	1.77	4.35	1.17	0.10	0.50	3.87	3.27	7.88
2	0.83	1.12	2.39	1.17	0.86	3.67	0.07	0.20	0.21	2.07	2.18	6.27
3	0.72	1.62	2.75	0.48	1.17	3.48	0.08		0.13	1.28	2.79	6.36
5	0.54	1.58	2.80	6.34	3.65	4.18	0.18	0.20	0.42	7.06	5.43	7.40
7	0.94	2.10	2.58	1.61	4.98	3.71	0.16	0.45	0.62	2.71	7.53	6.91
9	0.54	2.17	1.91	0.69	3.50	2.28	0.06	0.25	0.37	1.29	5.92	4.56
12	0.75	2.63	2.89	2.40	8.76	3.29	0.40	0.91	0.49	3.55	12.30	6.67
14	0.65	3.21	4.74	5.79	8.39	4.31	0.13	0.49	0.61	6.57	12.09	9.66
6	1.99	2.25	4.64	4.56	3.55	6.83	0.37	0.13	0.31	6.92	5.93	11.78
19	1.32	5.45	3.79	3.35	9.82	7.00	0.32	0.54	0.54	4.99	15.81	11.33
21	2.06	3.51	3.38	3.31	5.63	5.69	0.47	0.17	0.41	5.84	9.31	9.48

另有研究认为采收时间对后期烟叶 TSNAs 的生成存在影响，在烟叶成熟的同一天，与常规生产中上午 9 时采收相比，16 时采收可在一定程度上降低白肋烟晾制后烟叶中 TSNAs 含量，降低率达 10.8%，如表 2-14 所示。

表 2-14　采收时间对白肋烟晾制后中部烟叶 TSNAs 含量的影响

单位：μg/g

采收时间	NNN	NAT	NAB	NNK	TSNAs	TSNAs 降低率
9 时	119.90	19.28	1.14	0.57	140.89	—
16 时	103.38	20.67	1.08	0.54	125.67	10.8%

2. 不同栽培方式对 TSNAs 生成的影响

不同栽培方式不但影响烟叶的品质，也会对后期生成 TSNAs 有一定的影响。栽培方式会影响 TSNAs 前体物（生物碱和亚硝酸盐）的合成和代谢，进而间接影响采后烟叶中 TSNAs 的生成。光照条件对烟草的生长发育和新陈代谢都有较大的影响，是确定田间烟株种植的行向、种植规格等栽培措施的主要依据。烟叶中烟碱含量随日照时间的延长而增加，提高烟叶大田生产中的行株距，会大幅提高生物碱含量，特别是对降烟碱存在较大影响。例如，李宗平等报道海拔高度及光照条件对烟叶的烟碱转化率存在明显的影响，光照充足田块的烟碱转化率显著低于荫蔽地。也有报道认为 TSNAs 的另一前体物硝酸盐的含量与光照强度也有关，弱光照均会导致硝酸盐的累积，强光照下烟叶的硝酸盐含量较弱光照低，因为光照强度直接影响烟叶光合作用，进而影响 NADH 的生成，而硝酸还原酶需要 NADH 作为电子供体，从而最终影响植株体内亚硝酸盐的累积。因此，在保证单位面积内一定植株数的前提下，调整株距，改善烟株光照条件，不但有利于烟叶品质的提高，对降低烟叶 TSNAs 含量是十分必要的。

湖北烟草农业科学院采用常规栽培、横波浪栽培、纵波浪栽培 3 种栽培模式，发现晾制后烟叶 TSNAs 含量差别较大（表 2-15），与常规栽培模式相比，采用横波浪栽培和纵波浪栽培模式的白肋烟和马里兰烟叶的 TSNAs 含量均有所降低，且纵波浪栽培模式效果更为显著，该模式下白肋烟上部烟叶和中部烟叶 TSNAs 含量分别降低 24.3% 和 29.5%，马里兰烟上部烟叶和中部烟叶 TSNAs 含量分别降低 56.2% 和 29.8%。结合不同栽培模式对烟叶 TSNAs 含量、产量及感官评吸质量的影响，研究人员认为纵波浪栽培是较好的高光效栽培方式。

表 2-15　不同栽培模式对烟叶 TSNAs 含量的影响

单位：μg/g

烟叶类型	叶位	栽培方式	NNN	NAT	NAB	NNK	TSNAs	TSNAs 降低率
白肋烟	上部	常规	21.33	3.72	0.21	0.52	25.78	—
		横波浪	16.45	5.89	0.29	0.48	23.11	10.3%
		纵波浪	15.94	3.02	0.12	0.42	19.50	24.3%
	中部	常规	28.58	5.65	0.29	0.80	35.32	—
		横波浪	18.97	7.88	0.12	0.73	27.70	21.6%
		纵波浪	18.78	5.10	0.41	0.61	24.90	29.5%
马里兰烟	上部	常规	2.27	1.29	0.07	0.47	4.10	—
		纵波浪	0.94	0.50	0.03	0.33	1.80	56.2%
	中部	常规	3.77	1.02	0.01	0.55	5.35	—
		纵波浪	2.32	0.84	0.04	0.56	3.76	29.8%

3. 施肥方式对 TSNAs 生成的影响

增加氮肥施用量会增加烟叶中生物碱和硝酸盐的积累，同时也会对烟叶中 TSNAs 的累积产生影响。研究人员以烤烟 G28 和白肋烟 KY14 为研究对象，进行了 4 个氮肥水平的种植实验，采后进行不同方式的调制，并检测叶片中 TSNAs 含量，结果显示（表 2-16），除白肋烟 KY14 晾制后叶片中总 TSNAs 含量变化不显著外，其他烤制和晾制的叶片，随着氮肥的增加，NNN 和总 TSNAs 含量逐渐升高。为了证实大田施加氮肥量对 TSNAs 生成的影响，2003—2006 年，Bailey 等在不同产区进行了氮肥田间实验，结果如表 2-17 所示。2003 年，在普林斯顿和克罗夫顿产区深色明火烤制烟叶中 TSNAs 随着氮肥的增加而增加，2004 年普林斯顿和斯普林菲尔德产区深色晾烟中 TSNAs 随着氮肥的增加而增加。瑞典火柴公司研究人员在白肋烟上施用不同剂量的氮肥（104 N/fa、280 N/fa、420 N/fa 和 560 N/fa），结果显示青烟叶中 TSNAs 浓度未增高，但在调制烟叶中氮肥施加量最多的产生了明显的 TSNAs 累积。肯塔基大学研究人员进行了 112 kg/hm^2、224 kg/hm^2 和 336 kg/hm^2 3 个梯度的氮肥施加水平实验，显示高水平的氮肥会增加 TSNAs 在调制后烟叶中的累积。

表 2-16 氮肥施加水平对烟叶中 TSNAs 含量的影响

调制方式	氮肥 /（磅 / 英亩）	烟碱 /（mg/g）		总生物碱 /（mg/g）		NNN/（μg/g）		总 TSNAs/（μg/g）	
		KY14	G28	KY14	G28	KY14	G28	KY14	G28
晾制	0	42.82	14.73	44.41	15.14	0.12	0.04	4.28	1.86
	75	58.61	19.56	61.01	20.39	0.33	0.19	4.16	2.72
	150	59.24	23.84	62.40	28.15	0.40	0.14	3.05	3.73
	300	65.77	26.21	69.54	27.92	0.74	0.22	3.72	3.25
烤制	0	30.66	14.56	32.83	15.57	0.94	0.37	7.68	5.13
	75	32.04	16.49	35.24	18.00	1.83	0.69	9.05	7.14
	150	35.28	19.10	38.65	21.17	2.60	1.35	9.86	9.88
	300	33.51	18.56	36.57	20.91	3.35	1.99	11.58	14.22

注：1 磅 =0.454 kg；1 英亩 =4046.86 m^2。

表 2-17 氮肥施加水平对烟叶中 TSNAs 含量的影响

单位：μg/g

氮肥 /（kg/hm^2）	明火烤制						晾制		
	普林斯顿	莫瑞州	克罗夫顿	莫瑞州	克罗夫顿	克罗夫顿	斯普林菲尔德	普林斯顿	斯普林菲尔德
	2003 年	2003 年	2003 年	2004 年	2004 年	2005 年	2003 年	2004 年	2004 年
0	—	—	—	—	—	—	—	0.27	—
168	2.37	8.44	6.59	6.46	4.35	40.52	2.44	1.01	1.23
336	3.05	5.72	18.01	7.16	4.55	45.49	2.94	1.14	1.78
560	3.67	8.18	64.03	6.70	5.30	57.02	2.57	1.41	1.79
1120	3.89	6.43	54.76	8.80	9.69	41.00	3.25	1.63	1.87

4. 采收方法对 TSNAs 生成的影响

不同烟叶采收方法影响了调制阶段 TSNAs 的生成，如表 2-18 所示。研究人员通过对比不同采收方法，得出与对照整株采收晾制相比，逐叶采收、整株采收叶片划主脉、逐叶采收划主脉、逐叶采收叶肉主脉分离晾制能显著降低叶肉及主脉中 TSNAs 含量，亦能降低硝酸盐及亚硝酸盐含量，整株采收划主茎晾制不能降低 TSNAs 及硝酸盐、亚硝酸盐含量。各处理都能显著降低主脉和叶肉中的去甲基烟碱，但对其他烟草生物碱没有影响。这可能是由于不同采收方法与对照相比，在调制过程中水分丧失比对照快，影响烟叶细胞的生命活力，影响了相关酶的活性，从而降低了各处理的 TSNAs 含量。

表 2-18 不同采收方法对 TSNAs 生成的影响

单位：μg/g

组织	采收方法	NNN	NAT	NNK	总 TSNAs
叶片	整株采收晾制（对照）	1.02	0.70	0.20	1.92
	逐叶采收晾制	0.50	0.62	0.24	1.36
	整株采收叶片划主脉晾制	0.31	0.56	0.19	1.06
	逐叶采收划主脉晾制	0.27	0.47	0.13	0.87
	逐叶采收叶肉主脉分离晾制	0.59	0.48	未检出	1.07
	整株采收划主茎晾制	0.94	1.14	0.29	2.37
主脉	整株采收晾制（对照）	0.79	0.51	0.63	1.93
	逐叶采收晾制	0.69	0.58	0.55	1.82
	整株采收叶片划主脉晾制	0.46		0.41	0.87
	逐叶采收划主脉晾制	0.30	0.65	0.22	1.17
	逐叶采收叶肉主脉分离晾制	0.23	0.43	0.17	0.83
	整株采收划主茎晾制	1.23	1.40	1.76	4.39

5. 检测前的样品放置环境对 TSNAs 含量的影响

进行烟草中 TSNAs 含量的检测时，样品需要烘干、研磨，检测前的放置环境对样品中 TSNAs 的生成会产生一定的影响。Roton 等将烟末样品（含水率为 1.3% ～ 2.8%）放置于室温、4 ℃和 -18 ℃环境中 424 天，发现不同温度对白肋烟末样品中 TSNAs 含量影响较大，如图 2-18 所示。贮存在室温下，6 个月后 TSNAs 含量由 1.07 μg/g 增加到 10.69 μg/g，而贮存在 -18 ℃环境中的样品 TSNAs 含量增加很少。因此，建议保存样品首选方案为：烟叶样品应该浸泡于液氮中，冷冻干燥和研磨成烟末，并进行测试，如果烟末需要长期保存，应于-70 ℃/-80 ℃贮存。如果不能满足首选方案，则烟叶样品首先需要在鼓风干燥箱（30 ～ 35 ℃）中干燥，测试前进行样品研磨，如果烟末需要长期保存，最好贮存于 6 ℃或 -18 ℃环境中。另外，有研究针对美国商品化口含烟进行了长期贮存实验，发现口含烟贮存于 4 ℃环境中 TSNAs 含量无变化，而在室温和 37 ℃环境中，经 4 周的贮存后，口含烟中 TSNAs 含量显著增加（6.24 μg/g → 18.7 μg/g）。因此，尽管烟末样品含水率低，测试前的贮存也应该尽量考虑对 TSNAs 的影响。

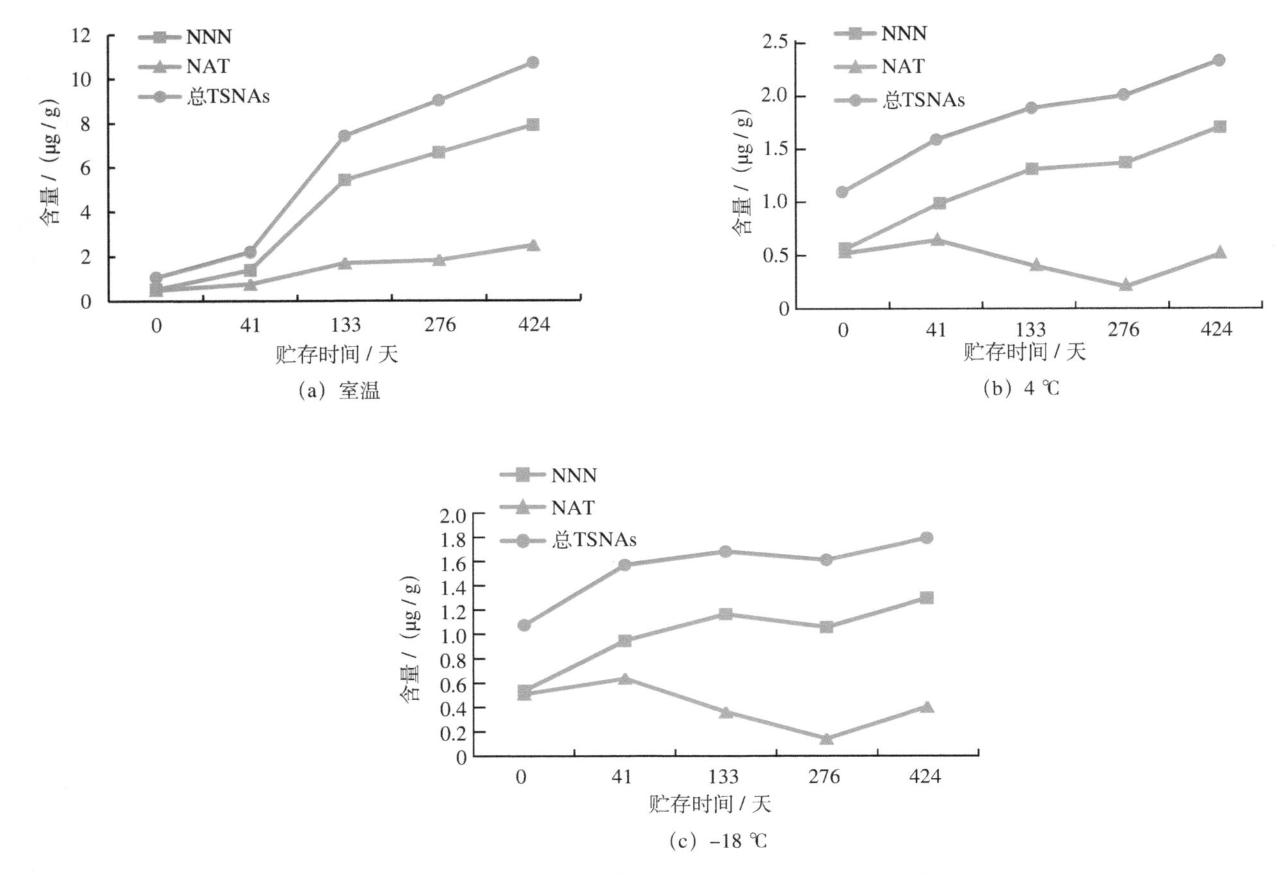

图 2-18 贮存温度对干燥后烟末中 TSNAs 含量的影响

第二节 TSNAs 的代谢

1956 年，研究人员证实了 NDMA 会导致大鼠发生肝脏肿瘤后，人们便逐渐发现了多达 200 多种致癌性 *N*-亚硝胺化合物。在目前鉴定出的 8 种 TSNAs 中，NNK、NNN 和 NNAL 对人类的致癌性证据充分，被 IARC 列为 1 类致癌物。另外两种化合物 NAT 和 NAB 由于弱致癌性，被 IARC 列为 3 类致癌物，而 *iso*-NNAL 和 *iso*-NNAC 致癌性证据缺乏或仅有弱致癌性。啮齿动物和灵长类动物的体内和体外实验研究表明，NNK 和 NNN 在代谢中会产生亲电中间体，能与 DNA 和血红蛋白形成共价络合物，并滞留于啮齿动物的特定组织，如肺、肝、鼻黏膜和食道等，这些靶器官同时也是容易被 TSNAs 诱导致癌的目标组织。NNK 和 NNN 在动物体内的代谢和致癌性受各种饮食成分的强烈影响。研究表明，饮食成分可有效抑制 NNK 和 NNN 的活性，但饮食中脂肪的增加能提高 NNK 的致癌性，烟草提取物、烟气、烟碱及其主要的代谢物（可替宁）会抑制 TSNAs 在生物系统和啮齿动物模型中活性的发挥。TSNAs 代谢过程中可产生活性较强的中间产物，这些产物会与 DNA 的碱基对进行加合反应，形成 DNA 加合物，导致基因突变，最终可能引起癌变。因此，TSNAs 只有被代谢激活时，才会产生致癌作用。目前，虽然人体与动物体内代谢有所不同，但资料表明啮齿动物模型中观察到的大多数代谢途径也存在于人体中，关于 NNK、NNAL 和 NNN 在动物和人体内的代谢、加合物形成及脱毒效应已比较明确，而且流行病学研究结果也证实吸烟人群中癌症的发生与这些化合物的摄入、吸收、代谢和 DNA 加合物的形成等生物学作用密切相关。

一、NNK 代谢

（一）NNK 代谢途径

根据已有的报道，总结 NNK 的代谢途径如图 2-19 所示，NNK 的代谢主要包括 5 种反应：羰基还原反应、α- 羟基化反应、吡啶氧化反应、脱胺反应和 ADP 加合反应。NNAL 的代谢途径与 NNK 相似，经过 α- 羟基化反应、吡啶氧化反应、葡萄糖醛酸化反应及 ADP 加合反应。本书以 NNK 为例介绍代谢反应途径。

1. 羰基还原反应（化合物 7 →化合物 8）

如图 2-19 所示，羰基还原反应是指 NNK（7）的羰基被还原为羟基生成 NNAL（8）的过程。此反应于 1980 年首次被提出，于 1997 年被确证。NNK 在不同代谢模型，包括亚细胞组分、细胞培养、组织培养和大鼠、仓鼠、小鼠、兔、猴、猪和人离体灌注组织中呈现出较大的立体选择性。在啮齿动物和人的肝脏组织、人肺组织和大鼠肠组织中，NNK 主要代谢生成 NNAL。以大鼠血液为研究对象，动物体内药代动力学实验证实 NNAL 是 NNK 在体内的主要代谢产物，体内 NNAL 的半衰期为 298 min，NNK 的半衰期为 25 min。在兔子体内进行 NNK 的一次性给药实验，检测血液中代谢产物，发现生成 NNAL 最多，其中 NNAL 半衰期为 86.6 min，NNK 半衰期为 16.7 min。

有研究认为在 NNK 代谢成 NNAL 时，P450 酶参与很少。NNK 的羰基还原反应更多的是由 11*β*- 羟基类固醇脱氢酶、醛酮还原酶和羰基还原酶等催化完成。11*β*- 羟基类固醇脱氢酶是一种微粒体酶，主要作用是将活泼的 11- 羟基糖皮质激素转化为不活泼的 11- 羰基糖皮质激素。NNAL 的代谢转化形式与 NNK 相似，NNAL 会进一步被代谢，进入 α- 羟基化反应途径。在吸烟者体内，NNAL 是 NNK 的主要代谢产物之一。由于 NNAL 和 NNK 具有相似的致癌性，因此 NNK 生成 NNAL 并非是减毒代谢。NNAL 有两种对映体（*S*）-NNAL 和（*R*）-NNAL，其中，（*S*）-NNAL 的致癌性更强，生成量更高。目前，羰基还原反应被广泛研究并被认为是 NNK 代谢转化的一种重要形式。NNK 的羰基还原反应是可逆的，在一定条件下，羰基还原反应可以发生部分逆转，NNAL 可部分氧化为 NNK（NNK ⇌ NNAL）。

2. α- 羟基化反应（化合物 7 →化合物 11/12）

在细胞色素 P450 催化下，NNK 发生的 α- 羟基化反应是 NNK 致癌的重要代谢途径之一。由于 NNK 是非对称亚硝胺，所以 NNK 的 α- 羟基化反应有两条途径，即 α- 亚甲基羟基化反应途径和 α- 甲基羟基化反应途径。研究人员对体内 NNK 的 α- 羟基化反应进行了研究，发现 4-oxo-4-(3-pyridyl) butanoic acid（OPBA）（24）是啮齿动物和灵长类动物尿液中的主要代谢产物，而且在血液中也能检测到。研究人员对大鼠进行高剂量 NNK 静脉注射，通过高分辨质谱，定量检测到了 NNK 和 NNAL 的 α- 羟基化反应的终产物 4-hydroxy-1-（3-pyridyl）-1-butanone（HPB）（23）、OPBA（24） 和 1-（3-pyridyl）-1，4-butanediol（PBD）（26）。同 NNK 相似，NNAL 在代谢反应中也存在上述两条途径（化合物 8 →化合物 25，化合物 8 →化合物 26/27）。

NNK 的 α- 亚甲基羟基化反应通常发生在体外反应中，如图 2-19 所示。NNK（7）的亚甲基经过羟基化反应生成中间体 α- 羟基化亚硝胺（12），中间体（12）不稳定又可自发分解成甲基重氮化物 CH_3N_2（17）和醛酮 4-oxo-4-（3-pyridyl）butanal（OPB）（19），其中甲基重氮化合物是一种活性极强的烷基化试剂，能够与 DNA 碱基结合，生成 7- 甲基鸟嘌呤（7-mG）、O^6- 甲基鸟嘌呤（O^6-mG）和 O^4- 甲基胸腺嘧啶（O^4-mT），从而可能进一步引起 DNA 突变。在 α- 亚甲基羟基化反应途径中，醛酮可进一步代谢为酮酸 OPBA（24）。研究发现鼻黏膜组织中发生了 NNK 的 α- 亚甲基羟基化代谢反应。另外，该反应易受 P450 抑制剂的抑制，如在 NNK 给药过程中，发现 α- 亚甲基羟基化途径受抑制，可能与该反应属于产物抑制反应有关。

α- 甲基羟基化反应途径多见于体内实验，NNK 甲基羟基化后，产生中间产物 α- 羟基化亚硝胺（11），化合物（11）自发分解成吡啶羰基丁基重氮离子 4-oxo-4-（3-pyridyl）-1-butanediazonium ion（18）和甲醛（16），化合物（18）在水存在条件下可进一步生成 HPB（23）。吡啶羰基丁基重氮离子（18）能够与

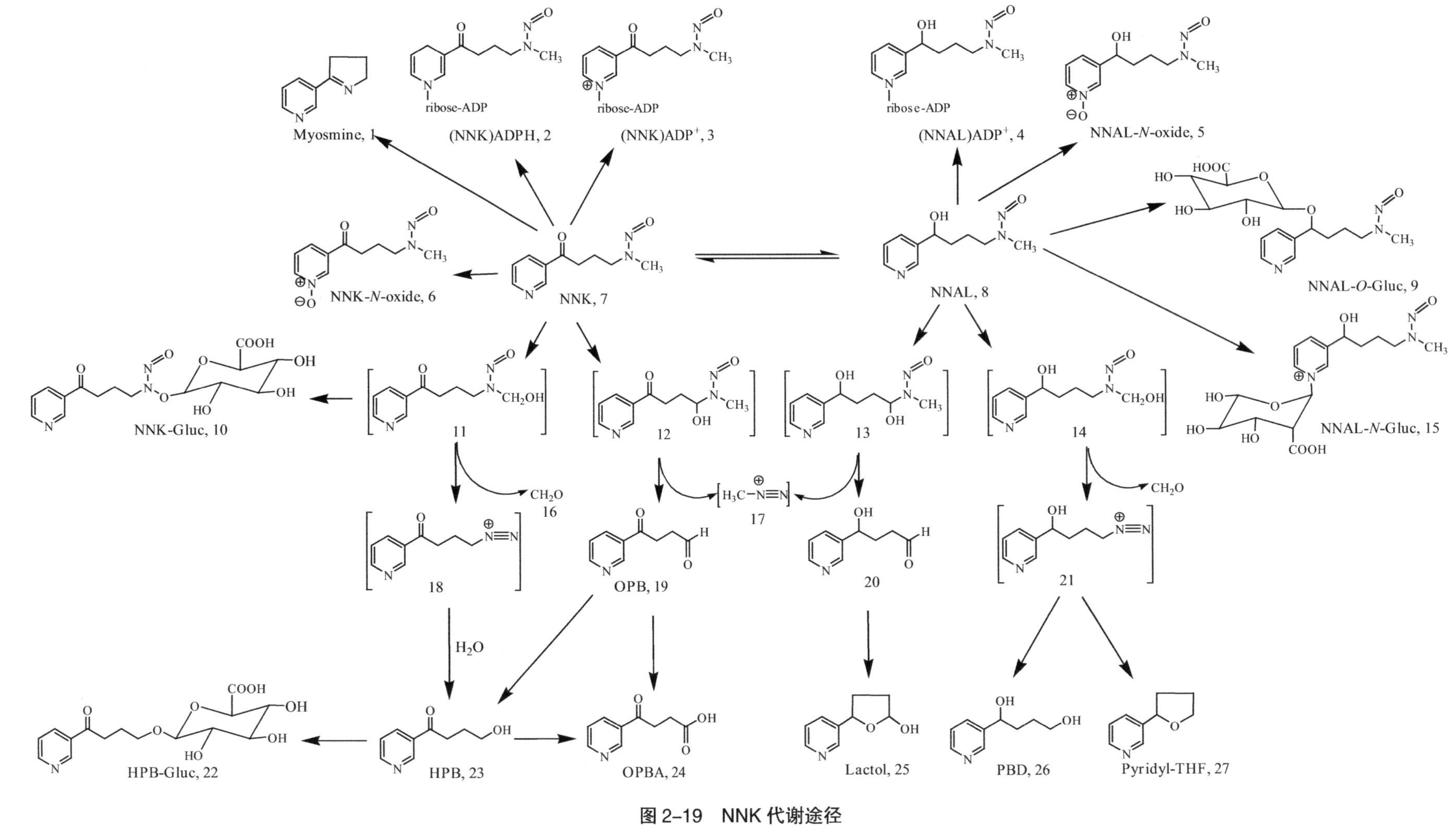

图 2-19 NNK 代谢途径

DNA 碱基结合，在鸟嘌呤的 7 位和 O^6 位形成吡啶-O-丁基加合物，与胸腺嘧啶和胞嘧啶的 O^2 结合，生成吡啶-O-丁基加合物，这些加合物的生成，会导致基因突变，最终可能引起癌变。在此过程中 α- 羟基化亚硝胺（11）和 HPB（23）还可发生葡萄糖苷酸化反应生成糖苷化合物 α- 甲基羟基化 NNK-Gluc（10）和 HPB-Gluc（22）。

在不同体外实验中，α- 甲基羟基化反应程度不同。在鼻黏膜微粒体培养试验中，α- 甲基羟基化反应是 NNK 的主要反应，甚至在啮齿动物的肺组织代谢实验中，NNK 的 α- 甲基羟基化反应超过了 α- 亚甲基羟基化反应，也正是由于肺组织对 NNK 的 α- 羟基化反应活性较高，使大鼠肺部对 NNK 具有较强的致癌敏感性。体内 NNK 代谢与体外不同，张建勋及其同事以兔子为受试对象，静脉注射 0.48 mg/kg 剂量的 NNK，血液中检测到了 PBD 和 4-oxo-4-（3-pyridyl）butanoic acid（Hydroxy acid）。P450 酶参与的反应中检测不到 NNK 代谢产物 PBD 和 Hydroxy acid，而体内肝组织存在大量的还原酶，如 11β- 羟基类固醇脱氢酶、醛酮还原酶和羰基还原酶，这些酶是否参与了 HPB → PBD 和 OPBA → Hydroxy acid 的反应，需要进一步验证。

另外，刘兴余等分别以 OPB、OPBA 和 HPB 为反应底物，施加重组化的纯酶 CYP2A13 反应体系，仅发现产物 OPB 被重组酶降解，且伴随 HPB 的生成。随着时间延长，OPB 逐渐下降，HPB 逐渐升高。10 min 的反应时间，OPB 下降了 69.5%，HPB 由零值增加到了 3.09 μmol/L，如图 2-20 所示。另外，从图 2-21 中也可以看出，随着底物 NNK 浓度的增加，OPB/HPB 值下降，HPB/OPBA 值增加，表明 HPB 的生成不完全依赖于 OPB 的转化，还存在另外一个从 NNK 到 HPB 的生成途径，这与前人的研究结论一致：NNK 经 α- 甲基羟基化反应途径生成 HPB。不施加重组酶体系，3 种产物纯品水溶液在 37 ℃加热条件下的实验结果可以证实产物 OPB 在温和条件下可以氧化成 OPBA，如图 2-22 所示。该反应为非酶氧化还原反应，10 min 时，OPB 标准水溶液由初始浓度 11.9 μmol/L 降低到了 6.9 μmol/L，而 OPBA 由零值增加到了 5.0 μmol/L；24 h 后，OPB 下降到 1.28 μmol/L，OPBA 增加到了 11.6 μmol/L。结合酶促反应和非酶反应两种实验结果，可以发现，在 OPB 酶促反应中，既存在酶促作用将 OPB 转化为 HPB（OPB → HPB），也存在 OPB 的非酶氧化反应（OPB → OPBA），而且，非酶氧化优先于酶促反应。但在 NNK 与重组酶进行反应时，HPB 的生成量高于 OPBA，说明重组酶与 NNK 及其代谢产物共存时，会优先选择 NNK 进行催化反应，同时生成 HPB 和 OPB，而生成的 OPB 可在重组酶和空气氧化作用下，进一步生成 HPB 和 OPBA。刘兴余等从产物角度证实了 NNK 的两种 α- 羟基化反应途径存在交叉反应，这也反映了 NNK 代谢反应的复杂性。

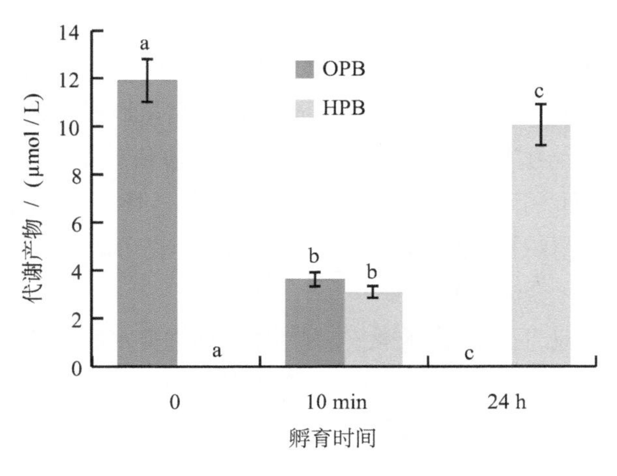

注：不同字母代表显著性差异，$p < 0.05$。

图 2-20　重组酶催化 OPB 向 HPB 转化

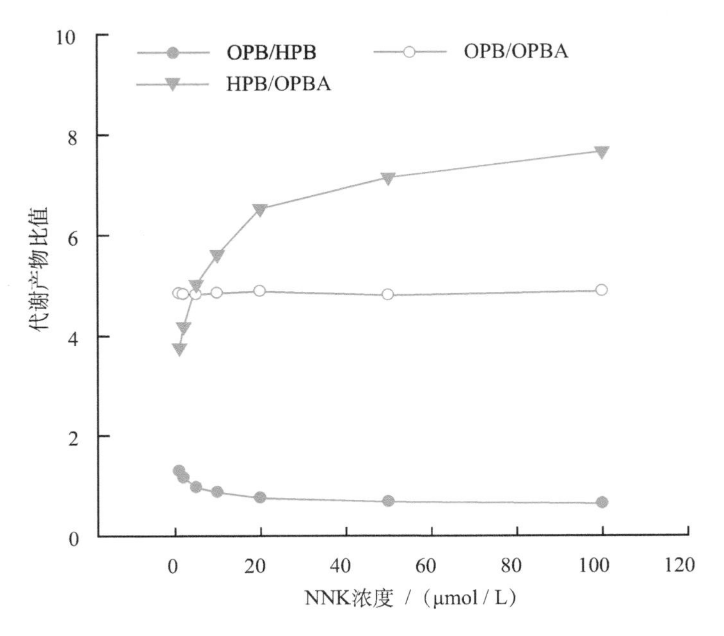

图 2-21　不同产物生成量的比值

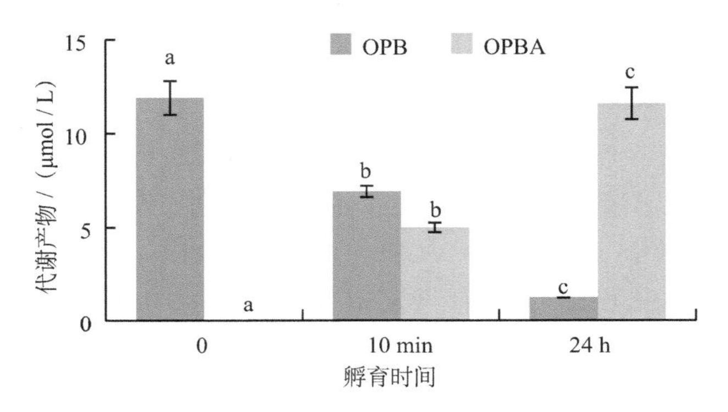

注：不同字母代表显著性差异，$p < 0.05$。

图 2-22　无酶体系 OPB 被氧化为 OPBA

3. 吡啶氧化反应（化合物 7 →化合物 6）

吡啶 -*N*- 氧化反应只在体外实验中被发现，根据实验动物种类和组织的不同，NNK 产生 *N*- 氧化产物也不同。NNK 在大鼠和小鼠肺微粒体中，主要代谢生成 4-（methylnitrosamino）-1-（3-pyridyl-*N*-oxide）-1-butanone（NNK-*N*-oxide）(6)，而在未经预处理的大鼠肝微粒体、小鼠肝微粒体和大鼠鼻黏膜微粒体中则仅为次要反应或不能被检测到。吡啶 -*N*- 氧化反应依赖细胞色素 P450 的催化。在动物组织体外实验中，CYP450 2B1 主要催化 NNK 形成 NNK-*N*-oxide 的活性。在人肝组织微粒体中存在 NNK 的吡啶 -*N*- 氧化反应，但未在人肺组织微粒体体外反应中发现该代谢反应。

4. 脱胺反应（化合物 7 →化合物 1）

NNK 的反硝化反应首先反应生成一分子亚胺，然后亚胺将被水解为酮醛或麦斯明（Myosmine，1）。虽然此反应的反应机制尚未十分明确，但已有 NNK 在大鼠肝微粒体的作用下生成亚硝酸盐的研究报道。

5. ADP 加合反应（化合物 7 →化合物 2/3）

仅在体外实验中发现 NNK 代谢生成 ADP 加合物，例如，在大鼠胰腺和肝微粒体作用下，NNK 代谢生成了 NNK（ADP）$^+$(3)。此类加合物由烟酰胺腺嘌呤二核苷酸水解酶催化生成，此酶还可以催化其他化合物如尼古丁、可替宁和 3- 乙酰吡啶等发生反应。生理状态下，上述催化酶的作用机制不甚明了。另外，ADP 加合物的致癌性并不明确。

（二）参与 NNK 体外代谢的微粒体

代谢体系不同，NNK 代谢途径则不同；体内和体外反应环境不同，NNK 代谢途径亦不同。导致 NNK 发生不同代谢反应的原因与参与代谢的主要酶有关，而且不同来源的酶及酶的种类均会影响上述反应速率及反应类型。目前，NNK 的体外代谢已经进行了大量的研究，数据资料较多，本书参考 Jalas 等的文献，对已公开报道的不同体外代谢实验体系进行了汇总（表 2-19），着重论述不同种属来源的微粒体，并对采用的反应条件和酶促动力学参数进行了描述，希望能够为 P450 酶在体内环境中发挥催化作用提供参考。不同种属和不同组织来源的微粒体导致 NNK 代谢发应酶促动力学参数 K_m 和 V_{max} 存在较大差别。由于人类摄入 NNK 后，体内浓度分布很低（nM 级），而已有研究中采用 NNK 反应浓度均为 μM 级，通过以往研究中的 K_m 值进行排序，可以筛选出对 NNK 代谢效率最高的微粒体。高效的微粒体意味着 NNK 对该微粒体来源的组织具有较强的代谢特异性，可解释该器官对 NNK 的致癌敏感性，从而为 NNK 致癌性的体内研究提供证据。

人肝脏微粒体代谢 NNK 后，产物中检测到 NNAL、HPB、OPB、NNK-*N*-oxide 和 NNAL-*N*-oxide。其中，NNAL 是主要的代谢产物，HPB 也在产物中大量存在，且生成 HPB 的 K_m 值较高（> 300 μmol/L）。人肺组织微粒体催化 NNK，生成 OPB、OPBA、NNAL 和 NNK-*N*-oxide，产物中占比最多的为 NNAL。也有研究采用人肺组织微粒体，发现 OPB、OPBA、HPB 和 NNAL 是 NNK 的代谢产物。体内研究证实人肺组织是 NNK 的靶器官，但体外微粒体试验却发现肺组织对 NNK 的代谢效率远低于肝组织。在下面比较 P450 酶时，可以观察到肺组织的 NNK 特异性酶含量远低于肝组织（CYP2A13 除外），到底是肺组织中何种因素更多地导致 NNK 在肺组织中产生致突变因子，需要进一步研究。另外，需要引起我们注意的是，在所有关于人组织相关研究中，采用的微粒体样本均来自非健康人员（病患或因病患死亡人员），此类种来源的微粒体易受捐赠人的病况及是否吸烟的影响，进而对 NNK 的亲和性产生影响。因此，尽管体外研究证实肺组织对 NNK 代谢效率较低，但不能完全代表健康人群体内的真实结果。

研究人员采用赤猴肺和肝组织微粒体对 NNK 的代谢进行了研究，发现生成 HPB 速度最快，其次是 NNAL-*N*-oxide、NNAL 和 OPB。与人肺组织微粒体相比，赤猴肺组织微粒体催化 NNK 生成 OPB、HPB 和 NNK-*N*-oxide 的 K_m 值比人源微粒体高 100 倍，而生成 NNAL 的 K_m 值却低于后者。赤猴肝组织与上述肺组织结果相似，大部分产物的 K_m 值高于人源的微粒体。

采用大鼠肺、肝脏和鼻黏膜组织的微粒体，NNK 代谢后，发现 NNK-*N*-oxide 是主要的产物，其次是 HPB、NNAL 和 OPB。对于生成 OPB 和 HPB 的 K_m 值，大鼠肝微粒体高于人和赤猴肝微粒体，与赤猴肺微粒体比较，两种不同种属来源的肺组织微粒体代谢 NNK 的产物类型相似，特别是酶促动力学参数 K_m 和 V_{max} 值较为接近。与其他组织相比，大鼠鼻黏膜组织微粒体对 NNK 具有较高的代谢效率，生成 OPB 的 K_m 值比肺组织低 3 倍。另外，高 V_{max} 值也反映了鼻黏膜组织代谢效率高于肺组织和肝组织。另外，化学药剂诱导大鼠后，肝微粒体催化生成的代谢产物与未受诱导的大鼠肝微粒体不同。雌性小鼠微粒体多来源于 A/J 品种，肺和肝组织微粒体均有研究，其中，肺组织微粒体催化 NNK 生成了 OPB、HPB 和 NNK-*N*-oxide，与大鼠微粒体相似，NNK-*N*-oxide 在 3 种产物中占比最大。在小鼠 A/J 肝微粒体酶促试验中，同样检测到 OPB、HPB 和 NNK-*N*-oxide 3 种产物。对比 3 种产物的 K_m 值，小鼠肺和肝组织结果接近，但对于生成 OPB 和 HPB 的 V_{max} 值，肝组织高于肺组织。

表 2-19 微粒体参与 NNK 体外酶促代谢反应动力学参数和反应条件

种属 / 组织	代谢产物	动力学参数			实验条件
		V_{max} [a]	K_m/(μmol/L)	V_{max}/K_m [b]	
人 / 肺	OPB	4.6	653.0	7.0×10^{-3}	7 ～ 200 μmol/L NNK，1.9 mg/mL 微粒体蛋白浓度，反应 60 min
	OPBA	2.9	526.0	5.5×10^{-3}	
	NNK-*N*-oxide	7.7	531.0	1.5×10^{-2}	
	NNAL	335.0	573.0	0.58	
人 / 肝	HPB	未报道	400.0		0.75 mg/mL 微粒体蛋白浓度，反应 60 min
	OPB	60.0	367.0	0.16	5 ～ 2000 μmol/L NNK，0.75 mg/mL 微粒体蛋白浓度，反应 30 min
	HPB	500.0	1200.0	0.42	
	NNAL-*N*-oxide	19.0	53.0	0.36	
	NNAL	282.0	56.0	5.04	
人 / 子宫颈	OPBA	650.0	7075.0	9.2×10^{-2}	5 ～ 6000 μmol/L NNK，0.31 mg/mL 微粒体蛋白浓度，反应 60 min
	NNAL	1395.0	739.0	1.89	
赤猴 / 肺	OPB	5.3	10.3	0.51	1 ～ 20 μmol/L NNK，0.5 mg/mL 微粒体蛋白浓度，反应 30 min
	HPB	19.1	4.9	3.90	
	NNAL-*N*-oxide	11.0	5.4	2.04	
	NNAL	479.0	902.0	0.53	
赤猴 / 肝	OPB	37.7	8.2	4.60	1 ～ 50 μmol/L NNK，0.25 mg/mL 微粒体蛋白浓度，反应 20 min
	HPB	37.4	8.1	4.62	
	NNAL	3470.0	474.0	7.32	
雄性 SD 大鼠 / 肺	OPB	11.7	28.9	0.40	1 ～ 50 μmol/L NNK，0.25 mg/mL 微粒体蛋白浓度，反应 30 min
	HPB	14.6	7.0	2.09	
	NNAL-*N*-oxide	35.1	10.4	3.38	
	NNAL	195.0	178.0	1.10	
雄性 F344 大鼠 / 肝	CH_2O	1478.0	5.0	295.60	12.5 ～ 4000 μmol/L NNK，0.55 mg/mL 微粒体蛋白浓度
雄性 SD 大鼠 / 肝	OPB	153.0	234.0	0.65	5 ～ 200 μmol/L NNK，0.75 mg/mL 微粒体蛋白浓度，反应 5 min，正常大鼠肝微粒体
	HPB	156.0	211.0	0.74	
	OPB	381.0	149.0	2.56	5 ～ 200 μmol/L NNK，0.75 mg/mL 微粒体蛋白浓度，反应 5 min，3- 甲基胆蒽诱导大鼠
	HPB	270.0	246.0	1.10	
	OPB	329.0	119.0	2.76	5 ～ 200 μmol/L NNK，0.75 mg/mL 微粒体蛋白浓度，反应 5 min，苯巴比妥诱导大鼠
	HPB	358.0	177.0	2.02	
	NNK-*N*-oxide	140.0	57.0	2.46	
	OPB	550.0	133.0	4.14	5 ～ 200 μmol/L NNK，0.75 mg/mL 微粒体蛋白浓度，反应 5 min，16α-氰基孕烯醇酮诱导大鼠
	HPB	247.0	187.0	1.32	
	NNK-*N*-oxide	167.0	103.0	1.62	

续表

种属 / 组织	代谢产物	动力学参数			实验条件
		V_{max} [a]	K_m/（μmol/L）	V_{max}/K_m [b]	
雄性 SD 大鼠 / 鼻黏膜	OPB	2833.0	9.6	295.10	1 ～ 100 μmol/L NNK，0.013 mg/mL 微粒体蛋白浓度，反应 10 min
	HPB	3275.0	10.1	324.30	
雌性 A/J 小鼠 / 肺	CH_2O	57.2	5.6	10.20	1 ～ 20 μmol/L NNK，0.25 mg/mL 微粒体蛋白浓度，反应 30 min
	HPB	56.0	5.6	10.00	
	OPBA	4.2	9.2	0.46	
	NNK-*N*-oxide	54.2	4.7	11.50	
	NNAL	1322.0	2541.0	0.52	
	OPB	58.9	23.7	2.49	0.5 ～ 100 μmol/L NNK，0.25 mg/mL 微粒体蛋白浓度，反应 30 min
	HPB	32.5	3.6	9.03	
	OPB	34.0	4.9	6.94	1 ～ 10 μmol/L NNK，0.25 mg/mL 微粒体蛋白浓度，反应 30 min
	HPB	38.1	2.6	14.70	
	NNK-*N*-oxide	60.0	1.8	33.30	
	OPB	31.8	5.0	6.36	1 ～ 10 μmol/L NNK，0.25 mg/mL 微粒体蛋白浓度，反应 30 min，饮食中含 1 μmol/g 的 PEITC 诱导小鼠
	HPB	35.1	2.9	12.10	
	NNK-*N*-oxide	51.0	1.8	28.30	
	OPB	25.7	4.7	5.47	1 ～ 10 μmol/L NNK，0.25 mg/mL 微粒体蛋白浓度，反应 30 min，饮食中含 3 μmol/g 的 PEITC 诱导小鼠
	HPB	23.0	2.4	9.58	
	NNK-*N*-oxide	36.7	1.6	22.90	
	OPB	84.7	4.5	18.80	0.25 ～ 20 μmol/L NNK，0.25 mg/mL 微粒体蛋白浓度，反应 30 min
	HPB	62.8	1.9	33.10	
	NNK-*N*-oxide	83.3	2.0	41.70	
	OPB	89.2	24.0	3.72	0.25 ～ 20 μmol/L NNK，0.25 mg/mL 微粒体蛋白浓度（含 400 nmol/L PEITC），反应 30 min
	HPB	60.4	14.9	4.05	
	NNK-*N*-oxide	85.8	17.9	4.79	
	OPB	71.0	4.8	14.80	0.25 ～ 50 μmol/L NNK，0.25 mg/mL 微粒体蛋白浓度，反应 15 min
	HPB	93.0	3.0	31.00	
	NNK-*N*-oxide	109.0	2.1	51.90	
雌性 A/J 小鼠 / 肝	OPB	245.0	24.0	10.20	0.5 ～ 100 μmol/L NNK，0.25 mg/mL 微粒体蛋白浓度，反应 15min
	HPB	100.0	18.0	5.56	
	OPB	213.0	23.0	9.26	0.5 ～ 100 μmol/L NNK，0.25 mg/mL 微粒体蛋白浓度，反应液中含 2.5 μmol/L 4-HPO，反应 15 min
	HPB	77.0	17.0	4.53	

续表

种属 / 组织	代谢产物	动力学参数			实验条件
		V_{max} [a]	K_m/（μmol/L）	V_{max}/K_m [b]	
雌性 A/J 小鼠 / 肝	OPB	210.0	24.0	8.75	0.5 ～ 100 μmol/L NNK，0.25 mg/mL 微粒体蛋白浓度，反应液中含 5 μmol/L 4–HPO，反应 15 min
	HPB	69.0	17.0	4.06	
	OPB	170.0	22.0	7.73	0.5 ～ 100 μmol/L NNK，0.25 mg/mL 微粒体蛋白浓度，反应液中含 10 μmol/L 4–HPO，反应 15 min
	HPB	71.0	18.0	3.94	
	OPB	78.0	22.0	3.55	0.5 ～ 100 μmol/L NNK，0.25 mg/mL 微粒体蛋白浓度，反应液中含 20 μmol/L 4–HPO，反应 15 min
	HPB	44.0	18.0	2.44	
	OPB	173.0	19.1	9.06	1 ～ 100 μmol/L NNK，0.25 mg/mL 微粒体蛋白浓度，反应 10 min
	HPB	239.0	73.8	3.24	
	OPB	132.0	5.5	24.00	1 ～ 10 μmol/L NNK，0.5 mg/mL 微粒体蛋白浓度，反应 10 min
	HPB	60.4	5.1	11.80	
	NNK–*N*–oxide	8.0	8.8	0.91	
	OPB	77.0	5.4	14.30	1 ～ 10 μmol/L NNK，0.5 mg/mL 微粒体蛋白浓度，反应 10 min，饮食中含 3 μmol/g 的 PEITC 诱导小鼠
	HPB	39.3	5.3	7.42	
	NNK–*N*–oxide	5.6	9.1	0.62	

注：a 表示单位为 pmol min^{-1} mg^{-1}；b 表示单位为 pmol mg^{-1} min^{-1}（μmol/L）$^{-1}$。

（三）参与 NNK 代谢的 P450 酶

目前，代谢 NNK 的人来源 P450 酶有 CYP1A1、CYP1A2、CYP2A6、CYP2A13、CYP2B6、CYP2D6、CYP2E1 和 CYP3A4，Jalas 等汇总了体外代谢系统中不同 P450 酶代谢 NNK 的相关资料，如表 2–20 所示，可以看出不同种属来源的 P450 酶代谢 NNK 效率及其代谢产物均有所不同。同一种属来源的同种 P450 酶，组织器官分布不同，NNK 代谢效率及其产物也不相同。另外，不同酶导致 NNK 代谢途径不同，因此，体内分布不同的 P450 酶，会导致体内产生不同的 *α*– 羟基化反应。有些 P450 酶在不同器官组织中分布不同，例如，人 CYP2A13 对 NNK 具有较强的代谢能力，但在肝脏中未检测到或表达量很低，它更多地分布于肺和鼻黏膜中。本部分仅论述人来源 P450 酶参与的 NNK 代谢，啮齿动物及哺乳动物来源的 P450 酶在此不做过多讨论。

CYP1A1 可以在许多组织中被诱导表达，如肺和肝组织。CYP1A1 代谢 NNK，产物中检测到 OPB 和 HPB，其中，生成 OPB 的 K_m 值是 HPB 的 4 倍左右，同样前者 V_{max} 值也是后者的 4 倍左右，因此，两种产物的 V_{max}/K_m 值接近。CYP1A2 在肝组织中表达，除了 CYP3A4，该酶在肝脏中分布最多。在肺组织中，CYP1A2 只有被诱导才会表达。Smith 等通过 Hep G2 细胞来源的 CYP1A2 ，发现 CYP1A2 是代谢 NNK 最为有效的 I 相代谢酶，但 OPB 生成量极低，生成 HPB 的 K_m 值约为 350 μmol/L。虽然在产物中能检测到代谢产物 OPB 和 HPB，但 CYP1A2 更易于催化 NNK 经 *α*–甲基羟基化反应途径生成 HPB，且生成 HPB 的效率远高于 OPB。

CYP2A6 在肝组织中分布较为丰富，但一般低于 CYP3A4。在肺组织中低于肝组织中的分布，而且在肺组织中不易被诱导表达。Patten 等分别从病毒转染的 Sf9 细胞、稳定表达的 CHO 细胞和 B 淋巴母细胞中获得 CYP2A6 和 CYP3A4，进行 NNK 体外代谢实验，发现 P450 2A6 和 CYP3A4 对 NNK 代谢的两条 α-羟基化反应途径均有激活。研究人员发现 CYP2A6 代谢 NNK 时，在细胞色素 b_5 存在时，NNK 更易生成 OPB，反之，更易生成 HPB。细胞色素 b_5 对 CYP2A6 代谢 NNK 的影响需要进一步探讨。

CYP2A13 是一种肝外酶，主要分布于肺和鼻腔组织中。在肺组织中，CYP2A13 是代谢 NNK 的高效酶，最近的体内和体外实验体系均证实，在所有 P450 酶中，CYP2A13 是 NNK 代谢反应中活性最高的一种酶。体外实验体系也证明了 CYP2A13 不但是催化 NNK 代谢反应的高效酶，同时也是 NNN 代谢反应的高效酶。与其他人来源 P450 酶比较，CYP2A13 代谢 NNK 的 K_m 值最低（2.8 ～ 13.1 μmol/L），V_{max}/K_m 值最高［0.092 ～ 3.83 pmol mg^{-1} min^{-1}（μmol/L）$^{-1}$］，说明 CYP2A13 对 NNK 具有最高的亲和力。刘兴余等以纯化重组酶 CYP2A13 进行体外 NNK 代谢实验，产物中仅检测到 HPB、OPB 和 OPBA，且 3 种产物的 K_m 值排序为 OPB ＞ OPBA ＞ HPB，V_{max}/K_m 排序为 OPB ＞ HPB ＞ OPBA，证实了体外反应体系中，CYP2A13 更容易催化 NNK 生成 OPB。

CYP2B6 在人肺和肝组织中表达较低，在催化外源性化合物（如药物）中发挥了重要作用，CYP2B6 能够降解烟碱，形成 5′- 氧化烟碱。在前面微粒体研究中，以 CYP2B6 抗体进行拮抗 P450 酶活性，发现微粒体降解 NNK 能力下降，说明了 CYP2B6 对 NNK 具有一定的催化能力。CYP2B6 催化 NNK 反应主要以 α- 甲基羟基化途径为主，产物 HPB 是 OPB 的 10 倍。CYP2B6 催化 NNK 的 K_m 值较低（30 μmol/L），说明 CYP2B6 在众多 P450 酶家族中对 NNK 的代谢同样起到了重要作用。

针对肝组织内分布的 CYP2D6 酶、CYP2E1 酶和 CYP3A4 酶，研究人员认为这些 P450 酶对 NNK 有一定的代谢能力。Penman 等将 CYP2D6 稳定表达于不同的人细胞系中，发现不同细胞对 NNK 具有选择性的代谢特征。Smith 等以 12 个 P450 酶为研究对象，以 HPB 为检测指标时，发现 CYP1A2 催化 NNK 生成 HPB 最多，而 CYP2A6、CYP2B7、CYP2E1、CYP2F1 和 CYP3A5 仅代谢产生了较少的 HPB。Jalas 等以前人研究结果为基础，对人来源 P450 酶体外代谢 NNK 能力进行了由大到小的排序：CYP2A13 ＞ CYP2B6 ＞ CYP2A6 ＞ CYP1A2 ≈ CYP1A1 ＞ CYP2D6 ≈ CYP2E1 ≈ CYP3A4。刘兴余等以纯化重组蛋白酶进行体外实验，发现 CYP2A6 活性高于 CYP2B6。上述研究结果不一致，除了与 P450 酶转染体系不同外，也与采用的底物浓度有关。

NNK 体外代谢结果不能照搬于体内环境，体内 NNK 代谢受多种因素影响，例如，P450 酶的表达量，氧化还原酶是否与 P450 酶同时存在及其表达量多少，P450 酶的组织分布及其是否被诱导，NNK 在靶器官中的浓度水平。在肝组织中表达的 P450 酶，以 CYP2B6 对 NNK 亲和力最高。但该酶在体内肝组织中分布较低，另外，CYP1A2 和 CYP3A4 在肝组织中的表达量是 CYP2A6 的 4 ～ 20 倍和 10 ～ 50 倍，因此，尽管有些酶对 NNK 的代谢能力低于 CYP2A6 和 CYP2B6，但由于其表达量高，这些酶在体内 NNK 的 α-羟基化反应途径中同样发挥了重要作用。到目前为止，现有的研究并不能确认何种肝组织酶对 NNK 的体内代谢发挥主要作用。在肺组织中，CYP2A13 表达量远高于肝组织，肺组织中同时分布着对 NNK 具有较高亲和力的 CYP1A1、CYP2B6 和 CYP3A5，这些酶在肺组织中的分布情况不甚明了，另外，何种酶在肺组织中对 NNK 起主要代谢作用，也需要进一步明确。

表 2-20　P450 酶参与 NNK 体外代谢反应动力学参数及反应条件

种属 / 酶	代谢产物	动力学参数			实验条件
		V_{max} [a]	K_m /（μmol/L）	V_{max}/K_m [b]	
人 /CYP1A1	OPB	4.440	1400.0	3.2×10^{-3}	1 ～ 500 μmol/L NNK，34 pmol P450/mg protein，商品化酶制剂 Gentest Supersomes（含 P450 酶和氧化还原酶）
	HPB	0.824	371.0	2.2×10^{-3}	

续表

种属 / 酶	代谢产物	动力学参数			实验条件
		V_{max} [a]	K_m /（μmol/L）	V_{max}/K_m [b]	
人 /CYP1A2	OPB	0.510	1180.0	4.3×10^{-4}	1 ～ 1000 μmol/L NNK，纯化重组蛋白酶
	HPB	1.700	380.0	4.5×10^{-3}	
	HPB	1.960	400.0	4.9×10^{-3}	1 ～ 1000 μmol/L NNK，纯化重组蛋白酶，DMSO 对照组
	HPB	2.090	760.0	2.8×10^{-3}	1 ～ 1000 μmol/L NNK，纯化重组蛋白酶，50 μmol/L PEITC
	HPB	2.060	820.0	2.5×10^{-3}	1 ～ 1000 μmol/L NNK，纯化重组蛋白酶，100 μmol/L PEITC
	HPB	2.050	1240.0	1.7×10^{-3}	1 ～ 1000 μmol/L NNK，纯化重组蛋白酶，200 nmol/L PEITC
人 /CYP1A2	HPB	4.200	309.0	1.4×10^{-2}	10 ～ 350 μmol/L NNK，13 pmol P450/mg protein，Hep G2 细胞裂解物
人 /CYP2A6	OPB	0.473	392.0	1.2×10^{-3}	5 ～ 2000 μmol/L NNK，杆状病毒感染 Sf9 细胞表达系统
	HPB	0.163	349.0	4.7×10^{-4}	
人 /CYP2A6（$+b_5$）	OPB	1.030	118.0	8.7×10^{-3}	5 ～ 2000 μmol/L NNK，b_5 : P450=5 : 1，杆状病毒感染 Sf9 细胞表达系统
	HPB	0.419	141.0	3.0×10^{-3}	
人 /CYP2A13	OPB	4.100	11.3	0.363	2 ～ 160 μmol/L NNK，杆状病毒感染 Sf9 细胞表达系统
	HPB	1.200	13.1	0.092	
人 /CYP2A13	OPB	14.500	4.6	3.152	2 ～ 100 μmol/L NNK，纯化重组蛋白酶
	HPB	5.700	2.8	2.036	
人 /CYP2A13	OPB	8.400	6.2	1.355	2 ～ 100 μmol/L NNK，纯化重组蛋白酶
	HPB	3.200	4.8	0.667	
人 /CYP2A13	OPB	13.800	3.6	3.830	0.25 ～ 50 μmol/L NNK，纯化重组蛋白酶
	HPB	4.600	3.2	1.440	
人 /CYP2A13	OPB	6.300	3.5	1.800	1 ～ 100 μmol/L NNK，纯化重组蛋白酶，25 pmol P450/mg protein
	HPB	10.600	9.3	1.140	
	OPBA	1.300	4.1	0.320	
人 /CYP2B6	OPB+HPB	0.180	33.0	5.5×10^{-3}	2.5 ～ 150 μmol/L NNK，且产物 HPB : OPB ≈ 10 : 1
人 /CYP2D6	OPB	0.105	1061.0	9.9×10^{-5}	5 ～ 2000 μmol/L NNK
	HPB	4.010	5525.0	7.3×10^{-4}	
人 /CYP2D6	OPB	0.130	1075.0	1.2×10^{-4}	5 ～ 2000 μmol/L NNK，CHO 细胞表达系统
	HPB	6.040	5632.0	1.1×10^{-3}	
人 /CYP2E1（$+b_5$）	OPB	0.026	720.0	3.6×10^{-5}	5 ～ 2000 μmol/L NNK，杆状病毒感染 Sf9 细胞表达系统
	HPB	1.170	3334.0	3.5×10^{-4}	
人 /CYP3A4	OPB	0.787	3091.0	2.5×10^{-4}	5 ～ 8000 μmol/L NNK，CHO 细胞表达系统
	HPB	0.086	1125.0	7.6×10^{-5}	

续表

种属 / 酶	代谢产物	动力学参数			实验条件
		V_{max} [a]	K_m/（μmol/L）	V_{max}/K_m [b]	
兔 /CYP2A10/ CYP 2A11	OPB	1.380	15.0	0.092	2.9 ～ 154 μmol/L NNK，纯化重组蛋白酶
	HPB	1.300	9.0	0.144	
兔 /CYP2A10/ CYP 2A11（+b_5）	OPB	0.849	28.6	0.030	2.9 ～ 154 μmol/L NNK
	HPB	0.575	16.3	0.035	
兔 /CYP2A10/ CYP2A11（+80 μmol/L nicotine）	OPB	1.330	40.2	0.033	2.9 ～ 154 μmol/L NNK
	HPB	1.260	29.5	0.043	
兔 /CYP2G1	OPB	0.735	186.0	4.0×10^{-3}	2.9 ～ 154 μmol/L NNK
	HPB	未检出			
大鼠 /CYP1A1	OPB	2.200	180.0	1.2×10^{-2}	1 ～ 5000 μmol/L NNK，商品化酶制剂 Gentest Supersomes
	HPB	0.680	140.0	4.9×10^{-3}	
大鼠 /CYP1A2	OPB	5.000	180.0	2.8×10^{-2}	1 ～ 5000 μmol/L NNK
	HPB	6.100	200.0	3.1×10^{-2}	
大鼠 /CYP2A3	OPB	10.800	4.6	2.350	0.25 ～ 50 μmol/L NNK，杆状病毒感染 Sf9 细胞表达系统
	HPB	8.200	4.9	1.670	
大鼠 /CYP2B1	OPB	0.090	191.0	4.7×10^{-4}	10 ～ 1300 μmol/L NNK，纯化重组蛋白酶
	HPB	0.333	318.0	1.0×10^{-3}	
	NNK-*N*-oxide	0.295	131.0	2.3×10^{-3}	
大鼠 /CYP2C6	OPB	2.500	1300.0	1.9×10^{-3}	1 ～ 5000 μmol/L NNK，商品化酶制剂 Gentest Supersomes
	HPB	16.000	1400.0	1.1×10^{-2}	
	NNK-*N*-oxide	1.500	1100.0	1.4×10^{-3}	
小鼠 /CYP2A4	OPB	190.000	3900.0	4.9×10^{-2}	1 ～ 5000 μmol/L NNK，杆状病毒感染 Sf9 细胞表达系统
小鼠 /CYP2A4	OPB	7.300	97.0	7.5×10^{-2}	0.5 ～ 5000 μmol/L NNK
	HPB	1.800	67.0	2.7×10^{-2}	
小鼠 /CYP2A5	HPB	4.000	1.5	2.670	0.25 ～ 100 μmol/L NNK
小鼠 /CYP2A5	OPB	2.000	4.3	0.470	0.25 ～ 50 μmol/L NNK
	HPB	6.500	4.5	1.440	

注：a 表示单位为 pmol min^{-1} pmol P450 $^{-1}$；b 表示单位为 pmol min^{-1} pmol $P450^{-1}$（μmol/L）$^{-1}$。

（四）NNK/NNAL 的体内代谢

根据 Hecht 等的综述，将 NNK/NNAL 的体内代谢做一简述。在啮齿动物、哺乳动物和人身上，关于 NNK/NNAL 的体内代谢已经研究了多年，科研人员所采用的动物模型、给药条件和研究结论在表 2-21 中一一列出。所有的证据都表明 NNK 可以迅速分布到活体动物和人体的大部分组织中，而且在各个靶组织中可以快速代谢。NNK 的 3 条主要代谢途径（羰基还原、α- 羟基化、吡啶氧化）均能在体内检测到，但脱胺和 ADP 加合反应在体内却未发现科学证据。在体内实验中，发现啮齿动物、猕猴和人类更倾向于发生 NNK → NNAL 的反应。在大鼠体内，α- 羟基化在目标组织中广泛发生，导致大鼠鼻黏膜、肺和肝脏等器官发生癌变。在所有实验动物中，尿液是 NNK 代谢产物的主要排泄途径，在 24 h 内，可将 NNK 摄入量的 90% 通过尿液排出体外。当然，NNK 的剂量不同，体内代谢产物的种类及产物间的比例也不同，例如，在小鼠和大鼠实验中，高剂量的 NNK 导致尿液中 NNAL 含量高于 NNAL-Gluc，这种剂量相关性在动物体内的 α- 羟基化反应途径中也有所体现。

表 2-21　NNK 体内代谢

动物种属	NNK 给药剂量	结论
雄性 F-344 大鼠	7.5 ～ 2200 μmol/kg	在 48 h 的尿液中检测到 NNAL、OPBA、Hydroxy acid、PBD 和 NNK-*N*-oxide，上述产物共占 NNK 摄入量的 69%。未检出 HPB、OPB 和麦斯明
雄性 F-344 大鼠	0.03 ～ 20 μmol/kg	85% 的 NNK 在 24 h 内排至尿液中，在尿液中检测到了 Hydroxy acid、OPBA 和 NNAL，利用射线自显迹法，发现 NNK 能够迅速分布在体内各组织中
雄性 F-344 大鼠	150 μmol/kg	在 NNK-NNAL 的动态平衡中，更倾向于生成 NNAL；NNK 半衰期：25 min；NNAL 半衰期：298 min
雄性 F-344 大鼠	390 μmol/kg	NNK 注射 4 h 后，血液中 NNAL 水平超过了 NNK，未检出 NDMA
雌性 SD 大鼠	150 μmol/kg	在血液中检测到 NNAL
雄性 F-344 大鼠	400 μmol/kg	烟碱对 NNK 和 NNAL 的消除无影响
雄性 F-344 大鼠，雌性 CD-1 小鼠，A/J 小鼠	0.005 ～ 500 μmol/kg	检测到 NNAL-Gluc，在 F-344 大鼠和 A/J 小鼠尿液中发现 NNK 代谢产物与 NNK 呈剂量 - 反应关系，NNK 剂量低时，以 α- 羟基化产物和 NNK-*N*-oxide 为主，NNK 剂量高时，以 NNAL 和 NNAL-Gluc 为主
雌性 SD 大鼠	0.7 或 240 μmol/kg	以放射性 NNK 注射大鼠，低剂量时，发现 7% 的摄入量排泄至胆汁中，而高剂量时，12% 的摄入量排泄至胆汁中。NNK 的半衰期：37 min；NNAL 的半衰期：52 min；NNAL-Gluc 的半衰期：107 min
雄性 F-344 大鼠，雌性 A/J 小鼠	10 ～ 500 μmol/kg	在尿液中检测到占 NNK 总量 1% 的 6- 羟基 -NNK，在 500 μmol/kg 剂量注射大鼠时，代谢产物及占 NNK 摄入量的比例如下：Hydroxy acid（28%）、OPBA（32%）、NNAL-*N*-oxide（4.3%）、NNAL-Gluc（6.1%）、NNAL（19%）和 NNK（0.4%）
雄性 Wistar 大鼠	80 nmol/kg NNAL-Gluc	在 24 h 的尿液中，发现 76% 的 NNAL-Gluc 没有任何变化，同时检测到了下述产物及其占总 NNAL-Gluc 的比例：Hydroxy acid（10%）、OPBA（0.9%）、NNAL-*N*-oxide（3.3%）、NNAL（3.3%）和 NNK（0.2%）
雄性 Wistar 大鼠	80 μmol/kg	烟碱抑制了 NNK 的代谢激活
雄性 F-344 大鼠	8.5 μmol/kg	在所有器官组织中均能快速代谢，且在 20 ～ 60 min 到达 NNK 的峰值，检测 NNK 及其代谢产物，其中，肾脏中最高，其次是胃、鼻黏膜、肝脏和肺。鼻黏膜中 NNK 的 α- 羟基化代谢产物最高，其次是肝脏和肺。PEITC 可以降低肺和肝脏中 α- 羟基化代谢产物的水平
雄性 F-344 大鼠	0.5 μmol/kg	大鼠经过 P450 酶诱导剂预处理后，在尿液中检测到 HPB-Gluc
雄性 F-344 大鼠	0.2 μmol/ 天，持续 2 年	在饲料中添加 PHITC，会明显提高 NNAL 和 NNAL-Gluc 的总量，但未能改变其比例
雄性 F-344 大鼠	480 μmol/kg	饲料中脂肪含量未影响尿液中的代谢产物

续表

动物种属	NNK 给药剂量	结论
雄性叙利亚金黄地鼠	280 μmol/kg	96% ～ 98% 的 NNK 被排泄至尿液中，在 48 h 的尿液中检测到了 Hydroxy acid、OPBA 和 NNAL
雄性 / 雌性叙利亚金黄地鼠	20 μmol/kg	射线自显迹法观察结果显示 NNK 在体内大部分组织均有分布
雄性叙利亚金黄地鼠	35 μmol/kg	NNK 和（*S*）– 烟碱同时给药，会降低肝脏对 NNK 的清除功能，同时会降低肝脏对 NNK 的 *α*– 羟基化代谢
雄性叙利亚金黄地鼠，雄性 CD–1 小鼠和雄性狒狒	150 μmol/kg（地鼠和小鼠）/15 μmol/kg（狒狒）	大量的 NNK 被代谢为 NNAL
雄性 / 雌性 C57BL 小鼠	34 μmol/kg	全身射线自显迹法结果显示在怀孕小鼠中，NNK 可分布在鼻黏膜、气管支气管黏膜、肝脏、眼部黑色素、肾脏、膀胱、泪腺。相似的结果在大鼠和仓鼠中也有发现。在怀孕动物的羊水中检测到了 OPBA 和 Hydroxy acid
雄性 A/J 小鼠	500 μmol/kg	3– 吲哚甲醇预处理小鼠会降低肺组织中的 NNK 和 NNAL，同时也会降低尿液中的 NNAL 和 NNAL–Gluc，但会增加尿液中 *α*– 羟基化代谢产物
雄性狨猴	19 ～ 420 μmol/kg	全身射线自显迹法显示 NNK 分布于肝脏、鼻黏膜，但在肺中没有出现
雌性赤猴	20 ～ 500 μmol/kg	（*R*）–NNAL–Gluc 是尿液中的主要代谢产物，（*R*）–NNAL–Gluc 水平较低（在啮齿动物中该化合物水平高）
人	嚼烟	在唾液中检测到了 NNAL 和 *iso*–NNAL
人	卷烟	尿液中检测到了大量的 NNAL 和 NNAL–Gluc
人	二手烟	在受二手烟影响的非吸烟人群中检测到尿液中存在 NNAL 和 NNAL–Gluc
人	嚼烟 / 卷烟	尿液中 NNAL 和 NNAL–Gluc 的水平，嚼烟吸食者是卷烟吸食者的 68 倍，其中（*R*）–NNAL–Gluc 是（*S*）–NNAL–Gluc 的 1.9 倍
人	卷烟	水田芥对吸烟者尿液中的 NNAL 和 NNAL–Gluc 有提高作用
人	卷烟 / 无烟气烟草制品	在不同吸烟者中，NNAL–Gluc 与 NNAL 比值不同，在无烟气烟草制品使用人群中，两者比例差异不大；总 NNAL（NNAL+NNAL–Gluc）与上述人群的黏膜白斑病发生率密切相关
人	卷烟	在吸烟人群的尿液中检测到了 NNAL–*N*–oxide，且含量是 NNAL 的 1/2
人	卷烟	NNAL–Gluc 和 NNAL 的比值因个体不同而差异较大，最高会相差 10 倍，但在 2 年多的测试中，在同一吸烟者的尿液中上述比值比较稳定

1. 羰基还原

药代动力学实验证实，NNK 摄入体内后，NNAL 会迅速生成，而且在血液中的含量高于 NNK。有研究发现在大鼠体内，NNAL 的半衰期为 298 min，而 NNK 的半衰期为 25 min，在其他种属的动物中同样发现 NNAL 的半衰期远高于 NNK。NNK → NNAL → NNAL–Gluc 途径的发现是 NNK 代谢研究的重要进展，NNAL–Gluc 作为 NNK 的解毒途经，经由尿液最终排至体外。在大鼠尿液中，（*S*）–NNAL–Gluc 是主要的葡萄糖醛酸加合物，而在赤猴血液和尿液中，（*R*）–NNAL–Gluc 是主要的葡萄糖醛酸加合物。以口含烟吸食人群为研究对象，发现在人尿液中，（*R*）–NNAL–Gluc 与（*S*）–NNAL–Gluc 的比值约为 1.9。在小鼠和大鼠体内实验中，羰基还原反应的产物包括 NNAL、NNAL-*N*-oxide 和 NNAL-Gluc。在低剂量 NNK 摄入的前提下，NNAL 和 NNAL-Gluc 的水平低于 NNK 的其他代谢途径产物。在吸烟者的尿液中，大部分都检测到 NNAL-Gluc 的水平高于 NNAL，而 NNAL-*N*-oxide 水平低于前面两个羰基还原的代谢产物。在吸烟者体内，NNAL-Gluc 与 NNAL 的比值是研究人员视为 NNK 的解毒指标，但因测试个体不同而不同，该比值受遗传及环境因素的影响。

有研究分析吸烟者尿液中 NNAL 和 NNAL-Gluc 的总量约为 3.8 pmol/mg creatinine/24 h。在赤猴实验中，NNAL 和 NNAL-Gluc 总量约占 NNK 摄入量的 20%。研究已经证实人体尿液中可替宁水平与 NNAL+NNAL-Gluc 呈显著正相关，因此，如同可替宁可作为尼古丁的生物标志物一样，NNAL+NNAL-Gluc 被视作为 NNK 摄入人体的重要生物标志物。

2. 吡啶氧化

啮齿动物尿液中 NNK-*N*-oxide 和 NNAL-*N*-oxide 约占 NNK 摄入量的 0 ～ 10%，在低剂量 NNK 的实验中，发现啮齿动物和赤猴尿液中吡啶氧化物含量超过了 NNK 和 NNAL。但在人类吸烟者的测试中，尿液中 NNAL-*N*-oxide 水平往往低于 NNAL。因此，NNK/NNAL 的吡啶氧化是啮齿动物的一条解毒途径，但对人类并不是主要的解毒途径。

6-羟基 -NNK 在啮齿动物和赤猴尿液中被检测到，但含量较低，约占 NNK 总剂量的 1%。在微粒体、肝匀浆物及组织培养的体外实验中，这种代谢产物也没有检测到。在尼古丁细菌代谢中，发现吡啶环的羟基化。因此，6-羟基 -NNK 仅是细菌转化 NNK 的产物。另外，在大鼠实验中，对大鼠进行肝 P450 酶的诱导后再给药，并未发现 6-羟基 -NNK 的升高，但其他吡啶氧化产物（NNK-*N*-oxide 和 NNAL-*N*-oxide）增加较多。因此，研究人员认为，6-羟基 -NNK 与 NNK/NNAL 的吡啶氧化物并非同一生成途径。

3. *α*-羟基化

一般来说，OPBA 和 Hydroxy acid 是啮齿动物和哺乳动物尿液中的主要代谢产物之一，这两种产物在 NNN 进入体内后，体内相关组织和血液中很快便能检测到。在体内环境，OPBA 来自 HPB，同时也是 OPB 的氧化产物。因此，NNK 的两种 *α*-羟基化代谢途径在体内难以通过 OPBA 来区分。同样，Hydroxy acid 在体内是 NNAL 的代谢产物，同时也是 NNN 代谢产物之一，因此，无法通过 Hydroxy acid 区分 NNAL 的两条 *α*-羟基化代谢途径。立体异构实验证实，Hydroxy acid 是 NNAL 的 *α*-羟基化产物，而不是 OPBA 还原生成。因此，大鼠体内 NNK 代谢更易通过（*S*）-NNAL 生成（*S*）-hydroxy acid。

在体外微粒体实验中，HPB 和 OPB 是 NNK 代谢的主要产物之一，但在动物尿液中却难以检测到。在人类尿液的检测实验中，*α*-羟基化产物定量并不统一。OPBA 和 Hydroxy acid 是烟碱的代谢产物之一，因此，在人体尿液中检测到 OPBA 和 Hydroxy acid 是摄入 NNK 的 3000 倍，OPBA 和 Hydroxy acid 到底是 NNK 的代谢产物还是来自烟碱，体内实验无法区分。研究证实，体内（*S*）-hydroxy acid 可来自 NNK 和 NNN，而体内（*R*）-hydroxy acid 却更多的来自烟碱的代谢（可替宁和 OPBA 通路）。因此，（*S*）-hydroxy acid 可作为吸烟者体内 NNK 的生物标志物，也可以作为体内 NNK 的 *α*-羟基化的重要标志。

二、NNN 代谢

如图 2-23 所示，与 NNK 代谢不同，NNN 代谢反应包括吡啶氧化反应、吡咯环羟基化反应和去甲基可替宁化反应。根据吡咯环上羟基位置不同，吡咯环羟基化反应又分为 2′-*α*-羟基化、5′-*α*-羟基化、3′-*β*-羟基化和 4′-*β*- 羟基化，其中，*β*-羟基化反应报道较少，且含量很低。Hecht 等总结了 NNN 体外和体内代谢反应，如表 2-22 所示（仅列出部分信息）。采用多种组织的体外培养实验，证实了鼻黏膜、食道、口腔、肺、肝和结肠等多种组织可以对 NNN 进行不同途径的代谢，体内动物实验证实，NNN 可以快速分布于体内，并在短时间内完成代谢，产物经尿液排泄至体外。

表 2-22 NNN 的体内和体外代谢反应

代谢类型	种属	器官组织	代谢体系
体外	大鼠	肝	微粒体
		肝	组织培养
		食道	组织培养
		口腔	组织培养
		肺	细胞培养
	仓鼠	肝	微粒体
		食道	组织培养
	小鼠	肺	组织培养
	人	肝	微粒体
		食道	组织培养
		结肠	组织培养
体内	大鼠、仓鼠、小鼠、猪、猴子、狒狒体内各器官组织均有研究		

（一）吡啶氧化反应（化合物 2 →化合物 3）

吡啶氧化反应也称吡啶 -*N*- 氧化反应，发生在吡啶环的 N 原子上，该反应是 NNN 的解毒代谢途径。在大鼠肝组织体外实验中发现吡啶氧化反应，而其他器官组织的体外实验中几乎没有发现该反应产物 N′ -Nitrosonornicotine-*N*-oxide（NNN-*N*-oxide）。在人肝组织体外培养实验中检测到产物 NNN-*N*-oxide，在人其他相关组织体外代谢实验中发现了 NNN 的吡啶 -*N*- 氧化反应。

有体内研究认为，尿液中 NNN-*N*-oxide 占大鼠 NNN 摄入总量的 7% ～ 11%，占仓鼠 NNN 摄入总量的 2.5%。然而，也有研究对小鼠及兔子进行 NNN 注射后，采集血液并检测到了 NNN-*N*-oxide 产物，但占 NNN 摄入总量的比例远低于尿液。

（二）吡咯环羟基化反应（化合物 2 →化合物 5/6/7/8）

NNN 在微粒体或 P450 酶作用下，吡咯环上的 4 个 C 原子会发生羟基化反应，分别形成 2′- 羟基 -NNN（5）、3′- 羟基 -NNN（6）、4′- 羟基 -NNN（7）和 5′- 羟基 -NNN（8）。2′- 羟基 -NNN（5）是一种不稳定中间产物，会快速失去 HONO，生成麦斯明（Myosmine，4）或吡啶羰基丁基重氮离子 4-oxo-4-（3-pyridyl）-1-butanediazonium ion（9），化合物 9 同时也是 NNK 的 α- 甲基羟基化反应中间产物，因此，在 NNN 代谢途径中，同样存在 HPB 通路。如图 2-23 所示，中间产物 9 进一步分解，失去甲醛，生成 HPB（13）。在 P450 纯化重组酶实验中，HPB 是终端产物，不再参与酶促反应，因此 HPB（13）→ PBD（17）可能并非由 P450 酶介导。张建勋及其同事对小鼠和兔子进行 NNN 静脉注射，发现血液中同时存在 HPB 和 PBD，且 PBD 含量高于 HPB。体内环境不同于体外，在体内肝组织等微粒体中存在 11β- 羟基类固醇脱氢酶、醛酮还原酶和羰基还原酶会催化羰基化合物发生还原反应，因此，上述 HPB → PBD 的转变在体外 P450 酶促实验中未见报道，该转化反应可能更容易在体内发生。

5′- 羟基 -NNN（8）是不稳定中间产物，羟基化后的吡咯环进一步形成开环化合物 10 和 11。化合物 10 不稳定，脱重氮基团，闭环形成 Lactol（15），进而生成 Lactone（14）和 Hydroxy acid（18）。体内研究

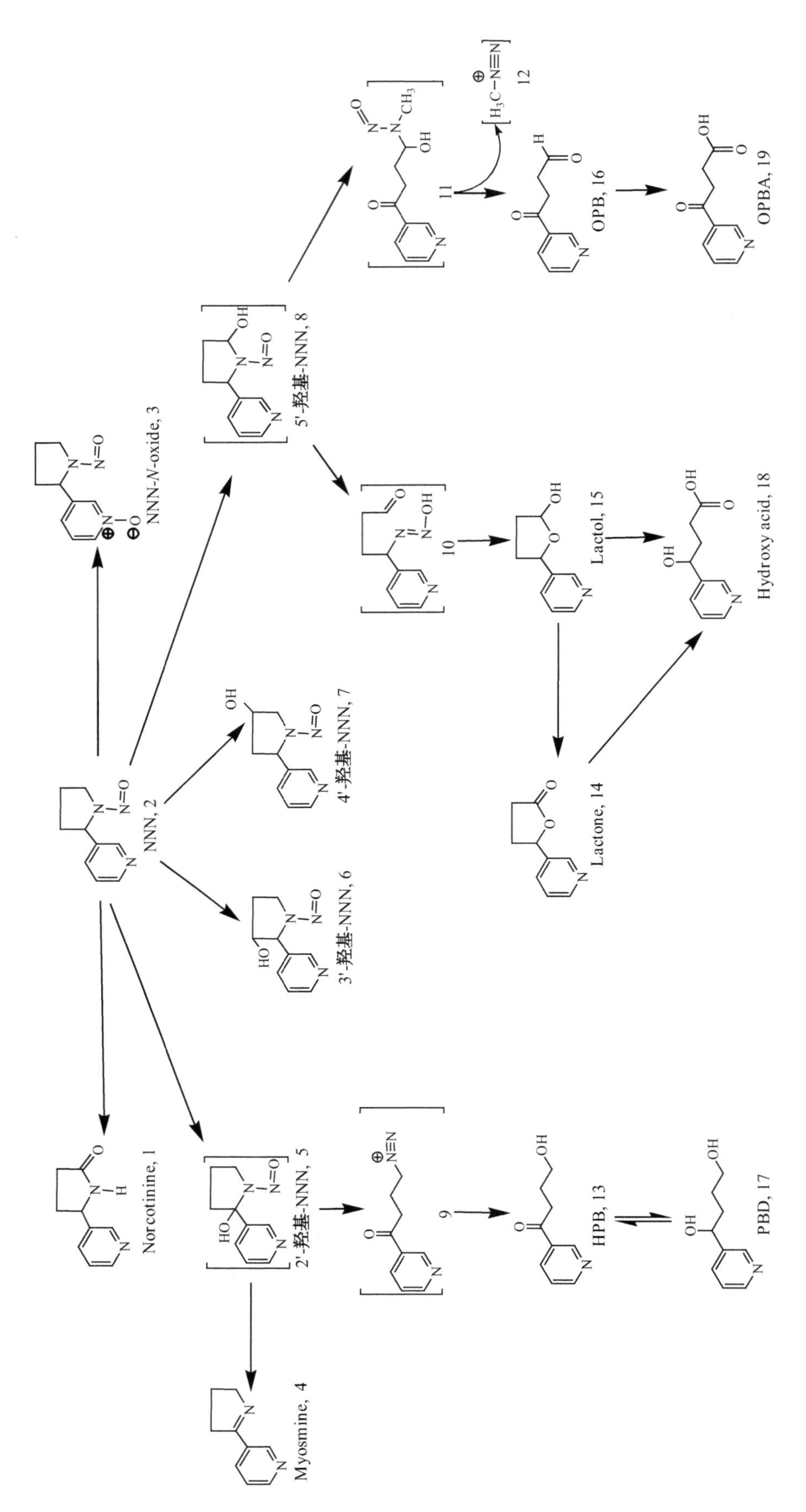

图 2–23 NNN 代谢途径

证实，Hydroxy acid（18）和 OPBA（19）是尿液中 NNN 的主要代谢产物，Hydroxy acid 主要来自 Lactone（14）和 Lactol（15），来自 OPBA 的部分较少，仅占大鼠摄入 OPBA 总量的 1%。因此，可以断定体内 Hydroxy acid 主要来自 NNN 的 5′- 羟基 -NNN 代谢途径。而在体外实验中，Hydroxy acid 被证实是 NNN 的主要代谢产物，OPBA 浓度很低或未被检出。刘兴余等采用纯化重组蛋白酶进行体外实验，发现 NNN 代谢产物中主要有 HPB、Hydroxy acid、OPB 及少量的 OPBA。5′- 羟基 -NNN 吡咯环可以经开环形成中间产物 11，与 NNK 的 α- 亚甲基羟基化途径相同，中间产物 11 同时生成 OPB（16），部分 OPB 可能进一步氧化为 OPBA（19），该途径可能是体外产生 OPBA 的途径之一。

以往研究认为 2′- 羟基 -NNN 途径是 NNN 代谢的主要反应，但最近研究证实 5′- 羟基 -NNN 代谢途径是体内和体外酶解实验的主要反应，这可能与不同动物及不同器官组织有关。在大鼠 NNN 的靶器官食道和鼻黏膜中，2′- 羟基 -NNN 途径的代谢产物量是 5′- 羟基 -NNN 的 2 ～ 4 倍，而在非靶器官肝组织中，前者是后者的 0.3 ～ 1.4 倍。在仓鼠靶器官气管中，2′- 羟基 -NNN 与 5′- 羟基 -NNN 途径的代谢产物量相差不大，而在非靶器官食道中，NNN 主要以 5′- 羟基 -NNN 代谢途径为主。Zarth 等从 DNA 加合物角度出发，探讨了大鼠、人肝微粒体和肝细胞对 NNN 代谢的反应，结果显示，在大鼠体内主要以 5′- 羟基 -NNN 途径的 DNA 加合物为主，且以肺和口腔中分布最多，Zarth 等认为这与 CYP2A3 在大鼠体内肺和口腔的高表达有关。Zarth 等以 2 ～ 500 μmol/L 浓度的 NNN 与人肝微粒体或肝细胞进行孵育实验，发现 5′- 羟基 -NNN 途径的 DNA 加合物要高于 2′- 羟基 -NNN，由于 CYP2A6 更易作用于 NNN 的吡咯环的 5′-N，因此 5′- 羟基 -NNN 的形成与肝组织中 CYP2A6 的高表达密切相关。

（三）去甲基可替宁化反应（化合物 2 →化合物 1）

NNN 在体外培养的小鼠肺组织和大鼠口腔黏膜组织中会产生去甲基可替宁（Norcotinine，1），但体外代谢模型中并未阐明去甲基可替宁的反应途径。NNN 经脱胺后形成去甲基烟碱，然后在吡咯环 5′位发生氧化反应，生成去甲基可替宁（1）。体内实验中，观察到了尿液中去甲基可替宁的存在，但关于 NNN → 去甲基可替宁的反应途径仍未明了，需要进一步研究。

三、NAT、NAB 代谢

NAT 和 NAB 由于致癌等级较弱，被 IARC 列为 3 类致癌物。有体内研究报道，25% ～ 30% 的 NAB 以 NAB-*N*-oxide 的形式排至尿液中，约 10% 的 NAB 以 α- 羟基化途径进行代谢。因此，NAB 主要以非致癌性产物的形式进行代谢，这也是 NAB 致癌性弱的原因之一。另外，NAB 代谢时，2′-hydroxy-NAB 与 6′-hydroxy-NAB 的比例为 0.2 ～ 0.4，NAB 的 α- 羟基化代谢也主要以 6′位为主。

四、4 种 TSNAs 及烟碱代谢的交互作用

细胞色素 P450 酶是广泛存在于哺乳动物微粒体和线粒体内的一类亚铁血红素—硫醇盐蛋白的超家族，根据蛋白质的氨基酸序列及其同源性将其分为多个家族和亚家族，它们参与内源性物质和包括药物、环境化合物在内的外源性物质的代谢，参与的反应包括饱和烷烃的 C-H 键羟基化、烯烃的双键环氧化、N-脱烷基、O-脱烷基、N-氧化、S-氧化、脱氨基、硝基还原、芳香烃氧化等。研究证实多种细胞色素 P450 酶参与了 TSNAs 的代谢，如 P450 2A13、P450 2A6、P450 2B6、P450 1A1、CYP1A2、P450 2D6、P450 2E1、P450 3A4，这些酶同时也会参与烟碱的代谢。在这些 P450 酶中，有不同化合物被同一种酶催化的，也有同一种化合物被不同酶催化的。例如，Weymarn 等的研究表明，P450 2A13 可同时催化 NNK

和烟碱的代谢。烟碱和 TSNAs 是作为整体烟气中的一部分摄入吸烟者体内的，由于复杂基质条件下，不同烟气成分存在交互作用（相加、协同、拮抗），各个单一有害成分的危害性并不等同于相应有害成分危害性的加合。Weymarn 等报道了烟碱及其代谢物是 P450 2A13 和 P450 2A6 的典型抑制剂。关于 β- 二烯烟碱对 P450 酶的影响，Denton 等和 Kramlinger 等的研究均证实了该化合物对 P450 2A6 的抑制，从而认为 β- 二烯烟碱间接影响了 TSNAs 的代谢激活。Vleet 等研究 NNK 和 *N*- 二甲基亚硝胺的致突变作用时，发现烟碱和可替宁可抑制 P450 2E1 的活性，进而影响了 NNK 和 *N*- 二甲基亚硝胺的致突变作用。Bao 等报道了烟碱和 NNN 可抑制 NNK 的代谢，并假设烟碱和 NNN 可作为 P450 2A13 的底物。Ordonez 等进行彗星实验时，发现烟碱可通过抑制 P450 酶的催化活力，进而降低 NNK 导致的 DNA 双链断裂。

体外研究报道表明，烟碱代谢产物会对 P450 酶代谢 NNK 产生抑制。考虑到烟碱及其衍生物的结构相似性和烟碱在卷烟烟气中的高释放量，刘兴余等选择烟碱、NAT 和 NAB，对两种典型烟草致癌物 NNK 和 NNN 进行了酶促动力学研究，结果显示 3 种化合物可竞争性地抑制 NNK 的代谢激活（图 2-24）。施加烟碱、NAT 和 NAB 对 CYP2A13 催化的 NNK 代谢反应有一定的抑制作用，抑制剂浓度越高，对 CYP2A13 的抑制效应越明显。分别将终浓度为 10 μmol/L 的烟碱、1 μmol/L 的 NAT 和 1 μmol/L 的 NAB 添加于 NNK 反应液中，生成 OPB、HPB 和 OPBA 的 K_m 值相应地增加了 2 ～ 6 倍，而 V_{max} 值却保持不变。由此说明烟碱、NAT 和 NAB 的抑制类型属于竞争性抑制。

对 NNN 而言，如图 2-25 所示，结构相似的 3 种化合物（烟碱、NAT 和 NAB）对 CYP2A13 催化 NNN 的代谢反应存在抑制作用，且抑制剂浓度越高，抑制效应越大。将终浓度 5 μmol/L 的烟碱添加于 NNN 反应液中，生成 HPB、Hydroxy acid 和 OPB 的 K_m 值相应地增加到 35.46 μmol/L、16.51 μmol/L 和 28.19 μmol/L，而 V_{max} 值保持不变。将终浓度 2.5 μmol/L 的 NAT 和 NAB 分别添加于 NNN 反应液中，生成 HPB、Hydroxy acid 和 OPB 的 K_m 值相应地增加了 3 倍多，而 V_{max} 值却保持不变。由此可以看出，与 NNK 的代谢抑制相似，烟碱、NAT 和 NAB 对 NNN 的代谢抑制类型同样属于竞争性抑制。

另外，经 Sigma Plot kinetics program 软件计算出烟碱、NAT 和 NAB 对 NNK 和 NNN 代谢产物的抑制常数 K_i 值，如表 2-23 所示。数据表明，烟碱抑制 NNK 代谢是 NAT 和 NAB 的 18 ～ 40 倍，说明在同等抑制物浓度下，NAT 和 NAB 对 NNK 抑制效应更为明显。然而对 NNN 而言，烟碱、NAT 和 NAB 的抑制常数相近，说明高浓度的烟碱才会优先于 NAT 和 NAB，发挥对 NNN 代谢的抑制作用。卷烟烟气中烟碱和 TSNAs 摄入人体后，高含量的烟碱是否优于 NAT 和 NAB 抑制 NNN 的代谢，以及烟碱是否会抑制 NNK 和 NNN 的代谢激活，进而拮抗其致癌效应，需要进一步研究。

表 2-23　烟碱、NAT 和 NAB 对 NNK 与 NNN 体外代谢反应的抑制常数（K_i）

	K_i /（μmol/L）		
	NNK+NAT	NNK+NAB	NNK+Nicotine
OPB	0.21	0.23	8.51
HPB	0.71	0.87	25.01
OPBA	0.36	0.50	6.57
	NNN+Nicotine	NNN+NAT	NNN+NAB
HPB	0.98	1.37	0.71
Hydroxy acid	1.35	1.35	1.01
OPB	8.40	3.40	3.04

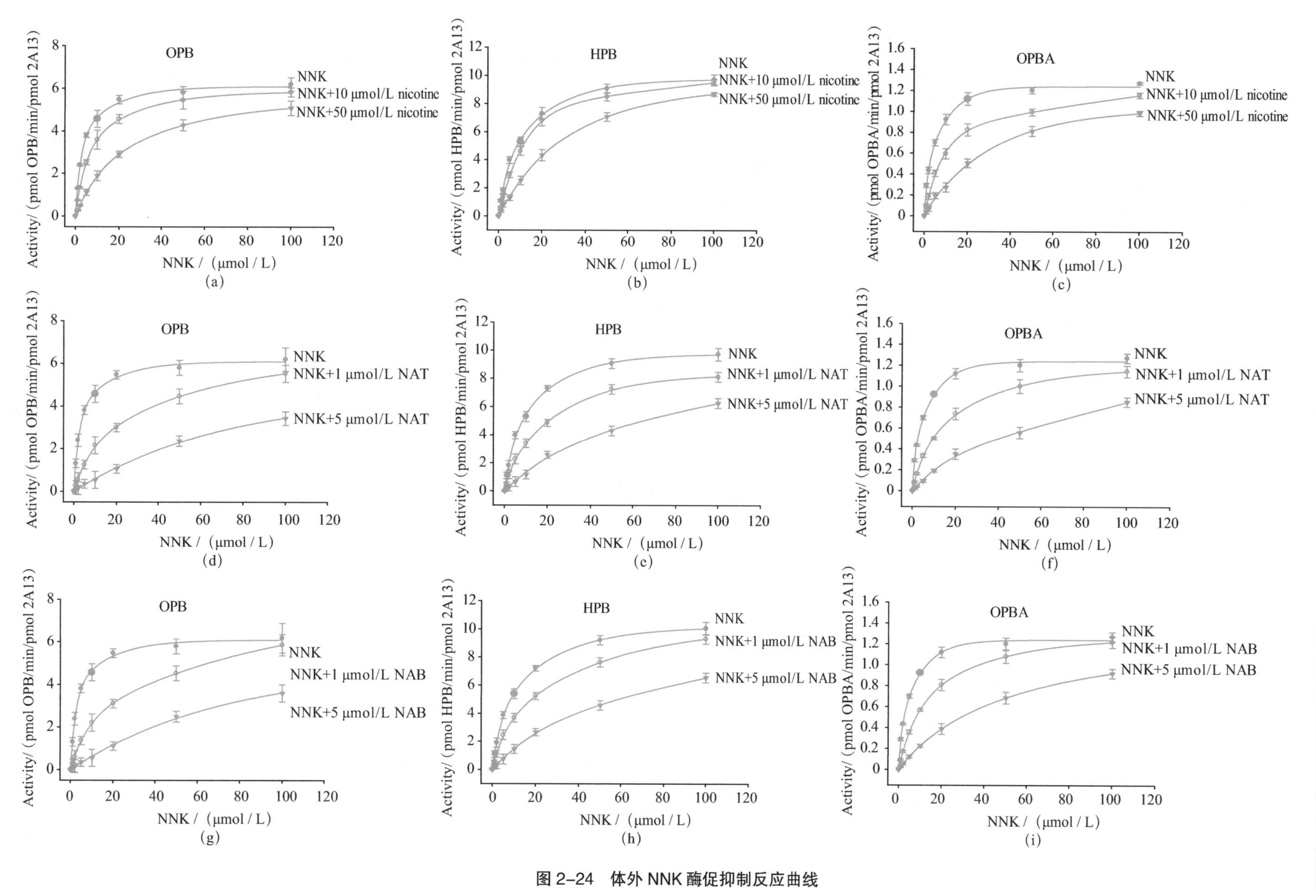

图 2-24 体外 NNK 酶促抑制反应曲线

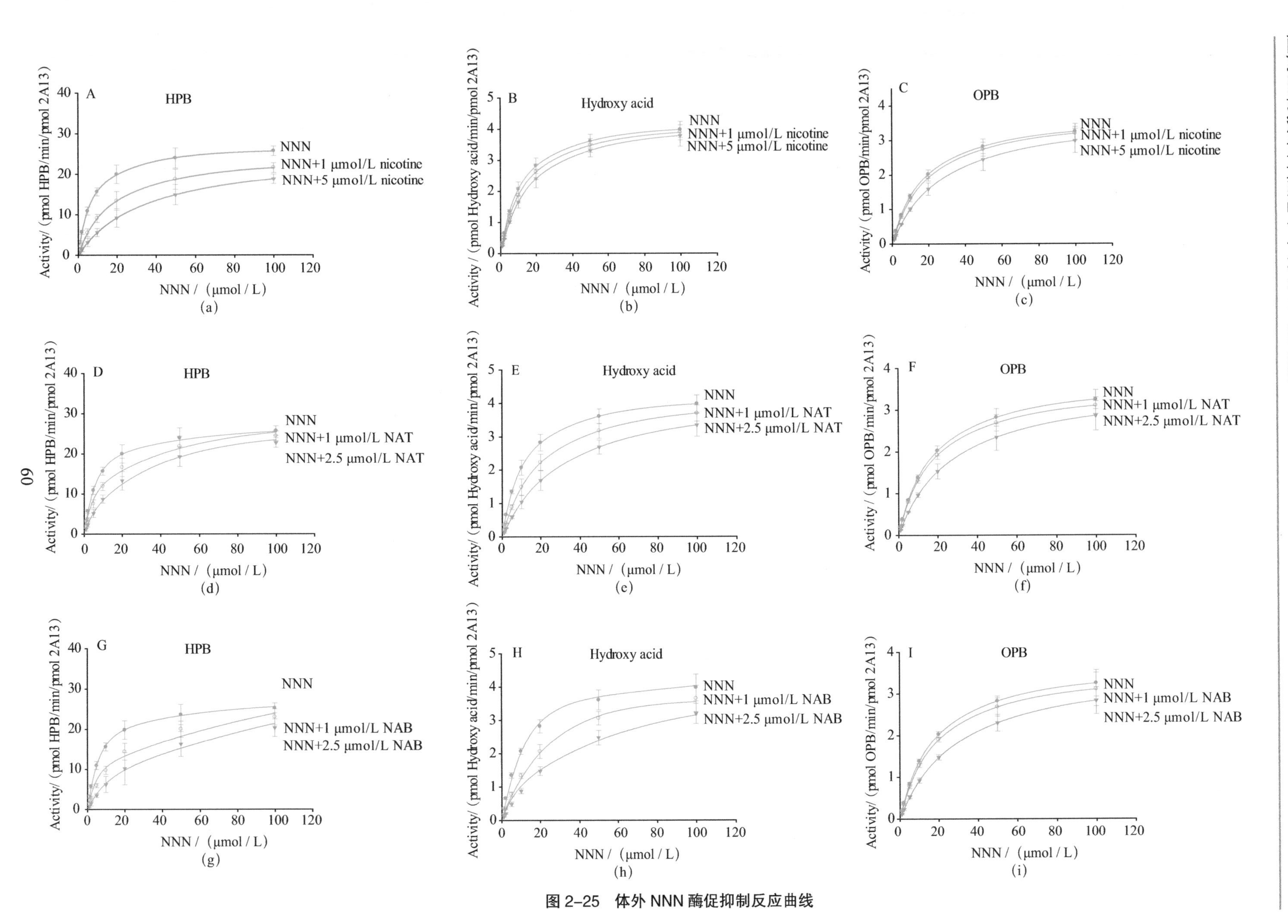

图 2–25 体外 NNN 酶促抑制反应曲线

第三节　DNA 损伤

一、NNK 导致的 DNA 损伤

（一）NNK-DNA 加合物

对体内和体外 DNA 加合物的研究成果进行总结，发现 NNK 导致的 DNA 加合物主要形成途径如图 2-26 所示，分别形成了：①甲基 DNA 加合物（Me-DNA 加合物，Methyl-DNA adduct），由 NNK 的 *α*-亚甲基羟基化途径代谢生成；②吡啶羰基丁基 DNA 加合物（POB-DNA 加合物，pyridyloxobutyl-DNA adduct）：由 NNK 的 *α*-甲基羟基化途径代谢生成。由于仪器条件的限制，早期对 DNA 加合物的研究主要集中在 Me-DNA 加合物的检测方面，后来发现 POB-DNA 加合物同样会导致基因突变，POB-DNA 加合物在 NNK 导致基因突变方面也得到了研究人员的重视。

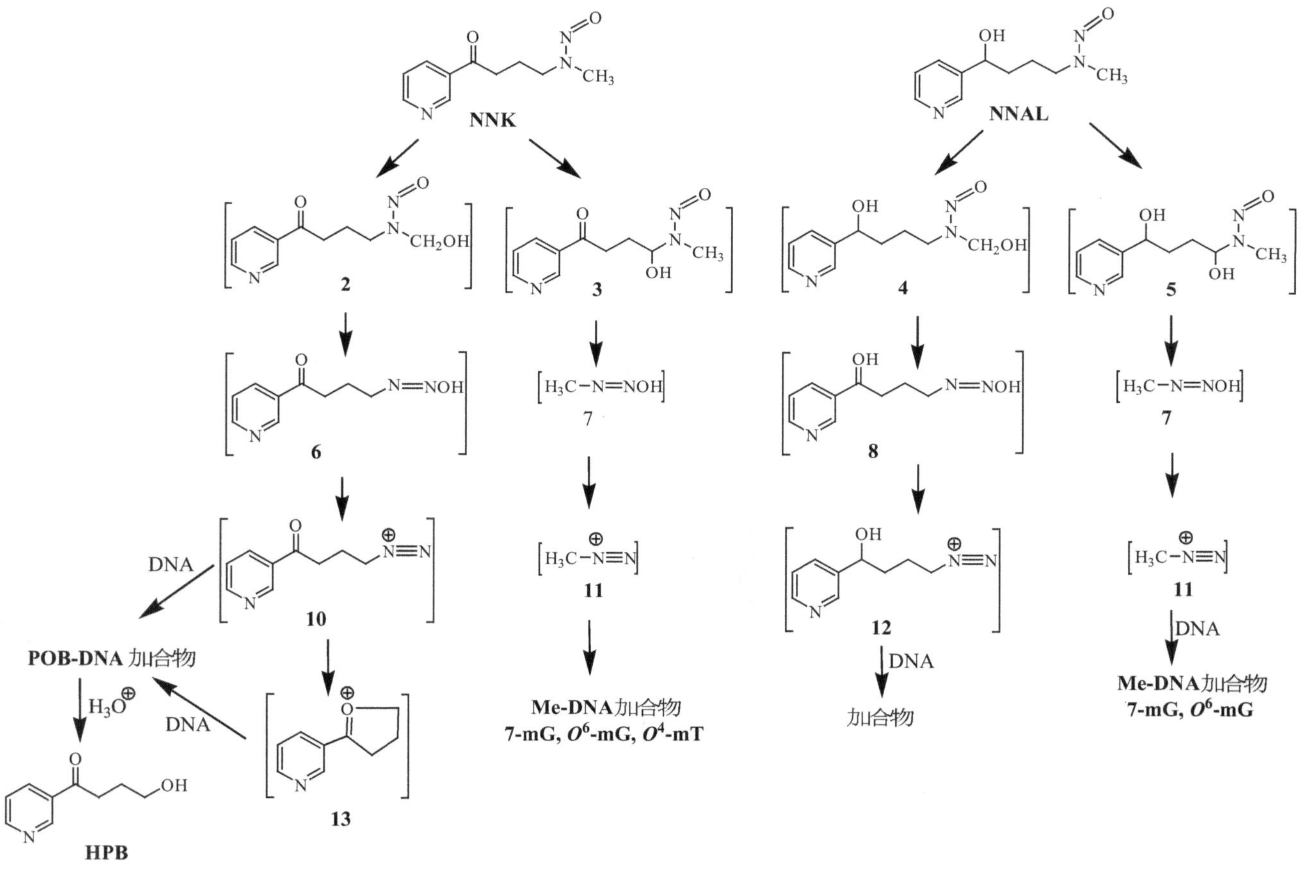

图 2-26　NNK 经代谢生成 DNA 加合物的途径

1. 体外研究

利用不同动物组织，研究人员对 NNK 的 DNA 加合物进行了体外研究，反应条件和研究结论如表 2-24 所示。根据图 2-26、图 2-27 和图 2-28 所示，将两类加合物的形成过程做如下阐述。

（1）甲基 DNA 加合物（Me-DNA）

NNK 的亚甲基经过羟基化反应生成甲基重氮氢氧化物 CH_4N_2O（7）和/或甲基重氮化合物 CH_3N_2（11），

其中，甲基重氮化合物（11）是一种活性极强的烷基化试剂，能够与 DNA 碱基结合，生成 7– 甲基鸟嘌呤（7–mG）、O^6– 甲基鸟嘌呤（O^6–mG）和 O^4– 甲基胸腺嘧啶（O^4–mT）。其他甲基 DNA 加合物也可能会产生，例如，在体外大鼠鼻黏膜组织的培养实验中（NNK 或 NNAL），检测到了 DNA 加合物 O^6– 甲基脱氧鸟嘌呤（O^6–mdG）。总之，NNK 导致的 DNA 甲基化在很多体外实验模型中均有发现，如大鼠肺组织细胞、肺组织、肝脏和鼻黏膜微粒体（外加 DNA）、大鼠口腔组织和仓鼠肺组织。

（2）吡啶羰基丁基 DNA 加合物（POB–DNA）

如图 2–27 所示，NNK 经 P450 酶激活，通过 *α*– 甲基羟基化反应途径产生中间产物 *α*– 羟基化亚硝胺（2），化合物 2 自发分解成吡啶羰基丁基重氮氢氧化物（6），化合物 6 会进一步生成吡啶羰基丁基重氮离

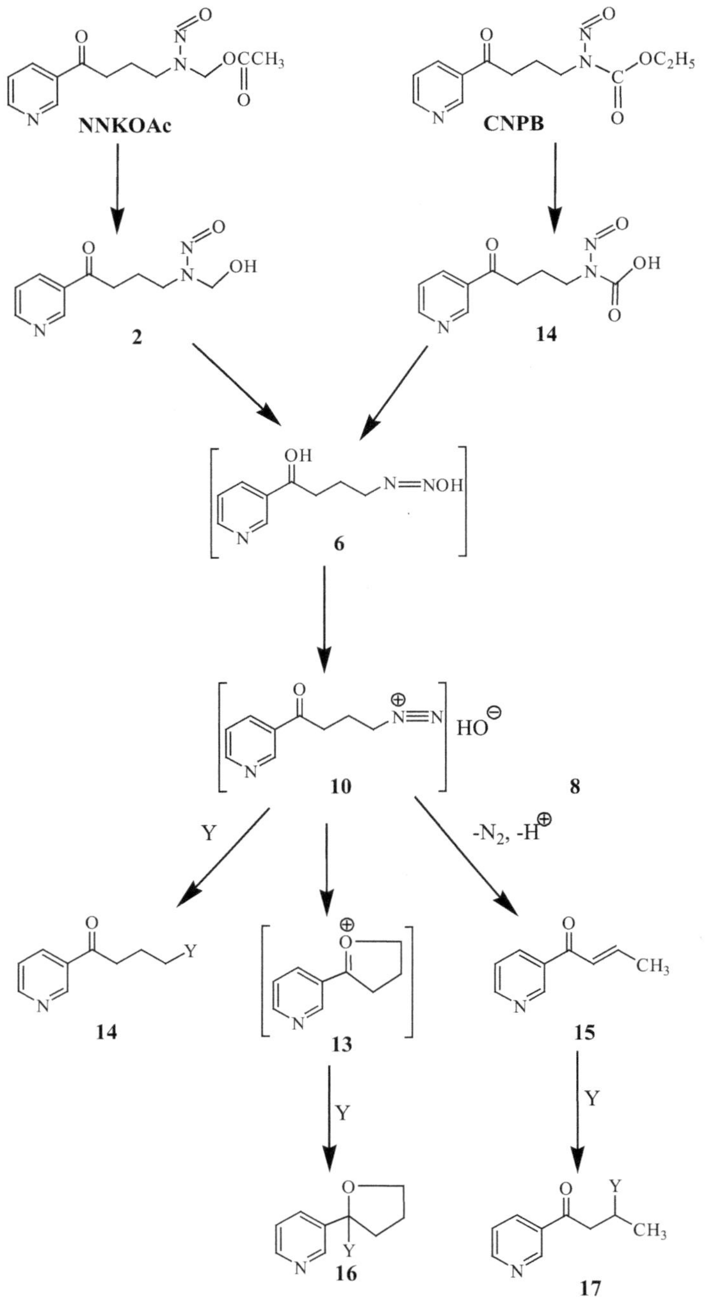

图 2–27　NNKOAc 和 CNPB 水解产生的中间产物和终产物

子（10），化合物 10 会发生以下 3 类反应：①与核酸加成，生成化合物 14；②生成吡咯环氧化合物（13）；③失去 N_2 和 H^+，生成 α，β- 不饱和酮（15）。后两者是一类过渡产物，能够与核酸加成，进一步分别生成化合物 16 和化合物 17。如图 2-28 所示，上述化合物在鸟嘌呤的 O^6 位形成 O^6-POB- dGuo（20），在鸟嘌呤的 N^7 位形成 7-POB-dGuo（22），与胸腺嘧啶形成 O^2-POB- dThd（23），与胞嘧啶的 O^2 位结合生成吡啶 -*O*- 丁基加合物 O^2-POB-dCyd（24）。大多数研究确认 NNK 导致的 DNA 加合物是通过上述途径生成的，约占总量的 50% 以上，这类 DNA 加合物是通过图 2-26 的中间产物 6/10/13 形成的。图 2-28 中化合物在体外 DNA 反应中均有检出，但在某些动物体内实验中未检出。除了上述主要产物，其他吡啶羰基丁基 DNA 加合物在体外研究中也有所检测到，例如，体外纯化学反应中，DNA 与 NNKOAc 反应生成 O^6- 吡啶羰基丁基 DNA 加合物 O^6-POB-dGuo（20）。

吡啶羰基丁基 DNA 加合物能够抑制 O^6-mG 修复酶的活性，由于 O^6-mG 是 NNK 体内代谢过程中的 DNA 加合物之一，因此，NNK 会导致靶组织中产生 DNA 加合物，而且会抑制其修复，例如，在体外 NNKOAc 和寡核苷酸的反应中，仅有吡啶羰基丁基 -dGdC 加合物抑制了肝脏 DNA 修复酶对 O^6-mG 的修复。

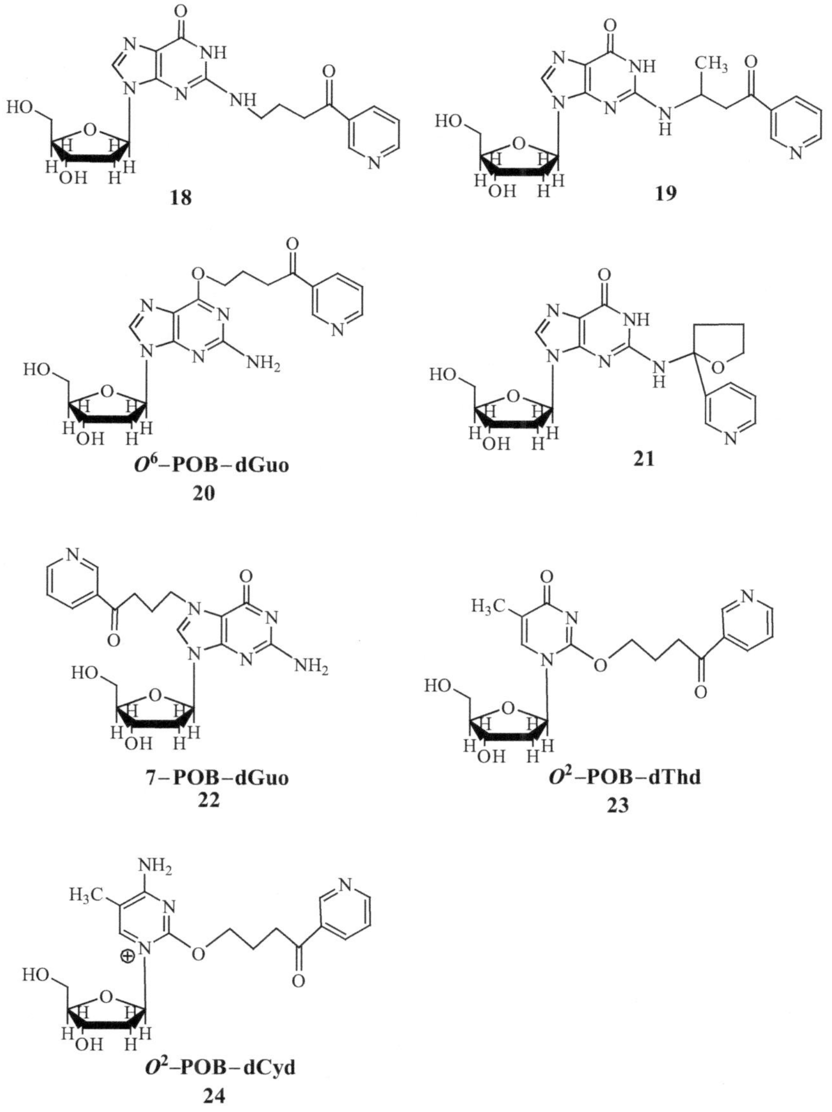

18　19

O^6-POB-dGuo 20　21

7-POB-dGuo 22　O^2-POB-dThd 23

O^2-POB-dCyd 24

图 2-28　NNK 经 α- 羟基化途径代谢生成的 DNA 加合物

表 2-24　NNK 的体外 DNA 加合物

动物种属	组织	反应条件	结论
雄性 F-344 大鼠	鼻黏膜	组织培养，0.5 mmol/L NNK 或 NNAL	O^6-mdG，138 μmol/molG（NNK）；52 μmol/molG（NNAL）
雄性 F-344 大鼠	鼻黏膜	组织培养，0.5 mmol/L NNK 或 NNAL	7-mG，约 1060 μmol/molG（NNK）；745 μmol/molG（NNAL）
无	无	CNPB 与 dG 反应	生成如图 2-28 所示的化合物 19
雄性 F-344 大鼠	肺、肝脏	微粒体或分离的肺组织细胞，1 ~ 2 mmol/L NNK	O^6-mG 水平随着 P450 酶诱导剂的增加而增加
无	无	HPB 与 DNA 直接反应	无 DNA 加合物
叙利亚金黄地鼠	成年鼠和胚胎的肺组织	组织培养，22 μmol/L NNK	7-mG：182 μmol/molG（成年），289 μmol/molG（胚胎）；O^6-mG：35.8 μmol/molG（成年），44.2 μmol/molG（胚胎）
雄性 F-344 大鼠	口腔 / 食管	组织培养，1～100 μmol/L NNK	7-mG：1.7 ~ 4.6 μmol/molG（口腔，非 HPB 结合的）；0.17 μmol/molG（食管，HPB 结合的）
无	无	NNKOAc 与 DNA 直接反应	酸解后形成了较多的 HPB
雄性 SD 大鼠和雌性 A/J 小鼠	肺 / 肝脏 / 鼻黏膜	微粒体，DNA，20 μmol/L NNK	7-mG、O^6-mG、O^4-mT 和 POB-DNA
S. typhimurium/G12 细胞 /H3 细胞	无	与 1 ~ 100 μmol/L NNKOAc/AMMN 体外培养	生成的 DNA 加合物含量排序如下：7-mG > O^6-mG > HPB-DNA，Me-DNA 与 POB-DNA 的致突变效率相近
无	无	小牛胸腺 DNA 与 1.5 ~ 5 mmol/L NNKOAc 直接反应	POB-DNA 抑制了 O^6-mG 的修复
雄性 A/J 小鼠	肺	微粒体，DNA，20 μmol/L NNK	Me-DNA 的生成量随着不含咖啡因的绿茶和红茶的增加而降低
无	无	小牛胸腺 DNA/ 特定 DNA 寡核苷酸与 0 ~ 5 mmol/L NNKOAc 直接反应	POB- 鸟嘌呤加合物进一步分解生成了 O^6-mG 修复酶的底物，从而抑制了 POB-DNA 的修复
无	无	小牛胸腺 DNA 与 NNKOAc 直接反应	生成图 2-28 中的化合物 20

2. 体内研究

自发现 NNK 导致 DNA 加合物形成以来，越来越多的研究人员对 Me-DNA 和 POB-DNA 的形成及其生物学意义进行了深入探讨（表 2-25）。多数研究认为，NNK 经代谢产生的 DNA 加合物多发生在癌变靶器官组织中，如肺、鼻黏膜和肝脏。因此，DNA 加合物的检测为探讨 NNK 导致的致癌机制提供了重要依据。

（1）大鼠肺组织

在全肺组织的检测中，7-mG 含量是 POB-DNA 加合物的 7.5 ~ 25 倍，且 NNK 剂量越高，7-mG 的水平也越高，POB-DNA 加合物含量是 O^6-mG 的 2 倍左右，而 O^6-mG 含量是 O^4-mT 的 10 倍左右。有研究发现 O^6-mG 和 POB-DNA 在大鼠肺组织中的 Clara 细胞中含量最高，而在 II 型细胞、巨噬细胞和小细胞中含量较低，而且在全肺组织和肺组织不同细胞中，这些 DNA 加合物的生成量与 NNK 的剂量呈非线性关系。低剂量 NNK 区间形成 DNA 加合物的增长率低于高剂量 NNK 区间，这可能与大鼠肺组织中 P450 酶对低剂量 NNK 的 α- 羟基化代谢有关，也与高剂量 NNK 形成的 POB-DNA 加合物会对 O^6-mG 修复酶产生抑制有关。

在高剂量 NNK 慢性染毒过程中，大鼠肺组织中的 O^6-mG 水平逐渐升高。另外一项研究证实，在 4 天的低剂量 NNK 染毒实验中，大鼠肺组织中 Clara 细胞中的 O^6-mG 高于其他类型的细胞，这可能与 Clara 细胞中 O^6-mG 修复酶含量低有关。虽然 NNK 进行大鼠染毒会抑制 O^6-mG 修复酶的活性，但在一个 20 周的慢性 NNK 染毒实验中发现，Clara 细胞中 O^6-mG 水平在整个染毒期间下降了 82%，并且在染毒结束时，其含量低于巨噬细胞。这种下降趋势可能与 P450 酶受到抑制有关，进而降低了 NNK 及其代谢产物的 α- 亚甲基羟基化代谢的发生。

结构 - 活性研究提示，Me-DNA 和 POB-DNA 对 NNK 导致的大鼠肺部肿瘤同等重要。与其他亚硝胺相比，NDMA 仅产生 Me-DNA 加合物，NNN 代谢后仅生成 POB-DNA 加合物。相对于 NDMA，NNK 导致 Clara 细胞产生较多的 O^6-mG；相对于 NNN，NNK 更易代谢激活，导致非 Clara 细胞产生较多的 POB-DNA 加合物。这也解释了为什么 NNK 比 NDMA 和 NNN 更容易导致肺组织的癌变。当然，也只有 NNK 可以导致肺组织细胞中生成 Me-DNA 和 POB-DNA 两类加合物。有研究证实了 NNK 导致的大鼠肺部肿瘤更多的是来自Ⅱ型细胞，而且Ⅱ型细胞中 POB-DNA 加合物与肺组织肿瘤率密切相关，这也就说明了 POB-DNA 加合物在 NNK 中导致肺组织肿瘤中的重要作用。尽管 Clara 细胞并非是肺组织肿瘤的细胞来源，但该型细胞中 O^6-mG 与肿瘤率密切相关性较强，从而提示我们 O^6-mG 的致突变作用。或者存在相应的信号机制，从 Clara 细胞中积累的 O^6-mG 加合物最终传导至 II 型细胞。PEITC 可以通过抑制 II 型细胞中 POB-DNA 加合物，从而降低了肺部 NNK 的致突变性，这也从另外一个角度证实了 POB-DNA 加合物在 NNK 中致肺组织突变的重要作用。另外，PEITC 也可以抑制 Clara 细胞中 O^6-mG 的生成，但不能抑制其他类型细胞中 O^6-mG 的生成。因此，由已有的研究可以证实，Me-DNA 和 POB-DNA 两类 DNA 加合物是 NNK 致大鼠肺组织突变的重要诱因。

（2）大鼠鼻黏膜

大鼠鼻黏膜中 Me-DNA 加合物水平远高于其他组织。鼻黏膜中 α- 羟基化反应比较活跃，体外微粒体实验证实 NNK 的 α- 甲基羟基化和 α- 亚甲基羟基化代谢速度相近，但 DNA 加合物类型却相差较大，例如，有研究检测 Me-DNA 加合物水平是 POB-DNA 加合物的 50 ～ 1000 倍，从而证实在鼻黏膜中 NNK 的 α- 亚甲基羟基化途径导致 DNA 加合物生成效率远高于 α- 甲基羟基化途径，这可能与两种途径代谢过程中产生的烷基化产物活性不同有关，也可能与鼻黏膜中 α- 甲基羟基化 NNK 更易进行葡萄糖苷转移有关，如图 2-19 所示，化合物 11→化合物 10。鼻黏膜组织中的这种 Me-DNA 和 POB-DNA 差异远高于肺组织（肺组织中 7-mG 含量仅是 POB-DNA 加合物的 7 ～ 25 倍，POB-DNA 加合物含量又高于 O^6-mG）。肺组织中 NNK 的 α- 甲基羟基化高于 α- 亚甲基羟基化，可能是导致肺组织中 POB-DNA 加合物含量高于鼻黏膜的原因。

尽管 POB-DNA 加合物水平在鼻黏膜中含量较低，但这类加合物在 NNK 的致突变中发挥了重要作用。NNK 和 NNN 对鼻黏膜的致突变性类似，两者均会在鼻黏膜中产生 POB-DNA 加合物，但 NNN 不能生成 Me-DNA 加合物，这也证实了 NNN 代谢生成的 POB-DNA 加合物在鼻黏膜致突变中的作用。因此，NNK 代谢生成的 POB-DNA 加合物在大鼠鼻黏膜癌变过程中发挥着重要的作用。

（3）大鼠肝脏

在大鼠肝脏中，7-mG 含量是 POB-DNA 加合物的 13 ～ 49 倍，而 POB-DNA 加合物含量又高于 O^6-mG。与肺组织类似，在 NNK 低剂量时，7-mG 和 POB-DNA 加合物的比值较低。POB-DNA 加合物含量高于 O^6-mG 可能与 DNA 的修复有关，例如，有研究对大鼠进行慢性 NNK 染毒，发现 O^6-mG 含量先升高后降低，其中 O^6-mG 修复酶的出现，导致了 O^6-mG 的下降。另外，POB-DNA 加合物的清除速度慢于 O^6-mG，可能与 O^6-mG 受到快速修复有关。因此，NNK 导致肝癌可能与 O^6-mG 的修复能力密切相关。

（4）小鼠肺组织

单次 10 μmol 的 NNK 注射会导致 A/J 小鼠出现肺部肿瘤。其中，7-mG 含量高于 O^6-mG，而 O^6-mG 含量又高于 POB-DNA 加合物。7-mG 和 O^6-mG 含量会在 NNK 注射 4 h 后达到最大值，而 POB-DNA 加合物最高量出现在 24 h 时。多种 P450 酶参与了小鼠肺组织中 NNK 的代谢，这可能是导致上述加合物含量不同或生成速度不同的原因。尽管 7-mG 和 POB-DNA 加合物含量随着 NNK 注射后的时间而逐渐下降，但 O^6-mG 含量却变化不大，甚至在 15 天后仍超过 7-mG 含量。O^6-mG 在小鼠肺组织Ⅱ型细胞和 Clara 细胞中含量最高，其次是小细胞和全肺。

（5）小鼠肝脏

尽管 NNK 导致小鼠肝脏出现肿瘤的概率低于肺组织，但通过对 A/J 小鼠的 NNK 染毒，研究人员检测了肝脏中 Me-DNA 和 POB-DNA 加合物含量，且肝组织中加合物含量与肺组织中的排序相似：7-mG ＞ O^6-mG ＞ POB-DNA。对比不同组织，肝脏中上述 3 种加合物含量高于肺组织，这与肝脏中 NNK 更多地发生了 α- 羟基化代谢有关（肺组织中部分 NNK 通过吡啶氧化途径进行了解毒反应）。尽管肝脏中 DNA 加合物含量高于肺组织，但在 A/J 小鼠中肺组织发生肿瘤的概率却高于肝脏，这与该种属的小鼠对 NNK 的肺部易感性有关。另外，在其他种属的小鼠肝脏中未检测到 NNK 导致的 DNA 加合物，进一步证实了小鼠肝脏的不易感性。

（6）仓鼠肝脏

单次 NNK 注射仓鼠和大鼠后，在肝脏组织中检测到 7-mG 和 O^6-mG，但大鼠肝脏中 O^6-mG 能够被快速修复，半衰期为 12 h，而仓鼠肝脏中 O^6-mG 却存在较长时间，半衰期为 72 h，NNK 可降低 O^6-mG 修复酶的活性，而大鼠 O^6-mG 修复酶活性的恢复要快于仓鼠，这可能是仓鼠肝脏中 O^6-mG 滞留时间长于大鼠的原因之一。另外，仓鼠肝脏中 7-mG 比大鼠持续存在时间长。因此，无论大鼠还是仓鼠，NNK 难以导致肝脏肿瘤的出现，O^6-mG 在 NNK 诱导的肝癌中可能并不十分重要。

（7）人肺组织

很多研究对人肺组织中 7-mG 含量进行了检测，例如，有研究检测到 7-mG 含量平均值为 2.1 个 /10^7 核苷酸，远高于另外的一项研究结果（0.1 个 /10^7 核苷酸）。另外，有研究也检测到人肺组织中 7-mG 的存在，并且有研究证实吸烟者肺组织中 7-mG 含量高于非吸烟者，提示了 NNK 是人肺组织中 7-mG 的来源。Me-DNA 和 POB-DNA 加合物的产生与吸烟者肺组织中 NNK 的两种 α- 羟基化代谢有关。在人肺组织中检测到了 8-oxo-dG 的存在，同时证实了 NNK 引起的 DNA 氧化损伤是导致肺癌发生的诱因之一。

表 2-25　NNK 的体内 DNA 加合物

动物种属	NNK 剂量	结论
雄性 F-344 大鼠	0.41 mmol/kg（静脉注射）	在肝脏和肺组织中检测到 O^6-mG 和 7-mG
雄性 F-344 大鼠	0.42 mmol/kg（静脉注射）或 0.19 mmol/kg（腹腔注射），每天注射，连续 2 周	在鼻黏膜、肝脏和肺组织中检测到 O^6-mG，在食道、脾脏、肾脏和心脏中未检出
雄性 F-344 大鼠	0.41 mmol/kg（静脉注射）	在肝脏中检出了 O^6-mG 和 7-mG

续表

动物种属	NNK 剂量	结论
雄性 F-344 大鼠	0.48 mmol/kg（腹腔注射），每天给药，1 ～ 12 天	在染毒周期内，肺组织中 O^6-mG 含量随着染毒时间的延长而增加，但在鼻黏膜、肝细胞和非实质细胞中 O^6-mG 含量先增加后降低。在肝细胞中 O^4-mT 含量随着染毒时间延长而逐渐增加，在肺组织中 O^4-mT 含量比较稳定，但 7-mG 在肺组织中呈升高趋势，同时，7-mG 在肝细胞中较为稳定，在鼻黏膜中呈现先增加后降低趋势
雄性 F-344 大鼠	0.055 ～ 0.39 mmol/kg（皮下注射）	鼻黏膜中 7-mG 和 O^6-mG 含量高于肝脏和肺组织，NDMA 甲基化能力高于 NNK
雄性 F-344 大鼠	0.48 ～ 480 μmol/kg（腹腔注射），每天给药，1 ～ 12 天	肺组织中 O^6-mG 较易生成，Clara 细胞中 O^6-mG 含量最高，其次是巨噬细胞、小细胞和Ⅱ型细胞；NNK 导致的 O^6-mG 含量是 NDMA 的 2 倍
雄性 F-344 大鼠	0.4 mmol/kg（喂饲）	口含烟抑制了 7-mG 和 O^6-mG 的生成
雄性 F-344 大鼠	1.4 ～ 500 μmol/kg(腹腔注射），每天给药，1 ～ 12 天	呼吸道中的 7-mG 和 O^6-mG 含量高于鼻腔中的嗅黏膜，O^6-mG 修复酶未被诱导，且鼻腔癌是由于嗅黏膜中的加合物引起的
雄性 F-344 大鼠	48 μmol/kg（腹腔注射），每天给药，4 天	Clara 细胞中 O^6-mG 含量高于肺泡巨噬细胞、小细胞和Ⅱ型细胞
雄性 F-344 大鼠	0.15 ～ 150 μmol/kg（皮下注射），每天给药，4 天	肺组织中 NNK 的烷基化效率高于 NDMA，NNK 导致 Clara 细胞中 O^6-mG 水平是 NDMA 的 50 倍
雄性 F-344 大鼠	7.7 μmol/kg（皮下注射）	在肝脏和肺组织中检测到 POB-DNA 加合物
雄性 F-344 大鼠	0.39 mmol/kg 的 NNK/NNAL	NNK/NNAL 导致肝脏中甲基化 DNA 加合物和吡啶羰基丁基化 DNA 加合物含量相似，鼻黏膜和肺组织中甲基化 DNA 加合物含量高于吡啶羰基丁基化 DNA 加合物
雄性 F-344 大鼠	2.9 μmol/kg（皮下注射），每天给药，4 天	相关抑制剂降低了肝脏中 7-mG 含量
雄性 F-344 大鼠	2.9 μmol/kg（皮下注射），每天给药，4 天	抑制剂 PEITC 降低了肺组织中甲基化和吡啶羰基丁基化 DNA 加合物含量
雄性 F-344 大鼠	6 μmol/kg（腹腔注射），每天给药，3 天	证实了肝脏中的少量加合物并非图 2-28 中所示的化合物 18 和化合物 19
雄性 F-344 大鼠	0.5 ～ 240 μmol/kg(皮下注射），每周 3 次，4 周	Clara 细胞中 O^6-mG 含量高于肺泡巨噬细胞、小细胞和Ⅱ型细胞，在肝脏中低剂量的 NNK 导致 O^6-mG 未检出；鼻黏膜中 O^6-mG 含量最高，其次是呼吸道和嗅黏膜；Clara 细胞中 O^6-mG 含量与肺部肿瘤率呈线性相关
雄性 F-344 大鼠	0.015 ～ 24.2 μmol/kg（腹腔注射），每天给药，4 天	低剂量 NNK 时，肺组织中 7-mG 和 POB-DNA 加合物含量高于肝脏，高剂量 NNK 时，结果相反；低剂量 NNK 时，肺组织中 7-mG 与 POB-DNA 加合物比值为 7.5 ～ 25.0
雄性 F-344 大鼠	4 μmol/kg（皮下注射）	肺组织和肝脏中 POB-DNA 加合物可持续存在 4 周
雄性 F-344 大鼠	0.39 mmol/kg（皮下注射）	7-mG 和 O^6-mG 含量随着（+）- 儿茶酚的摄入而降低

续表

动物种属	NNK 剂量	结论
雄性 F-344 大鼠，雌性 A/J 小鼠	0.5 mmol/kg(皮下注射，大鼠),0.06～0.12 mmol/kg（喂饲）	小鼠肺组织和肝脏中 O^6-mG 含量与 NNK 剂量呈正相关性；在大鼠肺组织、肝脏和肾脏中检测到 O^6-mG。上述组织中检测到 8-oxo-dG
雄性 F-344 大鼠，雄性叙利亚金黄地鼠	0.39 mmol/kg（皮下注射）	肝脏中 7-mG 和 O^6-mG 在地鼠中持续存在时间高于大鼠；NNK 导致地鼠中 O^6-mG 修复活性丧失，且难以恢复，大鼠中 O^6-mG 修复酶活性可在 NNK 注射 72 h 后恢复；结果显示加合物与肿瘤易感性关系不大
雄性 BDIV 大鼠	0.36～0.72 mmol/kg（皮下注射）	肝脏和肺组织中 7-mG 含量分别是白细胞中的 80 倍和 3 倍
雄性 SD 大鼠，雄性叙利亚金黄地鼠，雄性 Swiss 小鼠	0.14 mmol/kg（腹腔注射，大鼠和小鼠），地鼠（皮下注射）	在 3 种动物中的 7-mG 含量相近，O^6-mG 含量相近，上述加合物在鼻腔中含量最高，其次是肺组织和气管
雄性 F-344 大鼠	0.0167～0.048 mmol/kg（皮下注射），3 次 / 周，4 周	低剂量 NNK 导致鼻黏膜嗅觉区域中 O^6-mG 含量要高于高剂量 NNK 导致的结果；在低剂量 NNK 时，鼻黏膜嗅觉区域中的 O^6-mG 含量高于呼吸道；POB-DNA 加合物与鼻腔肿瘤率呈正相关

二、NNN 导致的 DNA 损伤

如图 2-29 所示，NNN 需经过 P450 代谢激活后产生中间产物，与 DNA 进行加合，造成 DNA 损伤。NNN 存在 2′和 5′两条代谢途径，分别产生 2′- 羟基 -NNN（化合物 3）和 5′- 羟基 -NNN（化合物 4），2′- 羟基 -NNN 不稳定，进一步生成吡啶羰基丁基重氮离子 4-oxo-4-（3-pyridyl）-1-butanediazonium ion（6），化合物 6 同时也是 NNK 的 α- 甲基羟基化反应中间产物，与 NNK 的 α- 甲基羟基化途径相同，化合物 6 会攻击 DNA，形成 POB-DNA 加合物。体外实验中利用 5′-acetoxyNNN（2）与 DNA 进行反应，可以启动 5′- 羟基 -NNN 代谢途径生成 DNA 加合物（化合物 2 →化合物 4 →化合物 5 →化合物 7）。NNN 经 2′- 羟基 -NNN 代谢途径，生成了一系列 POB-DNA 加合物，如图 2-30 所示，在体内和体外反应中检测到 O^6-POB-dGuo（8）、7-POB-dGuo（9）、O^2-POB-dThd（10）和 O^2-POB-dCyd（11）。以往研究多集中于检测图 2-30 所示的 4 种 NDA 加合物，NNN 导致的 DNA 损伤多由 2′- 羟基 -NNN 代谢途径启动，例如，Zhao 等通过大鼠长期慢性 NNN 染毒实验，发现 4 种 DNA 加合物在大鼠体内随着染毒时间的增加而持续存在，并认为 7-POB-dGuo 是 NNN 致癌的关键 DNA 加合物。因此，多数报道认为可通过体外实验发现 5′- 羟基 -NNN 的代谢途径，并检测到图 2-31 所示的化合物 14/15/16。另外，Zarth 等进行了 NNN 的体内实验（大鼠）和体外实验（大鼠肝细胞、人肝微粒体和人肝细胞），检测到大鼠体内的主要 NNN 加合物是化合物 12[py-py-dI，2-（2-（3-pyridyl）-*N*-pyrrolidinyl）-2′-deoxyinosine]，py-py-dI 是通过 5′- 羟基 -NNN 代谢途径启动的（图 2-31 中化合物 7 →化合物 12），且以肺和口腔中分布最多；另外，大鼠体内化合物 py-py-dI 含量远高于化合物 13[py-py-dN，6-（2-（3-pyridyl）-N-pyrrolidinyl）-2′-deoxynebularine]；大鼠体内未检出化合物 14/15/16；体外大鼠肝细胞进行 NNN 的孵育实验，同样证实加合物 py-py-dI 含量最高；以人肝微粒体和人肝细胞进行不同浓度 NNN 的孵育实验，发现 py-py-dI 含量远高于 2′- 羟基 -NNN 代谢途径启动生成的 POB-DNA 加合物（化合物 14/15/16），且（*S*）-NNN 生成的 py-py-dI 含量高于（*R*）-NNN，这些新检测的 NNN-DNA 加合物是对原有 NNN 导致 DNA 损伤的重新认识。

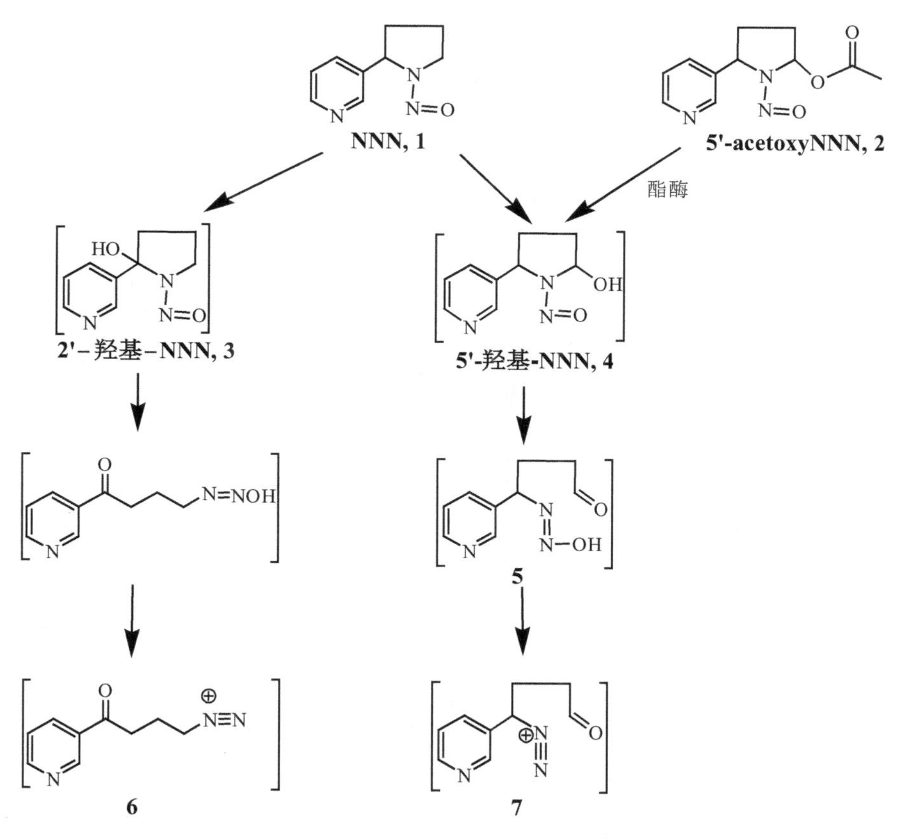

图 2-29 NNN 经 5′ – 羟基 –NNN 代谢途径生成 DNA 加合物的途径

6

DNA

O^6–POB–dGuo, 8

7–POB–dGuo, 9

O^2–POB–dThd, 10

O^2–POB–dCyd, 11

图 2-30 NNN 经 2′ – 羟基 –NNN 代谢途径生成的 DNA 加合物

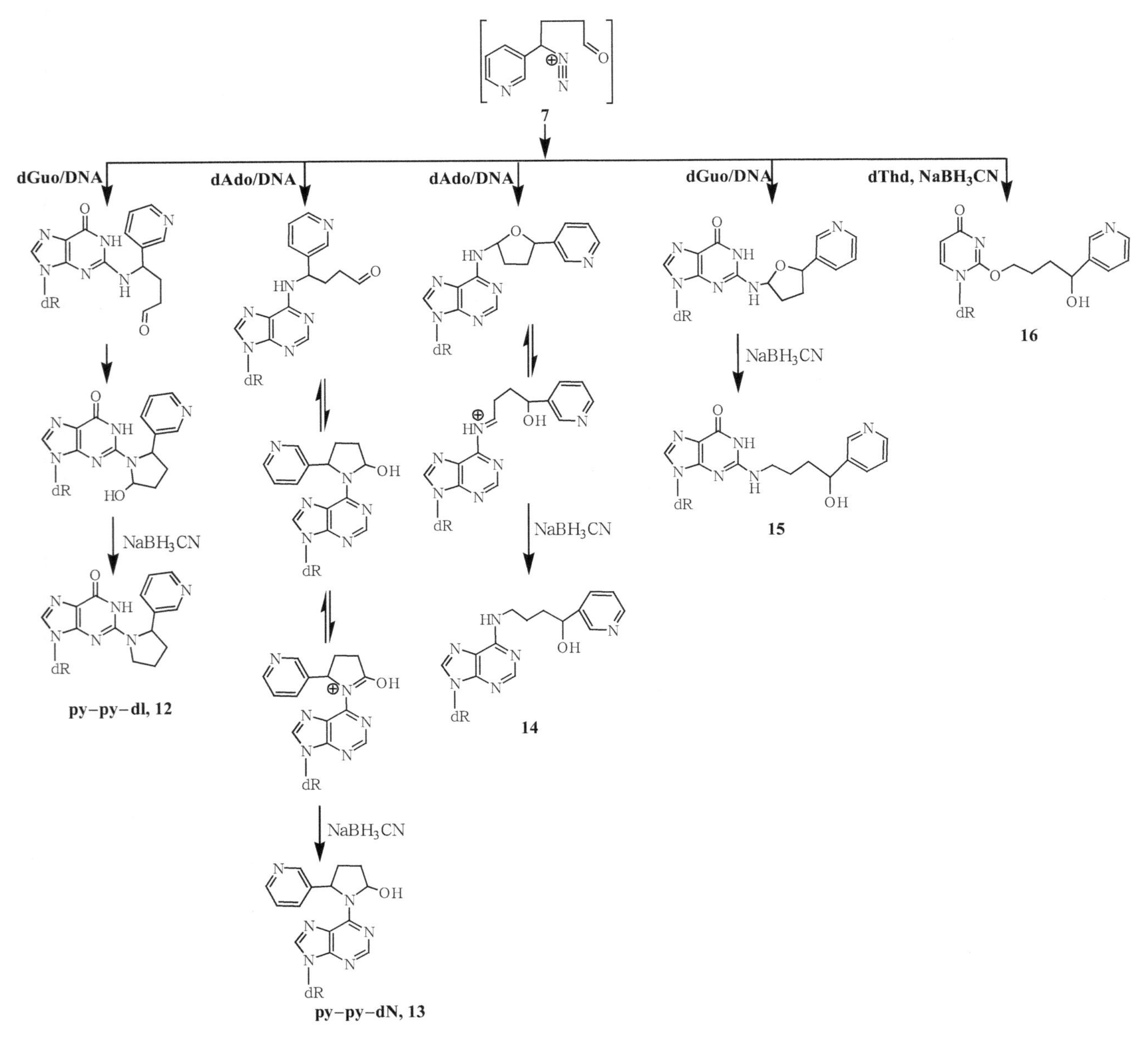

图 2-31　NNN 经 5′-羟基-NNN 代谢途径生成的 DNA 加合物

第四节　TSNAs 的致癌性

一、NNK 的致癌性

对于大鼠，研究发现肺部是 NNK 发挥致癌作用的主要靶器官，不同的给药途径（饮水、静脉、灌注、皮肤接触、腹腔注射及面颊涂拭等）均能诱导 F-344 大鼠形成肺部肿瘤。在其他目标组织（鼻腔、肝脏、胰腺）中肿瘤的形成依赖于给药的途径、剂量及给药后观察治疗时间的长短。NNK 优先诱导形成肺部肿瘤而非局部肿瘤，例如，通过口腔涂拭或者饮水给药很少诱发口腔肿瘤和食道肿瘤，皮下注射给药和血管内给药很少诱发皮下肿瘤和膀胱肿瘤。NNK 诱发的肺部肿瘤主要是腺瘤和恶性腺瘤，腺棘癌和鳞状细胞癌发生率较低。在剂量 – 效应试验中，在较低剂量条件下 NNK 诱导的肺部肿瘤，对其他肿瘤具有一定的排斥作用。有研究表明，诱发肺部肿瘤的最低 NNK 剂量为 1.8 mg/kg，可导致大鼠 6.7% 的肺部肿瘤发生率，16.4% 的畸形生长发生率。另有相似研究表明，NNK 剂量为 6 mg/kg 时，可导致 10% 的肺部肿瘤发生率，15% 的畸形生长发生率。

对大鼠进行 NNK 皮下注射给药时，鼻腔肿瘤是除肺部肿瘤外最易诱发的肿瘤，诱导鼻腔肿瘤的给药总量较高，为 0.3 mmol/kg、1 mmol/kg 和 3 mmol/kg。通过饮水给药即使在总剂量为 0.68 mmol/kg 的剂量条件下，也很少诱发鼻腔肿瘤，表明 NNK 饮水给药时，肝脏的解毒作用可降低 NNK 对鼻腔的影响。高剂量给药条件下可观察到恶性鼻腔肿瘤形成，主要是嗅成神经细胞瘤。当 NNK 皮下注射给药为 3 mmol/kg 或者更高剂量时，通常可诱发肝脏肿瘤，低剂量时为鼻腔肿瘤或肺部肿瘤，高剂量给药可观察到肝细胞癌和血管内皮瘤形成。通过 NNK 饮水给药则未发现恶性的肝脏肿瘤形成。NNK 饮水给药可诱发形成外分泌胰腺瘤，这种肿瘤主要是胰腺泡瘤和恶性肿瘤，这种肿瘤的发生率通常较低，NNK 饮水给药也可诱发形成导管瘤。

NNK 可诱发易感型和野生型大鼠形成肺部肿瘤，不过这种发生率的多样性在野生型大鼠中较低，且形成肿瘤的时间通常较长，偶尔也可观察到肝脏肿瘤和前胃肿瘤形成。Hecht 等对 A/J 小鼠进行单一的腹膜内注射，NNK 剂量为 10 μmol/kg，发现 16 周后每只老鼠形成 7 ～ 12 个肺部肿瘤。对 A/J 小鼠的 NNK 剂量 – 效应研究表明，随着 NNK 的剂量的增加，肺部肿瘤的多样性迅速增加。仓鼠的肺部、气管和鼻腔是 NNK 发挥致癌作用的主要靶器官。单一剂量 NNK（1 mg/kg）可诱发呼吸道肿瘤。肺部肿瘤主要是腺瘤和恶性肿瘤，此外也可诱发腺鳞癌。气管肿瘤主要是多种刺瘤。Furukawa 的研究中，对于仓鼠，10^{-6} 和 3×10^{-6} 的 NNK 饮水给药剂量下，未观察到肿瘤的产生。Liu 的研究发现，对于仓鼠，各种给药途径均未发现肝脏肿瘤产生。Stephen 等使用 NNK 对肺癌易感的 A/J 小鼠进行不同剂量的灌胃和皮下注射，连续给药 8 周后自然恢复，在第 9 ～ 19 周的恢复期间处死，发现有肿瘤产生。William 等采用肿瘤易感的 A/J 小鼠和抗肿瘤的 CH3 小鼠，研究了由 NNK 诱导的小鼠肺部肿瘤基因的差异表达，证明了 NNK 诱导肺癌的发生与小鼠的种属有关系。

尚平平等采用模拟与风险分析方法对卷烟烟气中 NNK 进行了量化健康风险评估，结果显示 NNK 具有极高的致癌风险，但并未说明容易导致哪种组织的癌变。张宏山等采用细胞毒性试验来确定 NNK 可诱发人支气管上皮细胞的恶性转化。用 NNK 对人支气管上皮细胞系（16HBE）进行多次染毒，结果发现，在细胞染毒至第 23 代时呈恶性形态。由此可见，NNK 对 16HBE 细胞具有较强的恶性转化能力。吕兰海等研究 NNK 诱发基因突变的作用，实验以人支气管上皮细胞（BEP2D）为靶细胞，将指数生长期的 BEP2D 细胞进行 NNK 染毒。结果表明，NNK 可诱发细胞次黄嘌呤鸟嘌呤磷酸核糖转移酶（HPRT）基因突变，HPRT 对于嘌呤的生物合成及中枢神经系统功能具有重要作用。

二、NNN 的致癌性

对于大鼠，食道和鼻腔黏膜是 NNN 发挥致癌作用的主要靶器官，其他部位的肿瘤很少被重复观察到，而且这两个部位的肿瘤发生率与实验方案的设计有很大关系。对于仓鼠，气管和鼻腔则是主要靶器官，而对于小鼠，肺部是主要靶器官。研究发现，对于 F–344 大鼠，通过 NNN 饮水给药或者流食给药，可诱发食道和鼻腔的肿瘤，通过皮下注射给药和填喂法给药，则主要诱发鼻腔肿瘤，少量诱发食道肿瘤。Castonguay 等的研究发现，5×10^{-6} 剂量的 NNN 通过饮水给药（大鼠），食道肿瘤的发生率为 71%。Griciute 等的研究认为 NNN 皮下注射诱发肿瘤的最低剂量为 1 mmol/kg，在此剂量下，大鼠鼻腔肿瘤的发生率为 50%，NNN 填喂法给药的最低剂量约为 0.8 mmol/kg，此剂量下鼻腔肿瘤的发生率为 20%。Hecht 等将 NNN 和 NNK 的混合物通过口腔给药，发现大鼠口腔肿瘤和肺部肿瘤有显著的发生率，而单独使用 NNK 给药仅诱发肺部肿瘤。对于大鼠，NNN 则很少诱发肺部肿瘤，在仓鼠中也不能诱发肺部肿瘤。对于小鼠，NNN 主要诱发的是肺部肿瘤，但发生率远低于 NNK。Koppang 等研究了 TSNAs 对貂的致癌性，这也是唯一的 TSNAs 非啮齿类动物模型，研究发现 NNN 可诱发貂形成鼻腔肿瘤，而且其致癌效应非常敏感，NNN 和 NNK 的混合物同样具有强致癌性，主要诱发鼻腔肿瘤。

三、NAT 和 NAB 的致癌性

对于大鼠，NAB 具有相对较弱的食道致癌性，但其致癌性显著低于 NNN。NAB 对于叙利亚金黄地鼠没有致癌性，而相似剂量的 NNN 会诱发叙利亚金黄地鼠高发生率的气管肿瘤。对于 A/J 小鼠，NAB 和 NNN 具有相同的诱发肺腺瘤的作用。Hoffmann 等分别使用 1 mmol/kg、3 mmol/kg 和 9 mmol/kg 剂量的 NAT，通过皮下注射给药，一周注射 3 次，观察 20 周，未发现肿瘤产生，表明 NAT 可能对大鼠没有致癌性。

已有足够多的研究表明，NNK 和 NNN 对实验动物具有较强的致癌性，IARC 认为 NNK 和 NNN 在人体中也可能有致癌性，将 NNK 和 NNN 列为 1 类致癌物。NAB 和 NAT 对实验动物的致癌性证据较少，IARC 认为 NAB 和 NAT 对人体的致癌性尚不能确定，并将 NAB 和 NAT 列为 3 类致癌物。

第五节　烟草中 TSNAs 含量的检测方法

一、概述

烟草中 TSNAs 含量极低，且每一种 TSNAs 含量各异，其中，NAB 含量最少，部分烤烟主流烟气中含量低于 0.5 ng/ 支，且难以与 NAT 分离，同时受到烟草和烟气复杂基质的干扰，不易进行准确的定量分析。因此，准确定量测定 TSNAs 的含量一直是国内外烟草科技人员的研究重点。早在 1964 年，Neurath 等采用纸色谱、薄层色谱法对 TSNAs 进行分离，并与氯化二苯胺钯（Ⅱ）进行显色反应，用比色法测定其含量。该法测定速度慢，易受外界干扰，灵敏度不高，重复性较差。1974 年，Hoffmann 等用薄层层析预分离，然后用气相色谱法测定了烟草中的 NNN 含量，但其灵敏度和选择性并不理想。1975 年，Hecht 等用液相色谱法测定了烟草中的 NNN 含量，但这种方法耗时较长，且灵敏度不高。随着现代分析仪器技术的进步，TSNAs 的检测方法也得到不断发展，如气相色谱 – 氮磷检测法（GC–NPD）、气相色谱 – 选择离子监测 – 质谱法（GC–SIM–MS）、气相色谱 – 热能分析仪（GC–TEA）、气相色谱 – 串联质谱联用法（GC–MS/MS）、毛细管区带电泳法（CZE）、近红外色谱法（NIRS）和液相色谱 – 串联质谱联用法（LC–MS/MS）等。GC–NPD 法和 GC–SIM–MS 法由于灵敏度的限制，仅适用于检测 TSNAs 含量较高的烟草制品或烟气样品。近年来新发展的毛细管区带电泳法、近红外色谱法检测技术同样受到选择性和灵敏度的影响并未得到推广应用。GC–TEA 法、GC–MS /MS 法和 LC–MS/MS 法由于灵敏度高、选择性强，较好地解决了烟草及卷烟烟气中极微量 TSNAs 检测的灵敏度和选择性问题，应用较为广泛。

二、GC-TEA 法

GC-TEA 法是 TSNAs 测定使用较多的方法，可以用来测定痕量的亚硝胺类化合物。TEA 是一种专一性的检测器，具有灵敏性和检测限高的优点。其基本原理是：*N*-亚硝胺被裂解释放出亚硝酰基自由基（·NO），·NO 被 O_3 氧化而产生激发态的二氧化氮（NO_2^*），NO_2^* 衰变回到基态，同时发出特征波长的辐射，通过光电倍增管检测。辐射强度与·NO 浓度成正比，从而可以定量检测 *N*-亚硝基化合物。1979 年，Krull 等研究了 TEA 与 GC 技术联用问题，证实了 TEA 技术对痕量 *N*-亚硝基化合物的高度选择性和灵敏性。随后，许多学者研究了 GC-TEA 法在 TSNAs 分析检测中的联用。谢复炜等通过优化前处理条件采用 GC-TEA 法对国内外较有代表性的 98 种卷烟样品主流烟气中 4 种 TSNAs 进行了定量分析。芮晓东等采用 GC-TEA 法对卷烟主流烟气中 NNK 含量的测量不确定度进行评定，对测定过程进行了分析，确定了测量不确定度的来源，对各不确定度分量进行了量化，并得出了合成不确定度。但是 GC-TEA 法有其自身缺陷：烟叶提取物组分复杂，气相色谱难以完全分离所有物质，TEA 对所有的亚硝胺类化合物均有响应，不能鉴定出共流组分；为了使目标物有一个好的色谱分离，需要大量的前处理技术，分析时间长，限制样品分析的通量；测定含量极低的 TSNAs 时，其灵敏度仍然不够，会存在 NAB 无法检出的问题。

三、GC-MS /MS 法

GC-MS/MS 技术既发挥了色谱技术高效的分离能力，又结合了质谱特异的鉴别能力。MS/MS（二级质谱）在应用时相当于一级质谱作为色谱用，对离子进行再次分离，二级质谱进行检测，这样可以使基质背景和噪音大大降低，从而提高分析的灵敏度。GC-MS /MS 法依靠其高灵敏度和强抗干扰能力，在化学、生物和环境分析等多个领域中得到了广泛的应用。周骏等首次将气相色谱 - 离子阱串联质谱（GC-IT-MS/MS）应用于主流烟气中 4 种 TSNAs 的测定，获得了较满意的结果，检出限为 0.01 ～ 0.06 ng/ 支，同时也获得了较高的回收率（91.5% ～ 102.7% ）和较好的精密度（1.8% ～ 7.1%）。陆怡峰等用固相萃取（SPE）净化后，采用三重四极杆气质联用仪测定卷烟烟气中 NNK 的含量。该方法回收率为 98.9% ～ 116.8%、定量限为 0.087 ng/cig，可以满足日常检测的要求。Sleiman 等利用 GC-IT-MS /MS 测定了二手烟中的 TSNAs，分别用特氟龙涂层玻璃纤维滤片和纤维素条收集二手烟中的气相物和粒相物中的 TSNAs，用甲醇萃取，浓缩后直接进 GC-IT-MS/MS，该方法的检出限为 0.07 ～ 0.034 ng/mL，回收率为 85% ～ 115%，精密度在 10% 以内。吴达等利用 GC-MS/MS 法测定了主流烟气总粒相物中 TSNAs 的释放量，该方法采用 PCI 模式具有良好的选择性，前处理较简单，其检出限为 0.023 ～ 0.028 ng/ 支，回收率为 90.0% ～ 109.0%，精密度为 3.1% ～ 6.6%。

四、LC-MS/MS 法

由于 LC-MS/MS 法具有更好的分析专一性、更低的检出限和更宽的线性范围，且样品处理方法相对较简单，液相色谱串联质谱技术已成为目前 TSNAs 分析最常用的手段。2003 年，Wu 等采用 LC-MS/MS 法测定了卷烟主流烟气中 TSNAs 释放量，此方法利用二氯甲烷萃取捕集了卷烟主流烟气的滤片上的 TSNAs，然后通过液液萃取方式将二氯甲烷中的目标物转移到水相中，经 SPE 处理后，再进行 LC-MS/MS 法分析检测。Wagner 等建立了应用 LC-MS/MS 测定 TSNAs 的方法，采用 0. 1 mol/L 乙酸铵水溶液来选择性萃取截留烟气的滤片，使得样品前处理的步骤得到了大大的简化，降低了处理过程造成的损失和转化，但该方法存在适用范围窄、基质效应强等缺点。吴明剑等在 Wagner 等的方法上进行了改进，将烟气滤片萃取液经过 SPE 小柱纯化，使得大部分杂质得以分离，再进行 LC-MS/MS 分析，从而大大降低了基质效应，扩大了该方法的应用范围，适合批量卷烟主流烟气中 TSNAs 的测定。陈霞等利用 LC-MS/MS 法建立了测定烟叶中的 TSNAs 的方法，该方法采用乙酸乙酯液液萃取的方法对样品进行净化处理，相比较固相萃取更为简单。NNN、NNK、NAT 和 NAB 的定量限分别为 4.22 ng/g、2.38 ng/g、1.29 ng/g 和 0.72 ng/g，加标回收率在 87.7% ～ 107.0%。

LC-MS/MS 法在灵敏度与选择性方面有较大优势，非常适合于分析复杂基质（烟气和生物基质）中的 TSNAs 类化合物，并且已经成为主流的分析仪器，但是在分析过程中，基质干扰成为 LC-MS/MS 法的主要障碍之一。卷烟主流烟气成分复杂，基质效应严重，尤其是烤烟样品，直接进样导致色谱峰型较差，干扰严重，且所含杂质易使色谱柱和质谱污染，已报道的方法多通过采用离线固相萃取小柱净化样品，提高检测灵敏度，但该方法操作烦琐，耗时较长，重现性不理想。在线固相萃取是一种全自动的样品前处理技术，具有样品处理快、操作误差小、重现性好、富集纯化一步完成等优点，已被应用于环境、生物、食品等样品中痕量物质的分析。张杰等利用在线二维固相萃取 - 液相色谱 - 串联质谱法（online 2D SPE-LC-MS/MS）建立了主流烟气中的 TSNAs 测定方法，该方法采用 BondElut PRS 阳离子交换柱和 Hysphere C18 HD 两种不同机制的萃取小柱纯化烟气样品，最大限度地净化了样品中的杂质，降低了基质效应，提高了检测准确性和灵敏度。该方法 NNN、NNK、NAT 和 NAB 的定量限分别可达 6.0 pg/ 支、1.0 pg/ 支、3.0 pg/ 支和 0.6 pg/ 支，远低于已报道的其他 TSNAs 分析方法。这种方法既充分利用了 LC-MS/MS 法的高灵敏度，又可以有效降低复杂基质带来的基质抑制效应，且采用全自动固相萃取技术在线纯化烟草样品，固相萃取方式自动化操作更加简便，节省时间，减少人为误差，提高检测准确性。同时，经在线 SPE 处理后的烟气样品，基线噪声更小，干扰峰明显减少，显著降低了烟草样品对检测系统的污染，提高了检测的重复性和灵敏度，降低了色谱柱和质谱仪的污染，提高色谱柱和质谱仪的使用寿命，因此可能会是今后 TSNAs 检测的主流方法。

第三章 酶技术在烟草中的应用

第一节 酶的概况及酶工程应用

一、酶的概况

酶是一种特殊催化剂，是具有生物催化功能的生物大分子，它能改变反应速度，但不改变反应性质、反应方向和反应平衡点，而且其本身在反应后也不发生变化。按分子中起催化作用的主要组分不同，酶可分为两大类别：分子中起催化作用的主要组分为蛋白质的酶称为蛋白类酶；分子中起催化作用的主要组分为核糖核酸的酶称为核酸类酶。

根据酶作用底物和催化反应的类型，酶主要分为蛋白类酶和核酸类酶，而蛋白类酶又细分为氧化还原酶、转移酶、水解酶、裂合酶、异构酶和合成酶，核酸类酶又分为自我剪切酶、自我剪接酶、RNA 剪切酶、DNA 剪切酶、多肽剪切酶、多糖剪接酶、氨基酸酯剪切酶和多功能酶。

酶从本质上来讲属于蛋白质，这是因为：①酶是高分子胶体物质，而且是两性电解质，在电场中酶能像其他蛋白质一样泳动，酶的活性 -pH 曲线和两性离子的解离曲线相似；②导致蛋白质变性的因素，如酸、碱、热、紫外线、表面活性剂、重金属盐及其他蛋白质变性剂，也往往能使酶失效；③酶通常都能被蛋白质水解酶水解而丧失活性；④对所有已经高度纯化而且达到均一程度的酶进行组成分析，都表明：它们或者是单纯的蛋白质，或者是蛋白质与小分子物质构成的络合物；⑤根据核酸类酶（RNase）的一级结构，人们已从氨基酸开始人工合成了具有相同催化活性的蛋白质产物。

二、酶的催化特性

酶是生物催化剂，与其他非酶催化剂相比，具有显著不同的催化特性。酶的催化特性主要表现在专一性、催化效率及作用条件等方面。

（一）酶催化作用的专一性

酶的专一性是指一种酶只能催化一种或一类结构相似的底物进行某种类型的反应。酶催化作用的专一性是酶的最重要特性之一，也是酶与其他非酶催化剂的最主要的不同之处。细胞中有秩序的物质代谢规律，就是依靠酶的专一性来实现的。酶的专一性按其严格程度，可分为绝对专一性和相对专一性两大类。一种酶只能催化一种底物进行一种反应，这种高度专一性称为绝对专一性。一种酶能够催化一类结构相似的底物进行某种相同类型的反应，这种专一性称为相对专一性。其中，相对专一性又可分为键专一性和基团专一性。

（二）酶专一性的学说

1. 钥匙学说

按照中间产物理论，酶催化底物发生反应之前，底物首先要和酶形成中间复合物，然后才转化为产物并使酶重新游离出来。酶具有活性中心，活性中心是酶分子的凹槽或空穴部位，是酶与底物结合并进行催化反应的部位，其形状与底物分子或底物分子的一部分基团的形状互补。在催化过程中，底物分子或底物分子的一部分就像钥匙一样，可以契入到特定的活性中心部位的某一适当位置，才能与酶分子形成中间复合物，才能顺利地进行催化反应，这就是钥匙学说，亦称为刚性模板理论。

2. 诱导契合学说

钥匙学说虽然解释了酶与底物的结合和催化，但无法解释酶催化的逆反应。诱导契合学说认为酶分子的构象不是一成不变的，而是在底物分子邻近酶分子时，酶分子收到底物的诱导，其构象会发生某些变化，使之有利于与底物结合，这就是诱导契合学说。

（三）酶催化作用的效率

酶催化作用的效果可以通过酶的催化效率来衡量，酶的催化效率的高低可以用酶的转换数来量度。酶的转换数是酶催化效率的量度指标，酶的转换数越大，酶的催化效率就越高。酶的催化效率比非酶催化反应高 $10^7 \sim 10^{13}$ 倍。酶的催化效率之所以这么高，是由于酶催化反应可以使反应所需的活化能显著降低。但并非所有酶的催化效率都高，有些酶的催化效率往往达不到人们的要求，为此，需要通过酶的改性措施，进一步提高酶的催化效率。例如，采用酶分子修饰、酶固定化、酶定向进化等改性技术都可显著提高酶的催化效率。

（四）酶催化作用的条件

酶催化作用与非酶催化作用的另外一个显著差别在于酶催化作用的条件温和。酶催化作用通常都在常温、常压、pH 近乎中性的条件下进行。例如，一般酶作用的适宜温度为 25 ～ 40 ℃，在 60 ℃以上酶容易变性失活，一般酶作用的适宜 pH 为 5.0 ～ 9.0，低于 pH 2.0 或高于 pH 11.0 时，酶往往容易变性失活，与之相反，一般非酶催化作用往往需要高温、高压和极端的 pH 条件。

究其原因，一是由于酶催化作用所需的活化能较低，在较温和的条件下，已经能够顺利进行催化反应；二是由于酶是具有生物催化活性的生物大分子，稳定性较差，在较激烈的反应条件下，往往会引起酶的变性，从而失去其催化功能。为此，需要通过酶的改性技术，以增强酶的稳定性。采用酶分子修饰、酶固定化、酶非水相催化、酶定向进化等改性技术都可显著提高酶的催化效率。

生物体内的各种生化反应，几乎都是在酶的催化作用下进行的，所以，酶是生命活动的产物，又是生命活动必不可少的条件之一。在一定条件下，酶不仅在生物体内，而且在生物体外也可催化各种生物化学反应。酶作为生物催化剂与非酶催化剂相比，具有专一性强、催化效率高和反应条件温和等显著特点。但是人们在使用酶的过程中，也发现酶存在催化效率不够高和稳定性较差等特点，为此需要通过各种技术使酶的催化特性得以改进，以满足人们使用的要求。

三、酶工程的应用

酶的生产和应用的技术过程称为酶工程，其主要任务是通过预先设计，经人工操作而获得大量所需的酶，并利用各种方法使酶发挥其最大的催化功能。酶在医药、食品、轻工、化工和环保等领域应用广泛，充分发挥酶的催化功能、扩大酶的应用范围、提高酶的应用效率是酶工程应用研究的主要目标。要实现酶的高效应用，除了掌握酶反应动力学特性这一前提条件以外，还必须采用固定化、分子修饰和非水相催化等技术。

近年来，酶工程的基础研究和产业应用发展非常迅速，正在或即将改变人们的生活和生产方式。工业用酶日益广泛地应用于化学、医药、纺织、农业、日化、食品、能源、化妆品及环保等行业，由于蛋白质工程、基因工程和计算机信息等技术的发展，使酶工程技术得到了迅速发展和应用，各种新成果、新技术、新发明不断涌现。

马晓建等从化学酶工程和生物酶工程论述了酶工程的研究进展，并认为酶工程的基础研究取得了长足的进展，开发了相当多的极端环境微生物，开发了许多关于酶化学和遗传修饰的切实可行的新方法和理论，极大地推动了人工模拟酶和合成酶的研制。在酶的固定化方面，不仅新载体和方法层出不穷，而且也提出了许多酶固定化的新机制，特别是酶基因的克隆与表达成果迭出，酶的遗传设计理论也逐渐成熟。随着酶工程研究的进一步发展，特别是酶基因的修饰和体外重组技术的发展，将来人们可以用化学的方法随心所欲地构造出各种性能高效的人工合成酶和模拟酶，而且还可以采用生物学方法在生物体外构造出性能优良的产酶工程菌为生产和生活服务。

第二节　酶技术在烟草中的应用

从一粒烟草种子开始，到成品卷烟呈献给消费者，烟草产业是一个包含农业和工业各个环节的产业链，在这条复杂的产业链上，蕴含着各种烟草科学技术，其中酶技术作为烟草行业研究多年的一类生物技术，已越来越得到烟草行业的重视。烟草科研人员分别从烟草育种、种植、采收、调制、醇化、贮存、工业加工等环节开展了酶技术的理论和应用研究，并在改善烟叶（或烟梗/薄片）品质、提高香气、改善吃味、降低烟碱、病虫害防治、废物利用和烟草减害等方面取得了一定的成果。

一、改善卷烟原料品质

（一）改善烟叶品质

烟叶原料质量好坏是烟叶可用性高低的衡量标准，中国某些地区的烟叶，淀粉含量高，香气量不足，成为烟草行业发展高品质烟叶原料的瓶颈。如何利用酶技术改善烟叶内在品质，已经成为烟草行业的热点话题。研究表明，烘烤后期用于水解淀粉和蛋白质的淀粉类酶、蛋白酶、肽酶活性迅速下降，经初烤后烟叶中酶活性基本丧失。在烟叶烘烤过程或陈化发酵过程中添加某些酶制剂则能改变烘烤过程中失活的酶活性，能在一定程度上改善烟叶化学成分，提高烟叶质量。

研究人员发现，人工调制的烟叶没有蛋白质水解活性，烟叶香气差，而晾制的烟叶具有蛋白质水解活性，香气好，对不同氨基酸进行筛选，发现半胱氨酸能激活烟叶中的蛋白酶。有研究采用微球菌属（*Micrococcus*）或杆菌属（*Bacillus*）或两者的混合物时，发现微球菌接种的烟叶蛋白质含量降低，可溶性氮，尤其是氨、胺和酰胺氮含量增大。姚光明等研究了采用酶解法来降低烟叶中的蛋白质含量，发现中性蛋白酶对烟叶中蛋白质的降解作用最为明显，其中，中性蛋白酶的用量为 120 U/g，在 45 ℃、烟叶水分为 25%、作用时间为 4 h 的条件下，可降解烟叶中蛋白质 12% 左右，烟叶的燃吸质量得到明显改善。马林利用酶解和微生物发酵技术改变低次烤烟化学组分，发现用生物技术处理后，蛋白质降低了 41.34%，香气增加，刺激性显著降低，余味干净、杂气轻微。肖明礼从烟叶醇化角度进行了蛋白质降解实验，发现风味蛋白酶可降低烟叶中蛋白质达 19.1%。胥海东对枯草芽孢杆菌中降解烟叶蛋白质的蛋白酶进行了研究，发现该蛋白酶复合液对烟叶中蛋白质的降解率可达 9.16%。宋朝鹏等探讨了喷施微生物制剂后上部烟叶蛋白质降解及中性香气成分的变化规律，发现特制烟草发酵液、中性蛋白酶及中性蛋白酶与 α– 淀粉酶、糖化酶的混合物，均可显著降低上部烟叶可溶性蛋白含量。姚光明等还发现向烟叶中施加 α– 淀粉酶和糖化酶可使烟叶中的淀粉降解为水溶性糖，有效地改善烟叶的质量，实验得出 α– 淀粉酶和糖化酶的最佳用量分别为 8 U/g 和 80 U/g，最佳作用条件为烟叶水分 25%，时间 6 h，温度 30 ℃，降解后烟叶中水溶性糖可增加 21.4% 左右。闫克玉等研究了 α– 淀粉酶、糖化酶和蛋白酶的不同用量对烤烟内部化学成分和评吸质量的影响，结果表明，酶使烟叶总糖含量增加，总氮和蛋白质含量降低。牛燕丽采用外加淀粉酶和糖化酶的办法对河南初烤烟叶 B_2F、C_3F 和 X_2L 进行了处理，结果表明，酶处理后各等级烟叶的淀粉含量均有所降低。在实验室内采用微生物对雪茄烟用的肯塔基烟叶进行发酵处理，结果发现柠檬酸、苹果酸、马来酸和琥珀酸发生分解，导致烟叶变为碱性。后续研究表明，用微生物制剂处理的烟叶总氮、可溶性氮和烟碱含量均大幅度降低，分别由 35.74%、69.7% 和 33.6% 降至 9.87%、2.91% 和 8.9%，而蛋白质氮含量在所有情况下均增大。李晓等在实验室条件下进行了降低烟叶中的蛋白质和淀粉含量的研究，选择多种酶进行协同作用条件的研究，将蛋白酶与 α– 淀粉酶、糖化酶混合后同时施加在烤烟烟叶上，发现酶解后蛋白质含量均有不同程度的降低，水溶性糖含量有所提高，而且效果较为明显。另有研究将磨碎后的烟叶分别加入 α– 淀粉酶和蛋白酶后置于培养箱中，发现除提供适宜的温湿度条件外，储存的时间越长，淀粉和蛋白质的降解越充分。李敏莉等将蛋白酶、淀粉酶、纤维素酶、果胶酶和活性添加剂一起配制而成 5 种酶制剂，喷在烟叶上，发现加酶的人工发酵具有很好的降解总糖和总氮的效果。

烟叶陈化是一种公认的可改善烟叶香味品质、提高烟叶可用性的方法。但是由于自然陈化时间长、成本高，而人工陈化的陈化效果不佳，因此人们从烟草的陈化机制和陈化条件等方面进行了大量的研究，希望找到一种理想的陈化方法来陈化烟叶，既要控制成本，又要保证陈化质量。赵利剑结合烤烟的打叶复烤工艺，以评吸为检测手段，从 25 种酶中筛选出黑曲霉产 50 000 U/g 纤维素酶、黑曲霉产 1 800 000 U/g 果胶酶、黑曲霉产 5000 U/g 中性蛋白酶、木霉产 100 000 U/g α– 淀粉酶、细菌产 40 000 U/g 高温淀粉酶、黑曲霉产 12 000 U/g 脂肪酶、1200 U/g 多酚氧化酶、5000 U/g 戊聚糖酶、300 000 U/g β– 葡聚糖酶、10 000 U/g 普鲁兰酶 10 种对烤烟陈化正面影响的单酶，经过复配同时结合选出的稳定剂制成了烤烟陈化剂。以上述陈化剂对 4 种 2004 年初烤烟进行了打叶复烤对比实验和 6 个月的陈化对比实验，结果表明，在实验过程中，烤烟中添加的陈化剂可以有效地降解烟叶中的细胞壁物质成分，对烟叶中挥发酸类物质成分的增加及多酚类物质成分的减少有促进作用，不影响烟叶中氯、钾、总糖、还原糖、烟碱、挥发碱含量的变化；经过相同的陈化时间（6 个月），所有处理样的陈化质量好于对照样，陈化剂的添加明显提高上部烟叶和中部烟叶的陈化质量，对下部烟叶的陈化质量的提高不明显。

为缩短烤烟自然陈化周期、改善烟叶内在品质，钱卫等研究了烤烟叶面微生物菌株 5 种水解酶（β– 淀粉酶、糖化酶、纤维素酶、果胶酶和蛋白酶）的诱导产生及其温度稳定性，结果发现培养基中分别添加 0.2% 的 5 种水解酶相应的诱导物，对所研究的烤烟叶面微生物菌株 5 种水解酶的产生均具有诱导作用。用烤烟叶面微生物及其产生的 5 种水解酶组合成 6 种不同配方，对 2 个品种的烤烟进行了为期 6 个月的人工陈化试验，结果是人工陈化 2 个月后试验样品评吸总分普遍高于对照样品。

韩锦峰等发现随着烟叶自然陈化及人工发酵的进行，叶面微生物数量均逐渐减少，且均以能产生芽孢的芽孢杆菌属（Bacillus）和梭状芽孢杆菌属（Clostridium）为优势种群，在自然陈化过程中，霉菌数量逐渐减少，至陈化后期，基本上未能检出，而人工发酵过程中霉菌数量有所增加。将这些由烤烟叶面分离筛选的优势菌种混合配制成生物制剂用于烟叶发酵，结果显示复配制剂可加速烤烟发酵，提高烟叶品质，并且具有抑制烟叶霉变的作用。

在烤烟发酵过程中，采用酶解的方法，施加一定量的 α- 淀粉酶和糖化酶，发现烟叶中的淀粉降解为水溶性糖。在烟叶烘烤过程中，也可以在鲜烟叶中通过外加淀粉类酶来降解淀粉，使其转化为有利于香吃味提高的小分子碳水化合物，从而改善烟叶质量。有研究表明在烘烤过程中，通过外加淀粉类酶来降解烤烟中的淀粉是有效的。烘烤变黄初期，不同外加淀粉类酶可使烟叶淀粉降解动态基本一致；变黄中期至定色前期，淀粉降解随外加酶量增加而加剧。烤后烟叶淀粉含量随外加酶量增加而减少，水溶性糖和还原糖含量随外加酶量的增加而增加。赵铭钦等利用 4 种由优势增香菌种和高生物活性的 α- 淀粉酶、蛋白酶等配制而成的烟草发酵增质剂Ⅰ～Ⅳ号，对人工发酵和自然陈化过程中的烤烟烟叶的增质增香效果进行了研究。结果表明，烟草发酵增质剂具有促进烟叶内部有机物质的分解与转化，加速烟叶的发酵进程，缩短发酵周期等作用。与对照相比，经过发酵增质剂处理后的烟叶香气质改善，香气量增加，烟叶固有的杂气和刺激性减轻，烟叶内部的糖、氮、碱等主要化学成分及其比值趋于协调、平衡。

众所周知，果胶质是一种对烟草吸味不利的化学成分，将果胶质酶解成一系列较小分子量的碳水化合物，可以有效地改善烟草制品的吸味品质。有研究采用从优质烟叶上分离的降果胶质菌株 DPE-005 产生的果胶酶，对上部烤烟烟叶进行了处理试验。结果表明，经酶处理后烟叶的细胞壁物质和果胶质含量均有所降低，吸味品质得到改善，上部烟叶经果胶酶处理后，其杂气得到部分去除，刺激性有所减轻，使用价值提高。烟叶中以细胞壁物质存在的碳水化合物在燃吸时会产生不良影响，阎克玉等在一定条件下向烟叶中施加一定量的纤维素酶和果胶酶，使部分细胞壁物质降解为水溶性糖，烟叶品质得到改善，推荐纤维素酶和果胶酶最佳用量均为 30 U/g 烟叶，最佳作用条件为烟叶水分 25%，温度 50 ℃，作用时间 4 h，且在真空条件下可使细胞壁物质降解更有效，可降解烟叶中细胞壁物质 10% 左右，烟叶的评吸质量得到明显改善。

（二）改善烟梗和薄片品质

Silberman 等在压梗前，将烟梗浸入含纤维素分解酶的水溶液中（纤维素分解酶为果胶酶、半纤维素酶和纤维素酶，这些酶是在稻曲霉培养物中发现的），用乙酸调 pH 至最佳范围 3.5 ～ 6.0，浸入时间 5 ～ 30 min，然后排出剩余的溶液，烟梗于 20 ～ 80 ℃温度下陈化 15 min ～ 24 h，温度越高，陈化时间越短。再按常规方法压切烟梗。处理液中还可加入甘油、丙二醇或三甘醇，以有助于烟梗的软化，还可以加入增香剂、烟草提取物或其他料剂。试验结果表明，酶处理的烟梗柔软，易于压扁、切丝，且其梗丝的填充力和挥发物的量显著增大，总粒相物大幅度降低，掺兑此梗丝的卷烟比掺兑未处理梗丝的卷烟受评吸专家们喜爱。程彪等引用 B & W 烟草公司的研究报道：选择微生物 Erwinia carotovora 降解烟梗中的果胶，目的是替代某些机械加工步骤来降低薄片制备过程中的烟末粒度。具体处理是将烟梗末悬浮于此微生物的营养液中，浓度为 10%（W/V）。最佳操作条件为：温度 28 ～ 30 ℃，pH 6.5 ～ 7.0，通风，以便有足够的溶解氧使微生物繁殖生长。耐受烟碱量可高达 0.06 mg/mL，微生物的菌落数一般为 10^7 ～ 10^9 个 /mL。与传统法生产的烟草薄片相比，由微生物消化的烟梗制备的烟草薄片的 pH 略高，糖和硝酸盐含量降低，感官评价略优。周长春等探讨了用木质素降解酶处理烟梗的影响，发现木质素降解酶可以明显去除烟梗的木质气、刺激性，填充值增加 30%，木质素含量明显降低，可以满足中高档烟的添加要求。

程彪等对美国菲利浦・莫里斯公司的酶处理薄片做了分析，研究人员将烟梗含量约 50% 的烟末制成固形物含量为 12% ～ 18% 的稠浆，加入 0.075% ～ 0.75%（按干烟末重量计）的纤维素酶，用乙酸或柠檬酸调 pH 至 4.5（在 pH = 4.5 条件下此酶的活性最高），室温下放置过夜发酵，然后按稠浆法制成烟草薄片。化学分析表明，此种薄片的水溶性物质、总还原性物质和还原糖的含量均高于原来的烟草原料，草酸铵可溶物、氯化钠和纤维素的量均较低，总灰分、苯 - 乙醇可溶物和半纤维素的量不变。评吸结果表明，用低量酶、甘油和乙酸处理的烟草薄片，刺激性较小，甜味较重，但缺乏卷烟中的生物碱劲头。何汉平等用筛选出的复合酶制剂应用于造纸法烟草薄片萃取浓缩液，发现经酶处理过的浓缩液应用于现有的造纸法烟草薄片工艺后，薄片的刺激性、香气和余味等方面得到明显的改善，香气成分含量均有提高，研究人员认为复合酶制剂降解了浓缩液中的蛋白质、果胶等生物大分子物质。吴亦集等为了减少造纸法再造烟叶中的不利成分，在烟梗和烟末萃取过程中加入果胶酶、半纤维素酶和蛋白酶，发现能够有效降解再造烟叶原料烟末和烟梗中的蛋白质、果胶及纤维素等，提高萃取液中的氨基酸和还原糖的含量，有利于改善造纸法再造烟叶的感官质量。刘志昌等利用仿酶体系处理烟草物质（烟梗和烟碎），抄造烟草薄片，发现烟草薄片的柔软度和抗张指数与空白样品相比分别提高了 11.4%、5.2%，对仿酶体系处理后的烟草薄片进行评吸，结果表明：烟草薄片经仿酶处理后，其香气、杂气和谐调程度有一定的改善，木质杂气减少，刺激性较小，品质提高，达到了提高烟草薄片物理性能（抗张强度、柔软度）与品质的双重效果。

二、提高香气、改善吃味

美国专利（专利号 4537204）介绍了一种用蛋白质水解酶和硝酸盐与亚硝酸盐分解酶制备棕色化产物的方法，该法包括以下几个步骤：①水解烟草蛋白质，提取硝酸盐与亚硝酸盐；②代谢同化，即在葡萄糖和磷酸二氢钾的存在下，将上述蛋白质降解萃取液通过发酵代谢同化作用，分解其中的蛋白质，同时硝酸盐和亚硝酸盐得到降解，得到生物混合料；③水解纯化，即用盐酸处理生物混合料，使其中的氨基酸水解，然后通过离子交换柱得到纯的氨基酸混合物；④棕色化反应，即用各种还原糖如葡萄糖、木糖和氨基酸混合物反应，得到卷烟加香用的棕色化反应香料。该专利中的方法是一种用酶和微生物间接生产烟草香料的方法，并施加到卷烟中，从而提高香气、改善吃味。朱大恒等提出一种直接利用产香微生物发酵定向生产烟草香料的方法，该香料加入卷烟后的评吸结果表明，能显著地提高卷烟香气质量，并能谐调烟香，使烟气醇和饱满，减轻杂气和刺激性，改善余味。该法是以烟末、烟秸秆、顶芽、腋芽和豆粕为原料，通过在原料上接入由烟叶上分离出的产香菌，于 30 ～ 60 ℃下发酵 5 天，再经过萃取、浓缩等步骤得到烟草生物香料，产率为 8%。该香料为棕黄色树脂状物，具有浓郁的果香、坚果香、焦糖香、烤香、酱香、草药香和烟草香。任军林等在打叶复烤时在叶片中加酶，发现加过酶的烟叶，香气较浓，可能是烟叶中香气前体物在酶的催化作用下发生降解、加成和转化等反应，使大分子降解为小分子，复杂结构转化成简单结构，有较强的呈香能力。

为了缩短烟叶发酵时间，提高烟叶发酵内在质量，阮祥稳等采用复合酶（纤维素酶和蛋白酶）经过 48 ℃、65% 相对湿度的发酵（12 h），化学成分检测结果显示，烟叶内总糖提高 14.9%，蛋白质降低了 15.6%。评吸结果初步显示，经酶促发酵后的烟叶，香气改善，香气量增加，青杂气减轻，刺激性有所降低。任军林等通过控制一定的温度，在烟丝中施加一定浓度的高活性微生物转化酶，贮存 2 h 以上，经过对比评吸，证明施加高活性微生物转化酶可以增加卷烟香气，消除或减轻烟气中的杂气和刺激性，提高卷烟感官质量。马林等用外加酶处理烟叶，评吸结果表明，处理后的烟叶香气增加，刺激性显著降低，余味干净，杂气轻微。张立昌等研究如何利用有效的酶制剂控制烟叶的内在成分向好的方面转化，从而达到改善烟叶吸味品质的目的，结合酶学的基本原理，根据烟草调制和发酵的特点及烟叶内在质量与化学成分的关系，经一系列试验验证，发现所得酶制剂适合于在打叶复烤时添加，对自然醇化和人工发酵烟叶的质量有明显改善作用。评吸结果显示，只要加酶催化得当，所得酶制剂可明显增加卷烟香气，减轻青杂气和刺激性，改善卷烟吸味品质。李雪梅等研究通过木瓜蛋白酶水解明胶蛋白，然后将明胶水解物与葡萄糖反应，可获得似可可香味的棕色化产物，能与卷烟较好谐调，具有显著提高烟香浓度和改善吸味的作用。

三、降低烟碱作用

目前关于烟碱降解，还多集中在微生物降解方面，对于外加酶的研究还较少。1982 年，Ravishanker 等对生物酶与总植物碱合成、调控的关系进行了研究，认为鸟氨酸转氨酶与总植物碱的合成呈正相关，而鸟氨酸转甲酰化酶与总植物碱的合成呈负相关关系。陈洪等为寻求有效降低烟草中烟碱含量的方法，利用微生物酶法进行了降解烟草烟碱试验。所用的酶为烟叶微生物经优选、超临界二氧化碳破壁后调制获得的多酶体系。烟叶被不同剂量的酶制剂喷洒后，在不同时间取样评吸并测定其烟碱含量。结果表明：①酶处理烟草烟碱的降低速度比自然陈化的提高了几十倍至几百倍；②在酶用量一定的条件下，烟碱的降低量随着作用时间的延长而增加，但至 4 天后烟碱的含量几乎不再变化；③在作用时间一定的条件下，烟叶中的烟碱含量与酶用量基本上呈负相关关系，即酶用量越大，烟叶中的烟碱含量越低；④酶法在降解烟草烟碱方面优于微生物法，并且具有可控制性。微生物降低烟碱的论述在本书第 5 章中有所涉及，本章在此不再赘述。

四、病虫害防治

当前，从生物酶角度进行烟草病虫害防治的研究是一个比较新的领域，烟草内生或其他来源的酶制剂可对烟草相关病菌产生抑制作用。例如，陶刚等研究发现桔抗烟草赤星病菌的生防菌株木霉 THS1 能够产生几丁质酶，该酶能够强烈抑制病菌孢子萌发、对寄主的侵染，抑制效果与酶的浓度和酶量呈正相关。研究中提取的几丁质粗酶浓缩液在较高浓度下（25.2 U）处理的孢子液在 48 h 内强烈抑制病菌孢子的萌发，抑制率达 90% 以上，中浓度（12.6 U）在 12 h 后其孢子萌发率开始增加，48 h 达到 50% 以上，而低浓度（6.3 U）的粗酶液在保温培养 8 h 后其萌发率开始增加，12 h 近 50%，24 h 达到 100%。对照在 4 h 后孢子萌发率就达到 100%，萌发的芽管发育正常，生长迅速，并形成菌丝体；而处理的孢子液不萌发或萌发的孢子芽管顶端变成钝圆状，生长缓慢或停止生长，显微观察表明酶处理的孢子及芽管畸形，并能看到有些孢子细胞壁破裂，细胞质外溢。纯化的几丁质酶液（9.4 U）与酶活性相近的粗酶液（12.6 U、6.3 U）比较，在 48 h 内，其对孢子萌发的抑制率最高达 66.9%，然后抑制作用逐渐减弱，下降到 20.7%，而 12.6 U 的粗酶液在 24 h 内一直保持 85% 以上的抑制率，到 48 h 仍达近 50%，6.3 U 粗酶液在 8 h 内对赤星病菌孢子萌发的抑制率保持在 90% 以上，到达 12 h 仍保持 50% 以上，萌发芽管的长度也较浓缩液同期的要长。上述研究的实验人员采用孢子液悬滴法接种烟苗（品种 K326）叶片，并测定木霉几丁质粗酶液抑制赤星病菌孢子的致病性，发现较高浓度的几丁质粗酶液（19.5 U/mL、9.8 U/mL）处理的赤星病菌孢子接种 4 天和 7 天后病斑面积（以病斑直径为指标）比对照分别减少 40% 和 60%，而较低浓度（4.9 U/mL）处理的赤星病菌孢子接种 4 天和 7 天后病斑的减少率分别为 20% 和 40%。

五、烟草废物利用

在卷烟加工生产中会产生大量的烟草废弃物，其中大部分被废弃，不仅造成了资源的浪费，而且严重污染环境。随着烟草行业的发展，如何发挥这些废弃物的潜在价值，对其进行综合利用，已成为烟草行业及相关领域研究的热点。韦杰等对果胶酶、纤维素酶、α- 淀粉酶和中性蛋白酶 4 种酶的复合酶处理烟末制备烟草浸膏的工艺进行了研究，并优化了酶添加量、作用时间、作用温度和作用 pH，与对照比较，酶法处理后制备的浸膏烟气浓度和劲头明显增加，烟气柔和细腻，有润感和甜感，喉部和鼻腔无刺激，烟香丰富，有烘烤香和果甜香。研究发现处理后的浸膏中还原糖含量增加了 123%，氨基酸含量增加了 74%，蛋白质含量变化不大。上述研究的实验人员对香味成分进行化学检测，发现对烟草香气有重要贡献的物质，如茄酮、巨豆三烯酮、3- 羟基 -β- 大马酮、紫罗兰醇及紫罗兰酮等物质，含量均有所增加，且非酶促棕色化反应产物 5，6- 二氢 -2H- 吡喃 -2- 酮、3，5- 二羟基 -2- 甲基 -4（H）吡喃 -4- 酮、2，3- 二氢 -3，5- 二羟基 -6- 甲基 -4（H）吡喃 -4- 酮及 2，6- 二甲基 -4- 硫代呋喃酮等含量也明显提高。

六、烟草减害

目前，已有研究通过酶技术降低烟草 / 烟气中的有害成分，从而达到减害的目的。上海烟草集团北京卷烟厂在分离得到的降低烟草内生细菌菌株的基础上，通过系统筛选，对高效优良菌株进行分离鉴定，获得了可有效降低烟草特有 *N*-亚硝胺的微生物源酶制剂，并将该生物酶制剂应用于卷烟加工生产过程中。通过降低烟叶原料中的 TSNAs 含量来起到显著降低卷烟产品烟气中 TSNAs 释放量的作用，最终实现降低卷烟危害性指数的目标。该项技术已在北京卷烟厂某规格产品中进行了应用，在线产品卷烟危害性指数均有所降低，其中，NNK 释放量选择性降低 34.6%，危害性指数降低 14.5%。具体见本书第 7 章，本章不做论述。

第三节　酶降低 TSNAs 含量的作用机制

目前，关于应用酶制剂降低 TSNAs 含量的研究报道很少，大部分研究集中于烟草特有 *N*- 亚硝胺的生物学效应和致癌机制，以及侧重于仪器分析方法研究及 NNK 体外模拟代谢作用。近年来，国内外烟碱去甲基化分子机制方面的研究指出，烟碱去甲基化过程需要的关键酶为烟草内源细胞色素氧合酶，烟草内源细胞色素氧合酶可调控烟叶中 TSNAs 的前体物，并间接影响 TSNAs，特别是 NNN 的生成，但上述研究均未涉及卷烟生产过程中降低 TSNAs 的方法。上海烟草集团北京卷烟厂对降解 TSNAs 的微生物进行了菌株的优化、提纯及最佳生长条件的确定，对优化菌株进行了基因组分析，确定降解 NNK 的细菌胞内酶体系。以目标酶为模板，进行人工重组蛋白酶的合成，包括：分析目的基因序列、合成目标基因、构建质粒载体、转染工程细胞、发酵、提取纯化、工业化扩大化生产。研究、优化、确定了在制丝生产过程中应用生物酶制剂降低 TSNAs 含量的方法和工艺标准，将降低 TSNAs 含量的生物酶制剂应用于卷烟生产，取得了很好的经济效益和社会效益。

一、NNK 的降解

（一）处理过程

以纯水溶液为基质，配制 NNK 标准溶液，通过不同 P450 酶和辅助因子的组合，进行缓冲溶液中 NNK 的降解实验。

1. 配制 NNK 标液

称取 200.7 mg NNK，置于 100 mL 容量瓶中，以超纯水充分溶解，得 NNK 母液（10 mmol/L），使用时，逐级稀释至合适浓度。

2. 生物酶制剂体外代谢体系

（1）不含 NAPDH 再生系统的代谢体系（表 3-1）

① 0.5 mol/L 磷酸钾缓冲溶液（pH=7.4）。配 pH 7.4、100 mL 0.5 mol/L 磷酸钾缓冲液需要：80.2 mL 0.5 mol/L K_2HPO_4、19.8 mL 0.5 mol/L KH_2PO_4（0.5 mol/L K_2HPO_4：8.7 g 溶解于 100 mL 水；0.5 mol/L KH_2PO_4：

6.8045 g 溶解于 100 mL 水）。

② 酶工作液（10×）。取从微生物中提取的生物酶 1 mL，预先 37 ℃迅速溶解，加 3 mL 去离子水，冰浴备用。

③ 混合上述溶液进行孵育。条件：37 ℃水浴，时间 1 h，孵育完成后，以 250 μL 冰冷乙腈溶液中止反应。离心机 8000 g 离心 5 min，取上清液稀释 1000 倍，上机检测。

对照组：先加 250 μL 冰冷乙腈溶液，然后逐一加入表 3-1 所示中的溶液。

表 3-1　不含 NAPDH 再生系统的 NNK 代谢体系

试剂	加入体积 /μL	工作液浓度	代谢体系终浓度
酶工作液	25	500 pmol/L（10×）	50 pmol/L
NNK	50	50 μmol/L（5×）	10 μmol/L
磷酸盐缓冲溶液	50	0.5 mol/L（5×）	0.1 mol/L
去离子水	125	—	—
总体积	250	—	—

注：10× 表示稀释 10 倍；5× 表示稀释 5 倍。

（2）含 NAPDH 再生系统的代谢体系（表 3-2）

①生化试剂配制如下。

$NADP^+$：取 0.1094g $NADPNa_2$，以去离子水配制成 10 mL，分装成 1 mL/ 支，冻存备用，使用前预先 37 ℃迅速溶解，冰浴备用。

G6P：取 0.1062 g $G6PNa_2$，以去离子水配制成 10 mL，分装成 1 mL/ 支，冻存备用，使用前预先 37 ℃迅速溶解，冰浴备用。

G6PDH：取 1 只 G6PDH（10 000 U/mL），稀释 2500 倍。

$MgCl_2$：取 0.3168 g，以去离子水配制成 100 mL，室温放置备用。

②酶工作液（10×）。取从微生物中提取的生物酶 1mL，预先 37 ℃迅速溶解，加 3 mL 去离子水，冰浴备用。

③混合上述溶液进行孵育。条件：37 ℃水浴 。

表 3-2　含 NAPDH 再生系统的 NNK 代谢体系

试剂	加入体积 /μL	工作液浓度	代谢体系终浓度
酶工作液	25	500 pmol/L（10×）	50 pmol/L
NNK	50	50 μmol/L（5×）	10 μmol/L
$NADP^+$	25	13 mmol/L（10×）	1.3 mmol/L
G6P	50	33 mmol/L（5×）	3.3 mmol/L
G6PDH	25	4 U/mL（10×）	0.4 U/mL
$MgCl_2$	25	33 mmol/L（10×）	3.3 mmol/L
磷酸盐缓冲溶液	50	0.5 mol/L（5×）	0.1 mol/L
总体积	250	—	—

注：10× 表示稀释 10 倍；5× 表示稀释 5 倍。

3. NNK 检测

上述溶液水浴完成后，稀释一定倍数，采用高效液相串联质谱（应用生物系统公司，Foster City，USA）检测 NNK 含量。

（二）辅助因子对生物酶降解 NNK 的影响

纯品 NNK 的反应液中不加入 NADPH 生成系统，NNK 的浓度没有下降，表明 NADPH 电子传递链对该酶制剂降低 NNK 是必需的成分。

反应体系中含有 NADPH 生成系统的反应液，随着孵育时间的增加，NNK 浓度迅速下降，孵育 2 h 后，NNK 降低率为 99.3%，如图 3–1 所示。

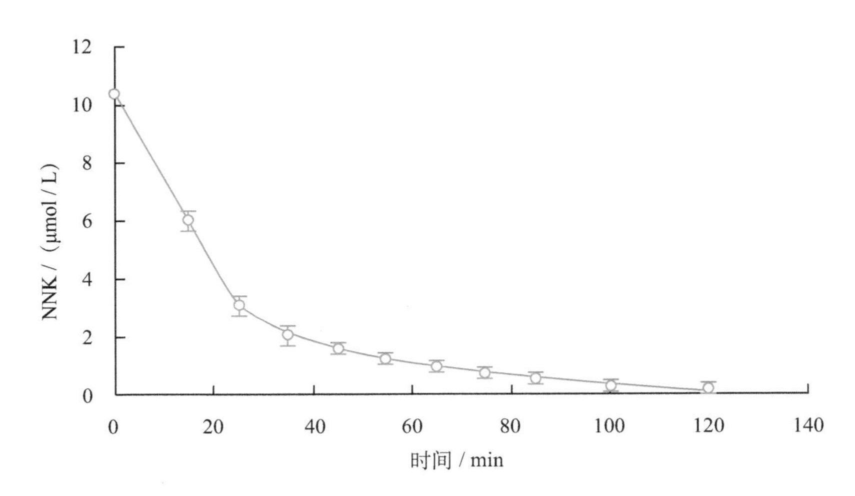

图 3–1　孵育时间对纯品 NNK 的影响

二、生物酶降解 NNK 途径

目前，生物酶制剂通过何种途径靶向性降解 NNK，以及生成何种产物，不甚明了。上海烟草集团北京卷烟厂通过化学检测手段进行 NNK 降解产物的研究，获得了酶促反应动力学参数，提出了 NNK 代谢的新途径，完善了 NNK 代谢网络，为生物酶制剂降解 NNK 提供了理论依据。

（一）实现过程

1. 材料

NNK 标准品、产物标准品（OPB、HPB、OPBA、麦斯明、去甲基烟碱、NNN–*N*–oxide）、内标（d_4–HPB 和 d_4–OPBA）、NADPH 生成系统（$NADP^+$、G6P、G6PDH）、重组酶、磷酸盐缓冲液、甲醇、乙腈、3KD 超滤管（millipore）。

2. 方法

（1）NNK 反应产物定性实验

采用 0.1 mmol/L 的磷酸盐缓冲液（pH 7.4）作为反应溶液，反应条件如下：1 mmol/L NNK，200 pmol/L 重组酶，NADPH 生成系统（1 mmol/L $NADP^+$、5 mmol/L G6P、0.5 U/mL G6PDH），3 mmol/L $MgCl_2$，反应时间 2 h，反应温度 37 ℃。反应完成后，加入等体积的冰甲醇终止反应，先经低温离心（12 000 rpm，15 min）后，除去蛋白沉淀，再将上清液经超滤管离心（12 000 rpm，30 min），除去大分子干扰物，滤液以甲醇稀释样品（甲醇含量＞ 90%），进行定性测定。

采用 Thermo Fisher Scientific 公司的 Q Exactive 高分辨质谱进行定性检测（高效液相 –Q Exactive 混合四极 Orbitrap 质谱仪），Q Exactive 使用 ESI 喷雾源，中间串接 4 极杆质量过滤器选择母离子，后面用 Orbitrap 离子阱进行精确 m/z 测定，进行全谱扫描。仪器参数如下：选择全谱扫描，结合可能目标物的正离子模式扫描，分辨率 35 000，毛细管温度 270 ℃，加热器温度 100 ℃，喷雾电压 3.5 kV，壳气流速 10 L/min，辅助气流速 3 L/min。

（2）NNK 反应产物定量实验

采用 0.1 mmol/L 的磷酸盐缓冲液（pH 7.4）作为反应溶液，反应条件如下：1 ～ 100 μmol/L NNK，10 ～ 200 pmol/L 重组酶，NADPH 生成系统（1 mmol/L $NADP^+$、5 mmol/L G6P、0.5 U/mL G6PDH），3 mmol/L $MgCl_2$，反应不同时间，温度 37 ℃。反应完成后，加入等体积的预冷乙腈终止反应，经低温离心（12 000 rpm，15 min）后，除去蛋白沉淀，上清液以乙腈稀释（乙腈含量＞ 90%），加入产物内标（d_4-HPB 和 d_4-OPBA，两种内标终浓度均为 20 ng/mL），进行定量测定。

采用高效液相串联质谱进行代谢产物的定量检测，仪器参数如下：

色谱柱：Waters Atlantis HILIC silica column（2.1 mm × 150 mm，i.d. 5.0 μm）；

柱温：40.0 ℃；

进样量：10 μL；

流速：0.5 mL/min；

流动相：A：10 mmol/L 醋酸胺水溶液，B：乙腈；梯度洗脱条件：0 ～ 2.0 min，5% ～ 15% A；2.0 ～ 6.0 min，15% A ～ 25%；6.0 ～ 6.1 min，25% ～ 5% A；6.1 ～ 9.0 min，5% A；

离子源：电喷雾离子源（ESI）；

扫描模式：正离子扫描；

检测方式：多反应监测（MRM）；

电喷雾电压：5000 V；

雾化气流量（N_2）：65 psi；

辅助加热气流量（N_2）：60 psi；

气帘气流量（N_2）：35 psi；

碰撞气流量（CAD，N_2）：7 psi；

离子源温度：600 ℃；

驻留时间：100 ms。

（3）产物相互转化实验

以代谢产物为底物，进行重组酶的催化反应，检测本研究中的重组酶是否催化产物间的相互转化，从而为 NNK 代谢途径提供依据。反应条件如下：代谢产物（约 10 μmol/L），25 pmol/L 重组酶，NADPH 生成系统（1 mmol/L $NADP^+$、5 mmol/L G6P、0.5 U/mL G6PDH），3 mmol/L $MgCl_2$，反应不同时间，温度 37 ℃。反应完成后，加入等体积的预冷乙腈终止反应，经低温离心（12 000 rpm，15 min）后，除去蛋白沉淀，上清液以乙腈稀释（乙腈含量＞ 90%），加入产物内标（d_4-HPB 和 d_4-OPBA，两种内标终浓度均为 20 ng/mL），采用在线 SPE HPLC-MS/MS 进行定量测定。另外，基于产物在加热条件下可能自然氧化问题，设计了产物在 37 ℃加热条件下的自然氧化实验（除不含重组酶外，其他实验条件与酶促实验相同）。

（二）代谢途径分析

1. 代谢产物

经高分辨质谱定性，在 NNK 降解后溶液中有 3 种 NNK 降解产物，分别是 4-hydroxy-1-（3-pyridyl）-1-butanone（HPB）、4-oxo-4-（3-pyridyl）butanal（OPB）、4-oxo-4-（3-pyridyl）butanoic acid（OPBA），3 种产物的色谱如图 3-2 所示。正离子扫描未见其他可能的产物（麦斯明、去甲基烟碱、NNN-*N*-oxide）。

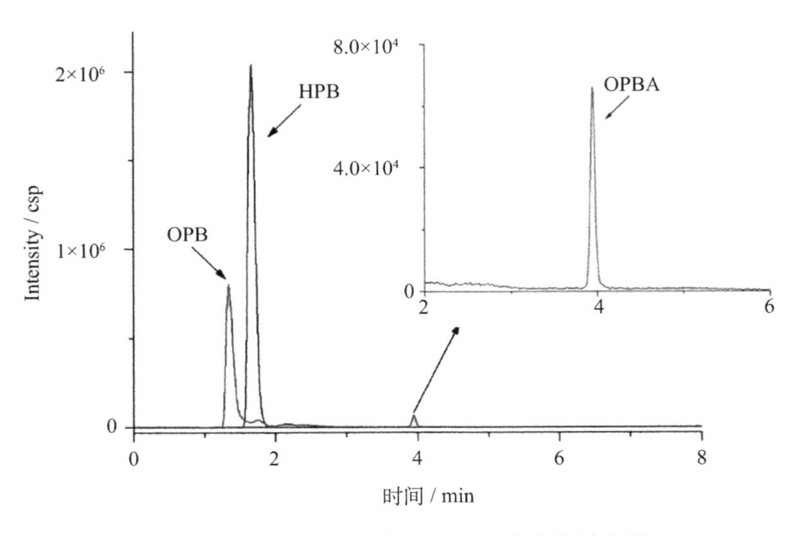

图 3-2　HPB、OPB 和 OPBA 3 种产物的色谱

2. 定量检测结果

以多反应监测模式对 3 种降解产物进行定量分析，根据实验要求，对产物定量检测方法进行了相应的方法学研究，如表 3-3 所示，建立了目标物的校正曲线。表 3-4 给出了检出限（LOD）和定量限（LOQ），定量限低于实验样品的产物含量，满足 3 种产物的检测要求。同时进行了方法学验证，如表 3-5 所示，回收率为 95% ～ 110% 和重复性良好（RSD ＜ 4%）。

表 3-3　降解产物及相应内标的色谱参数

分析物	母离子 /（m/z）	子离子 /（m/z）	去簇电压 / V	碰撞能 / V	碰撞室出口电压 / V
OPB	164.0[a]	78.9	160	31	11
	164.0[b]	134.0	160	31	11
HPB	166.1[a]	106.0	140	23	13
	166.1[b]	80.0	140	23	13
OPBA	180.1[a]	134.1	140	28	12
	180.1[b]	80.0	140	28	12
d_4-HPB[c]	170.1	106.0	140	23	13
d_4-OPBA	184.1	138.1	140	28	12

注：a 表示 Quantitation ion；b 表示 Confirmation ion；c 表示 d_4-HPB 作为 OPB 和 HPB 定量分析的共有内标。

表 3-4　检测 NNK 降解产物的校正曲线和检测限

产物	校正曲线	相关系数（R^2）	LOD/（ng/mL）	LOQ/（ng/mL）
HPB	y=0.0579x+0.008 89	0.9997	0.003	0.011
OPB	y=0.0223x+0.0052	0.9989	0.024	0.080
OPBA	y=0.103x−0.0112	0.9996	0.065	0.216

表 3-5 NNK 降解产物检测方法的回收率和重复性

产物	回收率	重复性
HPB	95% ~ 108%	3.24
OPB	98% ~ 105%	2.56
OPBA	100% ~ 110%	3.84

3. 酶促反应动力学

采用北京卷烟厂制作的纯化重组蛋白酶，反应 10 min 时，NNK 可下降 58.4%，相应生成了产物 HPB、OPB 和 OPBA，结果如表 3-6 所示。3 种产物中以 HPB 生成量最大，其次为 OPB，OPBA 生成量最少。

针对该重组酶，建立了 3 种产物的酶促反应动力学曲线，如图 3-3 所示。经 Sigma Plot kinetics program 软件模拟，发现该酶促反应动力学曲线符合 Michaelis-Menten 方程，计算出重组酶的动力学参数 K_m 和 V_{max}，如表 3-7 所示。由表 3-7 可以看出，产物 OPB 的 V_{max}/K_m 值最大，表明 NNK 降解产物中，OPB 最易生成。

表 3-6 NNK 降解产物的生成量 *

	对照组 /（μmol/L）	施加重组酶组 /（μmol/L）
NNK	10.41 ± 0.20	4.33 ± 0.29
OPB	0	0.96 ± 0.032
HPB	0	1.76 ± 0.012
OPBA	0	0.46 ± 0.015

注：* 反应条件：10 μmol/L NNK，50 pmol/L 重组酶，NADPH 生成系统（1 mmol/L $NADP^+$、5 mmol/L G6P、0.5 U/mL G6PDH），3 mmol/L $MgCl_2$，反应时间 10 min，温度 37 ℃。

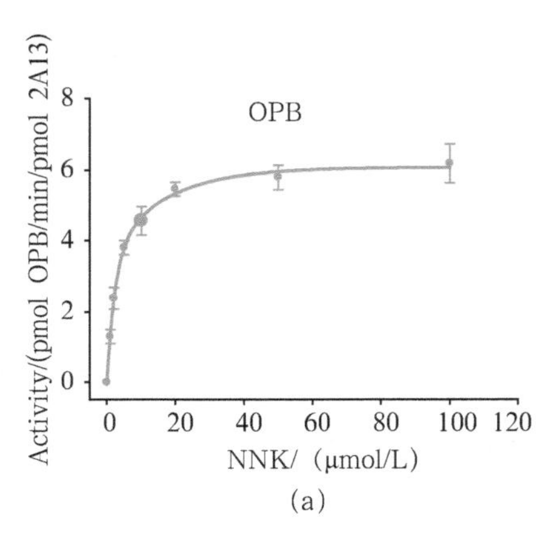

(a)

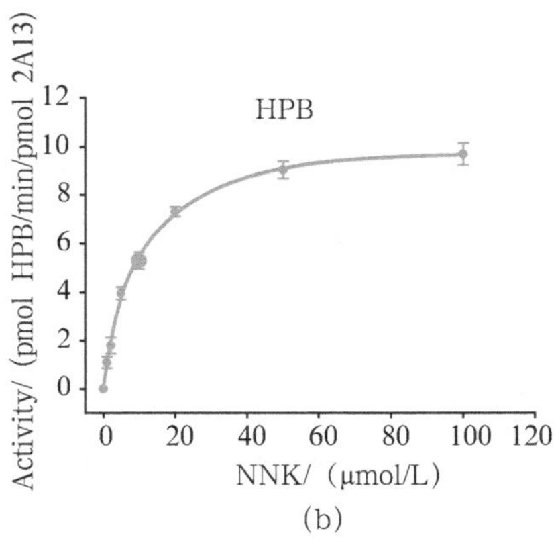

(b)

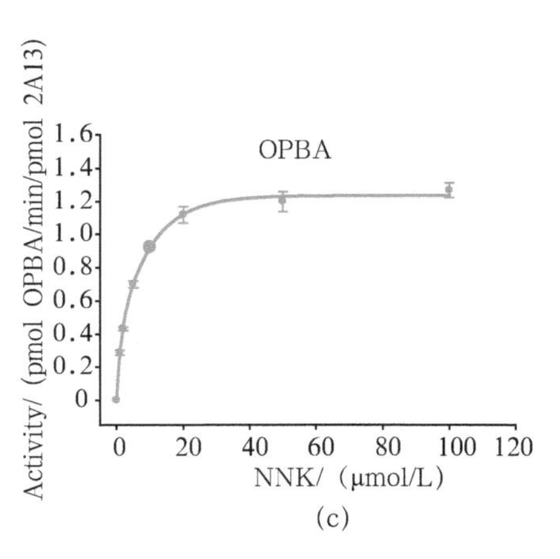

(c)

图 3-3 3 种产物的酶促反应动力学曲线

表 3-7 3 种产物的酶促反应动力学参数

	K_m /（μmol/L）	V_{max} /（pmol/min/pmol）	V_{max}/K_m
OPB	3.5	6.3	1.8
HPB	9.3	10.6	1.1
OPBA	4.1	1.3	0.3

4.NNK 代谢途径

通过以上产物研究，提出了 NNK 酶促代谢的新途径（NNK →……→ OPB → HPB），证实了非酶氧化反应是生成 OPBA 的途径之一（NNK →……→ OPB → OPBA），结合已有报道，总结 NNK 在本研究重组酶作用下的代谢途径如图 3–4 所示。

（1）甲基羟基化途径

在重组酶作用下，NNK 进行了甲基羟基化代谢途径启动，生成中间产物 1，脱去 CH_3O_2，生成重氮化合物 2，该中间产物不稳定，迅速脱去 $CH_3—N_2O$，生成 HPB。

（2）亚甲基羟基化途径

在重组酶作用下，NNK 亚甲基羟基化代谢途径被启动，生成中间产物 3，脱去 $CH_4—N_2O$，生成 OPB。OPB 经 OPB 酶促反应和非酶氧化反应，分别生成了 HPB 和 OPBA。

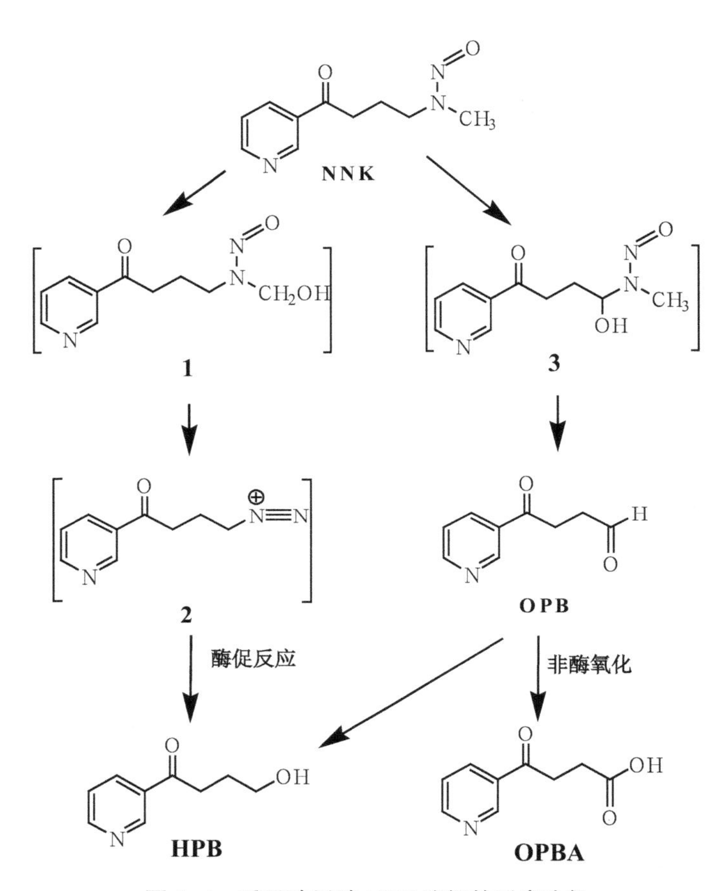

图 3–4　重组酶导致 NNK 降解的反应途径

三、NNK 代谢的其他辅助反应

前述实验证实 NADPH 生成系统是 NNK 降解的必需条件，氢离子再生体系（$NADP^+$、G6P、G6PDH）是 NNK 代谢反应的电子传递链。其中，G6P 和 G6PDH 构成氧化还原体系，为 $NADP^+$ 供氢，生成 NADPH，NADPH 作为还原型辅酶Ⅱ，为重组酶代谢 NNK 起到递氢体的作用，为该代谢体系的单递氢体。具体反应过程如图 3–5 所示。

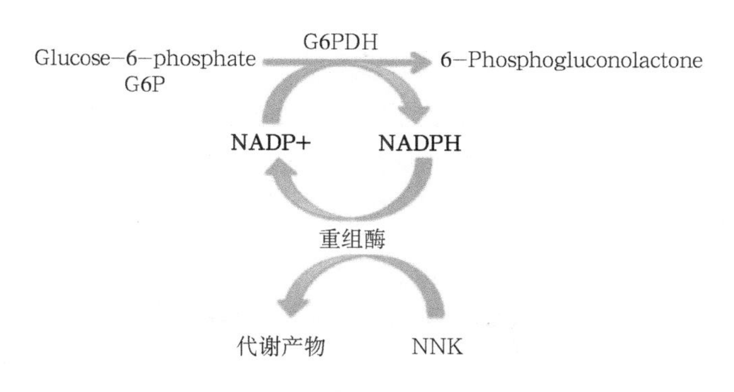

图 3–5 代谢体系反应过程

第四节 烟碱去甲基酶对 TSNAs 前体物的影响

一、烟碱转化对 NNN 的影响

在正常情况下，烟草中烟碱占生物碱的比例一般在 94% 以上，去甲基烟碱的比例不超过 3.5%。在烟株群体中，个别植株会在烟碱去甲基酶的作用下脱去甲基，形成去甲基烟碱，导致去甲基烟碱含量在生物碱中的比例显著升高（约 20%）。由于烟碱转化与烟叶香味改变和烟草亚硝胺含量增加密切相关，烟碱转化导致烟叶去甲基烟碱含量异常升高，去甲基烟碱易于在烟叶调制过程和调制后的陈化过程中发生转化，形成许多不利成分，如麦斯明、酰化去甲基烟碱和 NNN，另有研究发现，在热解过程中去甲基烟碱产生麦斯明及吡啶化合物，使烟气具有诸如碱味、鼠臭味等异味。在烤烟烟叶中，具有较高去甲基烟碱含量的转化型烟叶在外观上表现出“樱红”特征，这类烟叶由于香味较差，所以收购时单独列级，售价极低。例如，具有不同烟碱转化能力的白肋烟 TN90 品系，农艺性状无显著差异，但烟叶香味品质随去甲基烟碱含量增加显著下降，一般而言，转化型白肋烟叶风格下降，香味不正，口腔残留严重，从而影响烟叶香味品质和可用性。

史宏志等收集了我国 4 个白肋烟产区 33 份白肋烟晾制后上部叶样品，并以美国、马拉维样品为对照，测定了 TSNAs 和生物碱含量，揭示了 TSNAs 含量与前体物之间的关系。结果表明，四川达州和云南宾川白肋烟 TSNAs 含量水平较低，分别与美国和马拉维相当，不同产区间 NNN 和总 TSNAs 含量差异较大，NNK、NAT 和 NAB 含量差异相对较小。烟碱转化导致去甲基烟碱含量升高是造成国内一些产区 NNN 和总 TSNAs 含量较高的主要原因，随着总 TSNAs 含量的增加，NNN 所占比例增大，如表 3–8 和表 3–9 所示。烟叶去甲基烟碱含量、烟碱转化率与 NNN 和总 TSNAs 含量呈极显著的正相关关系。对同一产区不同品种进行比较，发现鄂烟 1 号和鄂烟 3 号烟碱转化率较高，是导致其 TSNAs 含量升高的主要原因。

表 3–8 统计不同品种的白肋烟 TSNAs 含量与生物碱含量的相关系数

	NNN	NAT	NAB	NNK	TSNAs
烟碱	0.36	0.55*	0.45	0.67*	0.41
去甲基烟碱	0.95**	0.50	0.51	0.38	0.92**
假木贼烟碱	0.40	0.57*	0.58*	0.57*	0.44
新烟草碱	0.88**	0.66*	0.52	0.60*	0.88**

续表

	NNN	NAT	NAB	NNK	TSNAs
总生物碱	0.86**	0.36	0.40	0.22	0.81**
烟碱转化率	0.86**	0.36	0.40	0.22	0.81*

注：* 表示在 0.05 水平上显著，** 表示在 0.01 水平上显著。

表 3–9　同一种白肋烟 TSNAs 含量与生物碱含量的相关系数

	NNN	NAT	NAB	NNK	TSNAs
烟碱	0.29	0.37	0.91**	0.27	0.33
去甲基烟碱	0.91**	0.15	0.06	0.14	0.85**
假木贼烟碱	0.27	0.31	0.14	0.03	0.29
新烟草碱	0.67*	0.26	–0.05	–0.05	0.64*
总生物碱	0.57*	0.38	0.21	0.38	0.58*
烟碱转化率	0.88**	0.13	0.05	0.10	0.81*

注：* 表示在 0.05 水平上显著，** 表示在 0.01 水平上显著。

许多证据表明，在烟碱转化株的调制过程中去甲基烟碱极易发生亚硝化反应形成 NNN。Miller 等测定了种植在 3 个地点的 30 个白肋烟品种的 TSNAs 和生物碱含量，发现 NNN 与去甲基烟碱的相关系数在所有关系中最高（0.844）。Shi 等选择了 30 株具有不同去甲基烟碱含量的烟株，分别测定烟叶中 TSNAs 含量，发现去甲基烟碱与 NNN 含量呈显著正相关关系，相关系数为 0.9，采用我国不同类型烟叶测定，也发现二者具有类似的相关性。在另一项实验中，通过比较转化株和非转化株烟叶叶片和主脉中生物碱和 TSNAs 含量的差异，发现 NNK、NAT 和 NAB 在转化株和非转化株间无显著差异，但 NNN 含量随去甲基烟碱含量增高而大幅度增加，NNN 占总 TSNAs 含量比例也随之增加。这些证据表明由烟碱转化导致去甲基烟碱含量增高是烟叶 NNN 形成和累积的重要因素。

二、烟碱去甲基酶在烟草遗传育种中的作用

正是由于去甲基烟碱对烟草中 NNN 的生成起到重要作用，烟草科学家通过各种手段降低烟草中的去甲基烟碱。近年来，由于烟草育种分子生物学的快速发展，发现了烟碱转化是由隐性基因向显性基因的突变，如图 3–6 所示。在烟碱去甲基酶调控下，转化株的烟碱转化主要是通过烟碱去甲基化途径，形成了去甲基烟碱，且主要形成于叶片中。因此，去甲基烟碱的形成依赖于根中合成并转移到叶片中的烟碱，且以烟碱的减少为代价。

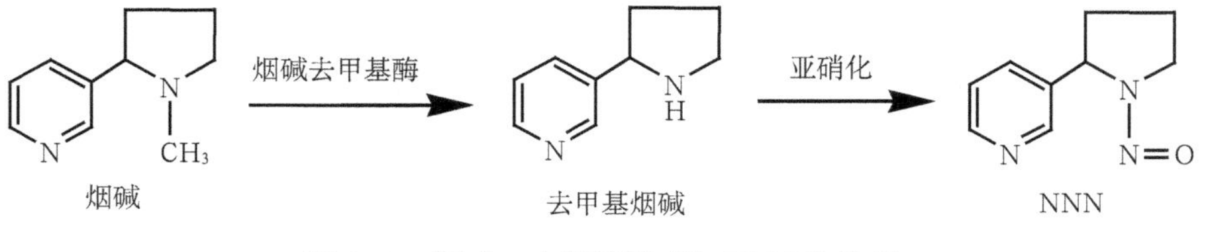

图 3–6　烟碱、去甲基烟碱和 NNN 的关系

（一）烟碱去甲基酶

在转化烟株中，烟碱去甲基酶的表达高于正常烟株，烟碱去甲基由烟碱去甲基酶催化，同时实验室方法也确定了烟碱去甲基酶在烟碱转化中的重要调控作用。烟碱去甲基酶的合成分别由 2 个显性基因控制，每个基因都可编码烟碱去甲基酶的合成，或者至少弥补烟碱向去甲基烟碱转化过程中缺失的步骤。具有纯合双隐性基因型的烟草不具有烟碱去甲基化能力，因为烟碱转化是由隐性基因向显性基因的突变，其突变率较高，而且这一频率在组织培养中显著增加。

2005 年，Siminszky 等在美国科学院院刊上发表了研究报告，提出了 CYP82E 亚家族的一系列酶是控制烟碱向去甲基烟碱转化的主要生化酶，如表 3-10 所示，研究结果中提出，在 3 种 CYP82E 基因中，CYP82E4v1 是调控烟碱转化效果最为明显的烟草内生细胞色素酶。

表 3-10 含不同基因载体的 Petite Havana 植物中烟碱转化率结果

样品	烟碱	去甲基烟碱	转化率
对照	0.6570%	0.0160%	2.38%
CYP82E2	0.6990%	0.0120%	1.69%
CYP82E3	0.6430%	0.0138%	2.10%
CYP82E4v1	0.0095%	0.3210%	97.13%

Pakdeechanuan 等的研究也证实在野生型烟草中烟碱向去甲基烟碱转化是由 CYP82E 亚家族酶调控的，其中，CYP82E4 是控制烟碱转化的重要基因之一。Gavilano 等的研究同样证实在衰老烟叶中，主要由 CYP82E4 基因调控烟碱的转化，而 CYP82E5v2 则是在绿叶中起主要调控作用。另外，研究证实 CYP82E3 与 CYP82E4 的基因序列存在 95% 的相似性，但 CYP82E3 却没有烟碱去甲基酶活性，突变研究发现 CYP82E3 蛋白单个氨基酸的替换会使其恢复去甲基活性，因此，科研人员反其道而用之，利用基因突变或沉默策略，对 CYP82E4 基因进行改造，降低了烟叶中 CYP82E4 活性蛋白酶水平，从而实现了烟草中烟碱的低转化率。

烟碱去甲基酶活性与微粒体组分及内质网等相关联，去甲基活动依赖于还原态核苷的出现。去甲基的速率在由 NADPH 作电子供体时比采用 NADH 作供体时高 15 倍。在离体条件下，最适的 pH 和温度分别为 7.0 ～ 7.5 与 30 ℃。氧分子在烟碱去甲基化生化过程中是必需的。实验中高含量的去甲基烟碱会降低烟碱去甲基化的反应速率。与同等浓度的烟碱相比，去甲基烟碱对烟碱去甲基化反应具有更为有效的抑制作用，表明这种抑制在很大程度上属于产物抑制，另外，磷、锰金属离子也具有抑制作用。烟碱去甲基酶满足细胞色素 P450 类型酶的一些主要标准，例如，酶活性可被四环素所抑制，但该酶仅表现对一氧化碳的部分抑制。与其他由细胞色素 P450 酶催化的反应一样，烟碱去甲基化反应发生在微粒体部分，依赖于氧的出现和还原态的电子供体，而且主要为 NADPH。

（二）烟碱去甲基酶在降低 NNN 中的应用

研究人员通过基因工程和传统回交育种方法进行了转基因品种的培育，比较了近等位基因系烟草中去甲基烟碱和 NNN 的区别，实现了低烟碱转化株的育种和栽培。近年来，Altria Client Services Inc. 和北卡罗来纳州立大学的研究人员成功建立了 TN90LC 的近等位基因系品种：①白肋烟 TN90e4（CYP82E4 基因敲除）；② TN90ULC（CYP82E 基因沉默）。将这些近等位基因系品种与 TN90LC 种植于农场中，采集烟叶进行卷烟加工，实现了烟叶和卷烟烟气中 NNN 含量的显著下降。Hayes 等以白肋烟 TN90LC 为研究对象，建立了近等位基因系品种 TN90e，烟叶经调制后，TN90e 品种中去甲基烟碱和 NNN 含量均下降了 85%。采集 TN90e 品种的上部烟叶，手工卷制成卷烟，与 TN90LC 比较，发现烟气中 NNN 释放量下降了 60% 以上。Lusso 等以参比卷烟 3R4F 配方为参照，将 2012 年和 2013 年种植的低去甲基烟碱新品种（白肋烟和烤烟）烟叶掺配到卷烟中，按 ISO 标准抽吸，测定卷烟烟气中的 NNN，结果显示，配方中使用 2012 年采收的低去甲基烟碱烟叶的比例为 8%、15% 和 23%，卷烟烟气中 NNN 释放量相对于对照组分别下降 16%、17% 和 38%；配方中使用 2013 年采收的低去甲基烟碱烟叶的比例为 8%、15% 和 23%，卷烟烟气中 NNN 释放量相对于对照组分别下降 8%、19% 和 31%。

第四章
烟草内生微生物特性与作用

第一节　内生微生物的特性

一、内生微生物传播

微生物广泛存在于大自然界，在自然演变进化过程中，一些微生物为适应环境，寻找到一个生存场所（植物体），它们进入植物体，与植物结合互利共生，成为植物体微生态系统的组成部分，这类微生物统称为植物内生菌。植物体内普遍存在着内生菌，由于其生活在没有外在感染症状的健康植物组织内部，故其存在和作用长期以来未被人们发现。自 1876 年 Pasteur 从无菌葡萄汁中提取出内生细菌，内生菌从此进入科学家的视野，逐渐被人们关注。植物内生真菌研究始于 19 世纪末，Guerin 和 Vogl 等在几种黑麦草中先后发现了内生真菌。人们在很长的一个阶段先后从植物组织内分离出了许多微生物，因误解为一些潜在的植物病原菌，未引起广泛关注和高度重视。自 20 世纪 30 年代，科学家发现造成畜牧业重大损失的牲畜中毒原因是食用了感染内生真菌的牧草，内生真菌的研究工作才得以广泛深入起来。

内生真菌的概念，最早是在 1866 年由 DeBary A 提出的，它是指那些生活在植物组织内的真菌，用以区分生活在植物表面的真菌。1986 年，Carrol 将植物内生菌定义为生活在地上部分、活的植物组织内不引起明显症状的微生物。1991 年，Petrini 提出植物内生菌是指生长史的一定阶段生长在活体植物组织内不引起植物明显病害的微生物。内生菌一词“endophyte”最早是由德国科学家 DeBarry 于 1886 年提出的。1989 年 Clay K 等从紫杉中分离到一种内生真菌安德氏紫杉霉（*Taxomyces andreanae*），该菌可产生与寄主相同的抗癌代谢产物紫杉醇，启发人们从植物内生菌中寻找与寄主植物相同或相似的化合物，扩大了药用微生物资源的范围。1992 年 Kloepper J W 和 Besucherap C J 总结了前人的工作，第一次提出了“植物内生细菌”的概念，即指能够定殖在植物细胞间隙或细胞内，与寄主植物建立和谐联合关系的一类微生物，并认为能在植物体内定殖的致病菌和菌根菌不属于内生菌。这一提法，使人们抛弃前人“潜在的植物致病菌”的片面性见解。1995 年 Wilson D 将内生菌定义为：在整个或部分生长周期中侵染活的植物体，但对植物组织不引起明显症状的微生物，包括真菌和细菌。关于内生菌的概念范畴一直存有争议，如内生真菌包括存在于植物根部的菌根真菌和存在于健康植物茎叶中的内生真菌，但狭义的内生真菌指存在于健康植物茎叶中的。2000 年 Stone J K 等从生物资源利用的角度，提出较宽泛的实用性概念，即指那些在其生长史的一定阶段或全部阶段生长于健康植物的各种组织和器官内部的微生物，被感染的宿主植物（至少是暂时）不表现出外在症状，可通过组织学方法或从严格表面消毒的植物组织中分离或从植物组织内直接扩增出微生物 DNA 的方法来证明其内生。从这个定义中可以将植物内生菌理解为植物组织内的正常菌群，它们不仅包括了互惠共利的中性内共生微生物，也包括了那些潜伏在宿主体内的病原微生物；内生菌不仅包括植物内部可培养的微生物，也包括那些不可培养但通过 DNA 的方法能证明其存在的微生物。同样，在烟草健康组织内存在着大量微生物，它们在一定的条件下与烟草互惠共存，并相互制约，这些微生物有细菌、真菌、放线菌等，统称为烟草内生菌（Tobacco endophyte）。

依据与寄主的亲和关系，内生菌分为专性内生菌和兼性内生菌。前者指至今只能在某种植物体内分离得到的微生物，后者指能在植物根际与土壤中分离得到也能在植物体内分离得到的微生物。内生菌的专一性也表现在不同的寄主水平上，如荧光假单胞菌可以从玉米、菜豆、小麦、甜菜和番茄上分离到，成团肠杆菌也可以从玉米、柠檬、黄瓜、土豆上分离到，这些内生菌是寄主水平上的兼性内生，但也有小部分内生菌具有专一性，如重氮营养醋杆菌只存在于甘蔗中。依据对宿主植物生长发育的影响可将其分成三类：第一类是中性的，即对植物生长发育没有明显影响或尚未发现其作用；第二类对植物生长发育有促进作用的，如能提高宿主植物抗病、抗逆能力或能通过固氮与分泌激素促进植物生长发育等；第三类对植物生长具有抑制作用，在特别条件下如植物衰老或外界刺激，植物自身免疫力下降，也可能出现某些病症，或接种另外的宿主植物会诱发植物病害。然而，同种内生菌定殖于不同宿主植物可能对宿主植物产生不同的影响，有些内生菌在一种植物中促进其生长，而在另一种植物中可能没有作用或抑制其生长。

综上，植物内生微生物又称内生菌，普遍存在于各种植物中，是自然界微生物的重要组成部分，与植物之间存在密切的互利共生关系，对植物的生理代谢调控和生长发育有较大的影响。内生菌不是微生物的自然分类单元，而是与植物有互利共生关系的生态类群，是植物微生物群落的重要成员。

烟草是一种经人工驯化栽培的经济作物，在烟株内存在各种不同类群的内生菌，其中一些种类可能对烟草的生长、品质和抗逆性等具有积极的作用。

内生真菌主要有两种传播方式：一种是不产生孢子，而是在植物开花期间，通过菌丝生长进入子房和胚珠，经宿主的种子传播，它通过这种无性方式由植物的母代传到子代，并不发生植物间的交叉感染；另一种产生孢子，通过风、降雨等途径传播。内生细菌进入植物的一般途径是细菌通过自然开口和伤口进入植物，自然开口通常包括侧生根发生处、气孔、水孔和皮孔等；伤口则包括土壤对根的磨损，根生长引起的根伤，病虫对植物的损害及收割多年生植物所造成的伤口。

目前，人们还未掌握内生细菌进入植物体内之后是如何系统地分布于植物体内的。一般认为内生细菌进入根皮层，利用某些酶类或物理作用通过皮层间隙向纵深进入，细菌在内皮层细胞壁未加厚的位置侵入中柱，随后进入导管，细菌借着蒸腾作用向植物的其他部位移动。内生细菌可以通过维管束系统进入种子，也可以通过禾谷类花粉通道、成熟种子的种脐、种皮的裂缝开口、种荚、种皮背部索状细胞和种脊进入种子，或能够通过次生根进入分生组织。另外，还可通过叶表吐水孔的水液进入叶内。内生菌的远距离传播可以通过种子或动物的取食两种途径，其中，昆虫是一种重要的传播载体，在植物的内生菌长距离传播中，人类的活动也起到了重要的作用。

内生菌和病原菌均为异养型生物，它们在宿主植物中必然要消耗植物的物质与能量，削弱植物的生长，对其造成伤害。病原菌对植物有明显的伤害，甚至导致植物的死亡，而内生真菌不但不产生病害，而且对植物生长有促进作用。从形态学、化学特征和寄主范围上分析，有人推测内生菌来源于病原菌，内生菌与相同或亲缘关系相近植物上的病原菌是姊妹种。在自然演变过程中，内生菌与植物的协同进化经历了从腐生到寄生，从兼性寄生到专性寄生，从局部侵染到系统侵染，从寄生到互利共生的发展过程。某些变异的微生物或植物可相互适应，减轻相互对抗，从而使其比其他的共生体系更能适应环境的变化，进而使非对抗性的体系在进化中居于优势地位。自然法则使原本致病的微生物转化为不致病的内生菌，内生菌能广泛分布在植物中。

有证据表明植物内生菌是从病原菌演化而来的。在与宿主植物长期的共进化过程中，一方面，病原菌可能发生影响其毒力的基因突变，病原菌侵入宿主后在宿主中生长繁殖而对宿主不产生毒害，不使宿主出现病症，因而变成内生菌；另一方面，当侵入的病原菌毒力与宿主的防卫能力处于平衡时，病原菌也就以内生菌的方式存在于植物体内。内生菌能产生对宿主有毒害的次生产物，内生菌的侵染同样会引发宿主的防卫反应，内生菌和宿主植物之间是一种处于平衡态的拮抗关系。某些内生菌在宿主植物衰老或受到环境胁迫时又会转变为病原菌的事实，也从一个侧面支持了部分内生菌是处于潜隐状态的病原菌这种观点。又如白灰制菌素是许多病原真菌产生的植物毒素，可引起多种植物产生坏死症状，但在欧洲紫杉中，尽管其内生真菌枝顶孢产生了白灰制菌素 A，却不引起宿主产生坏死症状，因为该植物体内与内生菌一样具有一种糖基化酶，可将白灰制菌素 A 转变成低毒的白灰制菌素 A 葡萄糖甙。

二、内生菌的专一性

只有植物与内生菌的共生能够提高生存能力的组合才能适应自然法则，长期进化形成了植物与内生菌的专一性特点。在内生菌中，宿主的专一性变化很大，一些内生菌广泛分布于多个植物类群中，另一些却具有极强的宿主选择性。一些内生菌能够从生长在不同的生态和地理条件下的属于不同科属的多种宿主植物内分离出来，但其他一些内生菌仅限于某一特殊种属的几种宿主植物，仅有少数几种内生菌专一地出现在某一种特定的植物中。内生菌的专一性分为：地域专一性、宿主专一性和组织器官专一性。

地域专一性是指同一种植物在不同的地理区域具有不同的内生菌类群分布，在同一地区同一种植物上的内生菌类群是基本相似的，但在不同的地理区域具有不同的内生菌类群分布。

宿主专一性是指同一地点的亲缘关系较远的两种植物的内生菌种类截然不同，少有重复。1986 年，Petrini O 指出有的内生真菌可以在寄主科的水平上具有专一性，然而最近研究结果显示有的内生真菌群落可以在寄主种的水平上具有专一性。1988 年，Petrini O 和 Fisher P J 通过对生长在同一地点的欧洲赤松和山毛榉的内生真菌群落分析发现在这两种树上有两组明显不同的真菌群落。1989 年，Leuchtmann A 和 Clay K 通过对分离来自不同寄主的内生真菌同工酶分析，发现同工酶的带型与寄主有关。1992 年，Häemmerli U A 等通过对分离来自不同寄主山毛榉、栗树、橡树的 30 株内生真菌 Discula umbrinella 的 RAPD 和 RFLPs 进行聚类分析，结果显示这些内生真菌菌株与它们寄主的起源有关。内生真菌寄主专一性是与真菌侵染寄主的过程有关，真菌孢子吸附到寄主表面并被其认识，由真菌孢子表面多糖和寄主的调控所决定，同时真菌孢子的萌发也受寄主专性刺激而发生。

组织器官专一性是指内生菌的专一性同样也表现在植物组织间。1977 年，Carroll F E 等研究了 7 种针叶树上不同组织的内生真菌群落发现，叶柄和叶顶端上一些内生真菌种类明显不同，从针叶叶柄上分离的许多内生真菌极少在针叶的其他部位发现，故认为一些内生真菌种类具有一定的组织专一性。1989 年，Sieber T N 发现云杉散斑壳菌（*Lophodermium piceae*）和 *Tiarosporella parca* 在云杉的针叶上较多而在嫩枝上则几乎没有，不同器官的内生真菌群落可能显著不同，表现出了器官专一性。从组织学的角度分析，同一种植物不同器官的结构、组成及质地等存在差异，而不同的内生菌特异的形态特征、生长特性等适应不同的组织特点，因此产生了内生菌组织特异性。内生菌具有一定组织专一性的原因可能是一些内生菌可能只利用特定的营养物质，内生菌器官和组织专一性吸收不同的营养物质，这可能是一种防止内生菌的小生境重叠在相同环境相互竞争的一种机制，也有一种可能就是某些真菌对其生存环境的一种适应。

三、内生菌的多样性

内生菌广泛分布于各种植物中，包括内生真菌（Endophytic fungus 或 Fungal endophyte）、内生细菌

（Endophytic bacteria）和内生放线菌（Endophytic actinomycete）等。

不同类群的内生菌具有丰富的生物多样性。目前，全世界至少已在 80 个属 290 多种禾本科植物中发现有内生真菌。从已研究过数百种植物中，还没有发现没有内生真菌的植物，植物内生真菌普遍存在于各种陆生和水生植物中，具有分布广、种类多的特点，而且不同植物体内分离到的内生真菌数量不同，少则十几种，多则近百种。根据内生真菌与宿主专一性分析，平均每种寄主有 4 ～ 5 种内生菌，按地球目前已知的 25 万种植物计算，内生真菌的种类可以超过 100 万种。内生真菌主要属于子囊菌和半知菌，少数为担子菌和接合菌。在植物中广泛分布的内生真菌有以下几个属：顶孢霉属（*Acremonium*）、担子菌属（*Cryptocline*）、拟隐孢霉属（*Cryptosporipsis*）、半壳霉属（*Leptostroma*）、散斑菌属（*Lophodermium*）、茎点霉属（*Phoma*）、拟茎点霉属（*Phomopsis*）、叶点霉属（*Phyllosticta*）等。内生真菌多数情况下在叶鞘和种子中分布量最多，而叶片和根含量极微，植物内生菌的种群密度与植物的物种、植物的基因型、植物组织、生长阶段和环境条件有关。

在各种植物中分离涉及的内生细菌有 50 多个属，充分证明了植物内生细菌的多样性，拓宽了细菌的分类范围，并发现了内生细菌新的分类单位。植物内生细菌中假单胞菌属（*Pseudomonas*）、芽孢杆菌属（*Bacillus*）、肠杆菌属（*Enterobacter*）、欧文氏菌属（*Erwinia*）、黄单胞菌属（*Xanthomonas*）、短小杆菌属（*Curtobacterium*）及土壤杆菌属（*Agrobacterium*）为最常见的属。

能在非豆科植物根部形成根瘤并具有固氮能力的弗兰克氏菌属（*Frankia*）是最早被发现的内生放线菌。从植物上分离的放线菌主要属于链霉菌属（*Streptomyces*）、链轮丝菌属（*Streptoverticillium*）、诺卡氏菌属（*Ncardia*）、小单孢菌属（*Micromonospora*）、小双孢菌属（*MicrobiTora*）、链孢囊菌属（*Streptosporangium*）、拟诺卡氏菌属（*Nocardiopsis*）、马杜拉菌属（*Actircomadura*）、红球菌属（*Rhodococcus*）、浅黄球菌属（*Luteococcus*）、动孢囊菌属（*Kineosporia*）等。从姜（Zingiber officinale）植物的根、茎、叶分离到放线菌多达 81 株；在分离到的 330 株放线菌中，链霉菌占 90% 以上。目前，从云南 230 多种植物分离到 320 株放线菌，其中 90% 以上也是链霉菌。内生放线菌在植物根部分离到的最多。

四、烟草内生菌

2004 年，祝明亮等从 30 个白肋烟样品中分离出 33 株内生细菌，分别属于假单胞菌属（*Pseudomonas*）、黄单胞菌属（*Xanthomonas*）、节杆菌属（*Arthrobacter*）、葡萄球菌属（*Staphylococcus*）、棒杆菌属（*Corynebacterium*）、黄杆菌属（*Flavobacterium*）、根瘤菌属（*Rhizobium*）、气球菌属（*Aerococcus*）和利斯特氏菌属（*Listeria*），并认为假单胞菌属和黄单胞菌属为白肋烟内生细菌主要类群。

2004 年，马冠华等对 7 个田间种植的烟草品种不同栽培时期、不同组织内生细菌种群动态进行了研究，结果表明不同品种内生细菌种群有一定程度差异。同一品种中有的内生细菌为常住菌群，有的为暂居菌群，带菌量根中最高，茎次之，叶中最低。在整个生育期中，7 个品种内生细菌数量表现出从种子到出苗期大幅增加，从出苗期到十字期又大幅度下降，随后从成苗期到伸根期再一次急剧增加并维持在一个较高水平。这些烟草内生细菌菌群有芽孢杆菌属（*Bacillus*）、黄单胞菌属（*Xanthomonas*）、欧文氏菌属（*Erwinia*）、土壤杆菌属（*Agrobacterium*）、沙雷氏菌属（*Serratia*）、黄杆菌属（*Flavobacterium*）、假单胞菌属（*Pseudomonas*）7 个属。内生菌主要分布于植物的叶鞘、种子、花、茎、叶片和根等细胞间。内生细菌的种群密度在根组织内最高，内生细菌密度平均约为 10^5 个菌落形成单位 / 克鲜重，茎内的内生细菌密度平均约为 10^4 个菌落形成单位 / 克鲜重，叶组织内的内生细菌密度平均约为 10^3 个菌落形成单位 / 克鲜重，生殖器官如花、果实、种子中内生细菌的种群密度最低。

2004 年，韩伟等研究了云南烟草中的内生真菌，共获得 186 株烟草内生真菌，经多种方法的诱导产孢，共有 70 个菌株在人工培养条件下产孢，鉴定出 10 个种。诱导产孢条件：选用 PCA（马铃薯 Potato、胡萝卜 Carrot、琼脂 Agar）培养基，添加经过灭菌处理的烟草茎组织，塑料培养皿中制成平板；25 ℃恒温光照培养箱中黑光灯（近紫外线）与日光灯同时照射，每天 12 h 照射，12 h 黑暗交替进行；菌落造伤。

（一）烟草黑痣菌（*Phyllachora nicotiae*）（图 4–1）

PCA 上菌落粉红色，边缘黄色，产生黑色子座，子囊壳埋生，青褐色，孔口乳突状；未见侧丝，可能为早期消解；子囊簇生，柱状至柱囊状，向顶端渐细，柄极短，薄壁，顶端稍尖，(159 ~ 211) μm ×（23.5 ~ 28.0）μm，含 8 个子囊孢子，排成 1 列或近似于 1 列；子囊孢子淡色，薄壁，无隔，细长，柱状，有的向两端渐细，向基端变细的幅度较大，两端稍尖，常微弯曲，（28.0 ~ 37.5）μm ×（3.0 ~ 4.5）μm。

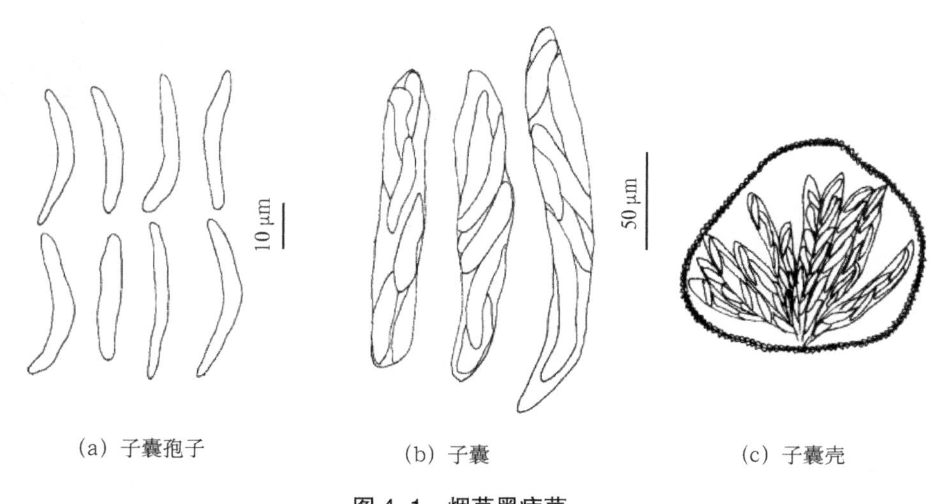

(a) 子囊孢子　(b) 子囊　(c) 子囊壳

图 4–1　烟草黑痣菌

（二）烟生黑痣菌（*Phyllachora nicoticola*）（图 4–2）

PCA 上菌落紫色，产生黑色子座，子囊壳埋生，青褐色，孔口乳突状；未见侧丝，可能为早期消解；子囊簇生，柱状至柱囊状，向顶端渐细，柄极短，薄壁，顶端稍尖，（109 ~ 126）μm ×（20 ~ 26）μm，含 8 个子囊孢子，排成 2 列；子囊孢子淡色，薄壁，无隔，柱状，两端钝圆，（12.5 ~ 13.5）μm ×（4.0 ~ 4.5）μm。

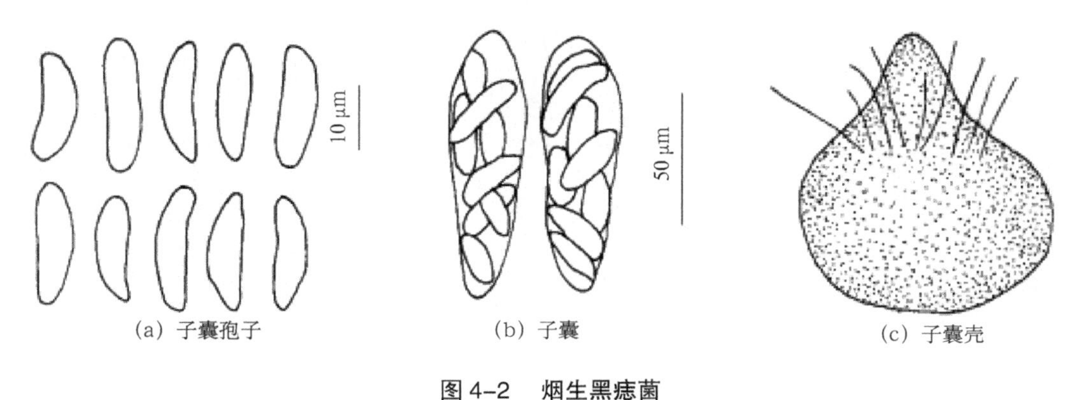

(a) 子囊孢子　(b) 子囊　(c) 子囊壳

图 4–2　烟生黑痣菌

（三）尖小丛壳菌（Glomerella acutata）（图 4-3）

PCA 上菌落青褐色，有放射状凹陷，子座粉红色，子囊壳生于子座上或埋生于子座内，密集，深褐色，烧瓶状，球形或倒梨形，外壁着生稀疏的刚毛，孔口乳突状至短喙状，内生缘丝；子囊单层壁，倒棒状，簇生，具短柄，顶端钝圆，（97 ～ 105）μm ×（25 ～ 31）μm，含 8 个子囊孢子；侧丝无或早期消解；子囊孢子排成两列，淡色，单胞，两端圆滑的长柱形或两端渐细的椭圆形，直或略弯，（19.0 ～ 21.5）μm ×（4.5 ～ 6.5）μm。无性阶段：尖孢炭疽（Colletotrichum acutatum）。

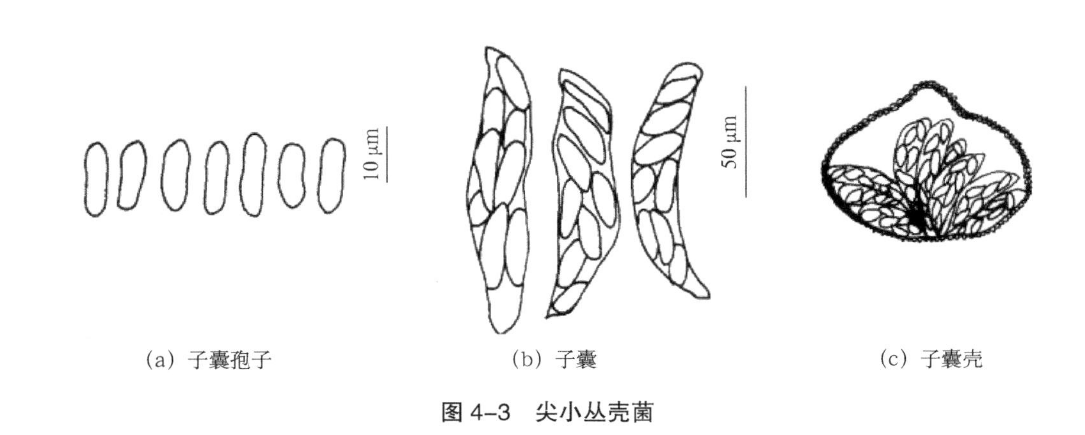

（a）子囊孢子　（b）子囊　（c）子囊壳

图 4-3　尖小丛壳菌

（四）烟草拟盘多毛孢（Pestalotiopsis nicotiae）（图 4-4）

PCA 上菌落初白色，后变灰白色；菌丝埋生，有隔，分枝；分生孢子盘黑色，盘状，散生，初埋生，成熟后外露，呈墨汁珠状；分生孢子长梭形，直或稍弯，5 细胞，具 4 个真隔膜，分隔处略缢缩，（23.0 ～ 26.5）μm ×（4.5 ～ 5.5）μm；中部 3 细胞浅褐色，较两端细胞色深，厚壁，长 13.5 ～ 17.5 μm；两端细胞无色，薄壁，顶端细胞短，锥形，在不同位置着生 2 ～ 3 根不分叉的顶生附属丝，丝长 11.0 ～ 12.5 μm；尾端细胞较长，锥形，尖部逐渐变细延伸成较长的尾端附属丝，不分叉，长 3.5 ～ 6.0 μm。

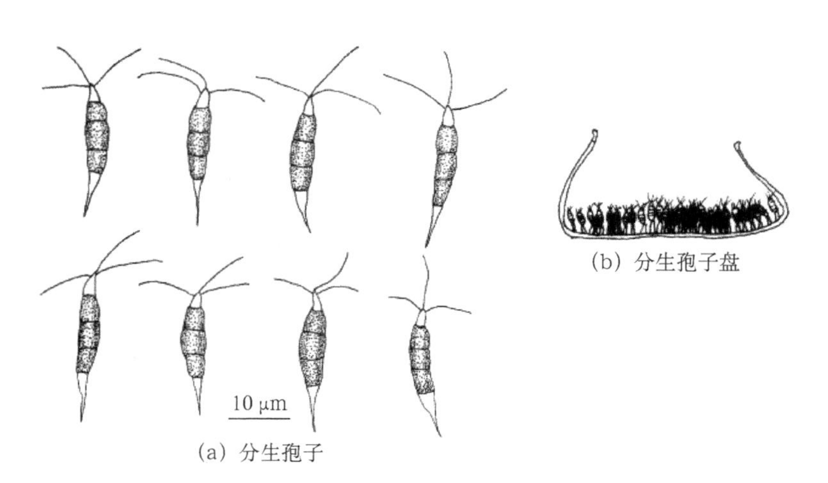

（a）分生孢子　（b）分生孢子盘

图 4-4　烟草拟盘多毛孢

（五）附球茎点霉（Phoma epicoccina）（图 4-5）

PCA 上菌落颜色多变，气生菌丝有或无，成条带形或无；菌丝有隔，分枝，淡色至浅褐色；分生孢子器埋生或半埋生，有时破裂，单腔，球形或近球形，直径 120 ～ 200 μm，单生或聚生，薄壁，无乳突；罕见产孢梗，内壁芽生型产孢，瓶梗型产孢细胞烧瓶状至桶状，淡色，光滑；分生孢子淡色，薄壁，无隔或偶具 1 隔膜，无油滴或两端具小油滴，短柱形，直或稍弯，（4.0 ～ 5.0）μm×（2.0 ～ 2.5）μm；厚垣孢子如同附球菌属（*Epicoccum*），形成子座，分生孢子梗粗线形，不分叉，淡色至浅褐色，光滑或有瘤突，（5 ～ 13）μm×（3 ～ 6）μm；厚垣孢子单生，顶生，梨形或近球形，黑褐色至黑色，砖格孢状，表面有密集的瘤突，常具 1 淡色的基细胞，直径 19 ～ 28 μm。

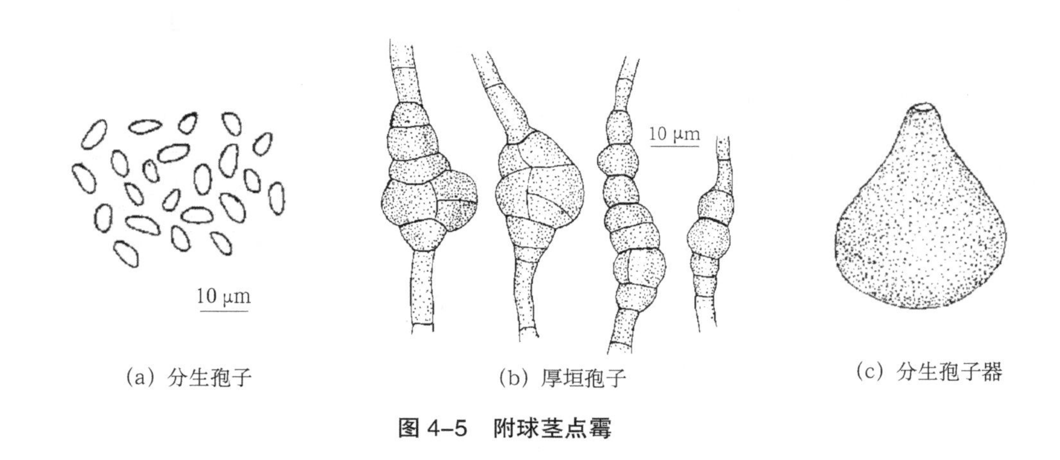

(a) 分生孢子　(b) 厚垣孢子　(c) 分生孢子器

图 4-5　附球茎点霉

（六）楸子茎点霉（Phoma pomorum）（图 4-6）

PCA 上菌落多样，较少气生菌丝或有浓密的气生菌丝，白色、灰色、青褐色或黑色，部分区域产生大量的分生孢子器，常产生不育的小型分生孢子器；菌丝有隔，分叉，淡色或浅褐色；分生孢子器散生或聚生，埋生或半埋生，褐色，有显著的孔口，亚球形至烧瓶形，直径 100 ～ 200 μm；分生孢子淡色，单胞，柱形或近椭圆形，直或稍弯，无油滴或偶具油滴，（4.0 ～ 5.0）μm×（2.0 ～ 2.5）μm；常产生两种类型的厚垣孢子，一种是多个单胞厚垣孢子连接成链状，另一种是具隔膜的单生厚垣孢子，形状近似于链格孢的分生孢子，（25 ～ 26）μm×（9 ～ 19）μm。

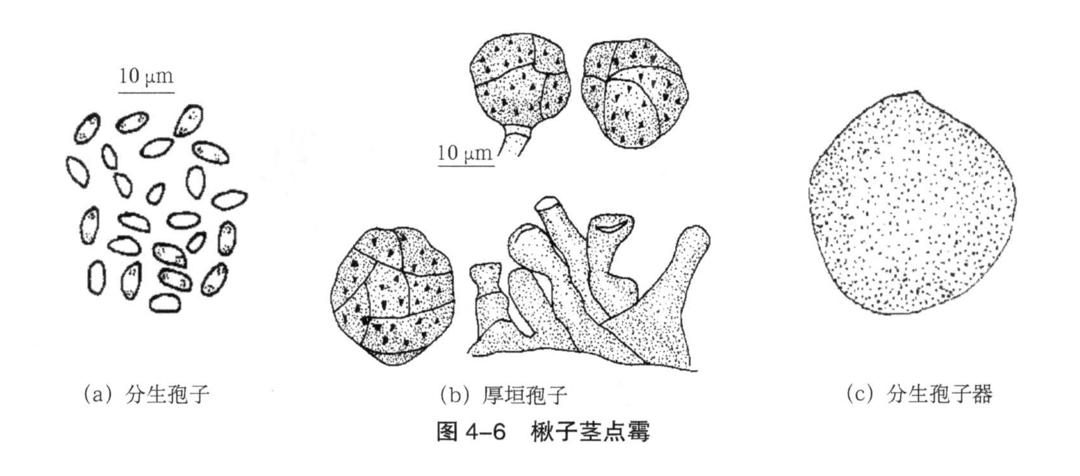

(a) 分生孢子　(b) 厚垣孢子　(c) 分生孢子器

图 4-6　楸子茎点霉

（七）小孢串珠镰孢霉（Fusarium moniliforme）（图 4-7）

PCA 上菌落产生大量棉絮状的气生菌丝，黄色至浅粉红色；产生两种类型的分生孢子，小型分生孢子串珠状，长期互相连接或聚成伪头状体，以后散成粉状，多数单细胞，浅色，梭形至卵形，(6.0 ～ 8.0)μm×(1.0 ～ 2.0)μm；大型分生孢子散生，不在分生孢子座或黏分生孢子团中，浅色，细长，微弯，向两端渐趋尖削，成镰刀状，有隔膜 3 个或 5 个，3 隔膜的分生孢子（23 ～ 25)μm×（3.0 ～ 3.5)μm，5 隔膜的分生孢子（27 ～ 31)μm×（3.0 ～ 4.0)μm。

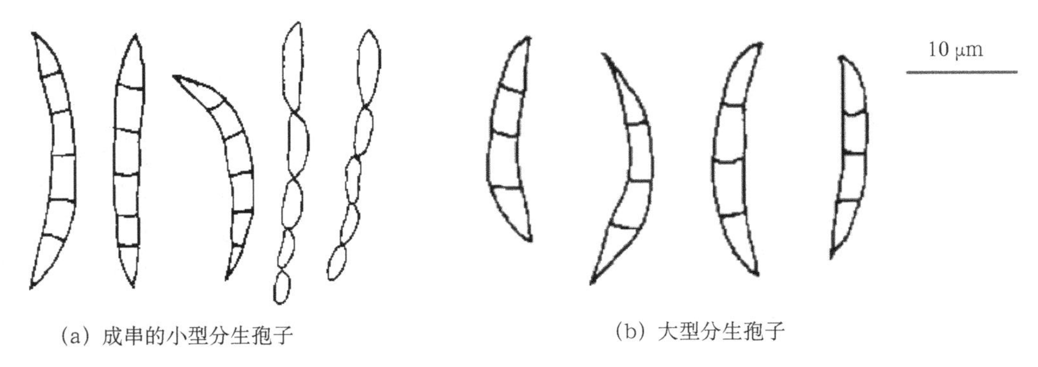

(a) 成串的小型分生孢子　　(b) 大型分生孢子

图 4–7　小孢串珠镰孢霉

(八) 球黑孢 (Nigrospora sphaerica) (图 4–8)

PCA 上菌落初白色，产生黑色发亮的分生孢子，随着大量分生孢子的产生逐渐变为褐色或黑色；菌丝埋生或部分表生；无子座，分生孢子梗细线虫形或粗线虫形，分枝，柔韧，无色至褐色，光滑，(12.5 ～ 15.5)μm×(3.0 ～ 4.0)μm，顶端产孢细胞膨大，直径 7.5 ～ 8.0 μm；内壁芽生型产孢，产孢细胞烧瓶状或亚球形，无色，有限生长；分生孢子单生，顶生，球形或宽卵形，背腹式压缩，黑色发亮，光滑，简单，无隔膜，能强力弹射，直径 16.5 ～ 19.0 μm。

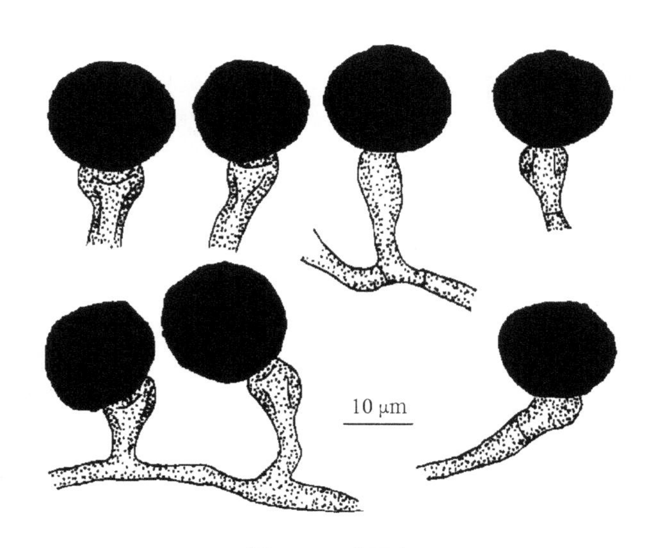

图 4–8　球黑孢

(九) 芸苔生链格孢 (Alternaria brassicicola) (图 4–9)

PCA 上菌落黑褐色；分生孢子梗由基面或基内菌丝产生，直立，不分枝或少分枝，直或上部随着产孢做屈膝状弯曲，淡褐色，(20 ～ 75)μm×(5.0 ～ 6.0)μm；分生孢子链生，梗有时分枝，链分枝，链下部孢子较大，中上部孢子一般较小；较大的孢子卵形或倒棒状，(42～82)μm×(10～14)μm，较小的分生孢子广卵形，卵形，近椭圆形或倒棒状，(24～43)μm×(9～12)μm，成熟的分生孢子具4～6个横隔膜，1～2个纵、斜隔膜，分隔处明显缢缩，一般无喙，顶细胞直接分化为产孢细胞，偶然也从侧面产生短的次生分生孢子梗。

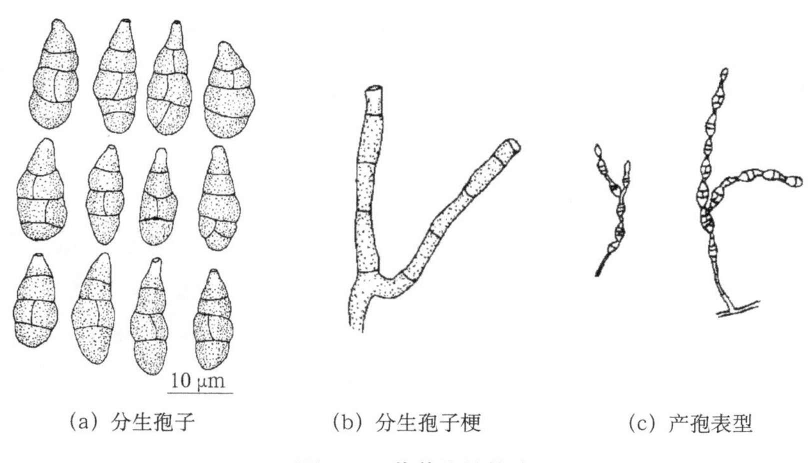

(a) 分生孢子　　(b) 分生孢子梗　　(c) 产孢表型

图 4-9　芸苔生链格孢

(十) 柑橘链格孢 (Alternaria citri) (图 4-10)

PCA上菌落黑褐色；分生孢子梗单生，分枝或不分枝，直或略弯，淡褐色，分隔，(30～100)μm×(2.5～4.0)μm；分生孢子单生或成短链，链有时具短分枝；成熟分生孢子多数卵形，广卵形，近椭圆形或倒棒状，浅褐色至褐色，表面光滑，具3～4个横隔膜，1～2个纵、斜隔膜，分隔处缢缩，无喙，(28～40)μm×(12～19)μm，平均31 μm×15 μm。

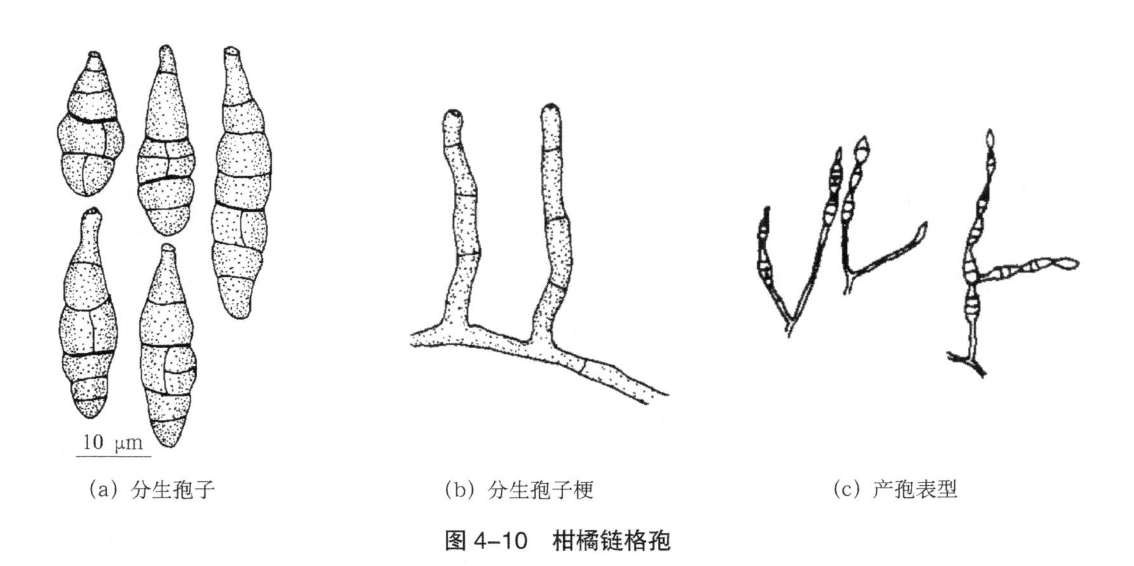

(a) 分生孢子　　(b) 分生孢子梗　　(c) 产孢表型

图 4-10　柑橘链格孢

第二节　内生菌对植物的作用

植物内生菌种类繁多，广泛存在，与寄主植物形成了共生互利关系，它们在其寄主植物组织内部的生长发育过程中，内生菌可通过自身的代谢产物或存在的本身，借助于信号传导作用对植物体本身有着各种各样的影响，而且对其他各种生物也有着各种不同的作用。已发现内生菌对宿主植物至少有以下几个方面的有益作用：固氮作用、促进植物生长、抗逆境、抗动物摄食、抗病原菌及其他感等。

一、提高植物抗病性

1993 年，Funk C R 等研究发现，内生真菌感染的植株对侵害植物根系的线虫具有中等程度的抗性。1998 年，Vilich V 等利用内生真菌 *Chaetomium globosum* 的培养滤液处理大麦种子，对禾白粉菌（*Erysiphe graminis*）在初生叶上的发展有拮抗作用，相对于对照组减轻病害 16% ～ 48%，而且培养滤液抑制固体培养基上白粉菌分生孢子的萌发。1999 年，Strobel G A 等从欧洲紫杉中分离到的内生真菌（*Acremonium spp.*）中提取到一种白灰制菌素 A，这种物质具有杀真菌活性。1999 年，刘晓光等分析了毛白杨内生真菌区系种群，筛选出优势种毛壳菌（*Chaetomium*）ND35，该菌对 6 种病菌存在不同程度的抑制作用。可降低病菌菌丝的生长率和孢子的萌发率，并对小核菌的菌核进行重寄生，从而抑制其萌发。该菌菌丝还产生吸器、附着枝等结构对立枯丝核菌等病菌的菌丝进行重寄生，使病菌的菌丝有缠绕、穿透、断裂等现象。抑菌带和抑菌圈的产生证明抗生活动是毛壳菌 ND35 的主要拮抗作用机制之一。

2002 年，王瑞等对草坪型高羊茅交战Ⅱ（Crossfire Ⅱ）和阿道彼（Adobe）的带内生菌和不带内生菌植株接种褐斑病原菌（*Rhizoctonia solani*）进行实验后发现，带菌植株在接种病原菌后的发病率和病情指数均显著低于不带菌植株，且对褐斑病的抗性效果达到了 30% 以上。同时，对含有内生真菌植株和不含内生真菌植株接种病原菌后叶片防御酶（过氧化物酶、苯丙氨酸解氨酶、几丁质酶和 β-1，3- 葡聚糖酶）的活性进行测定和分析，发现含有内生真菌植株的叶片 POD、PAH、β-1，3- 葡聚糖酶、几丁质酶活性均显著增加，而且增加的幅度和速度均较不含内生真菌植株叶片的相应酶活性快，这些酶活性的变化诱发内生真菌提高了高羊茅对褐斑病的抗性。

2003 年，王万能和肖崇刚等从烟草根部分离到对烟草黑胫病有很好的防效作用的内生细菌 118 个菌株，其防治作用机制包括直接拮抗作用和诱导抗病作用，该菌能抑制烟草疫霉菌丝生长、游动孢子游动、萌发，施菌后烟株 POD、PAH 活性明显上升，具有诱导抗病作用。2004 年，兰琪等从苦皮藤植株中分离到 3 株内生真菌发酵产物的丙酮提取物对番茄灰霉病菌、玉米小斑病菌、小麦赤霉病菌、烟草赤星病菌和苹果炭疽病菌的菌丝生长有较强的抑制作用，在盆栽实验中，对小麦白粉病菌的治疗和保护作用均在 60% 以上。内生真菌发酵产物的丙酮提取物对黄瓜霜霉病菌的治疗和保护作用均在 50% 以上，抑制番茄灰霉病菌菌丝生长达 92.7%。2005 年，纪丽莲等从黄海岸芦竹中分离得到一株内生真菌木霉属（*Trichoderma*）F0238，该菌对烟草赤星病菌有较强的营养竞争作用，该菌在 10^{10} 个 /mL 孢子浓度下对烟草赤星病的预防能力达 90% 以上，10^{8} ～ 10^{9} 个 /mL 孢子浓度下对烟草赤星病的治疗效果达 50% 以上。内生菌提高植物抗病性、防治植物病害的机制主要有竞争、溶菌作用、诱导抗性、抗生和重寄生作用等。内生菌可能以一种机制为主，同时也依赖于其他几种。

内生菌产生一些次生物质，包括一些抗生素类物质、水解酶类、促生物质如植物激素等，这些物质对植物在抵抗病菌侵入、潜伏、扩展蔓延都是非常重要的。内生菌产生的抗生素类物质存在植物体内，有利于植物转运，提高防病效果。1997 年，Findlay J A 等从黑云杉中分离到一株内生真菌 *Conoplea elegantala*，其液体发酵产物中分离的 2 个新的苯并吡咯类活性成分对由丝核菌（*Rhizoctonia spp.*）和镰刀菌（*Fusarium spp.*）引起的病害有极高防效，在水稻上应用能防治立枯病、恶苗病、徒长病等病害。2003 年，Memitt 等从 Eucryphia cordifolia 中分离的一种胶球菌（*Gliocladium sp.*）可产生一些挥发性的杀菌化合物，如 1- 丁醇、3 - 甲基 - 苯乙醇、醋酸和 2- 苯乙基酯都可对终极腐霉（*Pythium ultimum*）和轮枝菌（*Verticillum dahliae*）等病原真菌起致死作用。根际内生菌 *Pseudamonas spp.* 产生的一类鼠李糖脂生物表面活性剂物质，破坏腐霉菌（*Pythium*）卵孢子的原生质膜，引起卵孢子细胞壁的水解破裂。对小麦全蚀病有防效的 *P. fluorescens* 能产生一些吩嗪类物质。对多种植物病害有防治作用的 *P. fluorescens* CHA0 能产生几种毒性代谢物质，包括 DAP、HCN 和藤黄绿脓菌素等。从欧洲桤木根瘤分离的一株链霉菌产生一种新的萘醌类抗生素，对革兰氏阳性菌有活性，对革兰阴性菌则无活性，对 K562 人白血病细胞有细胞毒性。从杜鹃花植物中分离的链霉菌产生新的抗真菌物质 fistupyrone，对植物病原真菌甘蓝黑斑交链孢霉有抑制作用。从卫矛科植物分离的内生链霉菌产生的新 chloropyrrol 抗生素对多种耐药性细菌和分枝杆菌有抑制活性。从蛇藤分离的内生链霉菌可产生 4 种新的广谱抗生素 munumbicins，对耐药性细菌及疟原虫有抑制作用。

内生细菌可以产生水解酶类，其可以降解真菌的细胞壁或其他致病因子如毒素等，达到防病效果。分离自橡树的内生细菌有些能产生几丁质酶抑制病菌的生长。用内生细菌防治棉花黄萎病，可能产生某些蛋白酶降解毒素或产生抑制物抑制病菌产生致病因子达到防病的效果。

内生菌的存在占据了病原菌的生态位，阻止了病原菌的入侵和定殖。内生菌先定殖在植物组织内部并且占据病原菌所需的生态位。例如，利用放射形土壤杆菌（*Agrobacterium radiobacter*）防治根癌农杆菌（*A. tumefaciens*），用荧光假单胞菌（*Pseudomonas fluorescens*）防治丁香假单胞菌（*P. syringae*），用肠杆菌（*Enterobacter spp.*）防治梨火疫病菌（*Erwinia amylovora*）等。Bacon C W 等（2001）分离的玉米内生枯草芽孢杆菌（*Bacillus subtilis*）与玉米病原真菌串珠镰孢（*Fusarium moniliforme*）有相同的生态位，该菌能在玉米体内迅速定殖和繁殖，可有效降低该病原菌及其毒素的积累。

内生菌作为诱导因子，激发植物的防卫反应系统产生诱导抗性，诱导植物产生一些氧化酶类和水解酶类，如几丁质酶、β-1，3- 葡聚糖酶和过氧化物酶，增强了植物的抵抗能力。1996 年，Sturz A V 和 Matheson B G 等证明，植物自身的保护反应可能与内生细菌在宿主内的定殖相关。内生细菌诱导植物对病原菌的抗性不一定是内生细菌自身产生的代谢物，也可能是内生细菌发出一种信号使植物产生抗性。1991 年，Smith 等的研究表明，用丁香假单胞菌使丁香致病变种（*Pseudomonas syringae* pv. *syringae*）预接种长出一片真叶的水稻苗，能够诱导水稻自身对稻瘟病菌（*Pyricularia oryzae*）的抗性，这表明最初接种能使作物产生交叉保护反应，对随后的感染产生了抗性。2003 年，王万能和肖崇刚等从烟草根部分离到的对烟草黑胫病有显著防效的内生细菌 118 个菌株，不仅对烟草疫霉有直接拮抗作用，而且对烟草有明显的诱导作用，对 4 ～ 6 叶期烟苗施菌后，抗性相关酶过氧化氢酶、多酚氧化酶和苯丙氨酸解氨酶活性明显上升，第 13 天时，分别比对照组上升 29.65 个、197.01 个和 21.05 个酶活性单位。

内生菌作为生防因子的作用机制之一是营养竞争，使病原菌因得不到正常的营养供给而消亡。例如，某些根际定殖的内生细菌能产生噬铁元素并与病菌竞争铁元素，而植物不受影响；又如荧光假单胞杆菌能产生一种黄绿色噬铁素并与病菌竞争铁，从而导致病菌因得不到铁元素而死亡。

二、提高植物抗虫性

目前，广泛认同的观点是内生菌的抗虫性多指内生真菌感染能提高植物的抗虫性。内生真菌提高植物抗虫性文献已有许多报道，这些害虫包括草地螟、阿根廷象甲、牧草隐喙象、莎草夜蛾、阿根廷茎象鼻虫、美洲毛谷长蝽、秋黏虫、赤拟谷盗、日本金龟子及其他金龟子等。1993 年，Funk C R 等首次报道内生真菌可以控制害虫的危害，发现长圆形拟茎点霉（*Phomopsis oblonga*）可以保护榆属树木免受美洲榆皮天牛的危害。Cheplick 等对 Acremonium 感染的黑麦草和高羊茅的植株和种子的抗虫性进行研究，食感染植株叶片的草地夜蛾（Spodoptera frugiperda）幼虫，其存活率和生长速率明显低于食未感染叶片的幼虫，且发育延迟。Johnson M C 等发现，牛尾草的病原菌顶孢霉（*Acremonium coenophialum*）降低了禾谷隘管蚜和麦二叉蚜的取食，在被该菌侵染的植株上这两种蚜虫皆不能存活。Funk C R 等从胶冷杉中分离到一株内生真菌，其液体发酵产物中分离的 2 个二萜类活性成分，以 6 μmol/ 头做生物测定，对枞色卷叶蛾的胃毒致死率分别为 28% 和 32%；Larrya C 等从胶冷杉中分离的内生真菌叶点霉属（*Phyllosticta*），在其液体发酵产物中分离到萜烯七脂酸和细皱青霉素（Rugulosine）两种化合物，前者以 0.2 μmol/ 头的剂量对云杉蚜虫进行生物测定，致死率为 92%。带有内生真菌的植物对害虫的拒食性缘于内生真菌可在寄主体内产生真菌毒素，主要是生物碱类、有机胺类、吲哚双萜生物碱、双吡咯烷类生物碱、麦角碱、黄酮类化合物和萘类物质等。这些次生代谢物能够阻碍或改变某些昆虫的取食行为，一些生物碱还具有抗虫的作用，从而能提高植物对多种食草昆虫的抗性。

三、提高植物对非生物胁迫的抗性

在内生菌提高植物对非生物胁迫的抗性方面研究多为内生真菌，内生真菌有助于提高植物对干旱、高温、盐碱、营养贫瘠非生物胁迫的抵抗能力。Arachevaleta 等证明内生真菌可以提高高羊茅的耐旱性，内生真菌感染的高羊茅植株生产力在水分胁迫条件下高于未感染植株，尤其在重度胁迫条件下，当 75% 的未感染植株死亡时，感染植株全部存活。根据推测，内生真菌能增进高羊茅的抗旱性是由于促进根的发育、增加叶的生长（叶片增厚、叶片卷曲、再生能力增强）、调节气孔的闭合及渗透压。任何可使水分蒸发减少的形态学变化都可提高植物在干旱胁迫期的成活力，气孔关闭、叶片卷曲、根生长量增加、叶衰老、叶片和叶表面加厚都可以减少水分丧失。Arechavaleta M 等报道含内生真菌的禾草在干旱下的叶片卷曲较不含内生真菌的禾草多，厚叶片也较多。Bunyard B 和 McInnis T M Jr 报道含内生真菌的高羊茅在干旱胁迫下产生的脱落酸比不含内生真菌的高羊茅显著多且快。Bacon C W 等发现在高羊茅感染植株中含有大量的渗透调节物质多元醇（包括甘油、阿拉伯糖醇、甘露醇、赤鲜糖醇等），它们都是真菌的正常代谢产物，而在未感染植株中，这些物质含量极少。Elmi A A 等报道含有内生真菌禾草的叶片和分蘖基部在干旱胁迫下比不带菌者表现更大的渗透调节能力。White J F J 等的高羊茅内生真菌共生体抗旱性实验表明，与未感染植株相比，感染植株叶片变厚变窄、叶卷曲、根系生物量更大且分布更深。胡桂馨等对持续干旱胁迫下内生真菌感染（E+）与未感染（E-）的高羊茅渗透调节物和膜系统保护酶进行测定时发现，在干旱胁迫过程中 E+ 植株的茎、叶中过氧化氢酶（CAT）的活性均显著高于 E- 植株 CAT 的活性，但 E+ 植株与 E- 植株中的过氧化物酶（POD）的活性表现与 CAT 活性相反，也就是在干旱胁迫过程中 E+ 植株 POD 酶活性显著低于 E- 植株 POD 活性。干旱后的恢复率带菌植株达到 70% 以上，而不带菌植株还不到 2%，说明内生真菌提高了高羊茅的耐旱性。Read J C 和 Camo B J 观察到内生真菌感染后的高羊茅产草量明显高于未受感染高羊茅产量，尤其是在夏季干旱高温时期，未受感染的高羊茅产量减少 54%，而受感染的仅减少 4%，后者表现出在干旱条件下更强的存活能力。Mark 和 Clay 对高羊茅的光合特性进行了研究，发现当叶温超过 35 ℃时，感染植株的光合速率比未感染植株高 20% ～ 25% ，说明在高温条件下，感染植株光合作用固定碳的能力较强。气孔关闭是植物最常见的保水反应。脱落酸在气孔运动中起调节作用，在渗透水分胁迫条件下，植物根系中的脱落酸提高 4 倍。West 证明了内生真菌能够增强高羊茅对贫瘠土壤养分的吸收。具有内生真菌的植株在干旱胁迫下会刺激渗透调节的发生，研究发现感染内生真菌的植株具有更大的渗透调节能力。因此有学者认为内生真菌能增强植株对高温、低温或盐碱等这类可导致植物组织脱水的胁迫的能力。内生真菌的次生代谢产物，尤其是糖醇，可起渗透调节作用。

四、促进植物生长

内生菌对植物的促生作用可分为直接促进植物生长和间接促进植物生长两种情况。植物内生菌的直接促生作用主要包括固氮作用、合成铁载体协助宿主植物从土壤中吸收铁离子、合成或促进植物合成多种植物生长激素、促进宿主根系生长和对多种无机离子的吸收，以及合成某些小分子物质或者酶（如氨基环丙烷羧酸脱氨酶）等方面；植物内生菌的间接促生作用，主要指内生菌可以通过不同机制发挥植物病害防治因子的作用，减轻或阻止植物病害的发生等。感染内生菌的植物一般比未感染的植物更具生长优势，内生真菌对宿主植物的促进作用表现在种子发芽、幼苗存活、分蘖生长、花序、生物量等多个方面。Clay K 等发现，感染内生菌的黑麦草和高羊茅种子，其发芽率均比未感染种子高 10% 左右，感染和未感染内生真菌的高羊茅种子中，饱满种子所占比率分别是 44% 和 19%，感染植株的存活率比未感染植株高 50%，且产生的分蘖、花序和生物量分别比未感染植株高 50%、40% 和 70%。感染内生菌的植株一般具有比未感染的植株生长快速的特点。南志标等通过观察内生真菌对布顿大麦草生长的影响发现，与未感染内生菌的植株相比，感染植株的总生物量增加 36.4%，地上部分牧草干物质产量增加 33.3%，根干重增加 30%，每株植株的分蘖数增加 136.8%。Latch G C M 和 Christensen M J 等的研究发现，Acremonium loliae 侵染的常年生黑麦草，在人工控制环境中，干物质产量比未被内生真菌侵染的多 38%。尹华群等证明烟草内生菌枯草芽孢杆菌（*Bacillus subtilis*）、短芽孢杆菌（*B. brevis*）能够提高烟草种子的发芽率，并对烟青枯病菌有很好的防治效果。内生菌促植物生长的作用机制如下。

（一）许多内生真菌可产生吲哚乙酸、吲哚乙腈及细胞激动素等植物生长激素

炭疽菌、假单胞菌属、肠杆菌属、葡萄球菌属、固氮菌属、瘤座菌，以及固氮螺菌属内生细菌的一些菌株也可产生植物生长调节物质如乙烯、吲哚乙酸及其他吲哚类衍生物、细胞激动素，对宿主植物的生长起促进作用。例如，假单胞菌属、芽孢杆菌属等都能产生分泌吲哚乙酸或赤霉素，草生欧文氏菌不仅能产生吲哚乙酸，而且还能产生细胞分裂素。重氮营养醋杆菌具有产生生长素的能力，表明重氮营养醋杆菌在与植物相互作用过程中不仅能固氮，而且还可以通过生长素的调节作用影响植物的代谢，促进植物生长。张集慧和郭顺星等从兰科金线莲等药用植物中分离的 5 种内生真菌均能不同程度地产生一种或几种植物激素，其发酵液和菌丝体中可以提取到赤霉素（GA3）、吲哚乙酸（IAA）、脱落酸（ABA）、玉米素（ZA）、玉米素核苷（ZR）5 种植物激素，这些激素对植物的生长发育都有很好的促进作用。

（二）内生真菌影响被感染植物体内的物质代谢，提高植物的资源利用效率

内生真菌可增进宿主植物对氮、磷等营养元素的吸收。内生真菌对感染植株的氮代谢和氮积累有显著的影响，感染植株叶片和叶鞘中的可溶性氨基酸总量、氨浓度增加，谷氨酰胺合成酶（GS）活性显著提高，植物对土壤氮的利用效率大幅增加。同时内生真菌能够改变植物体中碳水化合物，迅速地将蔗糖转变成植物不能代谢的糖醇，从而减少或阻止对光合作用的反馈抑制，促进植物的光合作用。禾本科农作物如水稻、甘蔗、玉米上的内生细菌具有很强的固氮能力。根际内生细菌能产生某些物质刺激 VA 菌根孢子提前萌发，参与植物的养分运输。豆科植物的根际周围，根际细菌与 VA 菌根相互作用，促进 VA 菌根菌孢子的提前萌发，进入植物，细菌在体内产生某些物质刺激 VA 的快速生长，帮助植物吸收营养，提高光合作用，增强抗病能力。

第三节　内生菌的应用

一、内生菌用于病虫害生物防治

如前所述，植物内生菌在植物生长发育的过程中通过多种机制提高植物的生物抗性，内生菌存在于植物体内，生存环境稳定，不易受到外界环境的影响，在生物防治病害中比腐生菌具有更大潜力。Clay K 等研究表明，在牧草植物中，麦角菌科内生真菌非常有益，它们抑制对牧草植物有害的昆虫和一些植物病原真菌。我国陈延熙教授等曾从植物体内筛选出有益的芽孢杆菌并将其制成植物微生态制剂，1986 年开始示范，至今已在水稻、小麦、棉花、油菜、牧草等 50 多种植物上接种应用，对作物具有增产、防病、改善品质、抗旱、防寒等作用。Sayonara M P A 等从甘蓝、白菜叶子中分离的 3 种内生细菌对甘蓝黑腐病原菌甘蓝致病变种有拮抗活性，小区试验结果表明这些内生菌能够成功抑制症状的发展。王万能等从烟草根、茎和叶中分离得到 268 株内生细菌，通过筛选获得了对烟草黑胫病有很好防效的内生细菌 118 个菌株为芽孢杆菌属（*Bacillus*）、57 和 93 为假单胞杆菌属（*Pseudomonas*），在温室控病实验中这 3 个菌株的防效分别可达 69.23%、61.53% 和 65.38%，118 菌株对烟草疫霉（*Phytophthora parasitica var. nicotianae*）菌丝生长有明显的拮抗作用，且 118 菌株具有较广的抗菌谱，对烟草有促生效果，烟草的鲜重增产率为 13.1%。陈泽斌从烟株中分离获得的 127 株内生细菌，从中筛选得到 5 株对全齿复活线虫（*Panagrellus redivivus*）具有较高杀线虫活性的细菌，用这 5 株细菌的发酵液上清液稀释 5 倍后分别处理线虫，12 h 后线虫的死亡率均达 90% 以上；24 h 后，死亡线虫虫体发生消解或渗漏。采用平板对峙培养法筛选出 12 株对烟草黑胫病菌具有明显拮抗作用的菌株，它们的抑菌带宽度达到 5 mm 以上。对其进行了皿内拮抗试验、发酵液抑菌试验和温室防病试验，其中，8 个菌株培养液滤液中存在具有抑菌作用的活性成分，wy2、wy11、wy4 培养滤液的抗菌活性最强（$>30\%$），它们的细菌培养滤液能破坏病原菌菌丝形态，使烟草黑胫病菌菌丝细胞膨大、细胞壁破损、原生质外渗、菌体崩溃、生长缓慢。温室盆栽试验表明，wy11 对烟草黑胫病的防效最好，防效为 51.7%。此外，用内生细菌 wy11 和 cj17 发酵液灌根对烟株具有一定促生作用，能提高烟株茎围、叶长、叶宽。

（一）应用内生菌进行植物病虫害生物防治的主要形式

1. 利用植物内生菌的代谢产物进行植物病虫害的生物防治

某些植物内生菌在人工发酵中可以产生多种对植物病原菌有拮抗作用的抗生物质，经过合理的提取和施用技术可以对植物病虫害起到控制作用。2000 年，邹文欣等从蒙古篙中分离到一株内生真菌（*Colletotrichum spp.*），从液体发酵产物中分离到 1 个新化合物炭疽菌酸，对小麦根腐病菌（*Helminthosporium satioum*）的 MIC 值为 50 pg/mL。

2. 从已经存在的被内生菌感染的宿主植物中选择所需要的植物材料

自然界中广泛分布着内生菌的野生种群，据报道，大洋洲的黑麦草和美国的高羊茅内生真菌的感染率高达 90% 以上，法国 70% 的黑麦草野生种群也含有内生真菌。人们可以通过系统选育的办法，合理利用这些感染内生菌的种群，发挥内生菌在防治植物病虫害中的作用。

3. 根据内生菌通过宿主种子遗传的特性培育所需的品种

植物的大多数形态和生理特征都是由核基因编码的，将感染内生真菌的植物品种与不感染内生真菌但具有其他优良性状的品种进行杂交，然后选择被感染后代再与不感染亲本回交，经过 5 代回交后，未感染亲本的 90% 的核基因都传给了被感染后代，这样即可同时获得具备两个亲本优良特性的新品种。

4. 利用内生菌进行基因重组防治植物病虫害

植物内生细菌可以作为外源基因的载体，将某些目的基因导入到内生细菌中，再利用浸种、喷雾等方法将带有目的基因的内生菌转移到植物中去，从而提高植物的抗病虫能力，植物本身的基因并未发生改变，这样可以保持植物的天然性状。这方面的成功例子较多：徐静等（1998）以玉米内生菌为宿主菌，将苏云金芽孢杆菌的毒素基因整合到其染色体上构建了内生工程菌，以玉米螟为供试昆虫的生物测定，结果显示，在同一浓度下，工程菌对玉米螟的毒力均高于野生型 Bt 菌株和空白对照，而且以注射法将工程菌株注射入玉米茎秆进行温室试验，结果显示应用该工程菌可有效减少玉米螟成活率，抑制其生长发育；从百慕大草中分离的木质棍状杆菌犬齿亚种（*Clavibacter xyli spp. cynodontis*）接种到一些植物上可以很快侵染入整个植物体中，利用这一特点将苏云金杆菌（*B. thuringiensis*）的伴胞晶体编码基因转移到这种内生细菌中，实现了对欧洲玉米螟的生物防治。

5. 通过人工接种直接将外源内生菌导入未感染植株

一般是将未感染种子在无菌条件下培养至幼苗或通过茎段诱导出愈伤组织，然后将外源真菌的菌丝或分生孢子插入幼苗分生组织的上方或愈伤组织中。该方法所需时间短，见效快，但由于内生真菌对宿主的专一性较强，所以应用该方法时要考虑内生菌与植物是否相容。

6. 通过植物内生菌活体施用进行植物病虫害生物防治

杨海莲和王云山（1999）用分离的内生阴沟肠杆菌（*Enterobaccte cloacae*）的菌液喷洒水稻叶片，明显提高了水稻对白叶枯病、稻瘟病、纹枯病的抗性。

（二）内生菌作为生防因子的优势

植物与内生菌在长期的共同进化中，内生菌已经成为植物微生态系统的天然组成成分，内生细菌的存在可以促进植物对恶劣环境的适应，加强系统的生态平衡，保证寄生植物的健康生长。内生细菌作为生防因子相对于腐生菌而言有更大的优势，在防治植物病害中起着非常重要的作用。

1. 内生菌可以经受住植物防卫反应的作用

病原物在侵染植物时，无论感病植株还是抗病植株，寄主植物或多或少地产生一些抗菌物质如植保素、PR 蛋白、酚类化合物等。分离自土壤或植物根际细菌作为生防因子，如果植物分泌的抗菌物质对它们有拮抗作用，那么它们的生防效果就大打折扣。内生细菌与植物长期地生活在一起，其细胞膜特性不同于腐生细菌，对植物产生的抗菌毒性物质有了耐性，相对于其他细菌作为生防菌更具有竞争性。

2. 内生菌作用更稳定持久

植物内生细菌分布于植物的不同组织中，有充足的碳源、氮源等营养物质，同时，由于受到植物组织的保护，而不受外部恶劣环境如强烈日光、紫外线、风雨等的影响，因此具有稳定的生态环境，克服了以往从根围促生细菌中筛选的生防菌定殖差和受环境影响大的缺点，而且与植物长期共生，可以缓解寄主植物的防卫反应作用，相对于腐生细菌更易于发挥生防作用，作用更稳定持久。

3. 植物内生细菌可以与病菌直接相互作用

植物内生细菌系统地分布于植物体根、茎、叶、花、果实、种子等的细胞或细胞间隙中，它可以直接面对病菌的侵染，对病菌的致病因子或病菌本身发起进攻，降解病菌菌丝或致病因子，或诱导植物产生抗生物质，抑制病菌生长。

4. 植物内生真菌的专一性很强

植物内生真菌除了对宿主植物及取食或感染宿主植物的生物起作用外，对其他生物没有直接影响，而且内生真菌可通过人工接种被导入不同的植物并可通过宿主的种子进行遗传，这些特征使得内生真菌有望作为生物农药。当然，内生菌作为生防因子也存在着不利的因素，例如，在与植物的长期生活中，由于专性内生细菌只能生活在植物体内，一旦离开植物体，就不能存活，专性内生菌在其他宿主上的应用受到限制。另外，某些专性内生菌由于不能被人工培养，因此其在生物防治中的应用受到制约。

二、天然产物的用途开发

生活在植物体这一特殊进化环境中的内生菌能产生与宿主相同或相似的具有生理活性的代谢产物，一些抗癌、抗真菌等有潜在应用价值的代谢产物的研究最为受关注。紫杉醇是当前公认活性强的抗癌药物之一，它最早是在 1971 年由 Wani 等从短枝红豆杉的树皮中分离得到的。Strobel G 等从短叶红豆杉的树皮中分离到内生真菌 – 安德氏紫杉霉（*Taxomyces andreanae*），并从其发酵产物中分离出紫杉醇，这也为微生物发酵法生产紫杉醇来解决紫杉醇药源危机提供了一种新的途径。我国学者邱德有和朱至清从云南红豆杉、西藏红豆杉、中国红豆杉、南方红豆杉等红豆杉植物树皮中先后分离出 80 多个产紫杉醇或其类似物的内生真菌菌株。

鬼臼毒素有显著的抗肿瘤活性，以它为母体改造所得的一些衍生物如依托泊甙和替尼泊甙等，已用于临床。1999 年，张玲琪和谷苏等先后从桃儿七、四川八角莲和南方山荷叶 3 种产鬼臼毒素的植物中分离到产鬼臼毒素的内生真菌，并且这些内生真菌分布在不同的属中。李海燕和张无敌等从桃儿七（*Sinopodophyllum hexandrum*）植株中分离得到两株产鬼臼毒素类似物，它们分属于青霉属（*Penicillium*）和链格孢属（*Alternaria*）。

长春新碱是从长春花植物中发现并研制出来的一种应用广泛的抗肿瘤药物，其硫酸盐已广泛用于临床。2000 年，张玲琪和邵华从长春花的茎韧皮部中分离到 1 株内生真菌——尖孢镰刀菌（*Fusarium oxysporum*），该菌能产长春新碱。郭波等从抗癌药用植物长春花中分离到 21 株真菌，其中有 4 株可产长春新碱类似物，它们分别属于镰刀菌属（*Fusarium*）、链格孢属（*Alternaria*）和无孢菌群等。

球毛壳素是 Sekita 等 1983 年新发现的抗癌化合物。2002 年，张玲琪等从生长于西双版纳的美登木中分离、筛选出 1 株内生真菌——球毛壳菌（*Chaetomium globosurn*），从该菌的发酵产物中提取出球毛壳甲素。

异香豆素是一类广泛存在于自然界的天然产物，其中某些化合物具有通便、退热等药理作用和明显的抗癌活性。王军等从南海红树的嫩叶中获得一种内生真菌，其代谢产物很丰富，其中含有异香豆素，它是一种新化合物。

1999 年，Strobel G A 等在欧洲紫杉内生真菌（*Acremonium* 属）中提取到一种白灰制菌素 A，这种物质除了具有杀真菌活性外，对人体的某些癌细胞具有很强的抑制作用，具有很高的开发利用价值。2001 年，Huang Y 等从南方红豆杉和香榧等药用植物中分离了拟青霉菌属（*Paecilomyces sp.*）内生真菌，这种内生真菌具有很高的抗癌活性，134 mL/L 的拟青霉菌发酵液对人急性早幼粒白血病细胞有抑制作用，64 mL/L 的拟青霉菌发酵液对人体癌细胞（KB）有抑制作用。1993 年，Strobel G 等从雷公藤的茎中分离到一株内生真菌 *Cryptosporiopsis cf quercina*，此内生真菌能产生 Cryptocandin，它不但能抑制菌核病菌（*Sclerotinia sclerotiorum*）和灰葡萄孢（*Botrytis cinerea*）等植物致病真菌，而且还能有效抑制白色念珠菌（*Candida alhicans*）和毛癣菌（*Trichophyton spp.*）。Strobel G 等 1993 年从一种具有免疫抑制活性的中药植物中发现一种内生真菌尖孢镰刀菌（*Fusarum subglutinans*），它能产生次粘霉醇，次粘霉醇也具有免疫抑制活性，并与该植物体内已知主要成分的结构具有某些相似性。

微生物胞外多糖通常是指某些微生物发酵产生的一类水溶性胶，广泛应用于石油、化工、食品和制药等领域。胡谷平等在南海红树林内生真菌 No11356 的菌体中分离提取得到一种新的多糖。鸢尾酮具有紫罗兰香，是一种高级香料，可用于化妆品、香水、食品、香精等，目前主要从植物中提取。张玲琪和谷苏 1999 年从德国鸢尾的根状茎干片中分离到 1 株能产生香料物质鸢尾酮的米根霉（*Rhizopus oryzae*），此内生菌的获取又为利用微生物发酵生产鸢尾酮奠定了基础。

三、植物促进剂

植物内生真菌长期生活在植物体内的特殊环境中，共同进化，内生真菌必然从植物体获取所需的一切，而且植物的生长发育过程，进化过程必将受到一定程度的影响。内生菌的次生代谢产物非常丰富，可产生多种类似于植物生长素类的物质促进植物生长。杨靖等 2004 年以柬埔寨龙血树为材料，从中分离到 303 株真菌，通过活体接种，检测其对血竭产生的影响，结果表明，以禾谷镰刀菌龙血树变种（*Fusarium graminum* var. *dracaena*）为主的 4 株红色镰刀菌可使血竭形成量提高 66% ～ 120%。另外，分离自黑麦草（*Lolium perenne*）的内生真菌 *Acremonium loliae*，能产生化合物黑麦震颇素 B 的类激素，能提高黑麦草植物的生物量。Redlin 的研究也表明，植物内生真菌在植物的正常生长及生活力方面起重要的作用，它们能影响植物的生态和生理过程。植物病原菌禾谷镰孢（*Fusarium graminearum*）的代谢产物 DON 毒素能促进小麦胚芽鞘的伸长生长，并提高苯丙酸裂解酶等的活性。虫生真菌玫烟色拟青霉（*Paecilomyces fumosoroseus*）的代谢产物制剂能促进茶叶增产等。内生真菌代谢产物是来自天然的，与环境相容性较好，不易造成环境污染，正逐渐成为植物生长促进剂的新来源。假单胞菌属、芽孢杆菌属等内生细菌都能产生分泌吲乙酸或赤霉素、草生欧文氏菌（*Erwinia herbicola*），它们不仅能产生吲哚乙酸，而且还能产生细胞分裂素，这些物质都能有效地促进植物的生长。重氮营养醋杆菌有产生生长素的能力，表明其在与植物相互作用过程中不仅能固氮而且还可以通过生长素的调节作用影响植物的代谢，促进植物生长。陈泽斌从烟株中分离获得 127 株内生细菌，从中通过培养皿发芽试验选出 4 株能提高烟草种子发芽率、根长、根体积的内生细菌。对这 4 株菌进行了漂浮育苗试验复筛发现，它们对发芽后烟苗的茎高、茎直径、茎鲜重、株高、根长、叶重同样具有明显促进作用。其中促生作用最好的 wy2 菌株使烟苗茎直径增加了 33.3%，根长增加了 49.2%，与对照相比差异显著。分别用 wy2 菌体活细胞悬浮液和菌体发酵液上清液喷雾处理烟草漂浮苗，菌体活细胞悬浮液对烟苗的生长影响达到显著水平，而发酵液上清液在整个烟草苗床期对烟苗的生长没有显著影响，说明菌体是对烟草生长发育有促进作用的活性成分，发酵液上清液对烟草生长发育并无促生作用。

四、生物固氮

很多植物内生细菌可以从空气中吸收氮气，并将其固定为化合态氮，这为人们利用非豆科作物共生固氮提供了一条新思路。1988 年从甘蔗的根茎中分离到内生固氮醋酸杆菌（*Acetobacter diazotrophicus*）以来，在其他作物中如玉米、高粱、水稻、牧草等分离到内生固氮菌草螺菌（*Herbaspirillum spp.*），在巴基斯坦生长在盐碱地的一种草中分离到固氮弧菌（*Azoarcus spp.*）。人们在研究这些内生固氮菌时发现某些菌类能提供植物高达 80% 的氮量。近年来、在甘蔗、玉米、水稻等禾本科农作物中还发现多种能固氮的内生细菌，已引起学术界的高度关注。从植物中分离的固氮螺菌属、草螺菌属、重氮营养醋杆菌和成团泛菌等，都有固氮活性，是研究较多的内生固氮菌，其分布十分广泛与普遍。

内生细菌的内共生固氮与根瘤菌的共生固氮是不同的，固氮内生菌不形成特化结构，几乎可以在宿主植物的各种营养器官内发挥固氮作用。固氮内生菌与植物之间无论在微生态学上还是在代谢上是一种和谐联合的关系。固氮内生细菌能利用植物产生的能量发挥固氮作用，但又受到植物的这种长期共进化过程中形成的调控系统宏观调节，植物能始终处于相对较为主动的地位。研究发现，在不同基因型的甘蔗体内，同一固氮内生细菌的固氮活性明显不同，说明植物的遗传因子对内生细菌生物固氮过程的效率有影响。有效地发挥非豆科作物内生细菌的共生固氮作用，在一定程度上可以取代或减少化肥的使用。在巴西和菲律宾，虽然连年不施氮肥，但甘蔗和水稻依然能获得较高的产量，就是由于甘蔗和水稻体内的内生固氮细菌在为其提供氮素方面起到了积极作用。

五、内生菌其他方面的应用展望

内生菌是一类比较特殊的微生物，它的功能和应用研究还不够，还在不断挖掘中。植物内生细菌可以在植物维管束中降解有毒的有机化合物，从而促进植物对土壤污染物的代谢。内生菌的分子检测和鉴定、植物内生菌的多样性、植物内生菌与寄主植物间专一性机制和分布等生态学问题、植物内生菌在寄主中的种群组成和相互关系、植物内生菌产生与寄主相同或相似的生物活性物质的遗传机制，以及植物内生真菌具有工农业生产与医药价值的次生代谢产物的开发和利用等领域可能将是以后一段时间内植物内生菌的主要研究内容。据报道，在烟草中的内生细菌可以降低 TSNAs 含量，烟草科研人员高度关注。汪安云和黄琼等 2006 年从白肋烟叶片中分离，得到一株根癌土壤杆菌（*Agrobaterium tumefaciens*）的内生细菌菌株，该菌株能还原硝酸盐和亚硝酸盐，在晾制末期，喷洒菌株处理的烟叶中 TSNAs 含量有明显的降低，比同一时期对照烟叶中 TSNAs 含量降低了 81.3%。另据研究报道，内生菌可以加速植物秸秆降解，提高降解率。

植物的栽培条件，栽培措施，自然环境，微生态环境，内生菌的形态稳定性、内生菌在植物体内的数量等都影响内生菌发挥作用。在应用内生菌作为生防因子时，必须考虑它的病理学作用在正常条件下或恶劣环境下对寄主植物是否致病。应该充分了解该菌的侵染定殖繁殖与传播的具体情况，一些内生细菌对于某些植物是有益或是无害的，然而对于另外的一些植物可能是致病的。许多被内生菌感染植物在对食草昆虫产生毒害的同时，对牛羊等家畜也有毒害作用，内生菌可能诱导宿主植物产生对人畜不利的性状。植物内生细菌作为植物微生态系统中的组成成分，它们的存在可能促进了寄主植物对环境的适应，加强了系统的生态平衡，但内生真菌对其宿主植物竞争能力的增强会导致群落多样性的降低，长期下去，宿主植物本身有可能因为过度发展而成为一种灾害。因此在充分认识和利用植物内生菌的优势和特性的同时也不可回避它们某些不利的因素，只有扬长避短才能更好地利用内生菌造福人类。随着科学技术的进步，研究手段的进步，植物内生菌应用会有更广阔的发展前景。

第四节　烟草内生菌降低白肋烟中 TSNAs 含量机制

雷丽萍等通过对微生物降低烟草中 TSNAs 含量研究，共分离获得了烟草内生细菌 688 株、内生真菌 88 株，并对其类群进行了鉴定，其中高效菌株 WT、L1 和 K9 分别鉴定为芽孢杆菌（*Bacillus sp*）、*B. simplex* 和烟草节杆菌（*Arthrobacter nicotianae*）。研究分离的 3 个菌株 K16、K17 和 K18 在浸根接种时并不能降低烟碱含量，但对内生细菌的内生性和对接种后烟草内生细菌的数量，检测结果表明其可在烟草植株内转移，而且内生细菌含量比对照增高，说明并不是烟草植株内部的内生细菌菌群的改变引起烟碱含量的降低。而在烟草生长的旺盛期施用后均可降低烟碱含量，推测这些内生细菌可以在表面大量繁殖，抑制能够引起导致 TSNAs 形成的细菌的菌群。

研究还表明，供试的不同烟草内生细菌在降低烟草 TSNAs 含量的能力上存在着明显的差异，并且在最佳的施用时期上也存在明显的多样性。不同的烟草品种烟叶表面微生物数量不同，烟草内生细菌处理后对烟草微生物的种群数量影响在不同烟草品种间存在着明显的差异；烟草内生菌不同处理方法对烟草微生物群体数量的影响上的差异也较大。不同处理方法和处理时期，其结果不同，晾制前期（晾制 20 天以前），烟叶中 TSNAs 含量比较低且变化幅度较小，灌根处理烟叶的 TSNAs 含量稍高；晾制中期（20～30 天）期间，烟叶中 TSNAs 含量都较高，灌根处理烟叶的 TSNAs 含量最高；晾制末期，灌根和喷洒处理烟叶中的 TSNAs 含量明显降低，其中，灌根处理比同一时期对照烟叶中 TSNAs 含量降低了 50.98%，喷洒处理比同一时期对照烟叶中 TSNAs 含量降低了 82.32%。

一、降低烟叶中硝酸盐和蛋白质等物质含量

由于烟叶中的硝酸盐是烟草特有亚硝胺的前体物之一，其含量的高低与烟草特有亚硝胺的含量有关，因此，利用微生物处理去除或降低烟叶中的硝酸盐含量受到人们的关注，这种处理选用的微生物主要有脱氮微球菌（*Micrococcus denitrificans*）和纤维单胞菌（*Cellulomonas sp.*）。对于从烟草中除去硝酸盐的微生物方法，国外已多个公司取得了专利，如 Kimberly Clark 公司取得了采用固定池处理烟草提取物的连续处理法专利，菲利浦莫里斯公司取得了在减压下采用耐热性微生物除去烟草材料中硝酸盐的专利。

烟叶中蛋白质含量与烟草品质密切相关。优质的烟叶，应含适量的蛋白质，如果蛋白质含量过高，在燃烧时发出难闻的气味，且燃烧性能不良，使烟气中有害成分如 HCN 等含量增加，制成品味苦、涩、辛辣有毒，严重影响烟叶的香味品质和安全性。一般，烟叶中蛋白质含量随烟叶的等级下降而增加。左天觉先生认为，蛋白质不仅不利于烟叶的抽吸质量，而且是烟气中有害物质的前体物，包括喹啉、HCN 和其他含氮化合物。因此，降低烟叶中的蛋白质含量对改善烟叶品质极为有利。

微生物在自然生长发育过程中，通过降解蛋白质、吸收不同的微量元素，可以合成出不同种类的生物活性酶，并分泌到胞外环境中。当微生物作用于某一特定物质时，酶便对这一特定物质的分解合成起催化作用。微生物对蛋白质的作用是将蛋白质降解为氨基酸等物质，除去烟叶因蛋白质过多而产生的令人厌恶的臭味。

Izquierdo Tamayo A 等发现，用酶接种的烟叶香气和性状均得到改善，尤其是当采用微球菌属（*Micrococcus*）或芽孢杆菌属（*Bacillus*）或两者的混合物时，微球菌接种的烟叶蛋白质含量降低，可溶性氮，尤其是氨、胺和酰胺含量增大。周瑾等（2002b）发现菌株 u-81 能有效地将烟叶中的蛋白质分解为氨基酸。汪长国等于上部叶采收前 10 天喷施微生物制剂 MP（*B. megaterium*，巨大芽孢杆菌），烟叶的蛋白质含量分别降低 22.47% 和 23.53%，说明 MP 具有催化蛋白质降解或促蛋白质降解的作用，有利于改善烟叶的吸味品质。李梅云等将 3 个菌株不同浓度及同浓度不同菌株的等量组合处理过的烟叶放置一段时间未经发酵与发酵后对蛋白质检测，结果表明，降解 K326 中部碎烟叶蛋白质的处理中 Y 菌株 10^6/mL 浓度降解率最高，为 18.81%；处理烟叶发酵后，降解率最高的处理是 S5 菌株 10^7/mL 浓度，高达 24.46%。K326 上部碎烟叶处理后检测结果表明，对蛋白质降解率最高的处理是 Y 与 S8 混合，降解率为 8.98%；K326 上部碎烟叶处理发酵后检测结果表明，S8 菌株 10^8/mL 浓度处理降解率最高，达 24.09%，其次为 S5 菌株 10^8/mL 浓度处理降解率达 23.48%。整叶处理结果表明，S8 降解蛋白质效果最好，降解率达 5.17%；整叶处理烟叶发酵后检测 S5 对烟叶降解率最高，为 5.17%。

在卷烟生产过程中会产生大量的低等级烟叶产品，由于这些烟叶中的蛋白质含量较高，而有效香味成分含量较低而无法有效利用。马林等（2001）将酶解和微生物发酵等生物技术综合应用于改变低次烤烟化学成分，有效地降低了对吸食品质和安全性不利的蛋白质成分及小分子含氮化合物（如氨）等，用

酶和微生物处理后烟叶中的蛋白质降解 41.34%。

此外，B & W 烟草公司还利用胡萝卜软腐欧文氏菌（*Erwinia carotovora*）降解烟叶中的果胶，以替代某些机械加工技术降低薄片制备过程中的烟末粒度，该技术获得了美国专利。有文献报道，利用啤酒酵母（*Saccharomyces cereviseae*）可基本上除去烟草中的糖。

二、降低 TSNAs 内生微生物的鉴定

在利用已有内生细菌菌株进行原计划研究的同时，还进行了新的烟草内生菌的分离工作，共计采集烟草样品 59 个，采用表面消毒分离法共分离获得烟草内生细菌 688 株、内生真菌 88 株；发现每个烟草样品中均含有内生真菌和细菌，内生细菌的数量高于内生真菌的数量。

对这些菌株进行了初步分类鉴定，它们分别属于芽孢杆菌属、假单胞菌属、黄单胞菌属、节杆菌属、葡萄球菌属、棒杆菌属、黄杆菌属、气球菌属、嗜麦芽寡养单胞菌属和利斯特氏菌属等。

从白肋烟 TN90 品种的主脉组织中分离到 1 株内生菌株 WT，根据形态和生理生化特征鉴定为芽孢杆菌（*Bacillus sp*）。L1 菌株鉴定为 *B. simplex*。高分解能力菌株 K9，经生理生化分析及 16S rDNA 序列同源性分析，鉴定为烟草节杆菌 *Arthrobacter nicotianae*。同时对其发酵条件进行了初步研究，并对细菌在不同培养条件下的降烟碱能力进行了测定，初步筛选出了适宜菌株生长培养基和培养温度及 pH。

三、内生菌还原硝酸盐和亚硝酸盐能力

对新采集分离的其中 416 株烟草内生菌株初步进行了内生细菌硝酸盐及亚硝酸盐还原实验测定，结果表明：第一天的测试，131 个菌株不具有硝酸盐还原能力，75 个菌株具有硝酸盐还原能力，199 个菌株具有亚硝酸的氧化或还原能力，7 个菌株对亚硝酸根无氧化或还原能力，或对亚硝酸根的氧化或还原能力有限；第三天的测试，85 个菌株不具有硝酸盐还原能力，126 个菌株具有硝酸盐还原能力，151 个菌株具有亚硝酸的氧化或还原能力，60 个菌株对亚硝酸根无氧化或还原能力，或对亚硝酸根的氧化或还原能力有限；第五天的测试，57 个菌株不具有硝酸盐还原能力，119 个菌株具有硝酸盐还原能力，81 个菌株具有亚硝酸的氧化或还原能力，108 个菌株对亚硝酸根无氧化或还原能力，或对亚硝酸根的氧化或还原能力有限。

在以往研究保存的可降低 TSNAs 含量的烟草内生菌株中，选择生物学性状较为优越的菌株 21 株，进行了详细的还原硝酸盐和亚硝酸盐能力的测定。结果表明，培养 1 天后测定各个菌株，有 8 个菌株不具有硝酸盐还原能力，13 个菌株具有硝酸盐还原能力；21 个菌株均对亚硝酸盐分解不彻底。培养 3 天后测定各个菌株，有 5 个菌株不具有硝酸盐还原能力，16 个菌株具有硝酸盐还原能力；21 个菌株均对亚硝酸盐分解不彻底。培养 5 天后测定各个菌株，有 4 个菌株不具有硝酸盐还原能力，17 个菌株硝酸盐还原测试呈阳性，说明具有硝酸盐还原能力；21 个菌株均对亚硝酸盐分解不彻底。

另外，对上述各种测试样品中的硝酸根和亚硝酸根含量进行了测试，结果可以看出它们还原能力的强弱差异很大。

（一）降解 NNK 内生细菌平板筛选

以 NNK 为唯一碳源和氮源的培养平板上共接云南烟草农业科学研究院保存的有降解尼古丁功能的细菌和烟草内生细菌 869 株，结果能正常生长的菌株有 122 株。这些烟草微生物菌株能够在以 NNK 为唯一碳源和氮源的培养基上生长，说明它们能够分解利用 NNK。同时说明在烟草的环境中存在着大量的能

降解 NNK 的微生物资源，它们能够分解代谢吡啶和吡咯环的亚硝胺作为自身生长的碳源、氮源和能量来源，同时也预示着利用微生物降低烟草中 TSNAs 含量成为可能。

（二）功能细菌对培养液中 TSNAs 含量的影响

白肋烟末、蒸馏水按 1∶10 的质量比例混匀，超声波浸提 30 min 后过滤，滤液加入酵母膏（1.5 g/1000 mL），调节 pH 至 7.2 ～ 7.4，300 mL 三角瓶分装 100 mL 灭菌，分别挑取一环筛选的降解菌接种，150 rpm 振荡培养 48 h，以不接菌的为 CK，菌液 8000 转常温离心 10 min，取滤液待测。溶液中 TSNAs 检测由云南烟草研究院进行，采用 HPLC/MS 的方法。

筛选出 NNK 平板上生长旺盛的细菌 17 株（05-1008、05-4501、05-706、05-1405、05-405、05-5402、05-3602、05-2002、B628、B-83、D-4-23、J45、J48、L33、J54、J70、05-101）进行白肋烟浸提液培养，以评价其对液体中 TSNAs 含量的影响，结果如表 4-1 所示。由结果可知参试的 17 个细菌菌株中有 05-5402、05-101、05-1008、D-4-23、05-2002 共 5 株细菌处理过的液体 TSNAs 含量低于对照，其中 05-5402 处理的降低效果最明显，TSNAs 含量比对照降低了 22%，NNK 降低了 48%；有 12 株细菌处理的 TSNAs 含量没有降低，反而比对照有所增加，尤其 J45、J70、L33、J54 共 4 株细菌处理过的培养液中 TSNAs 含量比对照增加了 86.6%、97.3%、155% 和 182.8%。

表 4-1 降解 NNK 细菌培养液中 TSNAs 的含量

单位：ng/mL

	NNN	NAT	NAB	NNK	总量
05-5402	341.2	100.1	37.4	11.1	489.8
05-101	381.1	69.1	33.3	13.1	496.6
05-1008	347.4	89.1	46.5	15.2	498.2
D-4-23	285.5	254.3	32.3	20.2	592.3
05-2002	488.7	83.1	40.4	15.2	627.4
CK	340.5	226.2	42.4	21.2	630.3
B628	500.2	93.1	34.3	14.1	641.7
B-83	448.6	151.2	33.3	41.4	674.5
05-3602	343.8	287.3	39.4	25.3	695.8
J48	321.7	358.4	31.3	21.2	732.6
05-4501	566.8	137.1	49.5	28.3	781.7
05-706	454.6	324.3	42.4	30.3	851.6
05-1405	537.5	289.3	47.5	21.2	895.5
05-405	544.8	324.3	45.5	23.2	937.8
J45	866.2	199.2	32.3	76.8	1174.5
J70	729.1	458.5	41.4	12.1	1241.1
L33	828.4	719.7	45.5	12.1	1605.7
J54	1391.8	315.3	36.4	37.4	1780.9

在 NNN 含量上，D-4-23、J48 2 株菌低于对照，但相差幅度不大；其余 15 株细菌处理的 NNN 含量均高于对照，如图 4-11 所示。

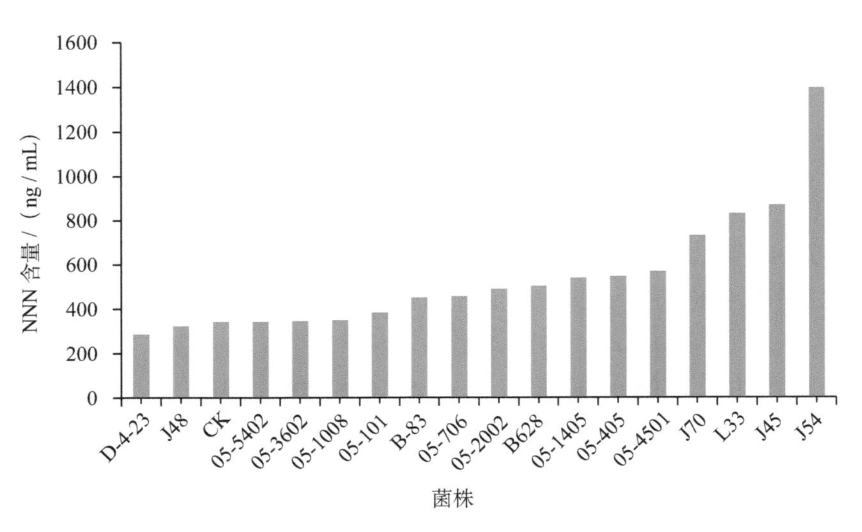

图 4–11　不同菌株处理的白肋烟浸提液 NNN 含量

在 NAT 含量上，有 8 株细菌处理的白肋烟浸提液中含量低于对照，9 株细菌处理后 NAT 含量高于对照，其中，05–101 菌株处理的 NAT 含量最低，低于对照 69%，如图 4–12 所示。

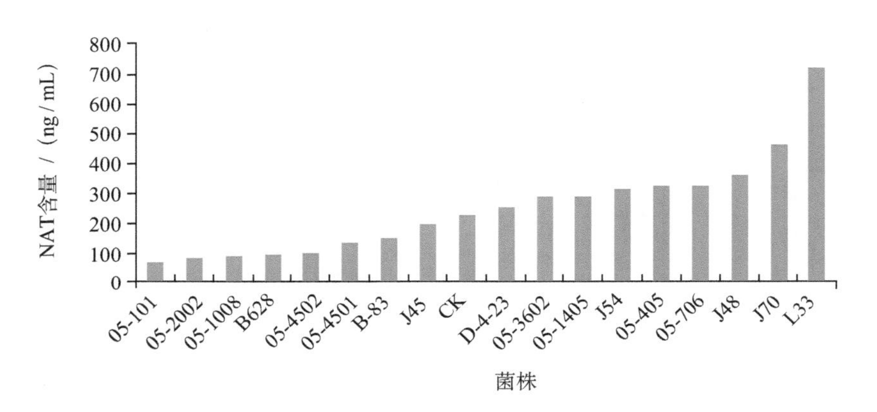

图 4–12　不同菌株处理的白肋烟浸提液 NAT 含量

NAB 含量在各个处理间差异很小，含量为 31 ～ 49 ng/g，12 个菌株处理的 NAB 含量小于对照，5 个菌株处理高于对照，其中，J48 菌株处理的 NAB 含量最低，低于对照 26%，如图 4–13 所示。

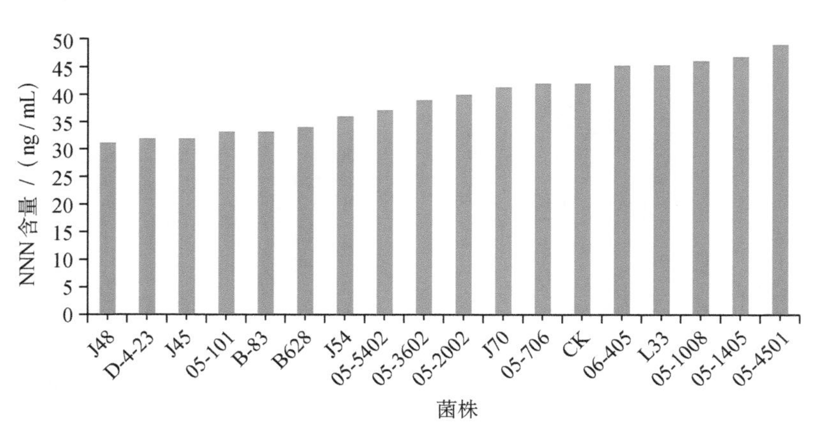

图 4–13　不同菌株处理的白肋烟浸提液 NAB 含量

NNK 含量在不同菌株处理间差异较大，9 株细菌处理的 NNK 含量低于对照，8 株细菌处理的 NNK 含量高于对照，尤其是 05-5402 菌株处理后 NNK 含量最低，低于对照 48%，如图 4-14 所示。

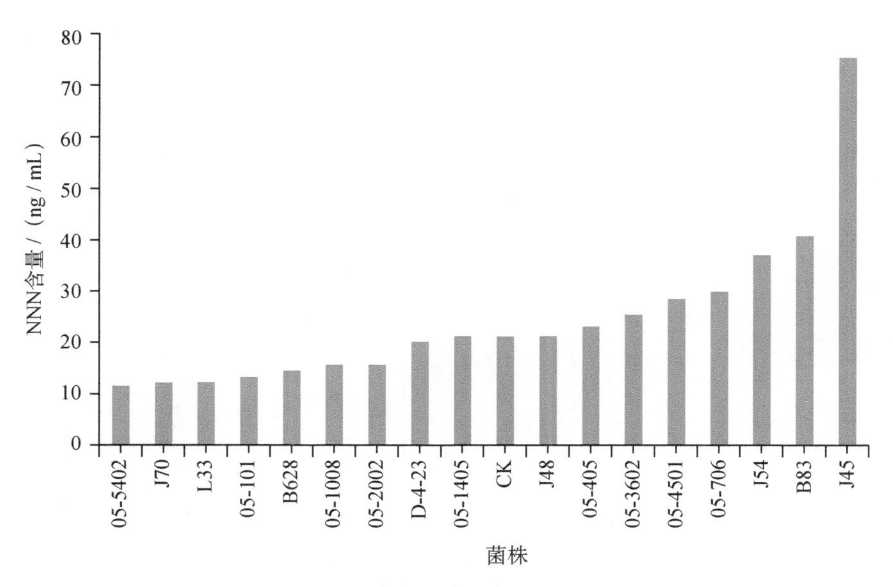

图 4-14 不同菌株处理的白肋烟浸提液 NNK 含量

在能够代谢 NNK 的细菌中，有一部分细菌能够使含有 TSNAs 的白肋烟浸提溶液中 TSNAs 含量升高，另一部分细菌则使 TSNAs 含量下降。说明在含有其他碳源和氮源的混合液体中能够代谢 NNK 的细菌在对 TSNAs 含量的影响上表现不同，推测为某些细菌会优先利用某些更好利用的碳源和氮源，而降解 TSNAs 为一被动的代谢过程。另外，这些细菌中有一些本身具有降解尼古丁的功能，尼古丁代谢的中间产物恰是形成 TSNAs 的底物，且据报道微生物的生命活动在硝酸根还原到亚硝酸根的过程中起到重要作用，溶液（或烟草）中的氮氧化合物是 TSNAs 的另一重要合成前体物质，这也是在溶液中某些细菌的作用下，使 TSNAs 含量升高的原因。因此，微生物在白肋烟浸提液中起到的作用十分复杂，一方面有降解 TSNAs 的作用，另一方面能够代谢尼古丁和硝酸盐物质成为合成 TSNAs 的前体物质。

（三）烟草内生细菌对烟丝中 TSNAs 含量的影响

选取北京卷烟厂制丝线上的烟丝作为供试材料，对在以 NNK 为唯一碳源和氮源培养基上生长的烟草微生物为供试菌株，供试菌在 LB（Luria-Bertani，细菌基础培养基）液体培养基中培养 2 天，离心去培养基成分，蒸馏水稀释菌体成悬浮液，按一定比例喷施供试烟丝，总水分含量控制在 30%，在培养箱中 30℃发酵 7 天，以喷施等量蒸馏水的为对照，测试发酵后烟丝中 TSNAs 的含量，TSNAs 含量由上海烟草集团北京卷烟厂检测。

由测定的结果（表 4-2）可知，能够在特殊条件下分解 NNK 的细菌在烟丝中大多数是不能降低烟丝中 TSNAs 含量的，说明这些细菌在分解 NNK 的过程中是一个被动的行为，当条件适宜生长时，关闭其机体的降解功能。但也从中可以看出有 4 个菌株（05-5402、K12、05-2002、05-404）处理后的烟丝中 TSNAs 含量明显降低，均比对照降低 10% 以上，其中，TSNAs 降低率最显著的为 05-5402，TSNAs 含量降低率为 16%。供试的细菌菌株均能在以 NNK 为唯一碳源和氮源的培养基上生长，但对烟丝中的 TSNAs 含量的影响不同，甚至有 41 株细菌处理的烟丝中 TSNAs 含量有所提高，表明细菌在不同的生长环境下对于能源物质的需求或代谢是不同的，降低 TSNAs 含量的烟草微生物应用需要经过严格的程序筛选。

表 4-2　降解 NNK 功能细菌对烟丝中 TSNAs 含量的影响

样品名称	NNN/（ng/g）	NAT/（ng/g）	NAB/（ng/g）	NNK/（ng/g）	TSNAs 总量 /（ng/g）	批次	TSNAs 与同批次对照变化 / %
05-5402	4861.34	1324.75	46.79	176.24	6409.12	4	-16.0
K12	5008.59	1441.56	45.79	204.35	6700.29	4	-12.2
05-2002	5059.60	1400.05	48.01	192.94	6700.60	4	-12.2
05-404	5198.76	1392.43	46.80	194.46	6832.45	4	-10.4
CK7	4552.89	1245.64	37.02	158.46	5994.01	3	—
J32	4518.92	1272.44	36.78	171.41	5999.55	3	-9.4
L34	5310.16	1399.44	45.06	196.88	6951.54	4	-8.9
J16	5295.05	1473.74	48.59	195.91	7013.29	4	-8.1
05-1007	4631.78	1412.65	43.40	181.68	6269.51	2	-6.4
J54	4695.11	1328.14	35.15	179.81	6238.21	3	-5.8
C-2-10	4702.64	1323.97	44.19	195.89	6266.69	3	-5.4
S11	4778.44	1294.12	42.85	178.67	6294.08	3	-5.0
B-11-1	4758.06	1314.74	37.37	195.26	6305.43	3	-4.8
CK8	5581.67	1488.58	52.17	176.81	7299.23	4	—
J48	5590.81	1478.13	50.94	186.04	7305.92	4	-4.2
05-6002	4814.30	1312.89	36.78	186.14	6350.11	3	-4.1
CK1	4887.53	1403.26	41.95	193.08	6525.82	1	—
J49	4819.24	1341.61	41.08	163.23	6365.16	3	-3.9
05-703	4910.81	1379.59	44.81	194.73	6529.94	1	-3.9
05-3801	4782.01	1438.97	44.84	185.82	6451.64	2	-3.7
05-501	4977.44	1346.65	39.90	189.57	6553.56	1	-3.5
J43	5598.75	1523.62	47.69	220.91	7390.97	4	-3.1
J62	4873.83	1322.90	44.42	182.61	6423.76	3	-3.0
J67	4858.69	1354.01	40.20	175.85	6428.75	3	-2.9
05-4304	4986.12	1344.25	41.73	225.38	6597.48	1	-2.9
05-4202	4966.37	1411.62	44.51	178.86	6601.36	1	-2.8
L37	4937.89	1272.39	42.49	197.66	6450.43	3	-2.6
05-5304	4903.14	1316.35	43.71	191.56	6454.76	3	-2.5
B-9-11	4971.95	1342.92	43.28	176.30	6534.45	2	-2.5
05-3002	5071.18	1339.98	40.32	175.64	6627.12	1	-2.4
05-4501	4923.94	1388.12	41.97	188.91	6542.94	2	-2.3
05-5403	4915.34	1395.39	43.56	189.12	6543.41	2	-2.3
05-1008	4994.62	1406.92	39.94	194.70	6636.18	1	-2.3
05-5104	4927.37	1396.58	41.45	196.12	6561.52	2	-2.1
05-1206	4930.66	1418.29	43.11	179.28	6571.34	2	-1.9
05-1405	4921.11	1423.93	43.91	184.76	6573.71	2	-1.9
D-1-39	4887.06	1460.18	47.07	186.18	6580.49	2	-1.8
05-405	5135.87	1313.95	39.32	184.73	6673.87	1	-1.8
E-11-1	4943.66	1399.35	47.81	195.13	6585.95	2	-1.7

续表

样品名称	NNN/（ng/g）	NAT/（ng/g）	NAB/（ng/g）	NNK/（ng/g）	TSNAs 总量 /（ng/g）	批次	TSNAs 与同批次对照变化 / %
05-4702	5037.08	1348.37	42.03	251.87	6679.35	1	-1.7
B-8-3	4971.38	1384.78	45.08	200.26	6601.50	2	-1.5
05-101	5002.29	1436.27	45.08	211.89	6695.53	1	-1.4
05-703	4920.67	1460.46	41.99	192.14	6615.26	2	-1.3
05-706	5191.58	1289.49	39.68	190.05	6710.80	1	-1.2
J58	5078.87	1409.29	42.67	185.51	6716.34	1	-1.1
05-4303	4979.26	1412.28	39.63	193.75	6624.92	2	-1.1
L17	5004.40	1318.53	41.17	188.12	6552.22	3	-1.1
B-1-3	4956.24	1433.41	47.17	200.30	6637.12	2	-0.9
L12	4903.99	1461.77	46.03	171.13	6582.92	3	-0.6
05-3404	5027.63	1419.58	48.19	188.39	6683.79	2	-0.2
K4	4947.37	1411.62	44.90	202.24	6606.13	3	-0.2
05-4301	5106.74	1269.37	41.32	193.93	6611.36	3	-0.2
CK3	5069.95	1385.22	47.04	189.76	6691.97	2	—
05-5102	5178.00	1357.11	45.97	204.77	6785.85	1	-0.1
05-3207	5072.29	1390.88	46.05	277.36	6786.58	1	-0.1
05-1403	5157.18	1420.80	42.87	172.18	6793.03	1	0.0
L2	4980.97	1402.50	48.69	190.63	6622.79	3	0.0
05-1904	5094.43	1375.73	42.28	192.49	6704.93	2	0.1
05-2504	5073.85	1476.53	48.40	202.17	6800.95	1	0.1
CK4	5063.71	1417.09	45.09	184.08	6709.97	2	—
A-14-1	5011.68	1384.67	45.79	191.50	6633.64	3	0.2
05-503	4998.42	1402.48	47.83	186.37	6635.10	3	0.2
05-4102	4991.50	1406.07	43.62	195.57	6636.76	3	0.2
J3	4988.16	1434.47	45.63	184.79	6653.05	3	0.5
J50	5212.58	1389.75	42.11	187.80	6832.24	1	0.6
J48	5055.99	1361.97	44.70	198.65	6661.31	3	0.6
05-102	5221.03	1326.80	42.59	244.60	6835.02	1	0.6
L46	5016.06	1407.31	46.19	199.50	6669.06	3	0.7
05-5205	5070.00	1408.64	62.15	207.13	6747.92	2	0.7
05-5903	5093.44	1419.02	43.81	191.89	6748.16	2	0.7
05-1805	5070.50	1442.99	45.40	192.67	6751.56	2	0.8
D-4-23	5093.19	1431.91	40.80	186.70	6752.60	2	0.8
05-3602	5136.67	1479.71	47.35	185.59	6849.32	1	0.8
C-3-1	5063.52	1373.84	47.35	203.97	6688.68	3	1.0
05-4802	5036.10	1430.92	43.14	183.06	6693.22	3	1.1
05-1107	5175.50	1459.26	48.06	183.73	6866.55	1	1.1
05-1002	5074.08	1398.53	44.52	198.48	6715.61	3	1.4
05-506	5269.90	1394.49	43.17	188.87	6896.43	1	1.5

续表

样品名称	NNN/（ng/g）	NAT/（ng/g）	NAB/（ng/g）	NNK/（ng/g）	TSNAs 总量 /（ng/g）	批次	TSNAs 与同批次对照变化 / %
05-1006	5213.96	1378.65	44.87	259.51	6896.99	1	1.5
05-5304	5175.83	1402.01	43.42	195.46	6816.72	2	1.7
J33	5064.60	1393.64	48.56	239.04	6745.84	3	1.9
05-2701	5261.61	1407.14	43.48	209.49	6921.72	1	1.9
A-10-2	5123.68	1328.61	47.39	259.64	6759.32	3	2.1
05-2602	5298.95	1391.90	45.76	202.44	6939.05	1	2.2
05-2101	5111.97	1432.01	47.78	186.16	6777.92	3	2.4
J71	4947.49	1491.25	65.16	278.17	6782.07	3	2.4
05-2704	5317.25	1411.80	44.70	209.06	6982.81	1	2.8
WB_5	5174.05	1396.71	45.71	191.84	6808.31	3	2.8
05-305	5175.91	1402.75	44.77	197.70	6821.13	3	3.0
05-505	5320.13	1352.24	43.81	192.17	6908.35	2	3.1
CK5	5126.69	1435.45	47.27	220.93	6830.34	3	—
05-701	5372.94	1408.32	44.26	196.38	7021.90	1	3.4
E-2-17	5196.42	1476.03	46.38	207.72	6926.55	2	3.4
05-1703	5259.88	1436.78	45.99	186.61	6929.26	2	3.4
J45	5218.29	1379.68	45.39	209.97	6853.33	3	3.5
05-2205	5286.97	1412.47	50.16	292.92	7042.52	1	3.7
05-5203	5320.26	1464.31	51.69	212.70	7048.96	1	3.8
L45	5173.97	1450.92	48.80	207.21	6880.90	3	3.9
CK2	5409.08	1405.32	47.15	199.92	7061.47	1	—
CK9	6264.68	1445.49	53.71	196.31	7960.19	4	—
E-6-2	5247.05	1402.11	47.13	218.69	6914.98	3	4.4
05-2403	5477.58	1377.47	46.65	201.70	7103.40	1	4.6
K15	5269.37	1408.10	48.70	201.64	6927.81	3	4.6
05-1104	5143.49	1572.96	46.31	165.34	6928.10	3	4.6
05-4403	5393.57	1462.55	49.26	205.12	7110.50	1	4.7
J24	5392.92	1332.35	42.32	197.35	6964.94	3	5.2
J59	5292.86	1441.27	42.72	201.40	6978.25	3	5.4
05-2503	5431.78	1492.49	46.79	211.31	7182.37	1	5.7
05-5206	5511.41	1446.35	47.17	198.81	7203.74	1	6.0
CK6	5352.05	1428.84	43.88	217.32	7042.09	3	—
F-7-3	5468.12	1403.32	45.92	217.50	7134.86	2	6.5
05-1702	5452.09	1512.52	47.50	179.80	7191.91	2	7.3
J56	5403.26	1423.23	45.80	239.74	7112.03	3	7.4
J70	5489.58	1369.54	49.91	212.47	7121.50	3	7.5
J80	6595.60	1420.74	51.18	195.76	8263.28	4	8.3
A-3-8	5476.82	1441.63	45.93	221.11	7185.49	3	8.5
05-704	5628.38	1422.76	46.18	214.40	7311.72	2	9.1

续表

样品名称	NNN/（ng/g）	NAT/（ng/g）	NAB/（ng/g）	NNK/（ng/g）	TSNAs 总量 /（ng/g）	批次	TSNAs 与同批次对照变化 / %
05-4901	5500.38	1417.57	56.18	257.13	7231.26	3	9.2
J10	5801.88	1448.51	45.12	219.36	7514.87	1	10.6
L43	6126.05	1493.32	73.05	312.45	8004.87	3	20.9

有益微生物降低烟丝中 TSNAs 含量过程中受到环境条件的影响。例如，烟丝的水分含量就是关键影响因素之一，05-5402 菌株在 3 种不同的烟丝水分含量下，降低 TSNAs 含量水平不同，在 30% 的含水量下，降解率最高，然后依次是 35% 和 40%（表 4-3）。

表 4-3　05-5402 菌株在不同水分含量下对烟丝 TSNAs 的作用

样品名称	NNN/（ng/g）	NAT/（ng/g）	NAB/（ng/g）	NNK/（ng/g）	TSNAs 总量 /（ng/g）	TSNAs 与对照变化 / %
30%	4861.34	1324.75	46.79	176.24	6409.12	-16.0
35%	4951.19	1351.74	50.15	159.41	6512.49	-14.6
40%	5125.92	1388.32	54.59	174.04	6742.87	-11.6
CK	5923.18	1467.04	52.94	186.56	7629.72	—

（四）4 株降 TSNAs 含量细菌菌株的培养条件优化

1. 培养基种类对细菌生长的影响

试验选择 2 种常用的培养基：LB 和 TSB（Tryptic Soy Broth，胰蛋白胨大豆肉汤培养基），将其他条件设置到适宜多数细菌生长的条件下，设置培养时间为 48 h，pH 为 7.2，温度为 28 ℃，摇床转速为 180 r/min。这 4 种细菌在这 2 种培养基上均能生长良好，其中，05-5402 与其他细菌相比在这 2 种培养基上生长都是最好的，在 LB 和 TSB 上 OD_{600} 分别为 9.8 和 8.6，可见在 LB 上生长又比在 TSB 上生长略旺盛；05-2002 在 LB 上生长 OD_{600} 为 8.6，明显好于在 TSB 上生长 OD_{600} 为 4.4，而且生长量高出很多；05-404 在 LB 和 TSB 上生长 OD_{600} 为 6.5、4.0，就所有细菌而言属于中等，同时也是 LB 上生长量大于 TSB；K12 在 2 种培养基上的生长量属于 4 种细菌中最低的，LB 和 TSB 上生长 OD_{600} 分别为 4.8 和 3.8，同时也是 LB 略高于 TSB。因此，可以得出 05-5402、05-2002、05-404、K12 的最佳培养基均为 LB。

2. 培养时间对细菌生长的影响

选用 4 种细菌的最佳培养基 LB 培养基，其他条件设置有 pH 为 7.2、温度为 28 ℃、摇床转速为 180 r/min。4 种细菌的生长趋势：05-5402 生长速度较快，在最大生长量时 OD_{600} 为 9.9，比其他 3 种细菌都大，培养 6 h 之前生长缓慢，6 h 后逐渐适应培养环境，生长速度较快，在 30 ～ 42 h 达到峰值，后逐渐衰亡，因此可知，05-5402 最佳培养时间为 30 ～ 42 h；05-2002 生长速度较慢，适应性不好，接种后有过短暂的增长，12 h 后细菌数量有所下降，18 h 后又开始快速增长，即进入对数期，在 30 ～ 42 h 即达到峰值 ,OD_{600} 为 8.7，后逐渐衰亡，因此，05-2002 的最佳培养时间为 30 ～ 42 h；05-404 在培养 6 h 后生长速度逐渐加快，30 ～ 36 h 达到峰值，OD_{600} 为 8.2，后趋于稳定，后逐渐衰亡，因此，05-404 的最佳培养时间为 30 ～ 36 h；K12 前期适应环境较快，生长迅速，在 24 ～ 30 h 即达到峰值，OD_{600} 为 6.7，之后生长趋于平稳，最后衰亡，因此，K12 的最佳培养时间为 24 ～ 30 h。

3. 温度对细菌生长的影响

设置培养条件为：4 种细菌均选用 LB 培养基，pH 为 7.2，培养时间选用各细菌最适的培养时间，05-5402 培养时间为 42 h，05-2002 培养时间为 42 h，05-404 培养时间为 36 h，K12 培养时间为 30 h。这 4 种细菌在 22 ～ 34 ℃均能生长，适应范围较广，其中，05-5402 以 25 ～ 28 ℃时生长最快，OD_{600} 在 25 ℃为 12.4，28 ℃时为 13.1，25 ℃以下及 28 ℃以上生长较慢，因此，其最适温度为 25 ～ 28 ℃；05-2002 在 22 ～ 28 ℃生长基本一致，28 ～ 31 ℃生长最快，OD_{600} 在 28 ℃时为 6.5，31 ℃时为 9.1，31 ℃以上生长下降，因此，得出其最适温度为 28 ～ 31 ℃；05-404 在 22 ～ 34 ℃生长情况变动不大，生长量基本一致，说明其适应能力较弱，其在 31 ～ 34 ℃达到峰值，OD_{600} 在 31 ℃时为 7.4，34 ℃时为 7.7，因此，其最适培养温度为 31 ～ 34 ℃；K12 生长前期随温度的升高生长量一直增大，OD_{600} 在 25 ℃时为 6.2，28 ℃时为 7.4，到 28 ℃开始下降，因此，得出其最适温度为 25 ～ 28 ℃。

4. pH 对细菌生长的影响

由前面的结果得到各细菌的最适培养基、培养时间及最适温度，将其他生长条件设置为：4 种细菌均选用 LB 培养基，05-5402 在 28 ℃下培养 42 h；05-2002 在 31 ℃下培养 42 h；05-404 在 34 ℃下培养 36 h；K12 在 28 ℃下培养 30 h。4 种细菌在酸性较大的环境中（pH 为 5 以下）生长较慢，其中，05-5402 在 pH 为 5.0 ～ 6.0 生长较好且生长迅速，OD_{600} 在 pH 等于 5.0 时为 2.6，在 pH 等于 6.0 时为 9.4，可知其适宜在略偏酸性的条件下生长，因其在 6.0 时达到峰值，故可得出其最适 pH 约为 6.0；05-2002 对 pH 选择性不强，在 pH 为 5.0 以下时几乎不生长，在 5.0 ～ 6.0 生长速度最快，但生长量还没有达到最大值，当 pH 达到 7.0 时，生长量最大，OD_{600} 在 pH 等于 6.5 时为 7.7，在 pH 等于 7.0 时为 8.1，在 pH 为 8.0 之后生长量就逐渐下降，因此，得出其最适 pH 约为 7.0，适宜在中性环境中生长；05-404 随着培养基 pH 的增大其生长量也随之增大，在 pH 为 8.0 时生长量最大，OD_{600} 为 7.4，之后随着 pH 的增加 05-404 的生长量下降，因此，得出其最适 pH 为 8.0，其适宜在微碱性条件下生长；K12 在 pH 为 3.5 ～ 6.0 时生长量随着 pH 的增加逐渐增加，之后生长量趋于平稳，最终在 pH 为 8.0 时达到最大值，OD_{600} 为 6.3，因此，得出其最适 pH 为 8.0，其适宜在微碱性条件下生长。

（五）降低 TSNAs 含量烟草内生菌菌剂制备

1. 活化 05-5402 菌株

配置营养琼脂（NA）平板：配方如表 4-4 所示，将水补充到指定体积后，灭菌锅灭菌，121 ℃高压灭菌 15 ～ 30 min。培养基取出后自然冷却到 50 ～ 60 ℃时，在超净工作台中，将培养基倒入灭菌培养皿中（每皿 10 ～ 15 mL），即成 NA 平板，自然或通风的情况下自然冷却凝固，备用。

表 4-4　活化菌株配方

配方	用量
蛋白胨	10.0 g/L
牛肉粉	3.0 g/L
氯化钠	5.0 g/L
琼脂	15.0 g/L
pH	7.3 ± 0.1

活化：将斜面菌用接种环挑取一环在 NA 平板上画线，接种后的 NA 平板倒置放入培养箱中在 28 ～ 33 ℃下培养 1 ～ 2 天。

2. 05-5402 菌株种子培养

LB 培养基的配置：配制每升培养基应该在 950 mL 水中分别加入胰化蛋白胨 10 g、酵母提取物 5 g、NaCl 10 g，摇动容器直至溶质溶解。用 5 mol/L 的 NaOH 调 pH 至 7.0。用去离子水定容至 1 L。分装在三角瓶中，每个三角瓶装液量不超过瓶容积的 1/2，8 层纱布封口，在 121 ℃高压灭菌锅中灭菌 15 ～ 30 min 钟。自然冷却至室温后，将活化后的 NA 平板的菌体刮下接入 LB 培养基中，封口后振荡培养 1 ～ 2 天，150 ～ 200 rpm，28 ～ 33 ℃。

3. 05-5402 菌株发酵生产

发酵罐培养基配置：配制每升培养基应该在 950 mL 水中分别加入胰化蛋白胨 10 g、酵母提取物 5 g、NaCl 10 g，摇动容器直至溶质溶解。用 5 mol/L 的 NaOH 调 pH 至 7.0。用去离子水定容至 1 L。分装在三角瓶中，每个三角瓶装液量不超过瓶容积的 1/2，8 层纱布封口，在 121 ℃高压灭菌锅中灭菌 15 ～ 30 min。自然冷却至室温后，将活化后的 NA 平板的菌体刮下接入 LB 培养基中，封口后振荡培养 1 ～ 2 天，150 ～ 200 rpm，28 ～ 33 ℃。

灭菌：根据发酵罐的具体方法实行。

接种：将培养的菌株种子接种到发酵罐中，接种方法采用火焰接种法或负压接种法。接种量为 5% ～ 10%。

发酵条件：100 ～ 200 rpm，28 ～ 33 ℃，通气量 30% ～ 80%，发酵周期 24 ～ 36 h。

4. 发酵后处理

放罐后的发酵液通过离心取出发酵液（防止发酵液对烟叶评吸品质的影响）。离心条件：5000 rpm，离心 5 ～ 8 min。去上清液，保留菌体。

（六）菌株 05-5402 对 TSNAs 降解酶的鉴定研究

1. 05-5402 菌株全基因组测序与分析

（1）05-5402 菌株基因组 DNA 提取

提取方法为仿 / 异戊醇抽提 3 次，最后用去离子水溶解。

（2）基因组深度测序

基因组 DNA 打碎后构建 2 个小片段文库（180/500 bp），然后采用 Illumina 测序平台进行双末端测序，测序策略：PE100。文库测序覆盖深度不低于 100 倍覆盖度。

（3）生物信息学分析

测序得到的数据首先进行基本处理，包括去除接头、过滤低质量序列和数据量统计。然后基于 Denovo 的方法，对单碱基深度和覆盖度进行分析，对基因组进行组装。随后进行基因预测、基因功能注释等深度生物信息学分析。

（4）基因组 DNA 提取结果

测序 DNA 样品电泳如图 4-15 所示，对应 OD_{260}/OD_{280} 为 1.98，OD_{260}/OD_{230} 为 2.31。

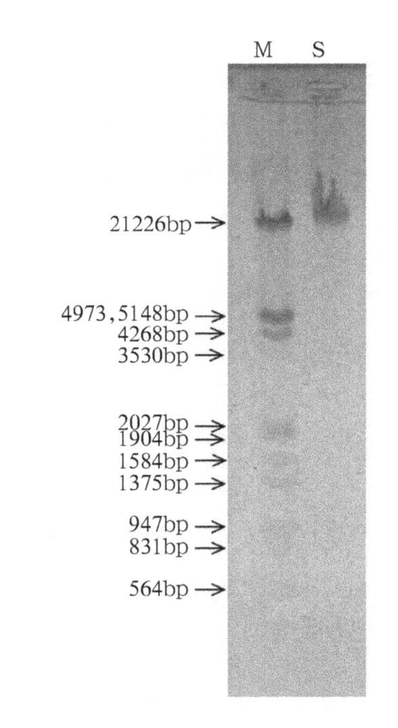

M: Lambda DNA/*Eco*RI+*Hin*dIII Marker

S: 05-5402 菌株 DNA 样品，上样量 0.5 μL

图 4-15　05-5402 菌株基因组 DNA 电泳

2. 05-5402 菌株全基因组测序结果

测序得到的有效数据为 2.924 G，将这些数据进行组装，基因组大小约为 4.64 M，scaffold 总数为 18，N50 为 1867101bp，预测基因总数为 3741 个，其中，3727 个基因

（99.63%）找到了对应的注释结果。

四、内生细菌在烟草生长期和加工中对 TSNAs 含量的影响

选用云烟 85 和 TN90 烟草品种，选择对硝酸盐和亚硝酸盐还原能力强弱不同的内生菌株 K16、K17、K18，进行内生细菌降低烟草中 TSNAs 含量的田间实验。分别用菌悬液和发酵滤液进行移栽苗时浸根、旺长期烟叶喷施、烘烤期烟叶和发酵烟丝喷施处理。浸根处理和旺长期处理待烟叶成熟采收晾制后取样；烘烤期处理待烘烤结束后、烟丝发酵处理待发酵后分别取样。检测微生物群体数量，4 种主要 TSNAs、硝酸盐、亚硝酸盐及生物碱的含量及总氮量测定。

（一）不同生长时期处理对烟草中 TSNAs 含量的影响

实验结果表明，内生细菌浸根对烟草内生真菌的影响不呈现规律性。对烟草内生细菌的影响差异较大，在烤烟品种云烟 85 上无论团棵期还是旺长期，K16 处理的内生细菌含量都较大，其他两个细菌次之，最低的是对照。在白肋烟 TN90 上团棵期 K16 处理内生菌含量最高，而到了旺长期含量却最低，其他两个内生细菌的处理则是团棵期比对照低。

在烟草生长的旺盛期应用细菌 K16、K17 和 K18 均可降低烟碱含量，而在采收时应用细菌 K18 菌悬液进行叶面喷雾也可降低 TSNAs 含量。说明在烟草生长的旺盛期，叶面喷施内生菌菌悬液是内生细菌降低烟碱含量的一个重要阶段，而不同菌株对烟碱的降解可能作用于烟草生长的旺盛期和采收后的后熟时期。

对内生细菌降低不同品种烟草中 TSNAs 含量实验的样品进行了相关成分检测分析，结果表明，不同内生细菌菌株及不同处理方法对云烟 85 的降低 TSNAs 含量效果不同，K17 菌株浸根处理、K18 菌株在团棵期喷雾处理可明显降低 TSNAs 总量，分别降低了 42.3% 和 23.74%。而菌株 K16 浸根处理使烟叶中 NNK 的含量降低甚至检测不到。K16 和 K18 菌株旺长期喷雾处理后，检测不到 NNK 的含量。对白肋烟 TN86 的降低 TSNAs 含量的试验结果表明，K17 菌株浸根处理可使 TSNAs 含量降低 10.45%。K16、K17、K18 菌株浸根处理均使 NNN 含量降低，K16、K17 菌株团棵期喷雾降低 NNN 含量，K18 菌株旺长期喷雾使 NNN 含量降低。K16 和 K18 菌株分别在采前喷雾和浸根处理后检测不到 NNK。通过分析可知，供试的不同烟草内生细菌在降低烟草中 TSNAs 含量的能力上存在着明显的差异，并且在最佳的施用时期上也存在明显的多样性。

（二）内生菌处理对烟草中 TSNAs 含量动态变化的影响

分别对移栽成活的烟株进行细菌灌根处理，烟株砍收时进行细菌喷洒烟叶处理，并以砍收时进行清水喷洒烟叶为对照的田间小区试验，晾制期间对烟叶样品进行 4 种烟草特有亚硝胺测定，检测整个晾制期间烟叶中 TSNAs 含量的动态变化。结果表明，晾制前期（晾制 20 天以前），烟叶中 TSNAs 含量比较低且变化幅度较小，灌根处理的 TSNAs 含量稍高；晾制中期（20 ～ 30 天）期间，烟叶中 TSNAs 含量都较高，灌根处理烟叶的 TSNAs 含量最高；晾制末期，灌根和喷洒处理烟叶中 TSNAs 含量明显降低，其中灌根处理比同一时期对照烟叶中 TSNAs 含量降低了 50.98%，喷洒处理比同一时期对照烟叶中 TSNAs 含量降低了 82.32%。

（三）内生菌处理对烟草内生微生物多样性的影响

通过在烟株砍收时及在烟叶调制期间采集样品，对烟叶样品中细菌 16S rDNA 进行 PCR 扩增及对扩增产物进行纯化、克隆和测序，研究不同调制时期烟叶中细菌的多样性，同时测定调制过程中烟草 TSNAs

含量的动态变化，以研究烟草微生物多样性与烟草 TSNAs 含量之间可能存在的相互关系。

确定了能够符合用于进行下一步试验要求的样品 DNA 提取方法，获得了适合烟草中细菌 16S rDNA 扩增的反应体系，对纯化的 PCR 的产物进行 16S rDNA 克隆文库的构建，并进行了细菌 16S rDNA 的连接转化，已经获得了 260 个阳性克隆，并全部委托测序。部分样品测序结果如下：样品 1：Uncultured bacterium clone 12 个，Pantoea sp. 6 个，Pseudomonas sp. 12 个；样品 2：Uncultured bacterium clone 12 个，Pseudomonas sp. 12 个，其中，Pseudomonas aeruginosa 占 8 个。

（四）烟草样品处理后微生物群体数量的检测

通过不同烟草品种育苗和田间移栽，并在不同时期进行内生细菌处理，研究在不同生长时期烟草内生细菌处理对烟草微生物群体数量的影响。结果表明，不同的烟草品种烟叶表面微生物数量不同，TN86 表面的真菌和细菌的数量远高于云烟 85 表面的真菌和细菌数量。对于烟草品种 TN86，在所检测的 3 个菌株中浸根处理、旺长喷雾处理及调制期喷雾处理均可降低烟叶表面的真菌数量，而采前处理对其影响较小。而对云烟 87 菌株 K16 和 K18 在旺长期喷雾、采前喷雾及调制期喷雾处理均可降低烟叶表面的真菌数量。而菌株 K17 只在采前喷雾及调制期喷雾可降低烟叶表面的真菌数量。在所有的处理中，只有菌株 K17 对云烟 85 采前喷雾处理可降低细菌的数量，其他处理较对照比较细菌数量增加。可见烟草内生细菌处理后对烟草微生物的种群数量影响在不同烟草品种间存在着明显的差异，烟草内生菌不同处理方法对烟草微生物群体数量的影响上的差异也较大。

（五）烟草样品处理后相关化学物质的测定

研究了用 10 mmol/L 的 NaOH 溶液超声波提取，离子色谱法同时检测烟草中有机酸和阴离子的分析方法。采用美国 Dionex 公司 DX-500 型离子色谱仪，用 H_2O/（5 mmol/L NaOH）和 100 mmol/L NaOH 梯度淋洗，流速为 1.5 mL/min，成功地测定了烟草中的苹果酸、柠檬酸、NO_3^-、NO_2^-、Cl^-、SO_4^{2-} 等成分的含量，各离子在检测条件下有很好的线性，实验表明该方法具有分析时间短、线性范围宽、灵敏和准确、简单快速、试剂用量少等优点。

烟叶中 NO_3^-、NO_2^-、Cl^-、SO_4^{2-} 含量的高低对烟叶的质量有一定的影响，实验证明烟叶中硝酸盐含量高，烟气中的硝基化合物含量也高，而硝基化合物和亚硝基化合物是使动物癌变或中毒的化合物之一；氯含量高的烟叶吸湿性强，阴燃性差，容易熄火。因此，NO_3^-、NO_2^-、Cl^- 也是经常要检测的项目，离子色谱法在其他行业中检测阴离子已有很多报道，但用离子色谱法同时检测烟草中苹果酸、柠檬酸和阴离子含量国内未见报道。

（六）内生细菌降低烟草中 TSNAs 含量的机制分析

关于内生细菌降低烟草中 TSNAs 含量的机制，不同学者的研究不同，推测不同烟草内生菌在降低 TSNAs 含量的方式上具有多样性。本研究分离的 3 个菌株 K16、K17 和 K18 在浸根接种时并不能降低烟碱含量，但对内生细菌的内生性和对接种后烟草内生细菌的数量检测结果表明其可在烟草植株内转移，而且内生细菌含量比对照增高，说明并不是烟草植株内部的内生细菌菌群的改变引起烟碱含量的降低，而在烟草生长的旺盛期施用后均可降低烟碱含量，推测这些内生细菌可以在表面大量繁殖，抑制能够引起导致 TSNAs 形成的细菌的菌群。

（七）降低白肋烟 TSNAs 含量的综合技术生产示范研究

TSNAs 是烟草特有的 *N*-亚硝基类化合物，是由烟草中的生物碱亚硝化作用而产生的一种有害成分。

TSNAs 由烟草中的生物碱和亚硝酸盐反应形成。其中，NNN、NNK、NAB、NAT 是烟草和烟气中主要的 TSNAs，NNK 来源于烟碱，NNN 来源于烟碱和降烟碱，NAB 来源于假木贼烟碱，NAT 来源于新烟碱。这 4 种成分通常存在于烤烟和白肋烟中。生产示范的三部位烟叶 NNN、NNK、NAT+NAB 含量分别为 0.780 μg/g、0.199 μg/g、0.315 μg/g，比同田大面积的 1.688 μg/g、0.255 μg/g、 0.474 μg/g 降低了 53.79%、21.96%、33.54%，合计（TSNAs）含量比同田大面积的烟叶降低了 46.46%，减少烟叶有害成分效果明显。

（八）降低 TSNAs 含量烟草内生菌筛选路线图

基于“在烟草调制期间，烟叶中硝酸盐还原为亚硝酸盐和其他含氮氧化物（NO_x 化合物），然后与烟草生物碱作用而形成 TSNAs”的假说，根据烟叶中生物碱含量高、亚硝酸盐含量低而成为 TSNAs 合成的关键前体物质的实际，降低 TSNAs 含量烟草内生菌筛选以测定烟草内生菌亚硝酸盐还原能力为初筛；内生性验证、对 TSNAs 和烟草其他性状影响为复筛的筛选的路线图（图 4–16）。

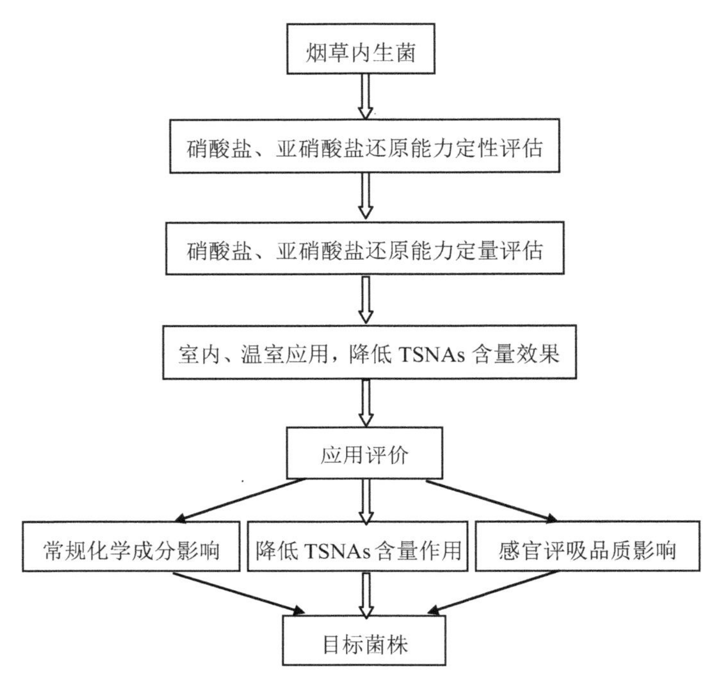

图 4–16　应用价值评估筛选流程

第五章 降低烟草中TSNAs的前体物——烟碱

第一节 生物碱对烟草中TSNAs的影响

一、生物碱与TSNAs的关系

根据本书第二章的论述，TSNAs主要来源于烟草中4种生物碱：NNK来源于烟碱，NNN除了来源于烟碱，还有一部分来源于去甲基烟碱，NAT和NAB则分别来源于新烟碱和假木贼烟碱。而其中烟碱是两种重要致癌物NNK和NNN的前体物，去甲基烟碱则是NNN的重要前体物。

生物碱和亚硝胺是烟草特有亚硝胺生物合成的直接前体物，关于TSNAs形成和积累与前体物的关系已有过不少报道，但结果不尽一致。例如，Anderson等观察到白肋烟调制的第16～第21天，亚硝胺含量显著增加，TSNAs含量也相应增加。Burotn等报道在高温高湿环境下调制的白肋烟，其TSNAs含量和亚硝胺含量同步增加，二者存在显著正相关关系，TSNAs含量与生物碱含量相关不明显。必须指出，这些试验是在品种内进行的，其生物碱组成和水平差异性较小。与此相反，Djordjevic等采用7个具有不同生物碱水平的烤烟品系研究生物碱含量与TSNAs含量的关系，发现烟叶的生物碱含量与TSNAs呈显著的正相关关系，其中去甲基烟碱与NNN的相关系数达到0.95。为了进一步明确TSNAs与生物碱含量的关系，史宏志等将59个不同类型的具有不同生物碱水平的烟叶和卷烟样品的TSNAs和生物碱含量进行了相关分析，结果表明，烟叶的去甲基烟碱含量与NNN和总TSNAs含量相关性最大，相关系数分别为0.86和0.79，达到极显著水平，表明在采用相同的调制方法下，烟叶的去甲基烟碱含量是决定NNN水平的关键因素。去甲基烟碱是由烟碱去甲基形成的，正常烟叶的去甲基烟碱含量占总生物碱含量的比例较低，但转化型烟叶的去甲基烟碱含量和比例大幅度增加。研究表明，我国烟叶，尤其是白肋烟和香料烟普遍存在烟碱向去甲基烟碱转化问题。因此，最大限度地去除转化型烟叶，降低烟叶的总体去甲基烟碱水平是降低烟叶TSNAs水平的有效途径。

在亚硝酸盐水平相对稳定的条件下，TSNAs含量的差异主要是由生物碱尤其是降烟碱水平的不同所造成的，而在生物碱水平相对稳定的条件下，亚硝酸盐的供应则是决定TSNAs形成的关键。亚硝酸盐含量是环境影响的结果，而生物碱的组成和含量，特别是降烟碱水平则主要由基因所决定。另外，史宏志等发现随着去甲基烟碱含量的提高，叶片和主脉的麦斯明含量和NNN含量显著增加。

二、生物碱的亚硝化反应

早在20世纪70年代，Hecht等就从有机合成的角度对烟碱和TSNAs的关系进行了实验，发现烟碱和亚硝酸钠可以生成 NNN、NNK 和 NNA，反应条件为酸性溶液。如表 5-1 所示，当亚硝酸钠与烟碱的摩尔浓度比为 5.0 时，加热 3 ～ 6 h，生成的 NNN 和 NNK 最多。该反应液中也生成了其他化合物，但不属于亚硝胺类，本书不再一一列出。

表 5-1　水溶液中烟碱与亚硝酸钠生成的 TSNAs

$[NaNO_2]$ ：[烟碱] [a]	pH	温度 / ℃	时间 / h	TSNAs / (mmol/L)		
				NNN	NNK	NNA
1.4	2.0	20	17.0	0.41	— [b]	0.83
1.4	3.4	20	17.0	2.07	0.41	11.56
1.4	4.5	20	17.0	2.07	2.07	9.50
1.4	7.0	20	17.0	0.83	0.41	0.41
5.0	3.4 ～ 4.2	90	0.3	33.04	2.89	—
5.0	3.4 ～ 4.2	90	3.0	36.34	9.50	—
5.0	3.4 ～ 4.2	90	6.0	33.04	6.20	—
5.0	5.4 ～ 5.9	90	0.3	37.17	11.15	—
5.0	5.4 ～ 5.9	90	3.0	55.76	17.76	—
5.0	5.4 ～ 5.9	90	6.0	48.32	10.74	—
5.0	7.0 ～ 7.3	90	0.3	5.37	0.41	—
5.0	7.0 ～ 7.3	90	3.0	18.59	0.83	—
5.0	7.0 ～ 7.3	90	6.0	22.72	0.83	—

注：a 表示初始烟碱反应浓度为 413 mmol/L；b 表示未检出。

上海烟草集团北京卷烟厂周骏团队研究了不同 pH 和不同反应时间对烟碱与亚硝酸钠反应的影响。如图 5-1 所示，在高温条件下，反应生成较多的 NNN 和 NNK，并随着反应时间的延长而降低。溶液中氮氧化物随着硝酸根离子的逐渐下降而降低，对烟碱的亚硝化能力也逐渐减弱，在高温酸性环境中，NNN 和 NNK 会进一步生成其他化合物，这是导致上述反应随着反应时间的延长呈现先增加后降低的原因。

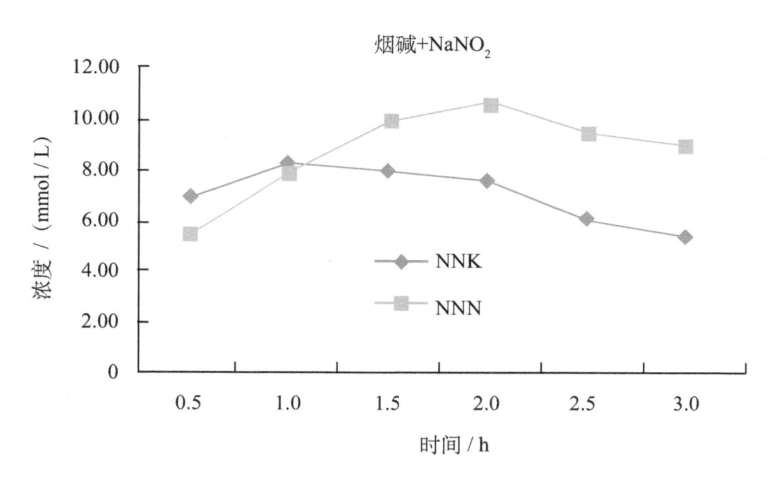

图 5-1　水溶液中 TSNAs 生成量随时间变化情况

pH 对烟碱的亚硝化反应影响较大，酸性(pH=4.5)环境中会生成较多的 NNN 和 NNK，是弱碱性(pH＞8.5)条件下的 10 倍多（表 5-2）。另外，在弱碱性溶液中，NAT 占总 TSNAs 的比例远高于酸性溶液，如表 5-2 所示，在 pH=4.5 时，NAT 占总 TSNAs 的比例为 2.9%；在 pH=8.8 时，NAT 占总 TSNAs 的比例为 20.5%。

表 5-2　不同 pH 对水溶液中 TSNAs 生成量的影响

pH	TSNAs /（mmol/L）			
	NNN	NNK	NAT	NAB
8.8	0.28	0.25	0.15	0.05
8.6	0.72	0.40	0.28	0.09
4.5	9.03	5.37	0.44	0.25

周骏等模拟烟叶中 5 种生物碱与亚硝酸钠的反应，混合了亚硝酸钠（0.1 g/mL）与 5 种生物碱，包括烟碱（20 mg/mL）、去甲基烟碱（1 mg/mL）、新烟草碱（1 mg/mL）、假木贼烟碱（6 mg/mL）和麦斯明（10 mg/mL），调节反应溶液 pH 为 3.0 ～ 4.0，反应 1 h，发现在室温下，4 种 TSNAs 均有生成。其中，生成 NNN 和 NAB 较多。加热对 NNK 的生成影响较大，提高反应温度，NNK 生成量提高了 1 倍多（表 5-3）。

表 5-3　模拟烟草中 5 种生物碱生成 TSNAs 的含量

温度	TSNAs /（μg/mL）			
	NNK	NNN	NAT	NAB
室温	21.46	554.45	94.24	985.12
60 ℃	52.33	678.36	86.52	987.38

针对烟草基质，史宏志及其同事对高温（60 ℃）贮存期间的烟叶中 TSNAs 的生成进行了研究，对烤烟烟叶分别喷施含氮化合物（喷施量换算为 1 g 烟叶中含 4 mg 总氮化合物），结果显示（表 5-4），4 种含氮化合物对 TSNAs 的生成均有正面影响，其中喷施 $NaNO_2$ 能使烟叶中 TSNAs 含量增加 3059 倍，其次是 $NaNO_3$，TSNAs 含量增加了 46 倍。

表 5–4 烟叶喷施含氮化合物对 TSNAs 生成的影响

含氮化合物	TSNAs / (μg/g)			
	NNN	NAT	NAB	NNK
清水	0.016	0.115	0.003	0.008
NH_4NO_3	0.317	1.160	0.080	0.140
KNO_3	0.749	2.404	0.155	0.727
$NaNO_3$	1.020	4.301	0.421	0.574
$NaNO_2$	82.760	184.760	17.190	116.090

综上所述，生物碱是 TSNAs（NNN 和 NNK）的前体物，生物碱含量的高低一定程度上决定了 TSNAs 的生成量。由于烟叶，特别是白肋烟中 NNN 占总 TSNAs 的比例远高于其他 TSNAs，而目前已经证实烟叶中去甲基烟碱对生成 NNN 影响较大，因此，烟叶中去甲基烟碱对总 TSNAs 存在较大影响。这就提示我们，在烟叶中亚硝酸盐含量一定的条件下，可通过降低烟碱，特别是去甲基烟碱的含量，进而降低烟草中的 TSNAs 含量。

第二节 烟碱的降解

一、降低烟碱的意义及途径

我国部分烟区的烟叶外观质量已接近国际水平，但就其内在质量而言还有一定差距，其中一个较普遍且较突出的问题就是烟碱含量偏高。目前，我国烤烟烟碱的平均含量为 3% ～ 4%，白肋烟平均高达 6%。而美国烤烟的烟碱含量为 1.5% ～ 3.5%，白肋烟的烟碱含量为 1.5% ～ 4.0%，大多为 3.0%。更为严重的是，国内卷烟企业目前贮存的上部烟叶较多，一般因其烟碱含量较高而难以较多用于叶组配方中，不仅占用大量的仓储空间，而且也造成大量的浪费。因此，降低烟叶中的烟碱对于国内烟草业的发展具有重要意义。

降低烟草中的烟碱含量，目前主要有 3 条途径：①从农业种植的角度：主要从遗传、生态和栽培等方面来进行控制；②从化学的角度：烟叶中的生物碱可通过用热水漂洗、有机溶剂萃取、气体抽提和蒸汽蒸馏等处理烟叶的方法将烟叶中的烟碱脱掉；③从微生物和酶的角度：从烟叶、烟籽和土壤中分离能够降解烟碱的微生物，培养后直接或者分离出酶系后作用于烟叶，降低烟叶中的烟碱含量，从而提高烟叶的可用性。对于已经成熟采收了的烟叶，就只能采用第 2 和第 3 种方法。其中，使用溶剂抽提等化学方法虽然可以去除一部分烟碱，但同时会引起烟草中的一些致香成分的损失和外观色泽的显著变化，从而在一定程度上降低了处理烟叶的可用性，而通过微生物或酶来处理烟叶，由于酶具有专一性，因此可以较好地避免这些问题。

国外烟草行业对微生物降解烟碱的应用早有报道，如 B & W 烟草公司和英美烟草公司很早就已开始利用微生物对烟草中的烟碱进行降解，并以此来满足一部分消费群体对低烟碱卷烟的需求。1975 年，B & W 烟草公司利用恶臭假单胞菌（*P. putida*）对烟草中的烟碱进行降解，发现用假单胞菌液对白肋烟和烤烟的混合烟丝（1：1）进行 18 h 处理后，烟碱含量平均从 2.00% 降到了 0.85%，通过烟气分析发现，每支卷烟的烟碱含量从 1.58 mg 降到了 0.98 mg。同时，该公司还筛选出纤维单胞菌和假单胞菌两种细菌。他们将菌体首先进行琼脂斜面培养，接着让其在烟草—烟碱液体培养基中生长，在 30 ℃、220 rpm 条件下培养 24 ～ 48 h，以达到最佳生长状态。然后用 37.2 kg 菌液处理 20.4 kg 去梗的烟叶，保持含水率 68% ～ 70%，处理完后再将烟叶干燥到 14.5%。经此处理后，烟叶的烟碱含量从 3.50% 降至 1.65%。此外，烟草工业生产所产生的废料中含有包括烟碱在内等有害物质，不利于环境保护。1994 年，Meher 等用一种产沼气植物对这些废料进行了连续 15 天处理，结果降解了其中大部分的烟碱和其他有害物质。1997 年，Civilini 等也采用微生物来降解烟草加工中产生的高烟碱含量的烟末。方法是，先将这些烟末溶解并过滤，使烟碱转移到液体中，以提高微生物的降解能力。结果表明，处理后烟末中的很大一部分物质被降解，其主要成分是烟碱、烟酸盐和 2- 呋喃羧酸盐等。2002 年，Sponza 等研究了烟碱对烟草工业废水生物处理过程中细菌活性的抑制作用。此外，嗜碱菌（*alkaliphiles*）、球形节杆菌（*Arthrobacter globiformis*）、氧化节杆菌（*Arthrobacter oxydans*）、巨大芽孢杆菌（*Bacillus megaterium*）等许多微生物也被报道能够分解利用烟叶中的烟碱。国内烟草行业对微生物降解烟碱的应用报道不多，2008 年陈春梅等用烟碱诱导的假单胞菌细胞经超声破壁后离心制得的粗酶液来处理烟叶，结果发现烟叶中的烟碱含量有所降低，评吸结果显示刺激性降低，吸味有所改善。

在烟草发酵中施加微生物及制剂，国内外烟草工作者一般根据不同目的在不同的阶段进行，包括在烟叶采摘前的应用、在烟草复烤前后的应用及在烟丝上的应用。周瑾等将从烤烟叶上分离筛选得到的微生物菌悬液接种于低次烤烟碎片上，在 28 ℃下发酵 6 天，结果表明，发酵后的烟叶中可溶性还原糖含量明显降低，有机酸性成分增多，同时提取物添加到烟丝中可降低刺激性，改善吸味。雷丽萍等（2008）选用 4 个自选菌株在白肋烟晾制初期喷洒在烟草表面，结果表明，菌剂对烟叶化学成分和评吸品质均有一定影响，其中对烟碱含量作用最为显著，最高可降低 54.22%。李雪梅等（2004）从烟叶叶面和植烟土壤中分离到降解烟碱微生物 18 株，经初筛和复筛后得到活性较高的菌株 Nic22，采用其粗酶液对上部烟叶进行处理，结果表明，经酶液处理可明显减轻杂气和刺激性，抽吸品质得到显著提高。罗家基等(2003）从烟叶中分离 4 种不同的优势菌种加以液体培养，将菌液喷洒在未加香的烟丝上，发酵后发现，微生物发酵后的烟叶烟香、吸味提高，色泽好转，发酵时间缩短。任军林等（2002）在烟丝中施加一定浓度的高活性微生物转化酶，贮存 2 h 以上，结果表明，施加后的烟丝，香气增加，刺激性和杂气减轻，卷烟感官质量提高。此外，还可以在烟叶储藏期施加微生物及制剂，既可以提高烟草品质，又可以防止霉变的发生。例如，Jusikui 报道（2001）烟叶储藏期接种一种细菌悬浮液可提高烟叶香气；Inglixy 报道（2003）用枯草芽孢杆菌（*Bacillus Subtilis*）的 3 个菌系和芽孢杆菌（*Bacillus sp.*）另一个种的一个菌株，采用单独接种或混合接种于储藏期烟叶，烟叶香气明显提高；Wentiligy 等（2003）研究发现，酵母菌有些菌株接种烤后储藏期烟叶上，3 天后可诱发烟叶产生诱人的香气；李梅云等（2006）利用筛选的防烟叶霉变菌株 JMB142 抑制烟叶霉变，并使用正交试验得出此菌株的最佳培养条件。

利用微生物和生物酶的方法都可以有效地降解烟叶中的烟碱，并可以改善烟叶的吸食品质。在未来的很长一段时间内，它仍将是烟草行业的一个热门研究课题和研究方向。

二、烟碱的基本特性

烟草生物碱是烟草和卷烟烟气中一类最重要的化学成分之一，其组成和含量对烟草感官品质和安全性具有重要影响。烟草生物碱的存在，是烟草有别于其他植物的主要标志。不包括许多衍生物，已确认的烟草生物碱有 20 多种，通属吡啶类化合物。含量较高的主要有烟碱、去甲基烟碱、假木贼烟碱和新烟碱，它们的分子结构如图 5-2 所示。烟草生物碱种类虽多，但 95% 左右为烟碱，它是烟草特有的也是最重要的生物碱，平均占烟叶干重的 3% ～ 4%。

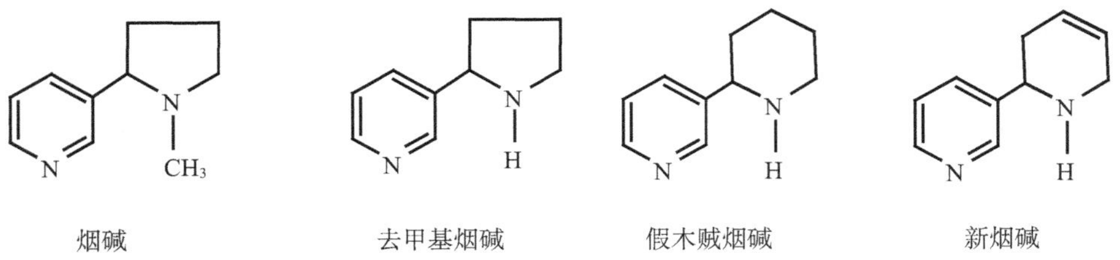

烟碱　　去甲基烟碱　　假木贼烟碱　　新烟碱

图 5-2　烟草中主要生物碱的分子结构式

烟碱（Nicotine），全称 1- 甲基 -2-（3- 吡啶基）- 四氢吡咯烷 [1-methyl-2-（3-pyridyl）-pyrrolidine]，分子式 $C_{10}H_{14}N_2$，分子量为 162.23，是烟草生产废弃物中的主要有害物质，对人体呼吸系统和交感神经具有潜在的危害，烟草中存在多种不同结构的烟碱，如图 5-3 所示。法国科研人员最早于 1571 年从烟草中粗提到烟碱，1828 年制得纯品。1843 年确定了分子式为 $C_{10}H_{14}N_2$，首次实验室合成的报道见于 1904 年。它是一种无色或淡黄色透明的油状液体，具有特殊的辛辣气味和潮解性，其沸点为 247 ℃，密度为 1.01 g/mL，室温条件下相对稳定。烟碱有（*S*）和（*R*）两种构型，天然存在的烟碱为（*S*）型。烟碱易溶于水，在 60℃下与水任意比例互溶，易溶于氯仿、醇、醚等有机溶剂。烟碱是一个有机二元碱，可以与酸反应生成盐。

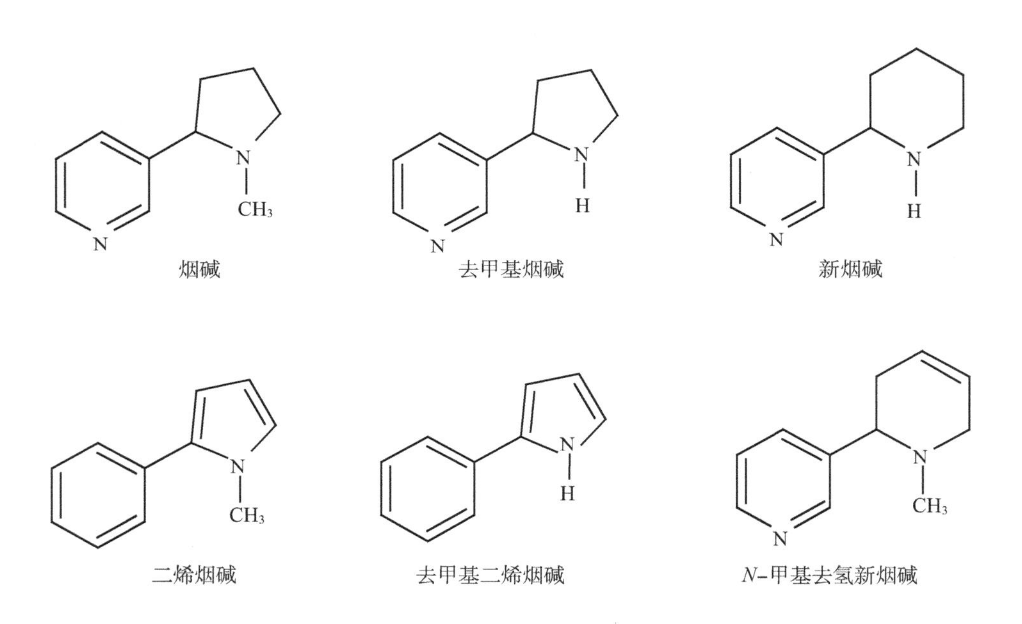

图 5-3　烟草中主要烟碱的分子结构式

作为烟草的特征性物质，卷烟所含烟碱的小部分干馏进入烟气，大部分燃烧后变成去甲基烟碱亚硝胺，它们是强烈的致癌物质。烟碱本身也是一种剧毒麻醉品，少量即能兴奋中枢神经，增高血压，大量能抑制中枢神经，使心脏停搏以致死亡。烟碱对人体产生毒副反应，最大的危害是吸食它会产生依赖性以致成瘾。人们对烟草的需求愿望的强烈性取决于烟碱，当烟草中的烟碱随着烟雾吸入口腔后，只需几秒钟就可以到达大脑，使吸烟者感到一种轻柔愉快的感觉，同时伴有四肢末梢血管收缩、心跳加快、血压上升、呼吸变快、精神兴奋，并促进血小板凝集。长期大量吸烟的人，血液中会存在一定浓度的烟碱，一旦当其浓度降低时，吸烟者会感到烦躁、不适、恶心、头痛并渴望再吸一支以补充烟碱，这样必然形成一个恶性循环，最后导致吸烟的成瘾性。烟碱除了对人体产生成瘾性以外还可导致“烟中毒性视神经病变”，高剂量的烟碱（60 mg）能抑制中枢神经系统，引发急性中毒。长期吸烟引起视力下降，视野缺损，严重者可引起视神经萎缩，最终导致失明。

除了对人体健康的直接危害，环境中所存在的烟碱污染，也会对人类的健康造成极大的损害。烟草加工过程中常会产生许多固态或液态废物，这些废物一般不能被回收利用，它们主要含有大量的烟碱等生物碱类有毒物质。欧盟法律规定，当含烟碱量高于 500 mg/kg 干重时，把它们划为“有毒的危险废物”，这些废物如不及时处理会给人们的生存和生活带来极大的危害，被认为是市政污水处理的一个潜在问题。候轶等（2008）运用常规化学分析和红外光谱、色谱 – 质谱等分析技术对造纸法烟草薄片废水中的污染物进行了分析研究，结果表明废水中含有高含量的烟碱（1.48%）和有机污染物（表 5–5），它们的完全降解已经成为造纸法烟草薄片生产废水经济达标处理的关键。

表 5–5　废水中的有机污染物

污染物	相对分子量	相对含量 / %
苹果酸	134	0.364
柠檬酸	192	0.571
环已烷羧酸	128	89.988
侧柏酸	152	0.127
2，4，6– 三甲基 –1– 乙二醛 –3– 环已烯	152	0.202
愈创木酚	124	0.355
乙烯苯酚	120	0.490
脯氨酸	115	0.280
去氢新烟碱	160	0.267
烟碱	162	1.482
去甲基烟碱	158	0.772
茄尼醇	486	0.412
亚油酸	280	0.676
亚麻酸	278	0.307
油酸	282	0.585
硬脂酸	284	0.251
棕榈酸	256	0.445
茄酮	194	1.410
豆甾醇	412	0.425

三、降解烟碱的微生物资源

微生物种类繁多，分布广泛，具有多种代谢能力，能够利用多种物质作为生命活动的物质和能量来源。早在 20 世纪初就有从烟草及土壤中分离烟碱降解菌的报道。1954 年，Wada 和 Yamasaki 等报道了一种被称为假单胞菌的烟碱降解细菌。此后，Decker 和 Bleeg 从土壤中分离到另一类烟碱降解菌氧化节杆菌（*Arthrobacter oxidans*，后来重新鉴定为 *Arthrobacter nicotinoborans*），它在降解烟碱的过程中产生了一种蓝紫色的可扩散的色素。Hylin 从烟草种子和土壤中筛选出 5 株可以烟碱为唯一碳源和氮源生长的微生物，并得到了纯培养物，其中，有 2 株以前文献未有报道，可能是无色杆菌（*Achromobacter nicotinophagumn*），它们属革兰阴性菌，严格需氧，不能运动，不产生芽孢，并且需要维生素 B_{12} 才能生长，在降解生物碱过程中不产生可扩散的颜色物质。Uchida 和 Maeda 等在 1976 年使用 0.2% 烟碱作为唯一碳源，从烟草生长土壤和烟叶表面分离出能够降解烟碱的细菌，其中2株鉴定为争论产碱菌(*Alcaligenes paradoxus*）和球形节杆菌（*Arthrobacter globiformils*）。若培养基中有添加葡萄糖，会促进烟碱的降解活性，但在烟碱浓度为 0.5% 时，菌的生长受到抑制（表 5-6）。

表 5-6 降解烟碱的典型微生物

降解烟碱微生物	作者与年代
Gram-negative bacteria	
Achromobacter nicotinophagum	Hylin，1959
Alcaligenes paradoxus	Uchida，1976
Cellulomonas sp.	Newton 等，1977
Enterobacter cloacae	Ruiz，1983
Ochrobactrum intermedium DN2	Yuan 等，2005
Pseudomonas nicotianae	孙君社等，2004
Pseudomonas sp. ZUTSKD	孙柯丹等，2008
Pseudomonas sp. Nic22	Chen 等，2008
Pseudomonas sp. HF-1	Ruan 等，2005
Pseudomonas putida S16	Wang 等，2004
Pseudomonas convexa Pc1	Thacker 等，1978
Pseudomonas sp. No.41	Wada 和 Yamasaki，1954
Gram-positive bacteria	
Arthrobacter nicotinoborans pA01	Decker 和 Bleeg，1965
Arthrobacter globiformils	Uchida，1976
Arthrobacter ureafaciens P-34	Gherna 等，1965
Bacillus sp. X6	李雪梅等，2006
Bacillus brevis	韩绍印等，2007
Bacillus laterosporus	韩绍印等，2007
Micrococcus nicotianae	Giovannozzi-Sermanni，1947
Nocardioides sp. JS614	Ganas 等，2008
Rhodococcus sp. Y22	Gong 等，2009
Streptomyces griseus	Sindelar 等，1979
Streptomyces platenses	Sindelar 等，1979
Fungi	
Cunninghamella echinulata	Sindelar 等，1979
Pellicularia filamentosa	Uchida 等，1983
Microsporum gypseum	Sindelar 等，1979
Sepedonium chrysospermum	Sindelar 等，1979

我国因环境和健康的日渐被重视，2000 年后有关微生物降解烟碱的研究才开始，较成熟的应用实例不多。2005 年，Yuan 等从福建三明地区的土壤中分离得到一株能够高效降解烟碱的菌株，该菌经常规的形态、生理生化分析及 16S rDNA 序列同源性分析，鉴定为基内苍白杆菌 *Ochrobactrum intermedium*。该菌在 30 ～ 40 ℃和 pH 6.0 ～ 9.0 范围内具有较高的降解活性，其最适值分别为 30 ℃和 pH 6.5。该菌能够以烟碱为唯一碳源生长，烟碱的耐受浓度在无机盐培养基中可达到 4000 mg/L。Ruan 等也报道了一株高效烟碱假单胞杆菌（*Pseudomonas sp.* HF-1），在含 1 g/L 的烟碱培养基中，25 h 可以降解 92% 的烟碱。山东大学许平教授研究组通过富集培养技术，从 121 份土样和 57 份烟叶中筛选分离到 42 株可代谢烟碱的微生物，利用生理生化反应和分子生物学将 S16 菌株鉴定为 *P. putida* biotype A。该菌株在 30 ℃，pH 7.0 和 3 g/L 烟碱起始浓度下，在 10 h 内就可将烟碱完全代谢。

虽然烟碱的微生物降解主要以细菌为主，但早在 30 年前就曾经分离到具有烟碱降解能力的真菌刺孢小克银汉霉菌（*Cunninghamella echinulata*）、丝核薄膜革菌（*Pellicularia filamentosa*）、石膏样小孢子菌（*Microsporum gypseum*）、黄瘤孢菌（*Sepedonium chrysospermum*）（表 5-6），但由于这些真菌的降解能力普遍偏低，近年来未见后续报道。

这方面国外在 20 世纪 40 年代就有了研究成果，Giovannozzi（1947）应用微球菌（*Micrococcus nicotianae*）的培养液工业发酵后处理烟草，改善烟草的风味和香气的同时，降解了 0.83% 的烟碱。Frankenburg 等在 1952 年改进了发酵处理过程，降解 5% ～ 20% 烟碱的同时加速了烟叶上的其他氧化反应，改进了评吸质量。Wada 等用假单胞杆菌 No.41 对烟碱溶液进行 24 h 处理，大幅度降低烟碱含量，pH 由 6.4 降为 4.6，加上菌落数的增大，烟碱的分解停止，约 35% 的烟碱未能降解。

烟叶中的水溶性糖与烟碱的比例（即糖碱比）协调才能有好的综合质量，糖碱比常被用来评价其劲头和舒适程度。烟碱含量过高则劲头大刺激性过强，不但降低吸食品质并且损害人的健康。用物理或化学方法可以吸附或者分解一部分烟碱，同时也损失了一些影响烟草吸食品质的其他成分。国外如 B & W 烟草公司和英美等烟草公司很早就利用微生物对烟草中的烟碱进行降解，以满足部分消费群体对低烟碱香烟的需求。

B & W 烟草公司在 1975 年利用假单胞杆菌对白肋烟和烤烟的混合烟丝处理 18 h，烟碱含量从 2.00% 降到 0.85%，吸烟机分析结果：成品烟的烟碱含量从 1.58 mg/ 支降到 0.98 mg/ 支；后又在 1978 年采用纤维单胞菌来降低烟碱和硝酸盐的含量。在微生物培养基成分中加入一定量烟碱或白肋烟提取液和硝酸盐，对纤维单胞菌降解烟碱和硝酸盐的能力进行诱导，得到最大降解活性。然后接种的细菌培养液在厌氧条件下 30 ℃处理白肋烟叶片 24 h，硝酸盐的含量从 3.54% 降到 0.22%，烟碱含量从 1.42% 降到 0.32%，此过程中水分保持在 75% 左右，最后将经过处理的白肋烟和其他烟草原料混合，与未经处理的比较得出，硝酸盐含量从 1.63% 降到 1.04%，烟碱从 1.79% 降至 1.32%，将这些烟丝制成卷烟后，硝酸盐降低了 38.8%，氰化氢降低了 19.7%，烟碱降低了 15.3%。

1981 年，日本 Maeda 等利用烟叶表面的细菌来降解烟碱 -N- 氧化物。1983 年，Ruiz 从烟叶表面分离出能够降解烟碱的菌株，经鉴定为阴沟肠杆菌（*Enterobacter cloacae*）E-150，在含有 5 g/L 烟碱培养基中，在 34 ℃和 pH 7.0 条件下进行发酵，发现该菌降解烟碱的能力得到明显诱导，E-150 菌株还能代谢盐酸，但不能降解去甲基烟碱和新烟碱。

四、微生物代谢烟碱的机制

微生物主要有 3 种不同的烟碱代谢途径：第一种称为吡啶途径（Pyridine pathway），主要存在于节杆菌属细菌，该途径从烟碱吡啶环 6 位羟基化开始，然后吡咯烷被氧化脱氢并自发水解打开，接着吡啶环通过羟基化被打开，逐渐降解，目前这一途径已研究得较为深入，参与代谢的 6 个主要反应步骤及其关键酶均已比较清楚；第二种途径是以假单胞杆菌属细菌为代表的吡咯途径（Pyrrolidine pathway），该途径首先发生烟碱的吡咯烷氧化，然后通过吡啶环羟基化开链；第三种是主要存在于真菌中的脱甲基化途径（Me pathway），该途径从烟碱的吡咯烷脱甲基化开始，生成去甲基烟碱。通过这些途径，微生物将烟碱代谢转化为羧酸和基础碳水化合物，为细胞的生物合成和生理代谢提供碳源、氮源和能源。但是后面 2 种途径的分子证据还很少，其降解机制尚不很明确，特别是有关真菌降解烟碱的报道极为匮乏。下面主要针对吡啶途径和吡咯途径进行总结。

（一）烟碱的吡啶代谢途径

早在 20 世纪 60 年代，Decker 和 Bleeg 就从嗜烟碱节杆菌（*Arthrobacter nicotinovorans*）中分离纯化了 6–羟基 –*L*– 烟碱氧化酶（6–Hydroxy–L–nicotine oxidase，6HLNO）。但真正有关烟碱降解的遗传学证据是从 *A. nicotinovorans* 发现 pA01 质粒开始的。1982 年，Brandsch 等通过质粒消除和接合转移的方法证明烟碱的降解是由约 160 kb 大小的 pA01 质粒介导的。在随后的 10 年里，Brandsch 小组对这个 160 kb 的大质粒进行了深入的研究。1986 年他们成功从 pA01 上亚克隆获得含有 6–Hydroxy–*D*–nicotine oxidase（6HDNO）的 2.8 kb 片段，并将其在大肠杆菌中表达出活性产物。但是发现 6HDNO 与 6HLNO 没有相关性，底物利用范围不同，FAD 的结合位点也不同。Grether–Beck 等根据 6HLNO 的 N 端氨基酸序列设计探针，从 pA01 上克隆得到一段 7 kb 的 *Eco*R Ⅰ片段。经序列测定发现，这个片段除了包含编码 6HLNO 的基因外，上游还存在烟碱脱氢酶（Nicotine dehydrogenase，NDH）基因。NDH 由 3 个大小不同的亚基组成，而且 NDH 和 6HLNO 的表达都具有相似性，参与节杆菌代谢烟碱的 6 个反应和相应的酶基因均被克隆和表达，催化机制也逐渐明确（图 5–4）。

吡啶途径概括如下。

① NDH 催化第一步反应，该酶由 3 个亚基组成，分别以 Fe–S 簇、FAD 和钼蝶呤二核苷酸为辅因子。NDH 可被 *D*– 烟碱和 *L*– 烟碱同时诱导，没有光学选择性，生成 6–*D*– 羟基烟碱和 6–*L*– 羟基烟碱。

② 6HLNO 和 6HDNO 催化第二步反应，它们是一对具有严格光学特异性的酶，分别作用于 6–*L*– 羟基烟碱和 6–*D*– 羟基烟碱。6HLNO 是一个同源二聚体，分子量为 93 kDa，每个亚基以非共价键方式结合 1 个 FAD 分子。6HDNO 是一个分子量为 53 kDa，仅由 1 个肽链组成的单体酶，每分子酶共价结合 1 个 FAD 分子。对 6HDNO 的晶体结构研究表明，此酶属于甲酚甲基羟化酶中的 4– 羟 –3– 甲氧苯甲基 – 乙醇氧化酶家族。烟草主要合成 *L*– 烟碱，因此这一步还主要是 6HLNO 的作用，最终将 6–*L*– 羟基烟碱催化生成 6– 羟基 –*N*– 甲基麦斯明（6–Hydroxy–*N*–methylmyosmine），6–Hydroxy–*N*–methylmyosmine 见水容易分解成 6– 羟基（6–Hydroxypseudooxy nicotine）假氧化烟碱。

③ KDH 催化第三步反应，6–Hydroxypseudooxy nicotine 发生脱氢生成 2，6– 二羟基假氧化烟碱（2，6–Dihydroxypseudooxy nicotine）。KDH 为异源三聚体，3 个亚基分子量分别为 89 kDa、26 kDa 和 17 kDa，并分别依赖于钼蝶呤辅因子、FAD 和 Fe–S 族。

④ 二羟基假氧化烟碱（2，6–Dihydroxypseudooxy nicotine hydrolase，DHPONH）水解酶将 2，6–Dihydroxypseudooxy nicotine 分解为 2，6– 二羟基吡啶（2，6–Dihydroxypyridine）和 *γ*–*N*– 氨基丁酸（*γ*–*N*–methylaminobutyrate）。该酶在溶液中以单体形式存在，分子量为 43 kDa。此酶属于作用于 C—C 键的 *α*/*β* 水解酶家族，这个家族的酶氨基酸序列的同源性低，但却具有相似的三级结构。关于此酶的其他特征仍在进一步研究。

⑤ 2，6–DHPH 将 2，6– 二羟基吡啶转化为 2，3，6– 三羟基吡啶。2，6–DHPH 是一个同源二聚体，紧密结合 2 个 FAD 分子，活性对 NADH 严格依赖，并对 2，6– 二羟基吡啶具有专一性，2，3– 二羟基吡啶和 2，6– 二甲氧基吡啶是它的不可逆抑制剂。当 2，6– 二羟基吡啶、NADH 和氧气量为 1：1：1 时，

反应终产物是一种蓝色色素。

⑥ *γ-N-* 氨基丁酸氧化酶（*γ*-N-methylaminobutyrate oxidese，MABO）催化 *γ-N-* 氨基丁酸的脱甲基反应，生产 *γ*-Aminobutyrate（GABA）。此酶与高分子量的线粒体及细菌中的肌氨酸和二甲基甘氨酸脱氢酶相似，由位于 *nic* 基因簇上游的 mabo 基因编码，并与编码甲酰四氢叶酸脱甲酰酶（PurU）和亚甲基四氢叶酸脱氢酶（FolD）的基因侧接。这个家族的酶与 FAD 共价相连，FAD 可将第一步反应形成的亚胺中间物中的亚甲基传递到第二个辅因子四氢叶酸上。CH2TH4 然后被叶酸代谢过程中的 2 个酶联合降解。GABA 可能继续脱氨基形成丁二酸半醛，然后氧化成为琥珀酸进入 TCA。

这 6 步反应组成了节杆菌最主要的烟碱代谢途径。从发现具有烟碱降解能力的节杆菌到吡啶途径的分子解析，经历了 40 余年。其中绝大部分的工作都是由德国弗莱堡大学的 Brandsch 教授课题组完成的，特别是从 20 世纪 80 年代开始，Brandsch 教授先后在国际主流的微生物学刊物上发表了 50 多篇有关节杆菌降解烟碱的文章，可以说 Brandsch 教授开创了烟碱分子代谢的新局面。另外，他的课题组利用生物信息学方法从类诺卡氏菌 *Nocardioides sp.* JS614 全基因组中发现了同源的烟碱降解基因，并利用实验证实了该菌株也是通过吡啶途径代谢烟碱。

（二）烟碱的吡咯代谢途径

1978 年，Thacker 等报道用丝裂霉素消除质粒和接合转移的方法证明 *Pseudomonas convexa* Pc1 对烟碱的降解是由 NIC 质粒介导的。该质粒与 *P.putida* 中的其他代谢质粒如 CAM、OCT、NAH、SAL 和 TOL 有很好的相容性。当 NIC 质粒转移到 *P. putida* PpG1 中时可能解离为能够带动染色体基因转移的独立性因子 T 和非转移性的 NIC 结构基因质粒。但后来未见有关该菌代谢烟碱的进一步报道。

虽然假单胞杆菌和节杆菌都是烟碱代谢

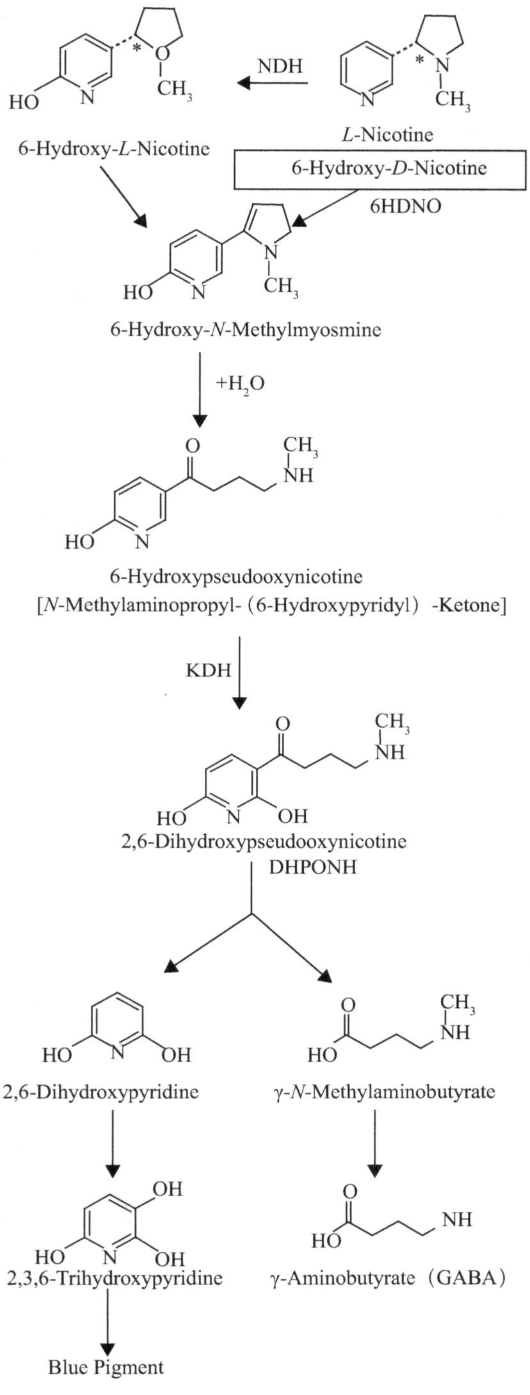

图 5-4　烟碱吡咯代谢途径

的优势种群，而且几乎是同时被发现具有降解功能的。但时至今日，假单胞杆菌代谢烟碱的分子机制研究却远远落后于节杆菌。只是近年来许平研究组对 *P. putida* S16 的代谢烟碱的研究有了一定的进展。*P. putida* S16 能够以烟碱唯一碳源、氮源和能源生长。从 S16 菌株休止细胞转化液中分离纯化到两种重要的代谢产物，通过结构鉴定确定它们为 3- 琥珀酰吡啶（3-succinoylpyridine）和 6- 羟基 -3- 琥珀酰吡啶（6-hydroxy-3-succinoylpyridine）。通过与标样比较，经 TLC、HPLC 和 GC-MS 等检测，从转化液中发现了 2，5- 二羟基吡啶（2，5-dihydroxypyridine）。通过硅烷化衍生后 GC-MS 分析确认了丁二酸（Succinic acid）的形成，并分别以 3- 琥珀酰吡啶和 6- 羟基 -3- 琥珀酰吡啶为底物进行代谢转化，发现了它们之间的关系为：3- 琥珀酰吡啶⟶ 6- 羟基 -3- 琥珀酰吡啶⟶ 2，5- 二羟基吡啶，这是首次证实了前人的推测：6- 羟基 -3- 琥珀酰吡啶⟶ 2，5- 二羟基吡啶 + 丁二酸；定量分析结果表明，烟碱主要沿着该途径被 S16 代谢。这些实验结果与已推测的假单胞菌吡咯途径基本一致（图 5-5）。此外，通过硅烷化衍生的方法，用 GC-MS 检测发现了多个新的代谢产物，其中一些产物由于质谱库中没有标准峰，通过质谱图解析确定了它们的结构。另外，还检测到了烟碱的一些非酶氧化产物，它们可能会被 S16 进一步代谢，根据这些产物的结构式，提出了假单胞菌代谢烟碱存在另一条途径的假设。

Tang 等构建了 S16 菌株的基因组文库，从中筛选到 3 个能够使 *E. coli* DH5*α* 获得烟碱降解能力的转化子，其中，2 个转化子的外源片段编码同一个脱氢酶，目前还未明确转化子代谢烟碱的产物结构，另外一个转化子 GTPF 能够沿着吡咯途径降解烟碱，生成 *N*- 甲基麦斯明（*N*-Methylmyosmine）、假氧烟碱（Pseudooxynicotine）、3- 琥珀酰吡啶（3-Succinoyl-pyridine）、6- 羟基 -3- 琥珀酰吡啶（6-Hydroxy-3-Succinoyl-pyridine）、2，5- 二羟基吡啶（2，5-Dihydroxy-pyridine），该转化子含有 4.8 kb 外源片段，编码 3 个可能的 ORFs。ORF1 与细胞色素 C 氧化酶亚基 I 和 NADH 脱氢酶亚基 I 具有 40% 的相似性，ORF2 与发光杆菌 *Photobacterium profundum* SS9 假定蛋白有 38% 相似性，ORF3 与 *Pseudomonas putida* KT2440 的 AsnC 有 97% 相似性。ORF1 单框表达能够将烟碱降解为 3- 琥珀酰吡啶，ORF2 单框表达能够将 6- 羟基 -3- 琥珀酰吡啶转化为 2，5- 二羟基吡啶。但是我们可以看到由烟碱代谢生成 2，5- 二羟基吡啶至少经过了 5 步反应，虽然 Tang 等认为 *N*- 甲基麦斯明可以自发水解生成假氧化烟碱，但一个 4.8 kb 包含 3 个基因的片段却能完成这几步反应，这是值得探讨的，而且从目前对 ORF3 的分析来看，它不太可能直接参与烟碱的代谢。除非 *E. coli* DH5*α* 中存在能够代谢中间产物的基因。另外一个值得考虑的问题是，*E. coli* DH5*α* 是一个营养缺陷型菌株，在只有碳源和氮源而没有营养元素存在的情况下是不能生长存活的，而利用烟碱为唯一碳源和氮源直接在 *E. coli* DH5*α* 中筛选文库很难说会出现什么样的结果。

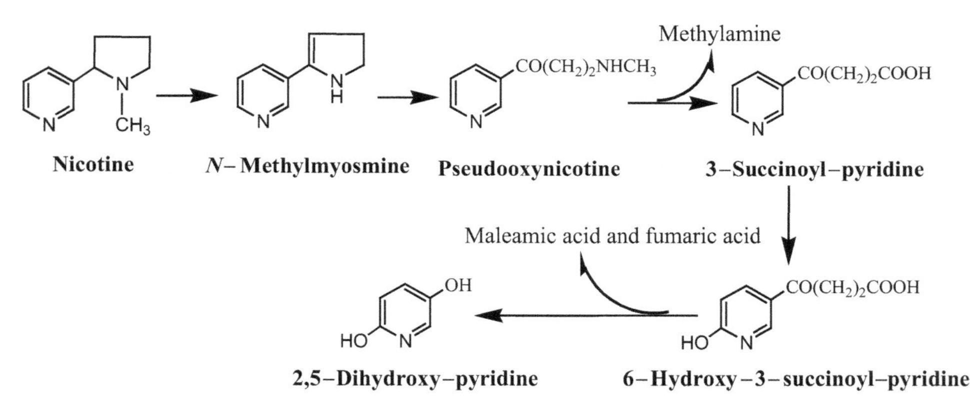

图 5-5 典型微生物代谢烟碱的吡咯途径

Pseudomonas sp. HF-1 也是一个代谢烟碱能力比较强的菌株。邵铁娟从 HF-1 菌株中分离到一个 19 kb 的质粒，但研究证实它与烟碱代谢无关。利用 GC-MS 和 LC-MS 检测 HF-1 菌株的烟碱代谢中间产物，没有发现其他假单胞菌株所报道的烟碱代谢产物 *N*-Methylmyosmine，却检测到了 Cotinine、Myosmine、Nicotyrine 和 Nornicotine，这与其他假单胞菌烟碱代谢途径存在明显差异，而与烟碱在哺乳动物中的代谢过程比较相似，由此推测 HF-1 可能以一条新的代谢途径进行烟碱降解。利用双向电泳及生物质谱技术研究了烟碱诱导条件下菌株 HF-1 的蛋白质表达图谱，并对烟碱诱导的特异性蛋白进行了鉴定。菌株 HF-1 诱导表达了一系列氨基酸合成相关蛋白，ATP 合成相关蛋白、解毒蛋白及运输蛋白等。但是，目前这些蛋白的功能尚未明确。

回顾 50 年来烟碱微生物降解的研究进程，虽然在降解资源分离和代谢机制方面做了大量有价值的工作，但仍存在许多尚未解决或需要补充验证的科学问题。例如，陆续有新的烟碱降解微生物类群的发表，但缺乏对特定生境下的烟碱降解细菌的系统调研，对降碱微生物的多样性缺乏更深入的了解，虽已发现并验证了节杆菌代谢烟碱的吡啶途径，但对以假单胞杆菌为代表的革兰氏阴性细菌的烟碱代谢机制还缺乏足够了解，对可能的吡咯途径缺乏有力的分子证据支持。

第三节　微生物降烟碱在烟草行业中的应用

一、降烟碱微生物在烟叶中的应用

云南省烟草农业科学研究院等单位筛选出能够降解烟碱的节杆菌，应用到采收后的新鲜绿烟叶中，然后进行烘烤，研究降烟碱微生物对烟叶中烟碱的影响。

实验统一采用 K326 品种的中上部烟叶，将采摘回来的烟叶进行挑选，选择烟叶大小、品质相似的进行实验。将事先培养好的微生物降解烟碱菌分别进行稀释，本实验分为 4 个处理，一处理是喷施清水的烟叶作为对照，二处理直接将微生物降解烟碱菌原液喷施到烟叶上作为原液处理，三处理将节杆菌原液稀释 10 倍后喷施到烟叶上作为 10 倍处理，最后一处理将节杆菌原液稀释 50 倍后喷施到烟叶上作为 50 倍处理。

将菌液装入喷雾器中，使菌液以雾状喷出为标准，将菌液喷施到烟叶上以湿润烟叶即可，不可喷施菌液过多而使较多的菌液以水滴状流出烟叶。将喷施好菌液的烟叶编杆后放入烤房按烘烤工艺进行烘烤。放入烤房进行烘烤后，每隔 8 h 取样一次，一次取 3 片烟叶作为 3 次重复。取回的样品在 105 ℃进行杀青，然后 60 ℃下将烟叶烘干，烘干后测定烟叶中的烟碱含量。

清水作为实验的对照处理，从烘烤开始至 32 h 时，烟叶中的烟碱含量在呈上升的趋势，此时的烤房温度从 8 h 取样时的 34.8 ℃上升至 38 ℃。此后，在 80 h 和 128 h 时出现了 2 次峰值，在烘烤的全过程中烟碱含量的变化总趋势是在增加的。

将微生物降解烟碱菌的母液直接喷施到烟叶表面，其烘烤过程中的烟碱含量的变化总趋势与对照相同，都是在烘烤 0 ～ 32 h 时烟碱含量呈上升的趋势，而后烟碱含量则开始下降，并且在烘烤 104 h 和 144 h 时出现了 2 次峰值，而且该处理的终态烟碱含量与最初的烟碱含量相比也是增加的。但与对照相比，烟碱含量还是在下降的。

微生物降解烟碱菌原液稀释 10 倍的处理，烟碱含量变化的总趋势和对照相同，与对照和母液处理相同，该 10 倍处理最终的烟碱含量要高于初烟碱含量，在 168 h 测的最终的烟碱含量为 1.71%，同样低于对照最终在 168 h 时测的烟碱含量。

50 倍处理的最初阶段 8 ～ 16 h 时为上升阶段，而后烟碱含量变化并不稳定，但仍然在 96 h、144 h 和 160 h 出现了 3 次峰值。

在整个烘烤过程中，烟碱含量都会出现有升有降的波动，最终的烟碱含量略高于最初的烟碱含量。这有可能是由于在烘烤前期烤房的温度很低，有利于蛋白质的充分分解，产生较多的氨基酸而使烟碱含量增加，同时烘烤前期即变黄期的温度低，去甲基酶活性较低，烟碱降解慢，二者共同作用导致烘烤的前期烟碱含量升高，而最终使烘烤结束后烟碱含量略有升高。但是唯一不同于前 3 种处理的是它最终的烟碱含量低于最初烟碱含量，这有可能是由于在采摘烟叶的时候，虽然采摘的都是 8 ～ 9 片叶，但烟叶间存在差异，有些烟叶中的烟碱含量过高或过低，使得最终的结果会有相应的误差，这也可以说明了在这 4 个处理中，有些会有稍微的高于或低于它相邻的数值，但是整体的趋势并没有改变，烟碱含量变化的总趋势并没有受到影响。

以清水作为对照，原液处理、10 倍处理和 50 倍处理这 3 个处理中在 168 h 最终测得的烟碱含量都低于对照中最终的烟碱含量。这说明在烘烤过程中微生物降解烟碱节杆菌发挥了作用，而且在降解烟碱含量的程度上母液降解的能力要高于 10 倍稀释组。关于烘烤对烟叶中烟碱含量的影响已有的研究并不一致，有人认为烤后烟碱含量降低，有人认为烘烤后烟碱含量增高。我们的研究结果为烘烤过程中烟碱含量的变化是有规律的，最终烤后的烟碱含量增高。这与有些报道中低温变黄烤后的烟碱含量高于烤前的烟碱含量的观点一致。但是烤后烟碱含量是增加还是减少，不能一概而论，而是受烘烤条件(如烘烤温度) 影响的。

二、降烟碱微生物在烟草生产废弃物处理中的应用

烟草是重要的经济作物之一，卷烟厂在生产过程中有些原料未被充分利用而被排放到环境中，其中，烟碱是有毒物质，造成环境污染。对这类废弃物的排放国外进行了严格控制。利用微生物降解废弃物烟碱是国际研究的热点，尤其对节杆菌属细菌代谢烟碱的机制研究较多，而中国在这方面的研究还比较少。恶臭假单胞杆菌 J5 菌株是云南烟草农业科学研究院分离到的一株高效烟碱降解微生物，在 24 h 能够完全降解 3.0 g/L 的烟碱，最适生长烟碱浓度为 2.0 g/L，鉴定为 *Pseudomonas putida*。云南烟草农业科学研究院对恶臭假单胞杆菌降解固体烟草废弃物和烟草废水中烟碱进行了相关研究，从分子水平解析微生物降解烟碱的机制，建立了一套烟碱烟草废弃物和废液的微生物修复技术。

（一）固体烟草废弃物中的应用

云南烟草农业科学研究院分离出来的高效降解烟碱的菌株为恶臭假单胞杆菌 J5，首先挑取 J5 单菌落接种于 LB 培养基试管中，30 ℃培养过夜，转接至 LB 液体培养基中。然后培养至对数生长后期，测定菌落密度，6000 rpm 离心 10 min，用无菌水洗涤菌体，6000 rpm 离心 10 min，以适量无菌水重悬菌体，将菌体浓度调整至 10^8 cfu/ mL，备用。随机选取 5 g 烟草废弃物，提取烟碱，利用高效液相色谱或化学自动分析仪检测烟碱含量。1%、5%、10% LB 接种 J5 菌液，将烟草废弃物分为对照、处理Ⅰ、处理Ⅱ和处理Ⅲ 4 组，设 3 个重复，每个重复处理 5 kg。将菌液均匀喷洒于烟草废弃物样品，对照处理加入等量的无菌水。每隔 3 天取 5 g 进行烟碱的提取和含量测定，处理时间共计 18 天，结果如表 5–7 所示。

表 5-7　恶臭假单胞杆菌 J5 降低烟草废弃物中烟碱含量的结果

样品	发酵时间 / 天					
	3	6	9	12	15	18
对照	1.1%	1.3%	1.3%	1.3%	1.6%	1.5%
喷施 1% 菌液	1.1%	1.1%	1.1%	1.1%	1.0%	1.1%
喷施 5% 菌液	1.1%	1.2%	1.2%	1.3%	1.3%	1.4%
喷施 10% 菌液	1.3%	1.1%	0.9%	1.1%	1.1%	1.1%

从表 5-7 中可以看出，发酵第 3 天，对照与各处理组的烟碱变化不大，发酵第 6 天后，喷施 1%、5% 和 10% 菌液组降低烟碱较为明显，烟碱含量低于对照组。

（二）烟草废液中的应用

云南烟草农业科学研究院除了对固体烟草废弃物进行了降烟碱的研究，还利用其分离出来的恶臭假单胞杆菌 J5 菌株，对烟草废液中的烟碱降解效果进行了研究。

挑取 J5 单菌落接种于 LB 培养基试管中，30 ℃培养过夜，转接至 LB 液体培养基中，继续培养至对数生长后期，测定菌落密度，6000 rpm 离心 10 min，用无菌水洗涤菌体，6000 rpm 离心 10 min，以适量无菌水重悬菌体，将菌体浓度调整至 10^8 cfu/mL，备用。分别按 1%、5%、10% 接种 J5 菌液于废液样中，充分混匀。每个处理 4 个重复，另设 LB 培养液对照每隔 3 天取 10 mL 进行烟碱的提取和含量测定，处理时间共计 18 天，结果如表 5-8 所示。

表 5-8　恶臭假单胞杆菌 J5 降低烟草废液中烟碱含量的结果

样品	发酵时间 / 天					
	3	6	9	12	15	18
对照	219.0%	200.1%	2.7%	1.0%	0	0
混入 1% 菌液	230.7%	118.4%	2.6%	0	0	0
混入 5% 菌液	205.2%	58.3%	1.5%	0	0	0
混入 10% 菌液	214.4%	34.9%	1.3%	0	0	0

从表 5-8 可以看出，发酵第 3 天，J5 菌株的降解效果并未明显发挥，当进行到第 6 天时，施加 J5 菌株的烟草废液中烟碱含量明显下降，且菌株施加量越高，烟碱下降越明显。各个处理发酵到第 9 天时烟碱含量迅速下降，到了第 12 天各个处理的烟碱含量基本检测不出来。该结果说明废液里面的烟碱加菌能促进烟碱的降解。

云南烟草农业科学研究院分离出来的高效降解烟碱的恶臭假单胞杆菌 J5 菌株，对烟厂废弃物和废液中的烟碱的降解效果明显，能够降低烟厂废液及废弃物的烟碱含量，且随发酵时间的延长，烟草废弃物和废液中的烟碱含量逐渐下降，说明该菌株在废液和废弃物的环境中，降解烟碱的能力较强。

第六章 微生物技术在烟草调制和醇化过程中的作用

第一节 烟草烘烤调制

烟草调制指将田间生长达到一定程度的鲜烟叶采收后，放置于特定的设备内，并施以必要的温湿度条件，保持一定时间，使烟叶的变化达到人们所要求的程度，包括最直观的外观颜色等质量指标和内在吸味特征的烟叶加工过程。这种加工不是单纯的干燥处理，而是通过定向控制，使烟叶发生一系列有利于烟叶品质的生理、生化变化和物理、化学变化，形成特有的色、香、味的就地加工处理过程。

烟草的基本类型根据调制方法命名，有晒烟、晾烟、熏烟、烤烟 4 种。每个类型的烟草都有其特殊的品质风格特征，包括烟叶的物理特性、化学组成、颜色、燃吸时的香气吃味及加工特性等，在被用于制造烟草制品时也各具可用性特点。最初种植烟草时，鲜烟叶被简单地利用太阳暴晒干制成烟叶产品，称为晒烟。后来将鲜烟叶挂置在无阳光直射的环境中晾干制成烟叶产品，称为晾烟。在哥伦布发现美洲新大陆前，当地土著印第安人使用明火进行烤烟，现称为明火烤烟或暗色烟熏烟，也简称为熏烟。烤烟最早称为火管烤烟，是在暗色烟熏烟基础上形成的一个类型。早期使用木炭或代替硬质湿木块与湿松枝或灌木丛枝条燃烧的烟熏，以后又采用暖气管供热烤烟，烤制后的烟叶色泽黄亮，而且香气更好。现代烤烟的调制加热均使用热交换器，烟叶以无燃烧物烟气成分的热空气为介质实现干制，与明火烤烟的烟熏烟有着本质的差异。事实上，讲烟草调制时通常将烤烟称为烘烤，而其他类型的烟草称为调制。所以，烟草调制也称为烘烤调制。

烟草调制是以鲜烟叶为原料，以烟叶产品为目的的烟叶加工过程。鲜烟叶具有潜在质量，但与卷烟产品质量相比，尚有很大距离，只有通过精心调制，才能获得较为理想的品质，成为卷烟工业选用的优质原料。故烘烤调制是决定烟叶最终可用质量的一个重要环节，只有借助烘烤调制才能最终反映烟叶可用质量，并通过其外观等级指标（如成熟度、叶组织结构、颜色、光泽、油分、身份等）及其内在化学成分与烟叶的香气吃味指标进行综合评价。

烘烤加工可使鲜烟叶中潜在的优良品质表现出来，不同工艺条件的烘烤可将相同质量潜势的鲜烟叶加工成具有不同外观和内在质量的干烟叶。不同生态环境条件下形成了不同质量潜势的鲜烟叶，应采用与其相适应的烘烤工艺措施，才能使其潜在的优良品质最大限度地表现出来，突显其最大使用价值和经济价值。烟叶调制的实质是烟叶脱水干燥的物理过程和生物化学变化过程的统一，核心是碳素和氮素代谢的程度及其与水分动态的协调性，向着有利于烟叶品质的方向发展。

第二节　微生物在烟草调制过程中的作用

烟草在田间生长一定时间后，其烟叶逐渐生长成熟，经采摘后获得的鲜烟叶是一类富含水分和富有生命力的烟草器官，既不能吸食，也无法保存，只有通过就地加工才可能成为产品。烟叶表面和环境中存在大量的微生物，它们在鲜烟叶加工过程中对烟叶产品的形成及其品质产生了不同的作用，故将鲜烟叶调制加工成为产品过程中的所有微生物类群统称为烟草调制微生物（Tobacco curing microbes）。鉴于烟叶的调制加工过程时间相对较短，加上烟草调制微生物的活动及其影响相对其他烟草微生物较少受到关注，对它们的研究报道较少。但随着调制过程对烟叶产品质量重要性的认识加深，人们逐渐加深对这类微生物的活动及影响的关注程度。

一、烟草调制微生物主要类群

不论何种类型的烟草，成熟采摘后的鲜烟叶上都包括细菌、真菌、酵母、放线菌等不同的微生物类群，且这些微生物在烟叶调制期间受到调制环境条件的影响，其不同的种群在调制过程中可能表现出不同的发展趋势，即某些微生物发展成为主要的类群，而一些微生物种群量下降成为次要微生物类群。2004 年，Morin A 等对加拿大烤烟调制期间的微生物种群进行了研究，结果表明细菌是调制烟叶上的优势微生物类群，其次是真菌（包括酵母和霉菌）和耐热放线菌。2007 年，张玉玲等对白肋烟晾制期间的细菌进行了分离鉴定，结果表明在整个晾制期间假单胞菌属（*Pseudomonas*）分离菌株数较多，而不同晾制时期细菌的主要类群不同，其中，晾制前期（0 ～ 15 天）主要细菌类群为假单胞菌属、黄单胞菌属（*Xanthomonas*）、不动杆菌属（*Acinetobacter*）、根瘤菌属（*Rhizobium*），晾制中期为假单胞菌属、肠杆菌属（*Enterobacter*）、泛菌属（*Pantoea*）、无色杆菌属（*Achromobacter*）和副球菌属（*Paracoccus*），晾制末期为节杆菌属（*Arthrobacter*）、肠杆菌属、泛菌属、红球菌属（*Rhodococcus*）和棒杆菌属（*Corynebacterium*）。2004 年，祝明亮等从白肋烟 TN90 和 TRM 的 2 个品种中分离到 33 株内生细菌，经初步鉴定属于假单胞菌属、黄单胞菌属、节杆菌属、葡萄球菌属（*Staphylococcus*）、棒杆菌属、黄杆菌属（*Flavobacterium*）、气球菌属（*Aerococcus*）和利斯特氏菌属（*Listeria*），这些内生细菌由于存在于白肋烟组织内，可能随着鲜烟叶存在于烟叶调制过程中。

二、烟草调制微生物种群动态

尽管烟草调制是一个复杂的物理化学反应过程，但这一加工过程的显著特征是富含水分的鲜烟叶失水而成水分含量较低的干烟叶。因此，烟叶水分的减少将直接影响调制期间微生物的种群动态，某些生命活动对水分要求高的微生物类群将呈减少趋势，而其他微生物类群受到的影响相对较小。2004 年，Morin A 等研究表明，在烤烟烘烤过程中，细菌和霉菌的数量从烘烤开始到结束减少为原来的 1/10 到 1/100，而耐热放线菌在烘烤过程中种群数量变化不大，而且直接加热和间接加热两种不同的烘烤处理中，细菌、真菌和放线菌的种群数量没有明显差异。2001 年，张树堂等研究了不同烘烤方式和烘烤条件下烤烟细菌的种群动态变化，结果表明，细菌总量在烘烤开始后逐渐增多，到 48 h 烟叶变黄前后达到最大，每克干样所带的细菌数由烤前的（2.6 ～ 3.3）$\times 10^5$ 个增到（2.6 ～ 6.5）$\times 10^6$ 个，其后随着烟叶的脱水干燥细菌数量逐渐下降。在不同的烘烤方式中，以密集烘烤的细菌量增加最多，保持高细菌量的时间最长，每克干样的细菌数由烤前 3.04×10^5 个增到 48 h 的 6.50×10^6 个，到 72 h 仍为 1.62×10^6 个；普通烘烤次之，细菌量由 3.29×10^5 个增至 4.63×10^6 个，72 h 后为 2.75×10^5 个；自动烤箱最低，细菌数由 2.63×10^5 个增至 2.62×10^6 个，再降至 72 h 时的 1.97×10^5 个。在不同的变黄温湿度间，以高温高湿变黄条件下细菌量增加最多，由 2.63×10^5 个增至烤后 48 h 的 4.61×10^6 个；其次为高温低湿，由 3.23×10^5 个增至 3.51×10^6 个；低温高湿和低温低湿相接近。到 72 h 后，温度上升到 50 ℃以上，叶片逐渐失水干燥，细菌量降低，各处理的细菌量趋于一致。试验表明，细菌种类随烘烤时间的增加而减少，烘烤方式和烘烤条件对细菌种类的变化无明显影响；细菌数量在变黄期逐渐增加，烟叶变黄时达最大，以后逐渐减少；在密集烘烤中和高温高湿条件下，细菌量高于普通烘烤和低温低湿烘烤，说明采用低温低湿变黄有可能抑制细菌活动。2007 年，张玉玲等研究表明，白肋烟砍收时烟叶中细菌种群量最大，随着晾制时间的延长，细菌种群量逐渐减小，到晾制 40 天时，烟叶细菌量达到最小值。但在晾制 10 ～ 15 天期间，烟叶中的细菌量逐步上升。总体表现为晾制前期细菌种群量较大，而随着时间的推移逐渐降低，该研究结果与 2001 年 Koga K 等的研究结果相似。

第三节　微生物在烟草调制中对品质的影响及控制

由于烟草的调制加工过程相对较短，微生物对烟草调制加工的影响研究报道较少。但目前的研究报道表明，微生物对烟草调制的影响主要表现在引起调制期间烟叶腐烂变质和 TSNAs 的积累两个方面。

一、烟草调制期间微生物引起的腐烂变质

由于收获的鲜烟叶不可避免带有部分病原菌，它们将继续存在于调制期间的烟叶上，一旦条件适宜，这些微生物将大量繁殖引起烟叶的腐烂变质。例如，核盘菌（*Sclerotinia sclerotiorum*）、灰霉菌（*Botrytis cinerea*）和细连格孢菌（*Alternaria tenuis*）引起雪茄烟调制腐烂病（Anderson P J，1948），少根根霉（*Rhizopus arrhizus*）在津巴布韦南部引起凉烟的腐烂病，瓜果腐霉（*Pythium aphanidermatum*）和胡萝卜软腐欧氏杆菌（*Erwinia carotovora*）在美国东南部引起烤烟在烘烤期间的腐烂病害（Holdeman Q L 和 Burkholder W H，1956）。Harvey W Spurr Jr 和 Arnold Hamm Jr（2003）报道欧氏杆菌引起烤烟在烤房内的炕腐病，并导致烟叶 TSNAs 含量增加。研究表明，赤星病菌（*Alternaria alternata*）在烘烤过程中的病斑数量和病斑面积均继续增加 60% 以上，对烟叶烘烤造成较大的损失；在潮湿季节由感染烟草空茎病菌（*Erwinia carotovora* subsp. *carotovora*）的病株采收的烟叶在烤房内会发生“吊腐”，引起叶柄腐烂，叶片脱落，并发出烂菜气味。此外，由于烟叶调制过程中的某些阶段温湿度较大，容易引起环境中的一些微生物（如曲霉、青霉等）的快速生长繁殖，引起烟叶的腐烂变质。

二、烟草调制微生物对烟叶中 TSNAs 含量的影响

TSNAs 是由于天然存在的烟草生物碱的亚硝化作用而形成的，TSNAs 在青烟叶中的含量极少，甚至没有。目前有假设认为：在调制过程中，烟草中的硝酸盐被微生物还原为亚硝酸盐及氮氧化物（NO_x），然后与烟草生物碱作用形成 TSNAs。TSNAs 在不同烟草类型中的含量以白肋烟最高，香料烟和烤烟含量都较低，其原因可能与不同烟草类型或调制方式等有关。对烤烟的研究表明，明火调制所产生的燃烧副产物（NO_x）对烟叶烤制中 TSNAs 的形成起着重要作用，与明火调制相比，微生物在烤烟 TSNAs 形成中

所起的作用可以忽略不计。Morin A 等（2004）对烤烟调制过程中 TSNAs 含量与微生物种群关系的研究也表明，烤烟调制过程中微生物种群量的增加与烟叶中 TSNAs 的含量呈负相关。根据目前的研究结果可以看出，烤烟和白肋烟由于烟草类型及调制方式的不同，其 TSNAs 含量的积累与微生物的相关性不同。

三、微生物在烟草调制中降低白肋烟 TSNAs 含量的应用

目前的研究已表明，烟草调制期间微生物的活动可能引起烟叶腐烂变质和增加白肋烟 TSNAs 含量的积累，因此，必须对这些微生物加以控制，以减少它们对烟草调制加工带来的损失。这就要根据烟草调制微生物的生活特性，改进调制方式，加强调制过程中温湿度的管理，控制其种群数量，最大限度减少微生物对烟草调制带来的负面影响。

另外，可筛选一些对烟草品质有利的微生物应用于烟草调制过程，以达到降低烟草有害物质，提高烟叶品质的目的。已有研究表明，通过筛选可还原硝酸盐和亚硝酸盐的微生物作用于白肋烟后，可降低白肋烟 TSNAs 含量。其作用机制可能是接种有利微生物后，由于其种群数量远大于引起 TSNAs 积累的自然微生物类群，从而抑制自然微生物类群的生长繁殖，而接种微生物成为优势类群后大量生长繁殖，在这个过程中大量还原白肋烟烟叶内的硝酸盐和亚硝酸盐，减少了形成 TSNAs 的前体物质，导致白肋烟 TSNAs 含量的下降。

烟草调制是烟草生产后的一个重要加工环节，其可控性非常强，对利用微生物改进提高烟叶品质非常有利。微生物资源丰富，功能较多，而且易于培养再生，因此，开发利用对烟草品质有利的微生物具有非常大的前景。随着研究的不断深入和扩展，微生物在烟草调制过程的控制和利用将越来越向有利于烟草生产和加工的方向发展。

第四节　烟草醇化微生物

一、烟叶醇化发酵

当年采收而未经发酵的烟叶都称为新烟，无论哪种烟叶，其品质都存在不同程度的缺陷，不宜直接用于制造卷烟。烟叶发酵处理的目的是改进烟叶质量，使其品质完善，更符合工业生产的需要，它是卷烟生产的关键工序。

烟叶醇化发酵是将成批烟叶堆放在多间发酵室中，通过热风和蒸汽，使烟叶在湿热的气候环境中发酵约半月之久，使微生物繁殖、酶转化，变成色香俱全的烟叶，供卷烟使用。收获调制后的烟叶表面存在大量的微生物，而且这些微生物贯穿于烟叶醇化发酵过程的始终，通常将烟叶醇化发酵过程中的微生物统称为烟草醇化微生物（Tobacco aging microbes），醇化过程是一个十分复杂的生物化学变化过程，这类微生物在烟叶醇化发酵过程中的作用极其复杂。经过醇化后的烟叶，色泽变佳，青杂气味减轻，刺激性减少，吸味醇和，香味较好，品质得到改善。

烟叶醇化发酵分为人工发酵和自然发酵两种方法。烟叶的自然发酵通常称为自然醇化或自然陈化，是把经过复烤持有适当水分的烟叶，包装好放置于仓库中，在自然气候条件下，随着季节温度变化进行较长时间醇化的方法。自然醇化方法工艺简单，操作方便，但过程缓慢，一般需 1.5 ～ 2.0 年时间，发酵后烟叶色泽鲜明，品质改善较大，效果好。但自然醇化周期长、占仓库多、资金周转慢，致使其发酵成

本较高。人工发酵是利用人为创造的适合烟叶内在品质变化的条件，促使烟叶加速发酵的方法。人工发酵可缩短发酵周期，减少资金积压，从而达到提高烟叶品质的目的，比较经济实用。新烟在品质上存在的缺陷可通过人工发酵得到一定的改善，但其质量要比自然发酵的烟叶差，一般表现为在颜色不及自然发酵好的烟叶呈现较好的橘黄色，并保持良好的光泽，香气不及自然发酵好的烟叶优美，吃味不及自然发酵好的烟叶醇和。经济发达的国家普遍采用自然发酵，我国前期鉴于经济条件等方面的原因多采用人工发酵，目前国内卷烟工业企业已大部分采用自然发酵。一般来说，质量好的高等级的烟叶采用自然发酵效果好，因香料烟油树脂含量高，芳香物质在人工发酵的高温下挥发损失多。少数企业为了特定的目的，采用人工发酵，但人工发酵的烟叶也需要再经过一定时间的自然醇化效果才更好。

烟叶发酵机制目前主要有 3 种学说，即“氧化作用”（又称“纯化学作用”）、“酶的作用”和“微生物作用”。3 种学说各有各的道理，也有各自不足之处。例如，3 种作用是否在烟叶发酵过程中同时存在？当一种作用受到抑制时，另一种作用会产生替代反应，使发酵过程得以进行下去？还是某种反应一直在发酵过程中起主要作用，或是发酵的某个阶段某种反应起主要作用？目前还未曾有定论。烟叶发酵的真正机制还有待进一步深入研究。

早在 1858 年就开始研究烟叶发酵机制，研究发现雪茄烟在某些方面的发酵与乙醇发酵相似。氧化作用假说是 1867 年苏联科学家涅斯列尔和什列晋格提出的，认为烟叶中的无机催化剂（铁、镁）是引起烟叶发酵的催化剂，是促使烟叶进行发酵、改善烟叶香吃味、提高烟叶品质的主要原因。烟叶发酵主要是这些无机元素与空气中的氧进行催化的氧化过程，它们在有氧条件下，发酵烟叶的还原糖、总氮、烟碱、蛋白质、总氨基酸、淀粉、多酚及类胡萝卜素含量的下降幅度大于无氧条件下发酵的烟叶，氧气条件在发酵过程中对烟叶主要化学成分的降解和转化具有重要作用。

19 世纪 80 年代，小什列晋格提出了微生物作用假说，他提出引起发酵最初作用的是微生物，后续过程才是在无机催化剂的作用下进行的。1933 年，Reid 等研究发现，微生物活动比较活跃，与发酵过程和发酵质量有一定关系。在烤烟人工发酵的中期和发酵完成时，烟叶中均存在一定数量的微生物，多以细菌为主，还有少量的放线菌和霉菌。烟叶表面的微生物数量和种类与发酵条件有一定的密切关系，烟叶中嗜热性细菌和酵母菌对雪茄烟的发酵及香吃味的改善起重要作用。

列夫提出了酶作用假说，他认为烟叶本身所含有的氧化酶类引起发酵作用，主要是氧化酶、过氧化氢酶、过氧化物酶等作用所致，烟叶中的氧化酶、过氧化氢酶、过氧化物酶等不仅在发酵过程中具有活性，甚至在烟制品中仍然保持一定的活性。1950 年，美国烟草专家 Franknbury W G 也提出酶催化烟叶发酵的理论，并在晾晒烟发酵过程中发现近半数的蛋白质被蛋白酶水解成大量氨基酸。1996 年，周冀衡等和肖协忠等的研究发现，发酵是烟叶在其本身酶参与下的生化过程，影响烟叶发酵的内在因素是烟叶本身细胞内所含有的酶，它是促进烟叶发酵的原动力，烟叶发酵是多种酶联合作用的结果。在醇化发酵过程中，酶的催化作用使得烟叶内部各种化学成分发生剧烈变化，这些变化伴随着强烈的氧化过程，具体表现为烟叶强烈地从空气中吸收氧气，发生回潮并放出热量。影响烟叶发酵最重要的外在因素是温湿度，烟叶中酶的催化作用受限于周围空气的温湿度变化，在干燥条件下，酶具有很强的耐热性，即使升到 100 ℃，酶仍能保持活性。也有人研究指出，烟叶发酵过程中微生物和酶是相互作用的。在醇化前期，烟叶中残留酶在酶促反应中起到了主要作用，微生物作用贯穿整个醇化过程，在醇化后期发挥着维持酶促反应的作用。在不同发酵过程中，不同微生物种群数量与不同酶的活性变化有明显差异。微生物对烟叶中酶活性有一定的促进作用，但不同微生物对不同种类的酶活性影响不同。发酵条件不同，微生物产酶的能力不同，相应地对烟叶基质的作用途径和效果也不同。

二、烟叶醇化发酵对烟叶品质的影响

1998年，闫克玉等和朱大恒等研究发现，在发酵过程中烟叶品质发生了明显的变化，与其化学成分的变化有直接关系，而这些变化表现出前期剧烈而后期逐渐趋于平缓的规律。

碳水化合物的变化：烤烟经自然醇化或人工发酵后，还原糖含量下降，其下降幅度以自然醇化烟叶为最大。调制后烟叶内的水溶性碳水化合物含量为12%～14%，复杂的碳水化合物在长时间的调制过程中大量分解，水溶性碳水化合物则在发酵中得到相当程度的分解，其中，以蔗糖损失较多。因调制后烟叶的含水量较低，所以发酵时淀粉和糊精分解很少。多糖类物质的稳定性很强，经过发酵也很少分解。由于烟叶氧化酶的强烈作用，酚类物质在发酵时要减少40%～50%。烟叶中含有相当数量的果胶质，尤其是上部烟叶。果胶质数量和性质的变化，反映了烟叶持水特性的变化，发酵中烟叶内果胶的量变与所采取的发酵温度有关。发酵温度越高，发酵后烟叶的吸湿性越弱。

氮化合物的变化：烟叶发酵后，总氮、总植物碱、烟碱、蛋白质、氨基酸含量均下降，其下降幅度以自然醇化烟叶为最大。

有机酸的变化：烟叶发酵后，总有机酸、挥发性酸、挥发性羧基化合物和粗糖苷含量均上升，且以自然醇化烟叶的上升幅度最为显著，苹果酸和柠檬酸含量下降，柠檬酸下降得最多。烟叶中这三大类化学成分在发酵中发生一系列变化使烟叶品质向有利的方向转化，体现了发酵的重要性和必要性。

致香物质是评价烟叶质量好坏的重要指标之一，关于其在发酵过程中变化的研究国内外已有大量的文献报道。

随着醇化和发酵时间的延长，烟叶中大多数香气物质成分的含量持续上升，尤其是低分子量的成分上升明显。烤烟烟叶中的挥发性酸、挥发性羰基化合物含量及烟叶精油中绝大多数香气成分含量显著增加。烤烟自然醇化18～24个月时，内在香气成分含量普遍达到最高值。烤烟在发酵过程中，色素含量不断分解降低，发酵后类胡萝卜素总量不到发酵前的26%，而叶绿素、新黄质在发酵后的烟叶中很少存在。1960年，Wright H E等的研究指出，叶绿素的降解产物新植二烯、绿原酸及类胡萝卜素的降解产物β-大马酮、紫罗兰酮均是烤烟的重要香气物质。1971年，Noguchi M等的研究指出，烟叶发酵过程中非酶棕色化反应产物含量增加，主要是一些杂环类致香物质，如吡喃类、吡咯类、吡嗪类。1977年，Wahlberg I等的研究指出，烤烟烘烤过程及发酵6个月、1年和2年时间大多数的中性成分和酸性成分均呈增加的趋势。

白肋烟在发酵过程中许多中性致香成分含量在醇化过程中呈明显增加趋势，增加幅度较大的成分有糠醛、糠醇、苯甲醛、苯乙醇、氧化异佛尔酮、巨豆三烯酮和金合欢基丙酮等。在所测定的12种碱性致香成分中，吡啶、2，3-二甲基吡嗪、2，5-二甲基吡嗪、2，3，5-三甲基吡嗪、川芎嗪、2-乙酰基吡嗪6种重要碱性致香成分含量有明显增加，但碱性成分总含量在醇化过程中呈大幅下降趋势。

三、烟草醇化微生物的主要类群和种群动态

刚采收的烟叶与发酵后的烟叶都带有大量的微生物，即使在70 ℃高温发酵时，烟叶中仍有某些微生物的存在。烟叶经过烘烤以后，烟叶中部分不耐高温的微生物将被杀灭，然而在烤烟的自然发酵过程中，存留的叶面微生物和它们分泌的酶对于烟叶大分子化合物的转变和醇化过程发挥着重要的作用。

烤烟叶面主要微生物类群有细菌、放线菌、霉菌和酵母菌。1933年，Reid等最早对经过烘烤和发酵后烟叶中存在的微生物进行研究，发现雪茄烟烟叶表面存在着大量的细菌和霉菌。1944年，Reid等将分离自烘烤后的烟叶中的微生物加以分类，烟叶中的细菌主要是巨大芽孢菌群，霉菌主要是青霉和曲霉。1982年，Miyake等的研究发现，发酵过程中烟梗中的微生物有一定的变化。1990年，谢和等从烤烟

NC82 中同样分离到细菌、放线菌和霉菌，并没有分离到酵母菌，他分析其原因可能与烤烟醇化期间的环境条件和烟草种类等因素有关。2000 年，邱立友研究了发酵烤烟叶面微生物区系，在自然发酵烤烟叶面微生物中，细菌占绝对优势，放线菌和霉菌尤其是放线菌数量较少。细菌中芽孢杆菌属为优势菌群，霉菌中曲霉为优势菌群。以芽孢杆菌属（*Bacillus*）、芽孢梭菌属（*Clostridium*）、链霉菌属（*Strepotomyces*）、曲霉属（*Aspergillus*）和青霉属（*Penicillium*）为优势菌群，芽孢杆菌属和芽孢梭菌属共占叶面微生物总数的 90% 左右，烟叶以芽孢杆菌和梭状芽孢杆菌为主，其次是霉菌和放线菌，没有酵母菌。赵铭钦等将不同醇化期间烤烟叶面分离到的微生物菌株进行分类鉴定（表 6–1），醇化期间，从烤烟叶面分离到的细菌有芽孢杆菌属、梭状芽孢杆菌属和芽孢乳杆菌属等 8 个属。从烤烟叶面分离到的放线菌有链霉菌属、小单孢菌属和动孢菌属 3 个属。分离到的霉菌有曲霉属、青霉属和毛霉属等 10 个属。随着醇化时间的延长，细菌中非芽孢菌的种类和数量逐渐减少，而产芽孢的芽孢杆菌属和梭状芽孢杆菌属在不同醇化时期均可分离到。其中，芽孢杆菌属菌株的种类和数量均比其他细菌菌株多，表明在醇化过程中芽孢杆菌属是烤烟叶面细菌中的优势菌群。进一步鉴定发现，芽孢杆菌属的菌株分别为大芽孢杆菌、蕈状芽孢杆菌、枯草芽孢杆菌、地衣芽孢杆菌和蜡状芽孢杆菌等。韩锦峰等认为芽孢菌和梭状芽孢杆菌是发酵烤烟的优势种群，没有酵母菌存在。2003 年，王革等在国内首次从自然发酵烟叶上分离出酵母菌，并指出酵母菌、光合细菌、固氮菌和生香产酸细菌也是发酵烟叶中的优势菌。自然发酵烤烟叶面微生物的数量和种类与烤烟品种、产地、等级和醇化时间有关。不同品种的烤烟中，优良品种烤烟叶面微生物的数量较大，种类较多。2006 年，祝明亮等对醇化烟叶样品中酵母菌进行了分离，利用 ATB 系统将 3 株酵母菌分别鉴定为黏红酵母（*Rhodotorula lutinis*）、罗伦隐球酵母（*Cryptococcus laurentii*）和粗壮假丝酵母（*Candida valida*）。

表 6–1　醇化期间烤烟叶面微生物种类的变化（赵铭钦等，2000a）

醇化时间 / 月	细菌 Bacteria	放线菌 Actinomyces	霉菌 Mould
0	芽孢杆菌属 *Bacillus* 梭状芽孢杆菌属 *Clostridium* 芽孢乳杆菌属 *Sporolactobacillus* 黄单胞菌属 *Xanthomonas* 微球菌属 *Micrococcus*	链霉菌属 *Streptomyces* 小单孢菌属 *Micromonospora*	曲霉属 *Asperillus* 青霉属 *Pencillium* 毛霉属 *Mucor* 小克银汉霉属 *Cunninghamella*
2	芽孢杆菌属 *Bacillus* 梭状芽孢杆菌属 *Clostridium* 芽孢乳杆菌属 *Sporolactobacillus* 棒杆菌属 *Corynebacterium*	链霉菌属 *Streptomyces* 小单孢菌属 *Micromonospora* 动孢菌属 *Kineosporia*	曲霉属 *Asperillus* 青霉属 *Pencillium* 木霉属 *Trichoderma* 根霉属 *Rhizopus* 梗束霉属 *Coremium*
5	芽孢杆菌属 *Bacillus* 梭状芽孢杆菌属 *Clostridium* 棒杆菌属 *Corynebacterium* 欧文氏菌属 *Erwinia*	链霉菌属 *Streptomyces* 动孢菌属 *Kineosporia*	曲霉属 *Asperillus* 青霉属 *Pencillium* 毛霉属 *Mucor* 头孢霉属 *Cephalosporium*
10	芽孢杆菌属 *Bacillus* 梭状芽孢杆菌属 *Clostridium* 芽孢八叠球菌属 *Sporosarcina*	链霉菌属 *Streptomyces* 小单孢菌属 *Micromonospora*	曲霉属 *Asperillus* 青霉属 *Pencillium* 小孢霉属 *Syzygites*
14	芽孢杆菌属 *Bacillus* 梭状芽孢杆菌属 *Clostridium* 芽孢乳杆菌属 *Sporolactobacillus*		曲霉属 *Asperillus* 青霉属 *Pencillium*
17	芽孢杆菌属 *Bacillus* 梭状芽孢杆菌属 *Clostridium*		曲霉属 *Asperillus* 青霉属 *Pencillium*

烤烟叶面上存在大量的微生物群落，其种群数量因烟叶品种和处理的不同时期而有所差异，它们在烟叶生长、调制、醇化、加工和贮存过程中对烟叶品质产生很大的影响。

未发酵、自然醇化及人工发酵过程中烤烟叶面微生物数量总体呈下降趋势，可能是醇化时烟叶含水量较低或微生物之间的拮抗作用抑制其生长原因所致。1936 年，Dixon 等的研究表明，烤烟醇化后微生物的数量有所减少。烤烟 NC89 在 0 ～ 17 个月的醇化期间，微生物种类和数量随醇化时间的延长而逐渐减少。对于深色明火烤烟，在发酵初期时烟叶中的细菌密度呈增加趋势，随后逐渐降低。2000 年，赵铭钦等以烤烟品种 NC89 为试验材料，研究了醇化期间烤烟叶片中微生物数量的变化（表 6–2）。结果表明，醇化初期（0 ～ 2 个月），烤烟叶面微生物数量较高，从 393.51×10^3 个 /g 迅速增至 858.13×10^3 个 /g，究其原因可能是烤烟经初烤和复烤后，烟叶叶面营养物质丰富，导致烤后叶面残留的活菌及环境中的微生物在叶面爆发性地生长。随着醇化时间的延长，细菌、放线菌和霉菌的数量迅速减少，而芽孢数占细菌数的比值则由醇化开始和 2 个月的 0.89% 和 0.48% 提高至醇化 14 个月和 17 个月的 19.15% 和 21.74%。在自然发酵环境条件和烤烟叶面营养物质状况的影响下，微生物的生物活性随着醇化的进程由初期较高水平变化到后期逐渐下降。

在发酵最初的 5 个月内，放线菌的数量和种类有所增加。随后则迅速减少，至醇化第 14 个月时，已分离不到放线菌了。在放线菌中链霉素菌属的菌株分离到概率较高且数量较多。从不同醇化时期的烤烟叶面都可分离到曲霉和青霉，且数量在霉菌中占较高比例，随着醇化的进行，霉菌中其他属的菌株逐渐减少和消失。

表 6–2　醇化期间烤烟叶面微生物的数量（赵铭钦等，2000a）

醇化时间 / 月	微生物总数[a]/（个 /g）	细菌[a]/（个 /g）	芽孢[a]/（个 /g）	放线菌[b]/（个 /g）	霉菌[b]/（个 /g）	酵母菌[b]/（个 /g）
0	393.51	345.12	3.08	3.80	480.00	0
2	858.13	840.01	4.07	4.23	177.00	0
5	104.97	99.75	5.15	5.59	46.65	0
10	26.04	25.40	2.27	0.17	6.25	0
14	2.47	2.35	0.45	0	1.17	0
17	1.18	1.15	0.25	0	0.33	0

注：a 表示表中数据乘以 1000；b 表示表中数据乘以 100。

2001 年，朱大恒等采用品种为 NC89 的 C3F 等级烤烟烟叶为材料，对复烤后的新烟、自然醇化与人工发酵各个时期烟叶上的微生物的数量变化进行了研究，分离和分类鉴定结果表明，烤烟叶面微生物种群主要包括细菌、放线菌和霉菌三大类群。细菌主要有芽孢杆菌属、梭菌属和葡萄球菌属；霉菌主要为曲霉属、毛霉属和青霉属；放线菌主要为链霉菌属、高温放线菌属和小单孢菌属。不同微生物种群的数量比较，细菌占了微生物总数的 95% 左右。其中，芽孢杆菌属和梭菌属细菌占微生物总数的 90% 左右，为优势种群；霉菌和放线菌数量较少，仅占 5% 左右。从发酵过程中微生物数量的变化来看，未发酵烟叶微生物数量最多，在自然醇化和人工发酵过程中，微生物总数均呈现出下降的趋势，但不同微生物种群在不同发酵过程中数量的变化有明显的差异。

对于细菌中的芽孢杆菌数量，在发酵过程的前期，自然醇化烟叶高于人工发酵烟叶，而在发酵的后期，人工发酵烟叶高于自然醇化烟叶。对于梭菌数量，在人工发酵烟叶中，前期略有上升，而后逐渐减少；在自然醇化烟叶中则持续减少，数量低于人工发酵烟叶。葡萄球菌的数量变化则相反，在自然醇化前期增加，12 个月后逐渐下降；在人工发酵烟叶中持续减少，且数量始终低于自然醇化烟叶。

各种霉菌在自然醇化与人工发酵过程中的变化存在较大差异。曲霉菌和毛霉菌数量有相似的变化规律，即在人工发酵过程中，前期呈上升趋势，后期有所下降；在自然醇化过程中则持续下降，曲霉菌在醇化 30 个月时数量已接近于零，毛霉菌数量在醇化后期也显著低于人工发酵烟叶中的数量。青霉菌在两种发酵过程中均表现为前期明显增加，后期下降的变化趋势，但在自然醇化结束时青霉菌数量已接近于零，而在人工发酵结束时其数量仍保持较高水平。对于放线菌中的链霉菌和高温放线菌数量，均以人工发酵过程中数量较高，且呈增加趋势，在自然醇化过程中表现为减少趋势。小单孢菌数量在人工发酵过程前期较高，后期较低，在自然醇化过程中变化较平缓。储藏期烟叶与初烤后烟叶相比，霉菌数量减少，酵母菌急剧增加，放线菌和细菌数量变化不大。

第五节　烟草醇化微生物的作用

一、缩短烟叶醇化发酵周期

烟叶的自然醇化和人工发酵过程中，烟叶表面的微生物在醇化过程中发挥着十分重要的作用，可在烟叶表面有目的施加有益的微生物促进烟叶的醇化进程，缩短烟叶醇化周期，且在一定程度上能提高烟叶的内在质量。早在 1858 年，Koller 等发现在雪茄烟中接种酵母菌，可大幅加快发酵进程，使发酵更为彻底。1990 年后，陈福星和罗家基等采用烟叶优势菌种 4 个芽孢杆菌处理烟叶，发酵时间由原来的 15 天缩短为 7 天左右，经微生物发酵后的低档次卷烟可提高 1 ～ 2 个等级。韩锦峰等将烤烟叶面分离筛选的优势菌种混合配制成生物制剂，试用于烟叶发酵，可加速烤烟发酵，提高烟叶品质，且具有抑制烟叶霉变的作用。谢和等的研究指出，采用微生物发酵的方法可以大幅地缩短烤烟醇化的时间。例如，现有烤烟的人工发酵时间包括升温、保温和降温 3 个阶段，需要 20 天左右。采用微生物发酵法可缩短至 8 天，且该烟叶继续 90 天的自然醇化过程，经过感官评吸，烟叶的质量已接近于自然醇化的烟叶质量。郑勤安等在造纸法再造烟叶生产过程中，采用 1 种增香菌、1 种活性干酵母及 1 种蛋白酶配置而成的烟草发酵增质剂，用其处理了对烟草原料萃取后的浓缩液。结果显示，微生物增质剂发酵效率明显高于传统的烟叶人工发酵，发酵时间缩短。

二、微生物调控烟叶中主要化学成分含量

烟叶中蛋白质、烟碱、氨基酸、TSNAs 及其细胞壁物质，严重影响烟叶与卷烟的品质，降低这些有害成分与烟叶化学成分间的协调平衡，将会有效改善烟叶的品质。2006 年，汪长国等为改善烤烟上部烟叶的内在品质，将由烟田土壤中分离筛选出有益的巨大芽孢杆菌制得的微生物制剂，于采收前 10 天喷施在 K326 上部 6 片烟叶的叶面上，用量依次为 50 mL/667 m^2 和 100 mL/667 m^2，成熟采收，取初烤烟叶样品，检测分析其重要香味成分、氨基酸、蛋白质含量及感官质量评吸。结果表明：与对照相比，喷施该制剂的烟叶的重要香味成分含量明显增加，氨基酸总量和蛋白质含量均有所降低，吸味品质明显改善。

烟碱是烟叶品质重要因素之一，含量过高会增加烟气的刺激性，含量太低又缺乏满足感。烟叶中烟碱含量与烤烟品种、地域、气候、施肥种类及施肥量等因素有关，也与后期的工艺处理过程及微生物的作用

有关。早在1947年，Enders C等研究发现酵母菌不能完全降解烟碱，国外一些烟草企业如B & W烟草公司、英美烟草公司很早就利用微生物对烟草中的烟碱进行降解，以此来满足一部分消费群体对低尼古丁香烟的需求。研究人员相继发现了许多可以降解烟碱的微生物，利用这些微生物降低烟叶中的烟碱含量。

蛋白质是生命物质，对烟草生长发育、产量、质量的形成具有重要作用和意义。但对于烟草制品来说，蛋白质是不利成分，含量高时烟气强度过大，香气和吃味变差，产生辛辣味、苦味和刺激性，含量过高燃吸时产生如同燃烧羽毛的蛋白臭味。同时，蛋白质又是烟叶中客观存在不可缺少的成分，烟叶中含有适量的蛋白质能够赋予充足的烟草香气和丰满的吃味强度。它的水解产物和转化产物是许多香气成分的原始物质，降解产生一系列小分子含氮化合物，对烟草的香气和吃味产生各种各样的影响。在卷烟生产过程中会产生大量的低等级烟叶产品，由于这些烟叶中的蛋白质含量较高，而有效香味成分含量较低而无法有效利用。适度降低烟叶中蛋白质含量，将会在不同程度改善烟叶品质和使用价值。

烟叶中细胞壁物质对卷烟品质影响程度较大，如纤维素、半纤维素、木质素及果胶质等，这些物质在适当的条件下可降解为许多小分子香味物质，从而提高低档次烟叶的可用性。1959年，Giovannozzi-Sermanni G等采用烟草德巴利酵母（*Debaryomyces nicotianae*）、烟草微球菌（*Micrococcus nicotianae*）、M. 烟草液化变种（M. *nicotiana* var. *liquefaciens*）、芽孢杆菌（*Bacillus sp.*）及烟草节杆菌（*Arthrobacter nicotianae*）对雪茄烟用的肯塔基烟叶进行发酵处理，结果使柠檬酸、苹果酸、马来酸和琥珀酸分解，导致烟叶变为碱性，用其制剂处理的烟叶总氮、可溶性氮和烟碱含量均大幅度降低，分别由35.74%、69%和33.6%降至9.87%、2.91%和8.9%，而蛋白质氮含量在所有情况下均增大。1967年，Henri C Silberman等采用黑曲霉或米曲霉发酵产生的多糖水解酶处理烟梗，使梗丝的填充力和挥发物的量显著增加，掺此梗丝的卷烟更受评吸专家的喜欢。1989年，布朗与威廉森公司选择微生物胡萝卜软腐欧氏菌（*Erwinia carotovora*）降解烟梗中的果胶，处理时将烟梗末悬浮于此微生物的营养液中，浓度为10%，与传统法生产的烟草薄片相比，由微生物消化的烟梗制备的烟草薄片的pH略高，糖和硝酸盐适宜，感官评价略优。2001年，马林等将酶解和微生物发酵等生物技术综合应用于改变低次烤烟化学成分，有效地降低了对吸食品质和安全性不利的蛋白质成分及小分子含氮化合物（如氨）等，用酶和微生物处理后烟叶中的蛋白质降解41.34%；烟气中的有害气体如HCN、NO、CO分别减少了76.19%、71.43%和42.33%，焦油减少了26.01%。2002年，周瑾等将微生物菌Yu-1接种于灭菌后的低次烤烟碎片，28 ℃发酵6天，发酵后烟叶碎片中的可溶性还原糖含量明显降低，有机酸性成分增多，酸值提高。2003年，邓国宾等采用从优质烟叶上分离的降果胶质菌株DPE-005产生的果胶酶对上部烤烟烟叶进行了处理试验，处理后的烟叶的细胞壁物质和果胶质含量均有不同程度的降低，上部烟叶杂气得到部分去除，刺激性有所减轻，吸食品质得到改善，使用价值有所提高。

氨基酸对烟株内氮的代谢作用有着重要意义，烟株中有20多种氨基酸参与蛋白质代谢。成熟烟叶含有4% ~ 7%的总氨基酸及其中的0.4% ~ 0.7%游离氨基酸，调制后其含量均有大量增加。氨基酸对烟叶品质的影响有3个方面：①氨基酸在酶的作用下生成黑色素（如酪氨酸），使烟叶的颜色加深，这叫作酶引起的棕色化反应，主要在烟叶调制过程中发生；②氨基酸是小分子化合物，烟草燃烧时分解产生氨，是刺激性的来源，浓度大时产生氨臭味；③氨基酸与羰基化合物共存，没有酶的参与，也发生氨基－羰基反应，即美拉德反应，产物是烟草香吃味的重要来源。微生物对氨基酸含量的降低有利于卷烟颜色加深，香吸味得到改善。2000年，赵铭钦等采用2种增香菌种和3种微生物酶配制的微生物发酵增质剂，对在线配方烟叶进行了处理，并对处理后的卷烟中部分酸性组分含量进行了测定，处理后的卷烟中13种氨基酸的含量是下降的，只有1种氨基酸含量是上升的，4种氨基酸含量没有变化，说明增香菌种在产酶分解蛋白质、促进氨基酸参与致香物质生成的作用是明显的。

硝酸盐是烟气中氮氧化物的主要来源，对烟气中*N*-亚硝胺化合物的形成具有重要影响。降低烟叶中硝酸盐含量对提高卷烟的安全性非常重要。美国星科公司（Star Scientific，Inc.）于 1999 年开发出一种可以有效防止烤后烟叶中形成 TSNAs 的烟叶调制技术，该技术已应用于白肋烟的调制。其原理是：在烤烟调制过程中，通过一种无氧特殊处理使产生亚硝胺的细菌大部分死亡，剩下的一部分细菌则通过大型微波炉杀灭，从而防止或减少烟草制品中 TSNAs 的形成，而且不会影响烟草的吸味、色泽及烟碱含量。1989 年，Geiss V L 等采用脱氮微球菌（*Micrococcus denitrificans*）和纤维单胞菌（*Cellulomonas sp.*）从配方中除去硝酸盐。B & W 烟草公司采用纤维单胞菌降低烟草中烟碱和硝酸盐的含量，培养基成分中加入一定量烟碱或白肋烟提取液和硝酸盐，对纤维单胞菌属的降烟碱和硝酸盐的能力进行诱导，得到最大降解活性；然后接种的细菌培养液在厌氧条件下 30 ℃处理白肋烟叶片 24 h，硝酸盐含量从 3.54% 降低为 0.22%，烟碱含量从 1.42% 降到 0.32%；将经过处理的白肋烟和其他烟草原料混合，硝酸盐含量从 1.63% 降到 1.04%，烟碱从 1.79% 降到 1.32%，将这些烟丝制成卷烟后，硝酸盐降低了 38.8%，氰化氢降低了 19.7%，烟碱降低了 15.3%。1987 年，Malik 等使用耐高温菌在厌氧条件下对美国弗吉尼亚烟叶进行试验，结果表明含氮化合物（包括总植物碱）尤其是硝酸盐的含量大幅度下降。

三、增加烟叶香气含量和改善品质

微生物自身能够产生改善烟叶香气的物质，或通过自身代谢产生多种化学物质（如多种活性酶），可降解烟叶内多种有机物，产生与香味有关的小分子物质，该类微生物属于产香型微生物。在烟草发酵过程中选择适当的微生物、适宜的发酵条件，可明显提高烟叶的质量和香气。许多大香料公司已经引进了微生物和酶的香料生物技术。1953 年，Tamayo 最先做了微生物接种烟叶以增加香气试验，指出芽孢杆菌和小球菌可改善烟叶香气，此后许多烟叶增香微生物被相继报道（表 6–3）。

表 6–3　烟叶增香微生物

种类	菌种名称	作者与年代
细菌	嗜热性放线菌属 *Thermophilic actinomyces*	Ray F Dawson，1965
	芽孢杆菌 *Bacillus sp.*	王革，2004f
	枯草芽孢杆菌 *B. subtilis*	English C F，1967；赵铭钦，1999
	凝结芽孢杆菌 *B. coagulans*	赵铭钦，1999
	巨大芽孢杆菌 *B. megaterium*	赵铭钦，1999；汪长国，2006
	坚实芽孢杆菌 *B. firmus*	赵铭钦，1999
	蕈状芽孢杆菌 *B. mycoides*	赵铭钦，1999
	环状芽孢杆菌 *B. cirulans*	English C F，1967；赵铭钦，1999
	蜡状芽孢杆菌 *B. cereus*	赵铭钦，1999
	短小芽孢杆菌 *B. pumilus*	赵铭钦，1999
	微球杆菌 *Micrococcus sp.*	Izquierdo Tamayo A，1958
	亮白微球菌 *M. candidus*	Izquierdo Tamayo A，1982
	橙色微球菌 *M. aurantiacus*	Izquierdo Tamayo A，1982
	变异微球菌 *M. varians*	Izquierdo Tamayo A，1982
真菌	链格孢菌 *Alternaria sp.*	Seaaich，1999
酵母菌	酵母菌	Wentiligy，1999

1958 年，Koller 尝试了将微生物接种烟叶以增加香气和改善吸味的研究。20 世纪 60 年代，Dawson R F 的研究得出，嗜热性放线菌属（*Thermophilic actinomyces*）可使醇化烟叶产生一种令人感兴趣的香气。1967 年，English C F 等用枯草芽孢杆菌和环状芽孢杆菌处理储藏期烟叶产生悦人的芳香，从发酵烟叶上分离出嗜热细菌（*B. subtilis*、*B. coagulans*、*B. megaterium*、*B. cirulans*），这些菌株单独或混合用于烟叶，都可产生宜人的香气。1990 年，陈福星等用烤烟烟叶上的 4 个优势菌种（均属芽孢杆菌）处理烟叶，其品质和色香味均有提高。1994 年，Quest International BV 采用人类可食用的微生物细胞如酵母菌、真菌、藻类或细菌，将香精成分包裹起来，香精含量高达 5% ～ 70%，用于烟草加香，比液体喷洒或喷雾的加香方法持香能力更长、香味更稳定。1997 年，朱大恒等以一株产香菌的发酵产物作为香料，可使卷烟品质明显改善，烟气醇和饱满，减轻卷烟原有的杂气和刺激性，并用烟末豆粕烟秸秆等作为产香菌的发酵物，生产的香精应用于烟叶发酵，效果更明显。

1998 年，赵铭钦等利用 4 种由优势增香菌种和具有生物活性的 α- 淀粉酶、蛋白酶等配制而成的烟草发酵增质剂，研究烤烟烟叶在人工发酵与自然醇化过程中的增香增质效果。增香菌株可降低烟叶中的还原糖、总氮、烟碱等含量，还原糖 / 烟碱和总氮 / 烟碱的比值更趋于协调和适中，固有的杂气和刺激性减轻，烟叶总体香吃味质量明显改善。烟叶发酵增质剂具有促进烟叶内部有机物质的分解与转化，加速烟叶发酵和缩短发酵周期等作用。

2002 年，周瑾等发现菌株 u–81 能有效地将烟叶中的蛋白质分解为氨基酸。在发酵烟叶提取物中添加葡萄糖，于 115 ～ 125 ℃反应 30 min，获得了具有类似于可可香味和烘烤香味的反应产物。经 GC/MS 分析，产物中含有二氢 -2- 甲基 - 呋喃酮、甲基吡嗪等杂环化合物及烟碱、巨豆三烯酮、新植二烯等烟草特征致香成分，经卷烟加香评吸试验表明该反应物能显著提升卷烟品质。2003 年，郑小嘎等分析了人工发酵烟叶增香途径，利用真菌菌株菌剂处理上部叶烤烟烟丝，烟叶的香气质提高，香气量增加，刺激性减小，余味舒适。王革等从烟草上分离纯化得到一株产香芽孢杆菌（*Bacillus sp.*），烟叶处理后的蛋白质、烟碱、焦油、粒相物、CO 都呈明显下降趋势，而总糖、还原糖呈上升趋势，处理过的单体烟与配方卷烟香气量充足，香气质细腻，香气透发，劲头适中，刺激性降低，余味干净程度好、舒适，其产生的香味成分主要为半挥发的棕榈酸。

在烟叶表面上喷施微生物制剂可以改善烟叶品质，主要表现为增加烟叶香气和降低烟叶有害成分。在造纸法再造烟叶生产过程中，利用 1 种增香菌、1 种活性干酵母和 1 种蛋白酶配置而成的微生物增质剂发酵处理生产的造纸法再造烟叶成品糖含量明显降低，蛋白质含量有所下降，糖 / 碱比和糖 / 氮比值趋于更合理。对用发酵浓缩液浸涂制成的造纸法再造烟叶进行卷支加香评吸鉴定表明，微生物发酵增质剂对提高造纸法再造烟叶整体香吃味质量的作用是明显的。微生物改善烟叶质量机制复杂，目前还不十分清楚。微生物在其自身代谢过程中，产生许多次生代谢物质，对烟叶成分（主要是蛋白质和糖）起催化作用，促进香气物质的产生。增香菌的开发利用，将对烟草工业的技术进步和经济效益产生重大影响。

第七章 生物技术在烟草生产中的应用

第一节　打叶复烤线

打叶复烤是将收购的初烤烟叶，按卷烟企业制丝的要求，直接进行叶、梗分离及含水率的调整，然后装箱醇化待用。打叶复烤能减少烟叶造碎和能源消耗，为卷烟企业提供高质量的原料的同时改善生产条件，方便储存，节省运输费用。

随着卷烟企业逐步取消打叶工序，实行片烟投料，既提高了卷烟厂制丝车间的制丝质量，同时可以降低噪音、粉尘等污染，从而全面改善卷烟企业的生产环境，且加工后复烤制品方便储存，节省运输费用。

一、打叶复烤工艺流程

预处理段主要工艺流程包括：①原烟接收；②选叶和选把；③真空回潮；④铺叶、解把（切尖）；⑤热风润叶；⑥筛沙分选；⑦挑选；⑧流量控制。

打叶复烤加工工艺基本流程如图 7-1 所示。

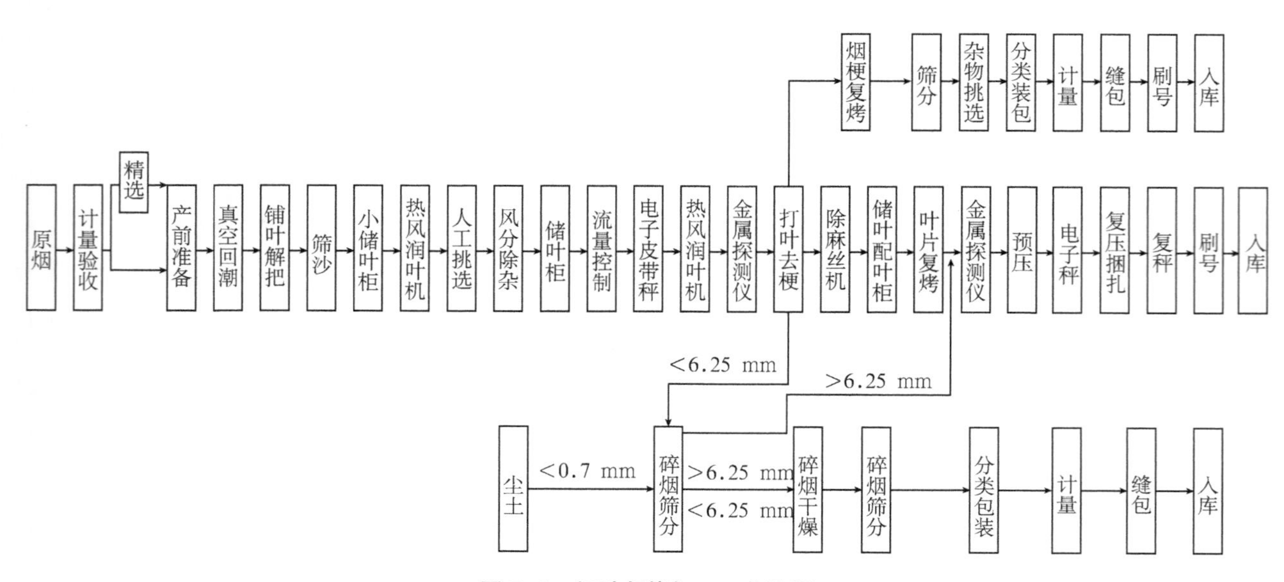

图 7-1　打叶复烤加工工艺流程

（一）原烟接收

原烟接收（图 7–2）流程：到货通知→装卸→计量、检验→存储保管。

合适的烟叶搬运和装卸方式能降低二次造碎，北方秋季后气候干燥，烟叶脆性增大，装卸不当极易造成烟叶破碎，常采用滑板方式装卸，卸下的烟包直接装入铁架立体存放（图 7–3）。

图 7–2　原烟接收

图 7–3　原烟储存

（二）选叶和选把

烟叶原烟来自烟农或烟叶收购，烟包中存在一定比例的混级烟叶和杂物，在贮运中会产生一些霉变烟叶。打叶生产前必须对原料选叶或选把，清除霉变烟叶和杂物。常规的在铺叶解把在线进行，严格的则在打叶前非在线单独加工。非在线挑选时，选叶或选把区，一般要求为温度≥ 20 ℃，相对湿度 70% ～ 75%，选叶区灯光光照强度为（300 ± 50）lx（勒克司），湿度不足常采用局部喷水法实现，逐包或逐把粗选，甚至逐片精选，挑选后的烟叶应重新标识。

（三）真空回潮

原烟在环境温度低于 25 ℃、烟叶含水率＜ 16% 时；板结较严重时、杀虫灭卵灭菌时；秋冬时原烟水分＞ 16%，表面较干燥等情况下，需要进行真空回潮。

真空回潮一般要求回透率≥ 98%，柔软松散的为回透，反之则为未回透。要根据原烟实际的含水率、不同产区烟叶特点、加工地的气候条件综合确定加工参数，回潮后的烟叶含水率 16.0% ～ 18.0% 为宜，烟包包心温度控制在 55 ～ 75 ℃为宜，回潮后的烟叶存放时间一般不超过 30 min，且不得产生水渍烟叶现象，目前，复烤厂多采用真空回潮机（图 7–4）进行回潮。

图 7–4　真空回潮机

（四）铺叶和解把（切尖）

切尖打叶时要根据生产流量，均匀整齐地将烟把摆放在铺叶带上（图 7–5），从烟梗直径 1.5 mm 的位置切去叶尖，将烟把解散开（图 7–6）。全叶打叶时则在铺叶后，只解把不切尖。若来料为解把选叶或不扎把烟叶时，为防止烟叶过长在后序加工中产生烟叶缠绕成团，采取在切尖装置上增加刀片，将烟叶从中间切断（图 7–7）。摆把的作用是保证切尖量和切尖质量，挑选烟把，将霉变烟叶、杂物等不合格来料剔除。另外，依据配方比例和加工流量，合理搭配台位，严格控制入烟把数，还起到烟叶的预配作用。

（a）

（b）

图 7–5　入烟台的铺叶剔除和挑选

图 7–6　解把机

图 7–7　烟叶中间切断

图 7–8　筒式热风润叶机

（五）热风润叶

筒式热风润叶机（图 7–8）主要由机架、滚筒、料斗、管路系统配置柜、循环风道部分构成，为下一工序保证喂料均匀，适宜的温湿度。润后烟叶松散、无黏结、无水渍、无潮红烟叶，烟叶容易从烟梗上撕下，叶尖烟叶松散，无结块现象，不应有成把烟叶。

（六）筛沙分选

通过筛沙分选将烟叶上黏附的沙土大部分给予筛除，也将散碎的叶片筛出，单独处理后进入打叶线进行风分。作用：减少粉尘污染，防止沙土及碎烟堵塞循环网道、挂筒及加温增湿后产生泥团，减少碎叶片再次造碎。

（七）挑选

为保证打叶质量，筛沙分选工序后在出料传输带附近根据生产流量安排若干挑选人员，进行杂物挑选。

（八）流量控制

打叶复烤生产流量应恒定，单位时间内只能处理一定数量的烟叶。流量过大易造成堵料停机，还可能损坏打叶设备的零部件；流量过小，则影响打叶产量。流量的波动直接影响打叶质量。烟叶流量控制涉及流量大小和稳定性，分为体积和质量两种流量控制方法。流量控制环节常设有贮料装置，起工序间的缓冲和调节作用，烟叶在贮料装置中还能平衡温湿度，让水分充分渗透。流量控制设备如图 7–9 所示。

（a）

（b）

图 7–9　流量控制设备

上述质量控制单元可根据贮料仓的大小实现一定时间的产量缓存，起到稳定生产作用。

二、打叶复烤的质量控制

（一）杂物剔除

杂质一般分为三类：第一类杂物为橡胶、塑料纤维、动物毛发、金属物等；第二类杂物为纸屑、绳头、麻片等；第三类杂物为植物及非烟草类植物纤维。经挑选后烟叶中第一类杂物为零，第二和第三类杂物含量≤ 0.006 65%，叶片质量符合要求，无青、霉、糊、杂等叶片。

常用挑选方法有人工挑选（图 7–10）、风选除杂（图 7–11）、除麻丝机挑选（图 7–12）。人工挑选采

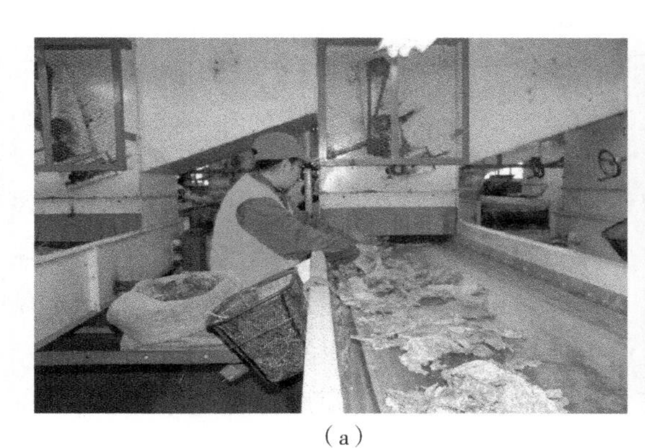

（a）

（b）

图 7–10　人工挑选

（a）

（b）

图 7-11　风选除杂

图 7-12　除麻丝机

图 7-13　打叶去梗

用选叶台的形式进行。风选除杂利用分选除杂机，将烟叶中较轻的杂物从烟叶中分离出来后，再用人工进行挑选，杂物剔除效率在 85% 以上。根据生产加工需要，在不同位置安装金属探测仪，如图 7-11 所示，当物料中的金属物通过金属探测仪时含有金属的物料自动倒出，然后人工处理。除麻丝机挑选，一般在打叶后和进入烤机前，设置有除麻丝机，利用其转辊上面附着的毛毡将麻绳、麻袋绒、尼龙绳等黏附在上面，然后再定期清除杂物。

（二）打叶去梗（图 7-13）

打叶去梗设备分为立式打叶机、卧式打叶机、卧立结合打叶机等类型，一般采用卧式打叶设备，其流程如图 7-14 所示。

立式打叶机（图 7-15）是把打叶和风分集中在一个完整的机体内完成，其打辊为垂直放置，机体的下部为打叶部分，上部为风力分选部分。立式打叶机的特点是结构紧凑、占地面积小、耗电少，但打叶产品质量指标中的大、中片率偏低，碎片率稍高。

卧式打叶机是把打叶器和风分器（图 7-16）设计制造成相对独立的单机，采用多级打叶、风分组合形式，有利于提高打叶质量和风分质量。卧式打叶机可依据烟叶品质的特点，合理配置打叶、风分级数及有关参数，以达到烟片和烟梗分离各项技术指标。卧式打叶机的特点是：适应性强，易于调整，打叶产品质量指标中的大、中片率较好，碎片率较低，但设备结构庞大，占地面积大，能耗高。

卧式打叶机的各项产品质量指标较好，故多用于打叶复烤生产线，常见的有科马斯（COMAS）、卡德威尔（XORDWELL）、麦克塔维什（MARCTAVISH）、格里芬（GRIFFIN）等几种卧式打叶机。

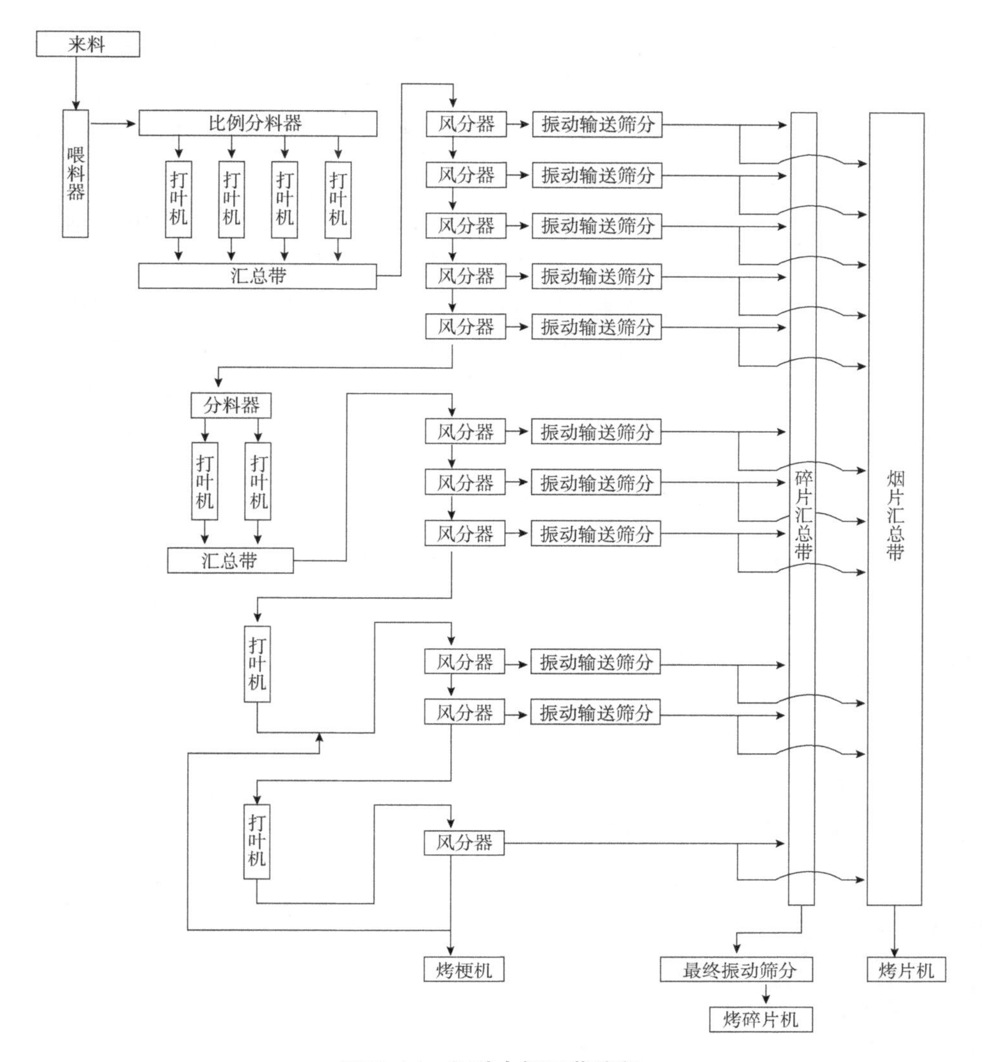

图 7–14 打叶去梗工艺流程

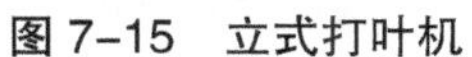

图 7–15 立式打叶机

图 7–16 风分器

卧式打叶机主要包括：刮板喂料机、均料喂料机、分配喂料机、打叶机、风分机、风力输送系统、除尘系统、皮带输送系统、筛分设备。卧式打叶机由若干级打叶器、风分器、相应配套的风力输送系统、回梗系统、除尘系统、比例分料器、带式收集输送机和电控系统等组成。卧式打叶机工作原理如下。

第一级，经预处理的烟叶由喂料机送入，由 4 级比例分料器将烟叶均匀分配给 4 台打叶器中，打叶后的物料落到带式收集输送机上，经风送系统把物料送到串联的 5 台逆流式风分器进行逐级分离，每台风分器分离出的叶片落至叶片输出汇总带上，剩余的物料再进入第二级打叶风分。

第二级，由一台双联分料器将物料分配给 2 台打叶器打叶，打后的物料落到带式收集输送机上，由风送系统送到串联的 3 台逆流式风分器中逐级进行分离，每台风分器分离出的叶片落至叶片输出汇总带上，剩余的物料再进入第三级打叶风分。

第三级，物料由风送系统送到第三级打叶器中打叶，打后的物料送入 2 台逆流式风分器中进行分离，风分器分离出的叶片落至叶片输出汇总带上，剩余的物料将进入第四级打叶风分。

第四级，物料由风送系统送入第四级打叶器中打叶，打后的烟叶送入到一台单抛式风分器中进行分离。落下来的梗由振动筛对烟梗进行筛分。其中，仍带叶的梗及少量的浮片将由回梗系统返回到前一个逆流式风分器中进行再处理，分离干净的烟梗由振动筛排出。风分器分离出来的烟片落至叶片输出汇总带上集中送到下面工序。

（三）打叶复烤的技术经济指标和控制要点

打叶复烤的技术经济指标主要有出片率、出梗率、出碎片率、出碎梗率、加工损耗率。在保证打叶复烤成品质量的条件下，应有良好的技术经济指标，即较高的成品获得率和较低的加工损耗。

打叶复烤控制要点如下。

①选择适宜的烟叶温度和含水率。

②严格控制烟叶流量，各打辊要均匀，每个打辊上烟重均匀。

③改善进入打叶机的物料状态尽可能松散、均匀。

④选择适宜的打叶器和风分器工艺参数。

⑤控制除尘风量，保证风分器内一定的负压和风速梯度，提高气流分布的均匀性也是取得良好风分效果的关键之一。

图 7-17　储叶柜

（四）储叶和配叶

储叶和配叶的作用使各配方叶组的叶片进一步掺配均匀和平衡水分，实现上下工序平衡生产。储叶是将叶片储存在储柜（图 7-17）内，以保持前后工序的平衡；配叶则是几个等级的烟叶掺配打叶复烤时，将各等级的叶片均匀混合在一起。储叶和配叶可在同一个工序内完成，加料复烤技术可使叶片在储柜储存过程中充分吸收料液，从而改善其吸味品质；储柜储存能均衡叶片水分，提高叶片复烤的均匀性。根据储料方式，储柜分为单柜、对顶柜、多层柜；根据布料方式，储柜分为层布柜和寻堆柜。储柜具有储存、缓冲物料，以调节生产能力，利于均衡生产，进一步使物料的水分、温度或液料趋于均匀，柜内存放烟叶时间不宜超过 2 h，以避免叶片结块。

（a）

（b）

图 7-18　叶片复烤机

（五）叶片复烤

叶片复烤作用是通过叶片复烤机（图 7-18）进行干燥，冷却和回潮处理，使烟叶达到规定的含水率及温度，以利于叶片的保质储存，自然醇化。过程中还可不同程度杀死霉菌，虫卵，祛除清杂气；保持一定的温度，可以减少预压打包的造碎。

叶片复烤机主要由输送装置、干燥段、冷却段、取样间、回潮段、排潮系统、水汽系统、电器控制等部分组成，叶片复烤机风循环示意如图 7–19 所示。

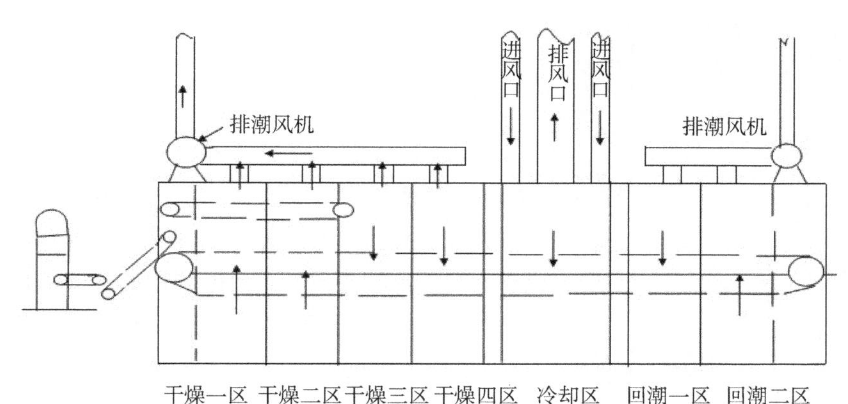

图 7–19　叶片复烤机风循环示意

1. 烟片复烤质量要求

①冷却段：冷却后叶片含水率一般控制在 8% ～ 10% 范围内，冷房左右含水率极差≤ 1%，叶片温度选择在 35 ～ 45 ℃。

②机尾叶片含水率和温度要求分别为 11.5% ～ 13.5% 和 50 ～ 55 ℃，烤机机尾左中右含水率极差≤ 1%。

③复烤后叶片色泽应与烤前保持一致，不得有水渍、烤红和潮红现象。第一类杂物含量为零，第二和第三类杂物含量不超过 0.006 65%。

④叶片复烤后中大片 [＞（12.7 mm × 12.7 mm）] 率之差：上等烟＜ 4%，中等烟＜ 5%，下低等烟＜ 6%，白肋烟相应上调 1%。

2. 烟片复烤质量控制要点

①铺叶要均匀，厚度一般为 80 ～ 120 mm，厚度偏差 ± 10%。因为在网面铺叶薄的位置，空气阻力小，风速高，而网面铺叶厚的位置，空气阻力大，风速低，这样就会导致叶片干燥与回潮不均匀。

②干燥段应严格控制网面风速、热风温度和相对湿度。网面风速、风温与叶片干燥速度呈正相关，而相对湿度与叶片干燥速度呈负相关。提高网面风速和温度，降低热风相对湿度，可以提高叶片干燥速度。但网面风速的高低受烟片飘浮速度的限制，一般下进风网面风速为 0.5 ～ 0.6 m/s，上进风网面风速 0.6 ～ 0.7 m/s。烤房温度不超过 100 ℃，干燥气流相对湿度一般为 20% ～ 30%。干燥区进风、排潮系统的调节风门位置应适当，保持室内微负压，保持网面烟叶布料均匀，防止碎烟外排、水汽外溢和串区。

③冷却区采取上进风方式，网面风速 0.7 ～ 1.0 m/s，带有辅助冷风加热系统的，冷风温度要求在 35 ～ 45 ℃。

④通过冷却区前后的取样房两侧的烟叶含水率检测数据作为调整干燥段、冷却区相关工艺参数及网面风速均匀性依据，以保证叶片层在冷却后达到规定的 8% ～ 10% 的含水率。

⑤回潮段上进风区和下进风区网面风速常控制在 0.50 ～ 0.65 m/s，气流温度在 50 ～ 60 ℃，气流相对湿度在 95% ～ 98%。气流相对湿度如达到 100%，容易形成水滴，浸湿叶片表面层，喷水雾化效果必须调整好，否则也容易浸湿叶片表面层。

图 7–20　预压打包机

⑥通过检测出料端左中右叶片的含水率数据，作为调整回潮段相关工艺参数和网面风速均匀性的依据。保证出料叶片的含水率及均匀性。应充分松散回掺叶片，均匀地进行回掺处理，水分超过 13% 的叶片应在复烤前回掺，水分低于 13% 的叶片应在复烤后出口端回掺，应确保各项指标的稳定性。

（六）预压打包

预压打包的基本任务和作用是按规定包装方式和包装规格，使用预压打包机（图 7–20），利用包装材料将复烤后的合格片烟包装成为具有一定密度、包体方正的烟包（箱）成品，以便于运输、储存管理和卷烟企业的使用。

烟箱进入扎带机并扎带，捆扎带平行等距，均匀不偏斜；箱内成品片烟必须四角充实、平整，无空角、杂物等；标识项目齐全、字迹清楚，粘贴工整，不得错号和隔号。标识内容应包括：烟叶产地、年份、等级、重量（毛重、净重）、复烤企业名称、生产日期、班次、箱号等。落地叶片必须挑拣干净后，倒入落地烟箱。

严格控制箱芯温度在 35 ～ 45 ℃，避免包心温度过低或过高。包心温度过低导致烟片在打包过程中造碎，温度过高会影响片烟色泽和品质；片烟装箱时，应将烟片均匀地铺撒在料箱内，以防烟片预压打包后，烟包歪斜或密度不一致，出现烟片油印现象，保证密度偏差（DVR）≤ 10%，不超标；预压是间歇性的运行过程。为了保证连续运行和满足大流量生产的需要，应采用双联或双联以上的预压机构；采用高精度的地磅（一般用 3 级秤，满量程称量精度 ± 0.3%）进行复称，并定期校验，以保证包装的净重指标。

三、加料技术研究

自 20 世纪 50 年代以来，减害降焦技术成为世界烟草科技的发展方向，关系到烟草行业的生存与发展，一直是国际烟草界研究的重点、热点和难点。上部烟叶以香气量足，透发性好，劲头、浓度大等特点，在卷烟产品降焦中起着重要的作用，但同时也具有杂气较重、刺激性大等不良缺陷；下部烟叶往往木质杂气、土杂气明显，口腔刺辣，烟气浑浊，限制其在中高端产品的使用比例。针对性地弥补烟叶质量缺陷的打叶复烤加料技术应用研究，利用生物技术改善上部和下部烟叶的内在品质，提高上部和下部烟叶可用性，一直是重要攻关课题，目的在于为优化烟叶资源配置，提高烟叶利用率，缓解优质烟叶原料供应相对不足的压力等提供有效的技术手段。

国内外对加料装置的研究主要包括加料设备（图 7–21）的研发、加料工艺技术参数的优化、功能性香料开发及在提高烟叶使用价值方面的应用等，多是针对卷烟制丝生产的关键工序进行，针对打叶复烤加料装置研究鲜见报道。现在国内卷烟企业在打叶复烤生产过程中一般采取加下料方式：二次润叶机进行加料、打叶线后储叶柜进行加料、复烤机出口进行加料。

（一）3 种方式均存在不同程度的不足

①二次润叶机加料虽然料液吸收均匀，但料液有效利用率较低，试验表明，料液有效利用率为 70% ～ 80%。因为在加料和物料输送过程中，部分料液粘连在加料机或传输设备的内壁或从加料机的排

潮系统排出，造成料液的损失，使得料液实际施加比例低于产品设计的加料比例，叶片分散不均造成加料均匀度差。

②打叶线后储叶柜加料，加料料液在储叶柜内贮存过程中充分吸收，加料均匀，节省料液，但是经过复烤机干燥段时，料液遇高温后挥发，特别是生物制剂类料液，料液的生物活性受到抑制，影响加料效果。

③复烤机出口进行加料，料液施加过程中造成水分增加，同时水分均匀性不易控制，易造成局部水分超过储存要求，发生烟片霉变，造成巨大损失。

诸城复烤厂新上 24 000 kg/h 的打叶生产线（一车间）没有安装加料设备，但留有加料设备的空间。打叶复烤二车间在二润处安装有长高产半自动加料装置两台，型号 WF321H 滚筒式热风润叶机加料系统可实现物料在增温增湿的同时得到加酶加香的目的，该系统采用半自动配料、自动搅拌、加热自动加酶控制，喷雾系统选用进口喷嘴，采用压缩空气雾化，雾化效果好。料液由齿轮泵泵出。

（a）

（b）

图 7-21 打叶复烤加料装置

（二）复烤加料技术应用研究

1. 在预处理段的第二润叶机出口加料

利用原有的长高公司生产的半自动加料系统，一个配料罐，一个备料罐，采用压缩空气作为雾化动力，一个混合喷头安装于润叶机的进料口。2013 年，某卷烟企业进行酶制剂料液加料试验后发现：①在该位置加料，料液在梗叶分离工序时，烟叶经过打叶机的高强度撕裂、风分机的风分循环风和除尘风，料液将产生一定量的损耗；②滚筒式加料罐使烟叶容易卷曲，增大打叶损耗率；③由于半自动操作，在物料流量发生变化时，操作难度大，在实际生产中难以实现均匀准确加料。

2. 在复烤机回潮区加料

①加料原理：充分利用复烤机回潮段能加温控湿的特点，在回潮一区加料。复烤机回潮段分两个区，一区采用上进风形式，二区采用下进风形式，各区的温度、蒸汽量、水量能分别自动控制，特别是采用高压柱塞泵加水，压力达到 4 MPa 以上，雾化效果好，加料均匀，能根据水分自动控制加水量。该加料方法充分利用原回潮区设备，施加量调节简便、准确，同时回潮区温度控制在 55 ～ 65 ℃，料液不易挥发，不影响添加生物制剂的活性。

②加料方法：见工艺流程图（图 7-22）。依据原烟质量特性，选择适配的料液品种进行浓度配比和搅拌并输送到复烤机的高压泵水箱，按照复烤机回潮用水量在线加料，自动控制加料流量，达到提高加料效果、减少料液挥发、节约料液用量的目的。

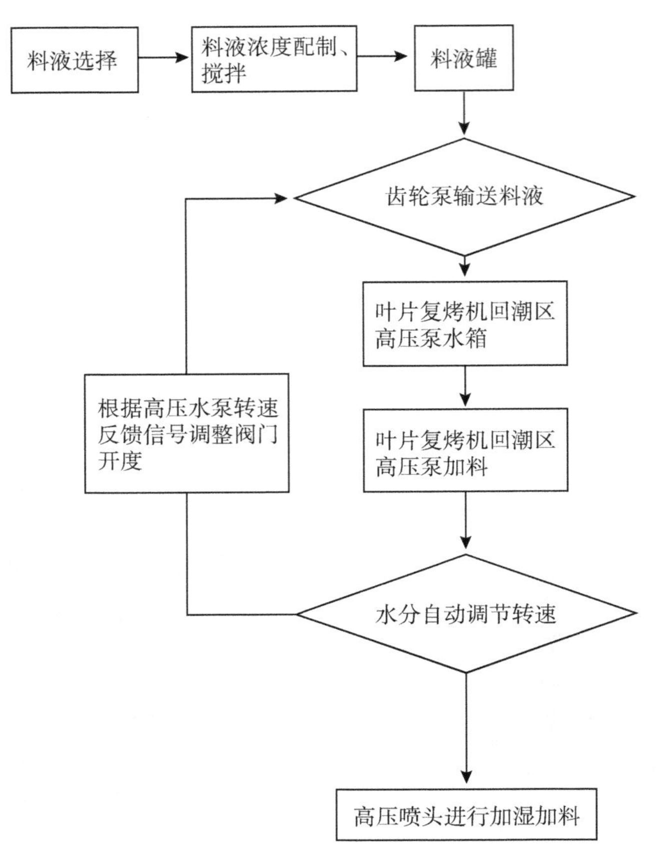

图 7–22　工艺流程

③具体实施试验：依据原烟质量特性和配方需求选择料液，根据料液浓度进行配比、搅拌；将配好的储液罐内料液输送到复烤机高压泵水箱；利用复烤机现有柱塞高压泵和高压喷头系统进行加料；高压泵转速随复烤后水分变动不断自动调整，以保持复烤后烟叶水分在合格范围之内；转速信号反馈成电压或电流信号，根据电压或电流信号自动调节料液控制阀门的开度，来控制加入的料液数量，达到均匀加入料液的目的。

④存在的问题：通过在复烤机回潮段加料，保证加料的均匀和片烟安全，实现了加料均匀、料液利用率高、保持生物制剂活性的特点，该方法只适用于水溶性好的料液，同时由于烟叶在复烤机上以 8 ～ 10 cm 厚的高度平铺进行运动，形成料液在烟叶的上下两面多，中间少的情况，加料均匀性差。

3. 打叶后复烤机前加料方案

加料位置采用两种形式，一种采用新增滚筒，在滚筒中设置喷嘴施加；另一种采用将原有的剔除麻丝机改造，在麻丝剔除机中加装喷嘴施加。

采用新增滚筒方式施加，此形式加料成熟，滚筒的滚动可使加料均匀并有自清洁功能，料液不易在筒壁粘连。但烟叶在滚动的过程中会形成扭曲，影响打包后烟叶的品质。

采用在剔除麻丝机上施加，烟叶输送只产生震动，影响加料的均匀性，且料液易于在密封罩壁粘连，并有可能从转筒的间隙泄漏出来。此形式没有破坏原有的工艺，对烟叶品质不会造成影响。

在打叶后汇集皮运带上自行设计一种翻板式翻料装置（像除麻丝机），使烟叶不停翻转，在烟叶上下两面设置高压微雾装置，将料液喷洒在烟叶表面。根据加料的料液数量确定翻转烟叶长度，加料烟叶进入复烤机喂料柜进入下道工序。

2013 年 9 月，诸城复烤厂和上海烟草集团北京卷烟厂实地考察了打叶复烤线，详细论证了化料、匀料、送料、加料设备及加料方式，选择打叶后复烤机前，采用除麻丝机上加料方案，最后选择江苏智思设备厂生产的加料设备。

来料和断料的控制方式、喷嘴及料液的加注方式是采用压缩空气雾化还是高压微雾，倾向于压缩空气方式，化料和料液自动配比、搅拌、送料、洗料等控制选择在除麻丝机上进行，对诸城复烤厂的除麻丝机进行改造。

在打叶后汇集皮运带上自行设计一种翻板式翻料装置（像除麻丝机）烟叶不停翻转，在烟叶上下两面设置高压微雾装置，将料液喷洒在烟叶表面。根据加料的料液数量确定翻转烟叶长度，加料烟叶进入复烤机喂料柜进入下道工序。加注工序采用单循环形式，与现有设备形成并列，在复烤机前输送皮带改为正反运行皮运带，当皮带正传时，设备不加料运行，当皮带反转时，物料进入加料工序，加料后进入复烤机入烟皮带，加料工序单独电控。

江苏智思机械集团有限公司生产的加料系统，自动化程度高，料液自动调配、自动清洗、自动加注，设备包含一套料液调制系统、一套加注系统及一套电气控制系统。满足现场加注液的生产要求，加注系统叶片额定流量：8000 kg/h，加料水比例：2.0% ～ 4.0%。配料工作室如图 7-23 所示，现场加料设备如图 7-24 所示。

（a）

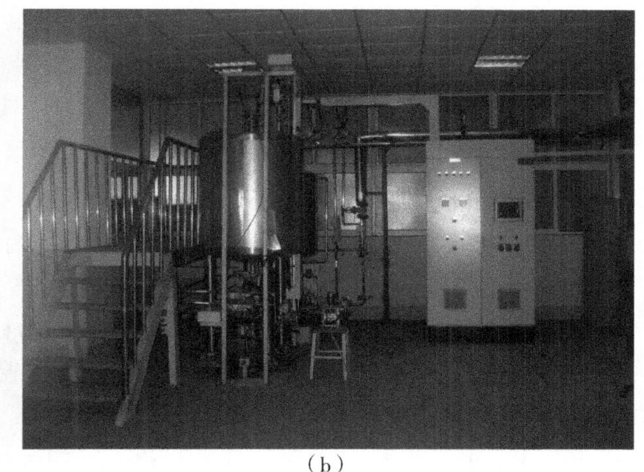
（b）

图 7-23　配料工作室

（a）

（b）

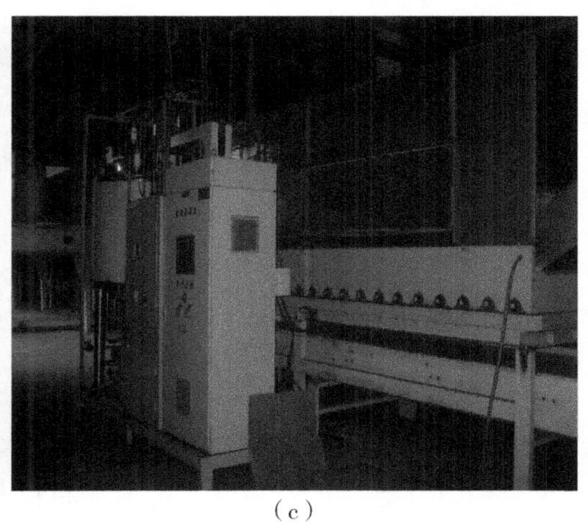
（c）

图 7-24　现场加料设备

2013 年 12 月，以某产地等级 X3F 烟叶按方案号 13-2-05 进行生产，在数量 5000 件上抽取 720 件加料应用实验，加工质量要求与未加料相同。化料后，均匀搅拌 2 h 后添加到烟叶上面，投入 720 件后，生产完成后，共产出 114 箱成品，每箱 200 kg 和尾箱 120 kg，出片率 64.12%，大中片率大于 82%，水分在 11.5% ～ 13%，产品质量达到方案质量要求。

通过实验，总结出在打叶复烤生产线上加料带来的影响如下。

①在加料时需要增加一定量水蒸气、电、水的消耗。

②加料后的烟叶水分增加 3% ～ 5%，在复烤机烘干过程中，增加能耗。在复烤机干燥能力一定的情况下，为保证产品质量，需降低台时产量。

③由于所加材料的化学特性，在化料间和车间增加人员防护措施。

④在生产过程中黏附的小烟叶逐渐堵塞复烤机的不锈钢网板孔眼，影响复烤机性能。

⑤带黏附性的尘土，经过布袋除尘器时，黏附布袋上，对除尘器是致命的，需配备专门除尘器解决这个问题。

2014 年 1 月，上海烟草集团北京卷烟厂技术中心采用烤烟烟叶，用某个等级烟叶再次复烤进行加料实验，检测结果显示：与对照相比，烟叶中 NNK 含量降低了 23.85%，TSNAs 总量降低了 14.56%；单料烟卷烟烟气中 NNK 释放量降低了 5.09%，TSNAs 总量的释放量降低了 7.64%。

此处生产采用压缩空气雾化、润叶机或除麻丝机设备加注，确定复烤环节中某料液施加最佳浓度为 0.43%，加料经复烤完的烟叶，不影响打叶复烤叶片结构指标，对成品水分合格率的影响在操作工可控制的范围内，符合复烤工艺和质量要求，在贮存期间也未发现异常。

2014 年 9 月，在白肋烟和马里兰烟烟叶复烤环节，在山东烟叶复烤有限公司诸城复烤厂二车间使用上海烟草集团北京卷烟厂和湖北省烟草科学研究院联合研发的化学减害剂进行加料。采用压缩空气雾化、除麻丝机设备加注，在操作工可控制的范围内，符合复烤工艺和质量要求。

根据卷烟企业增香保润、减害防虫、加快醇化等加料要求，通过在打叶复烤不同工艺点的加料试验，不同的料液需使用不同的工艺点，如耐温性差的料液，适合在复烤机回潮区加注，其他料液在打叶工序后、复烤前最好。自动化程度高的设备是加料精度的保障。研制了效率高、加料比例准确度高的 PLCC 控制的加料系统，在不影响原有打叶复烤生产工艺指标情况下，开发出在复烤机回潮区进行加料技术的应用技术，与打叶后储料柜前除麻丝机上进行的加料技术，找到了一种加料均匀、料液利用率高的加料方法，形成具有自主知识产权的打叶复烤加料技术模式，制定了《加料过程控制程序》企业标准，在加料生产中执行。

第二节　卷烟生产线

一、卷烟的概念及分类

烟叶原料是制造卷烟产品的物质基础，是形成卷烟质量的重要保证。没有一定质量和数量的烟叶原料，就无法生产出具有一定风格特点和质量水平的卷烟产品。

卷烟是用特定的技术和设备将烟草原料和辅助材料加工制作成消费者可以吸食的商品的过程，又称纸烟、香烟、烟卷。

卷烟产品设计是卷烟生产的依据，卷烟产品的形态和结构简单，但产品的设计与产品的加工均较复杂。卷烟产品设计是在充分掌握烟叶原料与卷烟材料特性的基础上，根据消费者对卷烟质量与风格的需求进行叶组配方设计、加香加料试验、材料规格选择、烟支规格设计与包装设计，其中，叶组配方是卷烟产品设计的根本。它是按照卷烟产品的类型、档次、风格等质量要求，把不同类型、不同产地及不同等级的烟叶和烟草薄片等原料，以合适的比例搭配组合，使产品达到最佳的质量效果和经济效益。它对卷烟产品的质量、风格、成本及其稳定性起决定性作用。

卷烟主要分为四大类型：烤烟型、混合型、外香型、雪茄型。

①烤烟型：流行于英国、中国、印度、加拿大等国，原料以烤烟烟叶为主，适当加入薄片，也可以用少量具有类似烤烟香气的晒烟作填充料，如江西信丰与云都、广东南雄、福建沙县等地所产的晒黄烟，具有近似烤烟香气，可少量使用。烤烟型香烟的香气特征：以烤烟香味为主，烤烟香味突出，香气浓郁或清雅，吸味醇和，劲头适中，颜色以呈金黄色或橘黄色为佳。由于我国烤烟种植地区广，品种多，因此受土壤、气候栽培和调制技术影响，烟质也有较大的区别。从香气上分有清香型、浓香型、中间香型三大类。因此，即使是同一类型烤烟型产品，由于使用原料不同，卷烟的香味风格表现也不一样。

②混合型：主要有欧洲式风格、美国式风格、中国式风格和其他风格，原料可使用不同类型的烟叶，包括烤烟、白肋烟、香料烟和其他地方性晒烟，以及薄片，以适当的比例配制而成。其香味特征具有烤烟与晾晒烟混合香味，香气浓郁、谐调、醇和、劲头足。我国混合型卷烟又有浓味型、中味型、淡味型之分，还包括加入中草药的新混合型卷烟。

③外香型：主要有奶油型、薄荷型、玫瑰型和可可型，利用烤烟型或混合型叶组配方，通过加香加料赋予卷烟独特新颖的外加香气，如薄荷型卷烟、奶油可可香型卷烟、玫瑰香型卷烟都是比较受消费者欢迎的。

④雪茄型：原料全部使用雪茄烟叶或少量掺入烤烟上部烟叶配制而成，其香气特征类似檀香的优美雪茄香气，香味浓郁、细腻而飘逸，劲头较足。

卷烟产品根据质量高低划分为一类烟、二类烟、三类烟、四类烟、五类烟 5 个类别。类别不同，其价格也不同，各类别的牌号有不同的香味特色和税率。

二、卷烟生产制造基本工艺

卷烟加工工艺是将设计产品转变为现实产品的手段，也是实现“优质、低耗、高效、安全”的保证。卷烟生产的工艺流程是根据烟叶原料的理化性质，按照一定的流程逐步通过各种加工方法或加工设备，把烟叶原料和辅助材料制成合格卷烟产品所必须经过的加工制造过程，该过程包括的主要工艺有制丝、卷接和包装。它主要包括 5 个工段，分别为：制叶片与白肋烟处理、制膨胀烟丝、制梗丝、制叶丝与烟丝掺配、烟支卷接与包装。

（一）制叶片与白肋烟处理

根据产品叶组配方备料后，扎把的烤烟与白肋烟叶需要经过烟包真空回潮、解包、切尖解把、定量喂料、筛砂、润叶、打叶去梗及筛分等工序，把烟加工成为合格的叶片与烟梗。当白肋烟叶片经过加料与烘焙处理，同时将复烤叶片与香料烟经过回潮、筛分与润叶后，各种烟叶叶片即可按比例进行掺配、加料及配叶贮叶。在这个过程中，真空回潮（预回潮）的作用是防止烟叶在解包、切尖与筛分等过程的造碎。切尖可提高烟叶叶片的大片率，并减少打叶负荷。解把后使烟叶松散，才能筛除烟叶中砂土与碎末，并有利于润叶后烟叶含水率与温度均匀。润叶的目的就是要提高烟叶的抗破碎性能。打叶去梗是个关键工序，将烟叶上的叶片与烟梗分离，其质量指标包括叶中含梗率、梗中含叶率、大片率及碎片率。

如果打叶后大片率等质量指标能够满足工艺要求，在打叶工艺制造能力有 20% 左右过剩的条件下，可采用全叶打叶工艺，取消切尖工序，这样不仅可使叶片规格较为均匀一致，叶中含梗率等工艺指标也可不受摆把操作中人为因素的影响。

白肋烟叶片加料后进行烘焙处理，可排除白肋烟叶片中的氨所带来的不良气息，使白肋烟叶固有的烟香显露，色泽改善，并在烘焙过程的棕色化反应中生成香味物质。因此，白肋烟叶片经过配叶贮叶、定量喂料、一次加料（加里料）、烘焙、二次加料（加表料）及贮叶等工序后，才可与烤烟叶片掺配。在加里料与加表料工序中，加什么料与加料量的多少，由产品设计确定，而为确保叶片加料均匀，则应按比例进行控制。即以叶片流量为基准，控制料液流量，使喷洒在叶片上的料液量，随叶片流量的增减而增减。

香料烟叶烟梗较细，不必打叶去梗。香料烟叶及复烤后的烤烟叶片掺配前都要经过真空回潮、定量喂料、筛分与润叶，调节烟叶的含水率与打叶后叶片的含水率一致。设置筛分工序分离出 3.0 mm 见方的碎片，一是可防止这些碎片在润叶时黏附在润叶筒内壁面上；二是这些数量不大的碎片也可在加香前掺入到烟丝中给予充分利用，防止其在切丝、烘丝等后续工序中进一步造碎。

各种烟叶叶片的掺配，同样需要按比例进行控制。即以掺配比例较大的烤烟叶片流量为基准，控制其他烟叶叶片（白肋烟叶片、香料烟叶及烤烟复烤叶片）的流量，使各种烟叶叶片按比例进行掺配。掺配后的叶片加料，也是按比例控制。由于辊压法工艺生产的烟草薄片抗水性及耐破度较差，宜在加料工序后按比例进行掺配。当各种烟叶叶片完成掺配和加料后，即可输送至配叶贮存。

（二）制膨胀烟丝（二氧化碳法）

二氧化碳烟丝膨胀工艺是以二氧化碳为膨胀介质，利用了固态二氧化碳在一定温度下升华的特性。即将切后烟丝投入浸渍器中，注入二氧化碳液体对烟丝进行浸泡，然后降低压力至大气压，形成低温的干冰烟丝，再将低温的干冰烟丝送入升华器中，干冰烟丝在升华器中与高温的工艺气体接触，在高温差状态下干冰迅速升华，随之水分蒸发，烟丝组织结构得以膨胀。二氧化碳膨胀烟丝生产线工艺流程如图 7-25 所示。

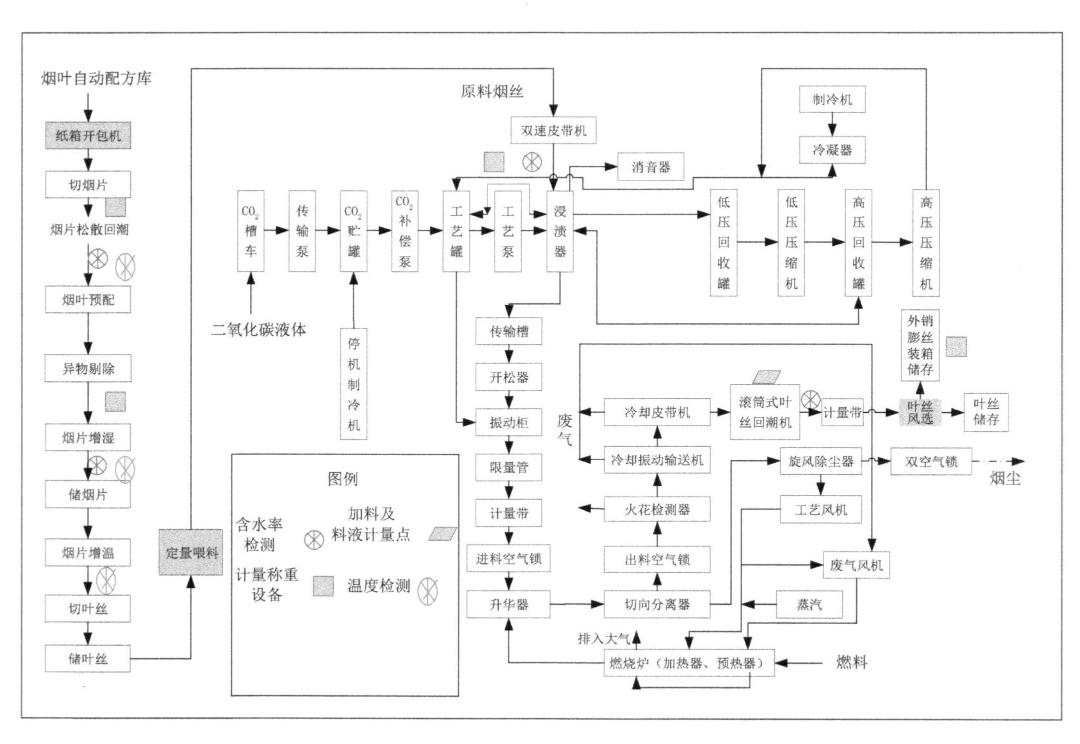

图 7-25　二氧化碳膨胀烟丝生产线工艺流程

（三）制梗丝

制梗丝工段包括烟梗筛分、定量喂料、烟梗回潮、洗梗增湿、润梗、贮梗、二次回潮、压梗、切梗丝、定量喂料、梗丝膨胀、梗丝风选及贮梗丝等工序。在这个工艺过程中，烟梗筛分的原因是 5 mm 以下的碎梗成丝率低，经过筛分可减少梗丝中的含杂（梗头梗块）量，而碎梗又可作为烟草薄片的原料。烟梗回潮、洗梗增湿、润梗后经过贮梗，可使烟梗含水率基本一致，温度也较均匀。二次回潮进一步增加烟梗温度与含水率，可使烟梗柔软的烟梗直接切丝，对切后梗丝质量影响不大。梗丝膨胀工序前应设置梗丝回潮工序，使梗丝达到高温高湿，在梗丝回潮过程中可将料液喷洒到梗丝上。但梗丝增温增湿后不应有长距离的输送，如果梗丝回潮后温度与含水率有较大降低，则将影响梗丝的膨胀率。梗丝膨胀的主要任务是膨胀、干燥、冷却、定型等，梗丝膨胀后需要进行风选，以分离出梗丝中的杂物（梗签与梗块等），提高梗丝纯净度。风选也可适当降低梗丝温度与含水率，有利于增强梗丝的填充值。

（四）制叶丝与烟丝掺配

制叶丝工段主要包括配叶、储叶、缓冲喂料、烟片筛分、金属探测、切叶丝、缓储喂料、流量控制、烟丝加温加湿或回潮、烟丝干燥筒式烘丝、气流烘丝、烟丝储存等，掺配工段则包括各种烟丝的比例掺配、加香、混合烟丝、贮丝配丝。

经过贮叶工序后，叶片的含水率比较均匀，但叶片温度有所降低。叶片回潮增温，可降低切丝时的碎损。对于烘丝工序，从提高烟丝填充值的角度出发，宜选用逆流式烘丝机，或在烘丝工序前增设叶丝增温增湿的回潮工序，采用顺流式烘丝机。烘后烟丝经冷却筛分，可适当降低叶丝温度与含水率，降低叶丝含末率。各种烟丝的掺配也是按比例进行控制。

以掺配比例较大的叶丝流量为基准，控制其他烟丝（薄片丝、膨胀烟丝、回收烟丝及膨胀梗丝）的流量，使各种叶丝按比例掺配。掺配后的烟丝同样按比例控制进行加香。配丝贮丝是制丝过程中最后一道重要的混合工序，对平衡前后工段的生产能力，平衡烟丝温度与含水率，使各种烟丝掺配混合均匀，都有重要作用。储丝房出料段的主要任务是实现烟丝水分平衡、生产衔接和烟丝出料等功能。

控制制丝工艺的主要参数包括以下几个方面。

①片烟处理段可控制的工艺参数有：温度、原料水分、原料释水量、蒸汽添加量、筒体转速、热风温度、热风风量和排潮量。

②采用气流干燥方式时可控制的工艺参数有：热风风速、制丝工艺（在卷烟生产过程中，制丝工艺的流程最长，加工工序最多）、生产方法与生产热风温度、物料水分和蒸汽流量。

③采用滚筒干燥方式时可控制的工艺参数有：筒体转速、筒体温度、蒸汽压力、热风温度、热风风量、物料水分和排潮量。

④掺配加香阶段可控制的工艺参数有：香料掺配比例、加香精度和掺配精度等工艺。

（五）烟支卷接与包装

卷接工艺指利用专门的卷烟卷接设备将卷烟原、辅材料制造成无滤嘴烟支和有滤嘴烟支的过程。如图 7-26 所示，卷烟卷接的整个工艺流程分为卷制和接装两部分，卷制部分由烟丝进料、钢印供纸、卷制成型和烟支切割各系统组成；接装部分由烟支供给、接装纸供给和滤嘴供给各系统组成。

卷烟包装工艺主要包括烟支包装工序和装箱工序。烟支包装工序则包括小盒包装、小盒透明纸包装、条装包装、条包透明包装。装箱工序则包括将条包卷烟装入烟箱内和将烟箱封口。

首先，卷烟包装的主要作用是便于流通和保质，保质有两层含义：一是通过包装维持卷烟产品的香料物质等加香剂，使其不至于过快地挥发掉；二是保持烟支的水分，使其在运输储存和销售期间不会因环境湿度的变化而发生大的变化，从而避免由于烟丝过于干燥或潮湿导致的吸食品质的变化，同时防止卷烟产品的霉变，延长储存寿命。其次是便于消费者享用和识别。内在品质良好的香烟，加上美观高雅的包装能获得更多消费者的青睐，进而树立起良好的品牌形象。香烟作为社会交际的手段，也有赖于它良好的外观，并且香烟的包装也是它产品档次与规格的标识。

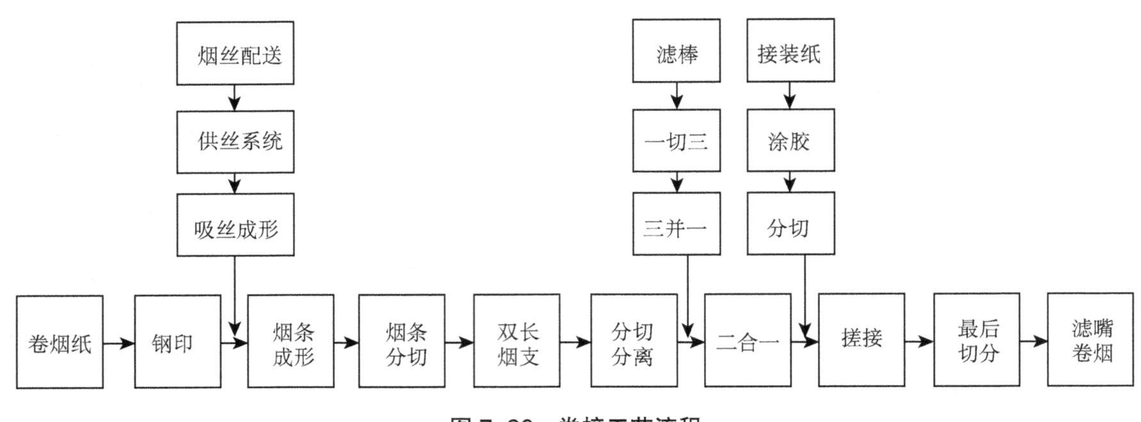

图 7-26　卷接工艺流程

三、卷烟分组均质化加工

近年来，我国已初步构筑了中式卷烟工艺自主核心技术，不同程度地实现了卷烟产品设计系统化、加工精细化、控制智能化、生产集约化，提升烟叶原料使用价值、拓宽卷烟原料使用范围、降低卷烟成本，提高卷烟品质一致性、质量稳定性及提高卷烟产品设计、维护、生产加工的信息化管理等方面的技术研究水平。分组均质化加工技术就是重要的一个体现。

分组加工技术是实现卷烟精细化加工的重要方法和手段，有利于克服烟叶的使用价值得不到充分发挥、烟叶的风格特征不能充分体现、烟叶使用范围不能有效拓宽、卷烟产品的个性化特征不够突出等技术问题。在研究了不同烟叶的物理特性、化学特性和感官特性及其相互关系后，建立了烟叶质量特性的评价方法。根据不同加工方式、不同加工参数条件下不同烟叶的加工在不同加工过程中物理指标、化学指标和感官指标的变化趋势和变化规律，制定了烟叶的分组加工方法，结合卷烟产品香气风格和口味特征的需要，形成保证在制品加工质量，满足批量化、连续化生产要求的叶组配方模块。近年来，随着集团重组和品牌整合发展，品牌异地加工需求日渐增强，卷烟产品分组均质化加工技术发展更快。根据不同叶组配方模块的质量特性和功能，研究出配方模块替代技术、在制品混配技术、叶组配方模块的加料技术、工艺流程优化与再造技术、卷烟材料和香精香料调整技术及过程控制技术等，卷烟产品质量稳定性和一致性提高，卷烟产品感官质量得分变化在 0.5 分之内，批内焦油量波动在 1.0 mg/ 支以内。实现了片烟分组和叶丝分组加工，满足了分组加工工艺参数的宽范围、多因素协调控制及不同加工方式和不同加工路线的柔性组合，实现了中式卷烟加工工艺流程再造。

制丝线分组加工工艺流程如图 7-27 所示，本书以烤烟处理线、白肋烟处理线、梗丝处理线、滚筒式叶丝干燥线、气流式叶丝干燥线、掺配加香线（包括成品丝储存）工艺流程做简述。

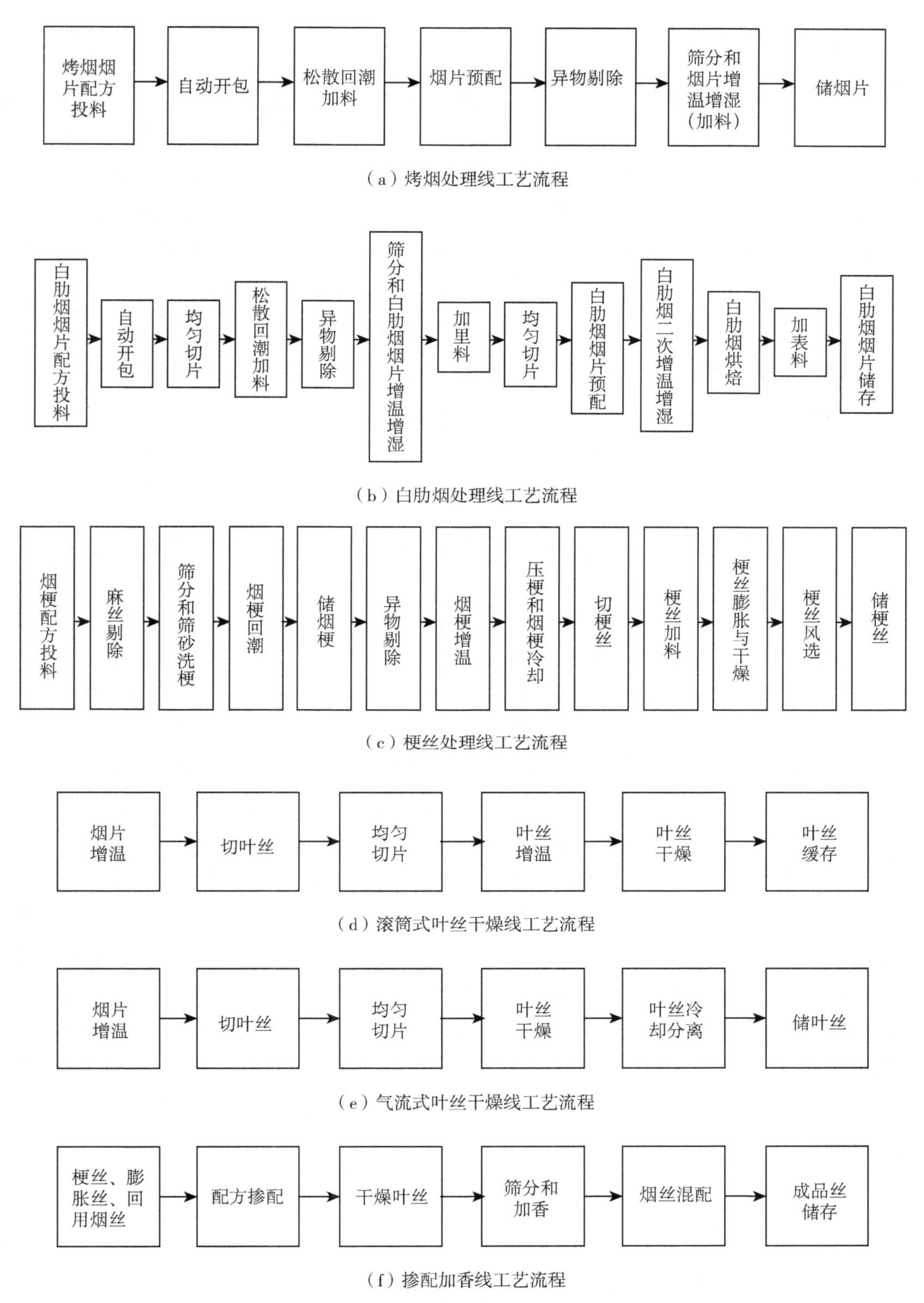

（a）烤烟处理线工艺流程

（b）白肋烟处理线工艺流程

（c）梗丝处理线工艺流程

（d）滚筒式叶丝干燥线工艺流程

（e）气流式叶丝干燥线工艺流程

（f）掺配加香线工艺流程

图 7-27 制丝线分组加工工艺流程

随着技术进步，卷烟产品制造装备有了新发展，如 HDT 叶丝气流干燥装备、SH9 梗丝气流干燥技术与设备、SP81 烟梗膨胀制粒系统、微波烟梗膨胀制粒系统、ZJ112 型卷接机组、ZB47 型卷烟硬盒包装机组等，为均质性加工质量的稳定、提高产能、增强卷烟的燃烧性、减少烟气焦油和 CO 等释放量起到重要作用。

四、制丝生产线施加植物源减害剂工艺

上海烟草集团北京卷烟厂设计了在制丝生产线施加植物源减害剂的工艺技术。植物源减害剂是从植物中提取的用于降低烟叶中 TSNAs 释放量的制剂。减害剂施加比例是指减害剂重量占施加工序烟丝总重量的百分比。施加工序有加香工序和膨丝加料工序。减害剂施加比例范围：加香工序和膨丝加料工序均为 0.02% ～ 0.2%，料液温度为常温。减害剂在加香（料）工序添加，在配方料液输送到香料罐中后，根据配方料液的称量重量计算减害剂的实际添加量，然后由人工倒入香料罐。单批次减害剂实际添加量的计算：

$$\text{减害剂占配方料液比例} = \frac{\text{批配方烟丝量} \times \text{减害剂施加比例}}{\text{单批料液配方量}} \times 100\%,$$

$$\text{减害剂添加量} = \text{施加香料储罐中配方料液重量} \times \text{减害剂占配方料液比例},$$

加香（料）工序施加比例设定值为配方料液施加比例和减害剂施加比例之和。

第三节　酶技术在卷烟生产中降低 TSNAs 的应用

酶技术作为公认的无害绿色环保技术，使用方便，污染小，使用后不需特殊处理工艺，保证产品感官质量和安全性。生物酶是一种具有生物催化功能的高分子物质，它具有高度的专一性，只催化特定的反应或产生特定的构型，对其他物质无催化作用。酶技术作为一种高效的前沿技术，在烟草行业已有应用，有研究报道将微生物等技术应用于卷烟生产或再造烟叶生产过程中，可以降低相关有害成分的前体物。但这些研究仅针对卷烟原料中的大分子物质或有害成分前体物，未见只针对有害成分的特异生物技术研究。同时，这些报道仅停留于实验室研究阶段，开展大规模工业化应用的较少。

由上海烟草集团北京卷烟厂、云南省烟草农业科学研究院、湖北省烟草农业科学研究院和山东烟叶复烤有限公司诸城复烤厂共同承担的中国烟草总公司重大专项项目“应用生物技术在打叶复烤和卷烟生产中降低 TSNAs 的研究”（合同号：110201101035），已经通过国家烟草专卖局的鉴定，项目成果已经在卷烟生产中得到应用，并取得了良好的效果。项目组提取的体外复合酶代谢体系，可完成 NNK 的代谢。体外代谢体系辅助因子包括 $NADP^+$、G6P、$MgCl_2$、G6PD，体外代谢体系复合酶体系主要来源于微生物发酵工程，将上述物质以相应比例组合，施加于制丝生产线和再造烟叶生产过程中，可将 NNK 催化降解。这种酶体系在催化代谢 NNK 的同时，不影响其他烟草成分，保证了卷烟焦油变化不大，保证了卷烟的吸食口感，达到选择性减害而不降焦的目的。

一、离线烟叶施加生物酶制剂

从微生物中提取纯化的生物酶，按一定比例配置辅助因子（G6P、G6PDH、$NADP^+$），以纯水稀释，按烟叶重量的 5% 喷施生物酶溶液（考虑到制丝生产工艺中烟叶水分含量最大不超过 30%），于恒温恒湿环境中放置一定时间，取样后进行 NNK 测定，结果如表 7–1 所示。可以看出，生物酶施加组 NNK 降低了 30% 以上，这也证实了该生物酶体系仅选择性地降低了 NNK 成分，可达到选择性减害的目的。

表 7-1　烘焙后烟叶施加生物酶制剂对 TSNAs 的影响（n=5）

样品名称	NNK/（ng/g）	NAT/（ng/g）	NNN/（ng/g）	NAB/（ng/g）
烟叶对照组	481.37	5348.21	13 664.61	179.61
烟叶施加组	320.31	5247.71	13 294.26	180.09
降低率	33.5%	1.9%	2.7%	-0.3%

二、卷烟生产过程中施加生物酶制剂

1. 试验过程

按照北京卷烟厂某规格产品 10 000 kg/ 叶组配方投料，将白肋烟加表料工序分为两个叶组，加表料前，500 kg 烟叶施加试验料液后单独进柜，作为试验叶组，剩余烟叶按照正常在线叶组加表料后进另外一个储柜，作为对照叶组。之后按照白肋烟与烤烟的比例，在片烟加料工序生产后与烤烟混合，分别进入两个储叶柜，储叶柜出料到成品丝加香和储存按照两个叶组单独进行生产，如表 7-2 和表 7-3 所示。

试验叶组白肋烟加表料后，与烤烟混合进入储叶柜，在储叶房存放 3 天（72 h）以后，再进行切丝等后工序生产。对照叶组按照正常生产进度，在储叶房储存 4 h 后进行后工序的生产。上述对照烟丝和施加生物酶的烟丝，经在线生产和包装成成品卷烟。

2. 试验说明

（1）试验叶组和对照叶组烟叶、烟丝重量计算值

表 7-2　叶组烟叶、烟丝重量计算值

	10 000 kg 叶组	试验叶组	对照叶组
白肋烟加表料烟叶重量 / kg	2570	500	2070
烤烟加料后重量 / kg	3500	681	2819
成品烟丝重量计算值 / kg	—	1900	8100

（2）生产时间计算值

表 7-3　生产时间计算值

	10 000 kg 叶组	试验叶组	对照叶组
白肋烟加表料生产时间	—	15 min 左右	—
叶丝干燥生产时间	—	20 min 左右	—

（3）试验叶组加表料料液总量计算值及配置说明

北京卷烟厂某规格产品加表料比例为 4.69%，白肋烟加表料前烟叶重量为 500 kg，料液重量为 500 × 4.69%=23.45 kg。生物酶制剂液体施加比例为 5%，白肋烟加表料前烟叶重量为 500 kg，料液重量为 25 kg。

生产前，先在表料本地罐中打入在线料液 23.45 kg，然后人工倒入 25 kg 生物酶制剂溶液。两种料液混合后的总量为 23.45+25=48.45 kg。表料施加比例为 9.69%。

（4）白肋烟加表料料液施加方式说明

由于生物酶制剂对温度的要求，试验料液施加温度不能过高（≤ 40 ℃），因此提出如下方案：对白

肪烟加表料工序加料雾化装置进行改造，将蒸汽雾化改为压缩空气雾化，试验叶组生产时试验料液与在线料液一起均匀施加到烟叶上。料液雾化压力在试验叶组生产前经过加水雾化测试后确定。

（5）储叶柜的堆料说明

试验叶组：加表料后的储柜为 1/4 柜堆积；与烤烟混合后进入储叶柜仍然按照 1/4 柜进行堆积；加香后混丝柜半柜堆积。

对照叶组：加表料后储叶柜和与烤烟混合后的储叶柜采用半柜堆积。

3. 在线烟叶取样测定结果

白肋烟 NNK 检测结果如表 7–4 所示。由表 7–4 可以看出，将生物酶制剂混配于白肋烟的表料中，喷施于白肋烟烟表面，混配烤烟片烟后，于储叶房放置不同时间，发现 NNK 有较为明显的降低，储叶房中进行 2 ～ 48 h 的存储，NNK 可降低 19.05% ～ 23.85%，与实验室数据较为吻合，表明该生物酶制剂可降低白肋线生产过程中的 NNK。

表 7–4　白肋烟施加生物酶制剂后 TSNAs 的变化

储存条件和时间	NNK/（ng/g）	降低率 / %	NAT/（ng/g）	降低率 / %	NNN/（ng/g）	降低率 / %	NAB/（ng/g）	降低率 / %
混配储叶房 2 h（对照）	272.84	23.53	2622.50	–6.23	6675.00	3.11	79.48	–1.93
混配储叶房 2 h（处理）	208.65		2785.84		6467.17		81.01	
混配储叶房 24 h（对照）	269.81	23.85	2441.32	15.57	6508.75	–10.96	80.46	–1.44
混配储叶房 24 h（处理）	205.47		2061.31		7222.34		81.62	
混配储叶房 48 h（对照）	260.28	19.05	2507.78	2.45	6271.27	0.13	84.82	3.31
混配储叶房 48 h（处理）	210.70		2446.42		6262.92		82.01	

4. 在线卷烟产品取样测定结果

将生物酶制剂混入表料罐中，于白肋烟表料处施加生物酶，分别应用于北京卷烟厂某规格产品的在线生产过程，并将应用了生物酶制剂的产品送到国家烟草质量监督检验中心，按照有关国家标准方法对卷烟烟气 NNK 释放量及危害性指数进行了检测评价，结果如表 7–5 所示。卷烟烟气中焦油、烟碱均无显著变化，而 NNK 变化却非常明显，施加过生物酶制剂的卷烟烟气 NNK 释放量选择性降低 34.64%，以该烟叶为配方原料，制成的卷烟危害性指数由 11.82 下降至 10.11，降低了 14.47%。

表 7–5　北京卷烟厂某规格成品卷烟烟气中 NNK 释放量及产品危害性指数

样品名称	总粒相物 /（mg/ 支）	实测烟气烟碱量 /（mg/ 支）	实测焦油量 /（mg/ 支）	抽吸口数 / 口	NNK 释放量 /（ng/ 支）	卷烟危害性指数
在线产品对照	8.66	0.63	7.10	5.80	24.34	11.82
在线产品生物酶处理	8.97	0.70	7.50	6.00	17.28	10.11
选择性降低率 / %	—	—	—	—	34.64	14.47

5. 评吸结果

按照标准评吸方法，对上述成品卷烟进行评吸，结果如表 7–6 所示，使用了生物酶制剂的卷烟与对照相比，卷烟感官质量得分没有明显差异，说明生物酶制剂的应用并未影响北京卷烟厂在线产品的风格特征。

表 7-6 应用生物酶制剂后卷烟感官评价

项目	光泽	香气	谐调	杂气	刺激性	余味	合计
在线产品对照	4.2	28.0	4.9	10.1	17.5	22.5	87.2
在线产品生物酶处理	4.2	28.2	5.0	10.1	17.7	22.5	87.7

三、生物酶制剂产业化生产工艺

上海烟草集团北京卷烟厂通过大量烟叶内生菌的筛选，锁定能够代谢 NNK 的专有菌株，对其全基因进行测序，99.63% 的基因找到了对应的注释结果，与人源基因序列比较，发现了该菌株降解 NNK 的功能蛋白基因所对应的基因与人源细胞色素氧合酶对应的基因序列相似。鉴于人源细胞色素氧合酶对 NNK 的特有代谢作用，本研究采用人源细胞色素氧合酶对应基因序列为 cDNA 模板，通过 PCR 扩增、构建质粒、转染细胞、发酵、酶蛋白提纯等手段，获得了具有降低 NNK 能力的重组酶，该活性酶属于细胞色素氧合酶类，结合 NADPH 生成系统，组合成本研究中所采用的降低 NNK 的生物酶制剂。由于 NADPH 再生系统中的各成分（$NADP^+$、G6P、G6PDH）已有商品化产品，故不在本产业化研究范围。

（一）工艺路线（图 7-28）

①通过全基因合成获得 CYP2A13 和 CYP2A6 基因，其中，针对不同表达系统，应该对 CYP2A13 和 CYP2A6 的密码子进行优化。

②利用大肠杆菌表达系统，需对 CYP2A13 和 CYP2A6 蛋白的 N 端序列进行优化，以便于细胞色素氧化酶更好地进行定位。

③选择并优化启动子，增强基因的转录水平。

④由于人源的细胞色素氧化酶通常情况下溶解性不好，同时容易产生折叠错误，可以在宿主中同时引入协助蛋白表达的分子伴侣蛋白，如 GroEL 等。

⑤由于人源细胞色素氧化酶需要在辅助因子或细胞色素 b_5 等协助下，活性才能得到最大限度发挥，在宿主中同时表达辅助因子等基因。

⑥在毕赤酵母中，可以通过融合表达的策略，提高 CYP2A13 和 CYP2A6 的表达量，该策略已成功用于一些人源蛋白的表达，如白介素等。

⑦优化发酵条件，可通过抗生素等胁迫提高重组蛋白的表达。

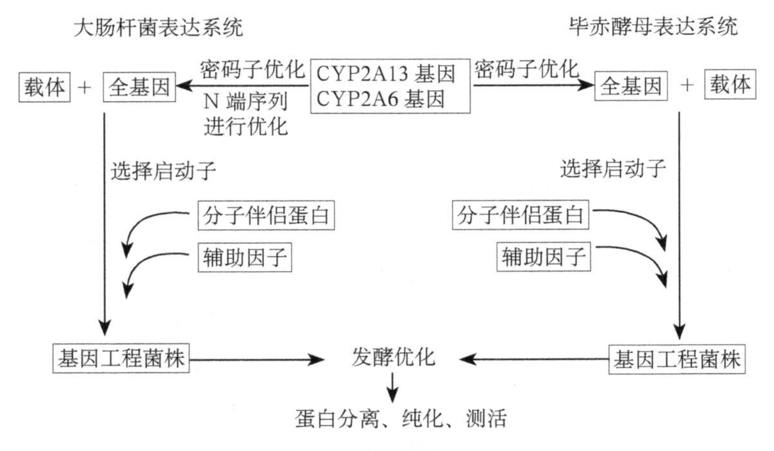

图 7-28 生物酶制剂制备工艺路线

（二）扩大化生产方案

首先对能够在摇瓶水平产生 CYP2A13 和 CYP2A6 的毕赤酵母基因工程菌株进行摇瓶发酵条件优化，然后进行 5 L 发酵罐的条件优化，再实现 100 L 发酵罐的条件优化（图 7–29）。

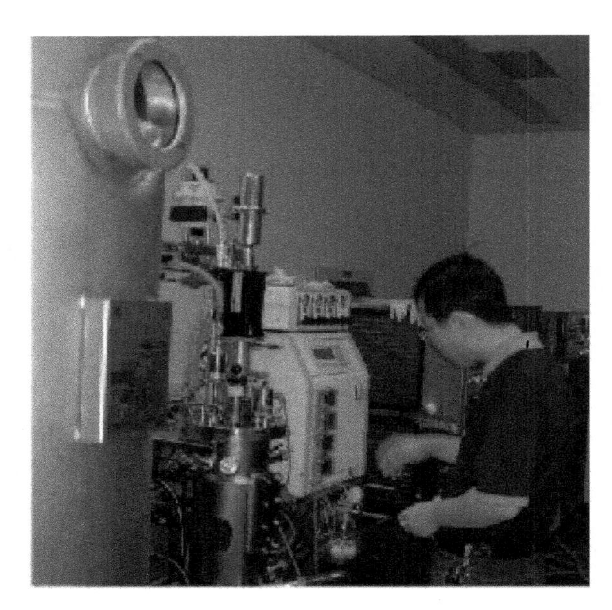

图 7–29　生物酶制剂扩大化发酵生产现场示意

（三）经济成本分析

目前，人源细胞色素氧化酶在大肠杆菌中的异源表达在 nmol/mL 水平，活性蛋白的价格十分昂贵。CYP2A13 和 CYP2A6 实现异源表达的报道较少。比较不同来源蛋白的价格，以大肠杆菌或毕赤酵母发酵产生人源细胞色素氧化酶的成本是相对低的。生产该系列酶过程需要基因扩增、载体构建、菌株转染、微生物生长等所需的生化成分，如引物、限制性内切酶、DNA 连接酶、蛋白小分子、抗生素、细胞培养液、牛肉粉、蛋白胨、酵母提取物、检测试剂盒。经过核算，按照该工艺路线，生产生物酶制剂的成本为 2.5 元 /nmol 酶。应用于烟草制丝生产过程中的表料中，以最高减害效果量施加生物酶制剂的成本为 10 000 元 / 吨白肋烟叶，即为处理每千克白肋烟叶需增加成本 10 元，每箱混合型卷烟大约 60 元。

四、生物酶制剂的安全性

（一）生物酶制剂自身的安全性

卷烟生产中应用的生物酶制剂主要是由细胞色素 P450 酶（CYP2A13、CYP2A6）组合而成，由毕赤酵母细胞发酵生产的。首先，构建含目标 P450 基因（人来源）的质粒，转染至微生物细胞，首先要经过实验室的扩大培养，然后接入发酵车间内的种子罐进行再次扩大培养，最后扩大培养后的生产细胞进入发酵罐开始酶制剂的人工化生产。生产菌在大型的不锈钢发酵罐内得到充分的养分和空气，在最适合的环境中迅速成长，同时产出大量的生物酶。发酵的整个过程完全符合 GMP 的要求。

选择毕赤酵母细胞（图 7–30）作为人工培养产酶细胞，考虑到以下特点：①安全可靠：毕赤酵母细胞作为酶工程细胞，广泛应用于食品行业，全基因序列纯净，转录翻译过程明确，无外源性转基因的感染，代谢物安全无毒，不会影响生产人员和环境，也不会对酶的应用产生其他不良的影响。②酶的产量高：细胞通过筛选、诱变或采用基因工程、细胞工程等技术获得，具有高产的特性；③容易培养和管理：细胞容易生长繁殖，并且适应性较强，易于控制，便于管理；④产酶稳定性好：能够稳定地用于生产，不易退化；⑤利于酶的分离纯化：细胞本身及其他杂质易于和酶分离。

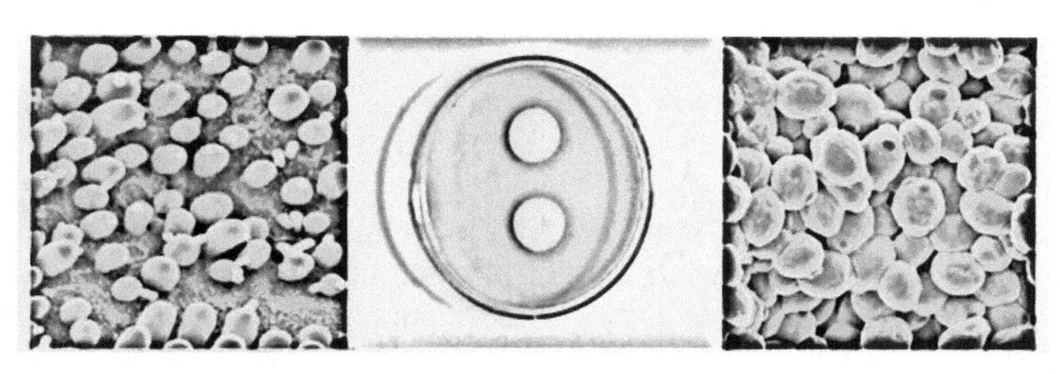

图 7-30　产酶细胞（毕赤酵母细胞）

由于本书中使用的生物酶为人来源的 P450 酶，在人体内普遍存在，因此，具有较高的安全性，不产生任何毒性，为安全可靠的生物酶制剂。同时，发酵工程所采用的产酶细胞，不带入任何转基因片段，整个生产过程安全可控。

采用的 CYP2A13 和 CYP2A6 两种 P450 酶的安全性评价方面，相关文献证实 CYP 酶是安全可靠的、大量的。另外，3 项体外毒理学实验也为 P450 酶制剂应用至烟草提供了安全证据。

① AMES 细菌突变实验：以 CYP 酶进行了 TA98 和 TA100 细菌突变实验，未发现致突变性。

②细胞毒性实验：通过对 BEAS-2B 等细胞的研究发现，CYP 酶无细胞毒性，而且能够降低外源化合物的细胞毒性，缓解其他外源性成分对细胞的损伤。

③微核实验：研究发现，CYP 酶无诱发小鼠骨髓嗜多染红细胞微核细胞率增高的作用，表明上述生物酶无遗传毒性。

（二）生物酶制剂在卷烟加工过程中的使用安全性

使用纯水，将重组酶、NADPH 生成系统配成生物酶制剂液体，施加比例为烟叶重量的 5%，其中，酶蛋白仅为烟叶重量的 0.02%。同时，由于生物酶制剂施加环节为白肋烟烘焙后的表料施加处，施加完成后，片烟经过多次升温除水等处理，而研究中所采用的生物酶制剂主要成分为蛋白酶，经高温（$>$ 50 ℃）工艺环节，酶蛋白迅速灭活，因此，不会对最终的卷烟产品产生负面影响。

第四节　典型烟草内生菌降低 TSNAs 的应用

目前普遍认为，大田正常生长的青烟烟叶中很少或几乎不产生 TSNAs，也不积累亚硝酸盐。这是因为细胞内各类物质被细胞膜有效地隔离开来，尽管烟叶内存在着丰富的 TSNAs 前体物质，但它们不能相聚而发生反应生成 TSNAs。烟叶中 TSNAs 几乎都是在采收后形成和积累的，而且大部分是发生在调制期间。研究表明，烟叶自变黄期结束到完全褐变这一时期（晾晒烟采收 2 ～ 3 周后或烤烟采收 1 周后），

TSNAs 的累积较多。这一时期，烟叶水分丧失较多，细胞的完整性遭到破坏，营养物质自细胞内流到细胞间，较高的湿度、适宜的温度及缺氧等条件为微生物的生长和繁殖提供了便利，而许多微生物具有将硝酸盐还原为亚硝酸盐的能力，这些微生物的活动可使烟叶中的硝酸盐还原成亚硝酸盐，亚硝酸盐与生物碱（如烟碱等）反应形成 TSNAs。在烟草种植及调制过程中，烟草特有的亚硝胺 TSNAs 形成，微生物起着重要的作用。

一、内生菌 K16、K17 和 K18 降低 TSNAs 的效果

（一）温室实验内生细菌降低 TSNAs 的效果

云南省烟草农业科学研究院的雷丽萍等分离获得了烟草内生细菌 688 株，内生真菌 88 株，并对其类群进行了鉴定，其中，高效菌株 WT、L1 和 K9 分别鉴定为芽孢杆菌（*Bacillus sp.*、*B. simplex*）和烟草节杆菌（*Arthrobacter nicotianae*）。研究表明，供试的不同烟草内生细菌在降低烟草 TSNAs 的能力上存在着明显的差异，并且在最佳的施用时期上也存在明显的多样性。不同的烟草品种烟叶表面微生物数量不同，烟草内生细菌处理后对烟草微生物的种群数量影响在不同烟草品种间存在着明显的差异，烟草内生菌不同处理方法对烟草微生物群体数量的影响上的差异也较大。不同处理方法和处理时期，其结果不同，不同菌株及不同处理的降云烟 85 TSNAs 效果不同（表 7–7），K17 菌株浸根处理、K18 菌株在团棵期喷雾处理可明显降低 TSNAs 总量，分别降低了 42.30% 和 23.74%，而菌株 K16 浸根处理使烟叶中 NNK 的含量降低甚至检测不到。K16 和 K18 菌株旺长期喷雾处理后，检测不到 NNK 的含量。

内生细菌对白肋烟 TN86 的降低 TSNAs 效果如表 7–7 所示，K17 菌株浸根处理可使 TSNAs 含量降低 10.45%。K16、K17、K18 3 个菌株浸根处理均使 NNN 含量降低，K16、K17 菌株团棵期喷雾降低 NNN 含量，K18 菌株旺长期喷雾使 NNN 含量降低。K16 和 K18 菌株分别在采前喷雾和浸根处理后检测不到 NNK。

表 7–7　不同处理的烟草 TSNAs 含量比较（温室实验）

菌株编号	处理编号	处理	NNN/（ng/g）	（NAT+NAB）/（ng/g）	NNK/（ng/g）	总计 /（ng/g）	TSNAs 降低 / %
CK	CKY	对照	63.30	75.75	11.20	150.25	
K16	YA1	浸根处理	99.75	145.05	6.55	251.35	
K16	YB1	团棵喷雾	92.53	118.93	15.85	227.30	
K16	YC1	旺长喷雾	559.08	1128.38	未检出	1687.45	
K16	YD1	采前喷雾	141.83	174.85	31.03	347.70	
K17	YA2	浸根处理	60.90	5.13	20.63	86.65	42.30
K17	YB2	团棵喷雾	124.88	99.43	未检出	224.30	
K17	YC2	旺长喷雾	86.40	110.65	未检出	197.05	
K17	YD2	采前喷雾	106.65	132.95	11.48	251.08	
K18	YA3	浸根处理	69.33	112.30	11.13	192.75	
K18	YB3	团棵喷雾	40.53	65.75	8.30	114.58	23.74
K18	YC3	旺长喷雾	59.38	77.25	未检出	136.63	
K18	YD3	采前喷雾	71.13	82.88	73.75	227.75	

续表

菌株编号	处理编号	处理	NNN/（ng/g）	（NAT+NAB）/（ng/g）	NNK/（ng/g）	总计 /（ng/g）	TSNAs 降低 / %
CK	CKT	对照	1034.48	348.93	15.93	1399.33	
K16	TA1	浸根处理	809.18	743.33	65.23	1617.73	
K16	TB1	团棵喷雾	836.48	866.93	29.08	1732.48	
K16	TC1	旺长喷雾	1311.88	1065.05	26.53	2403.45	
K16	TD1	采前喷雾	1148.18	1152.00	未检出	2300.18	
K17	TA2	浸根处理	708.13	530.53	14.35	1253.00	10.45
K17	TB2	团棵喷雾	899.88	1152.53	33.10	2085.50	
K17	TC2	旺长喷雾	4528.20	619.85	22.95	5171.00	
K17	TD2	采前喷雾	1496.78	712.98	32.68	2242.43	
K18	TA3	浸根处理	779.60	761.75	未检出	1541.35	
K18	TB3	团棵喷雾	1059.28	721.23	16.00	1796.50	
K18	TC3	旺长喷雾	848.35	700.90	18.98	1568.23	
K18	TD3	采前喷雾	1970.98	662.05	34.85	2667.88	

（二）大田实验内生细菌降低 TSNAs 的效果

白肋烟 TN90 中 TSNAs 总量要远远大于烤烟型云烟 85 中的含量，在 TSNAs 中 NAT+NAB 含量最高，其次是 NNN，NNK 在 4 种主要的烟草特有亚硝胺中含量最低。在 3 个内生细菌的 4 种不同施用时期除 K17 旺长期喷施的处理外，均能降低烟草中 TSNAs 含量，并且可以发现几种内生细菌对烤烟型云烟 85 中 TSNAs 的降低作用大于对白肋烟 TN90 的作用。

在烤烟上，对 TSNAs 总量降低最多的是 K16 菌株在采烤前 2 周处理最好，对总量降低 53.55%。对 NNN 降低作用最大的处理是 K16 菌株浸根处理，降低了 83.54%。对 NAT+NAB 降低作用最大的处理是 K16 菌株在采烤前 2 周处理最好，降低了 55.17%。对 NNK 降低作用最好的处理是 K18 菌株在采烤前 2 周处理，降低率为 58.64%。

在白肋烟上，对 TSNAs 总量降低最多的是 K18 菌株在旺长期处理最好，对总量降低 50.14%。对 NNN 降低作用最大的处理是 K18 菌株在旺长期处理，降低了 67.1%。对 NAT+NAB 降低作用最大的处理是 K18 菌株在旺长期处理，降低了 45.03%。对 NNK 降低作用最好的处理是 K18 菌株浸根处理，降低率为 42.24%。

二、针对亚硝酸盐的菌株降低 TSNAs 的效果

云南省烟草农业科学研究院研究人员筛选出 6 株（TEB11、TEB17、TEB23、TEB26、TEB30 和 TEB34）对还原硝酸盐和亚硝酸盐能力较强的细菌。采集生长成熟的白肋烟烟叶，分别按以下 3 种方式接种处理：①新鲜烟叶用粉碎机粉碎，充分混匀，以浓度为 10^8 cfu/mL 的菌悬液接种，使接种体浓度为 5%，然后放置 35 ℃恒温培养 7 天后测定 TSNAs 等含量；②将新鲜烟叶叶柄基部 1.5 cm 浸于 10^8 cfu/mL 的菌悬液，48 h 后在室温自然调制 3 周后测定 TSNAs 等含量；③以浓度为 10^8 cfu/mL 的菌悬液均匀喷洒于新鲜烟叶表面，风

干后在室温自然调制 3 周后测定 TSNAs 等含量。以不接种内生细菌的培养液为对照，每处理 3 次重复。

6 株内生细菌处理粉碎烟叶后各处理样品的硝酸盐、亚硝酸盐和 TSNAs 等化学成分含量如表 7–8 所示。6 株内生细菌处理后白肋烟硝酸盐含量均比对照处理低，除菌株 TEB34 处理的亚硝酸盐含量略高于对照外，其余菌株处理的亚硝酸盐含量都低于对照处理。所有菌株处理后白肋烟 NNN、NAT、NAB、NNK 及 TSNAs 含量均明显低于对照处理，菌株 TEB11、TEB17、TEB23、TEB26、TEB30 和 TEB34 对白肋烟 TSNAs 含量的降低率分别为 99.70%、99.88%、99.64%、98.16%、98.72% 和 61.28%。

表 7–8　6 株内生细菌处理粉碎烟叶对硝酸盐、亚硝酸盐和 TSNAs 含量的影响

不同处理组	含量 /（μg/g）						
	NO_3^-	NO_2^-	NNN	NAT	NAB	NNK	TSNAs
TEB11	500.00	21.10	0.07	0.41	0	0.16	0.64
TEB17	653.85	8.35	0.04	0.15	0	0.06	0.25
TEB23	628.21	20.32	0.02	0.37	0	0.37	0.76
TEB26	730.77	189.49	0.44	1.22	0.01	2.21	3.88
TEB30	371.79	11.92	0.26	0.93	0.01	1.48	2.69
TEB34	4059.52	2067.59	6.08	20.68	0.46	54.34	81.56
对照组	4916.67	1981.40	13.27	60.52	1.55	135.28	210.62

6 株内生细菌叶柄接种处理后各处理样品的硝酸盐、亚硝酸盐和 TSNAs 等化学成分含量如表 7–9 所示。除菌株 TEB26、TEB30 处理后白肋烟硝酸盐含量低于对照处理外，其余菌株处理的硝酸盐含量均高于对照处理，除菌株 TEB17 处理的亚硝酸盐含量略高于对照外，其余菌株处理的亚硝酸盐含量都低于对照处理。所有菌株处理后白肋烟 NNN、NAT、NAB、NNK 及 TSNAs 含量均明显低于对照处理，菌株 TEB11、TEB17、TEB23、TEB26、TEB30 和 TEB34 对白肋烟 TSNAs 含量的降低率分别为 84.87%、89.99%、94.11%、89.82%、95.53% 和 98.28%。

表 7–9　6 株内生细菌叶柄接种处理对硝酸盐、亚硝酸盐和 TSNAs 含量的影响

不同处理组	含量 /（μg/g）						
	NO_3^-	NO_2^-	NNN	NAT	NAB	NNK	TSNAs
TEB11	8022.39	5.49	4.98	3.61	0.06	1.01	9.66
TEB17	7502.10	14.94	3.41	2.34	0	0.63	6.39
TEB23	7210.83	2.91	1.30	2.19	0.03	0.36	3.76
TEB26	5233.33	2.41	2.42	2.80	0.05	1.23	6.50
TEB30	4103.70	2.62	0.93	1.39	0.03	0.49	2.85
TEB34	6994.17	2.17	0.42	0.63	0.02	0.04	1.10
对照组	6319.60	12.77	26.59	24.65	0.44	12.15	63.83

6 株内生细菌叶面接种处理后各处理样品的硝酸盐、亚硝酸盐和 TSNAs 等化学成分含量如表 7–10 所示。大部分菌株处理后白肋烟硝酸盐含量都高于对照处理，除菌株 TEB30 处理的亚硝酸盐含量略低于对

照外，其余菌株处理的亚硝酸盐含量都高于对照处理。各菌株处理后白肋烟 NNK、NAB、NAT 含量均比对照处理低，除菌株 TEB11 处理的 NNN 含量略高于对照外，其余菌株处理均比对照低，而菌株 TEB11、TEB17、TEB23、TEB26、TEB30 和 TEB34 处理对白肋烟 TSNAs 含量都有降低作用，其降低率分别为 27.56%、73.71%、60.18%、42.19%、86.03% 和 54.46%。

表 7-10　6 株内生细菌叶面接种处理对硝酸盐、亚硝酸盐和 TSNAs 含量的影响

不同处理组	含量 / (μg/g)						
	NO_3^-	NO_2^-	NNN	NAT	NAB	NNK	TSNAs
TEB11	11 725.67	3.04	5.33	6.84	0.10	0.90	13.17
TEB17	10 210.94	4.94	1.99	2.14	0.04	0.61	4.78
TEB23	13 010.45	5.97	3.49	2.82	0.06	0.87	7.24
TEB26	9738.14	3.82	3.16	6.14	0.01	1.20	10.51
TEB30	9921.24	1.95	1.02	1.24	0.02	0.26	2.54
TEB34	11 795.21	12.30	2.52	4.49	0.06	1.21	8.28
对照组	9918.67	2.91	5.21	10.62	0.17	2.18	18.18

三、内生菌 WB_5 降低 TSNAs 的效果

云南省烟草农业科学研究院等科研人员选择对 TSNAs 有较好降低效果的菌株 TEB34 作为研究对象，并命名为 WB_5，对移栽成活的烟株进行细菌菌株 WB_5 灌根处理，烟株砍收时进行细菌菌株 WB_5 浸泡烟叶处理，并以砍收时进行清水浸泡烟叶为对照的田间小区试验，如图 7-31 所示。

(a)

(b)

图 7-31　菌液浸泡烟叶处理示意

从图 7-32 可知，对 NNN 而言，在晾制前期（采收至晾制 25 天），喷洒处理和对照处理烟叶的 NNN 含量相对较低，而灌根处理含量较高；晾制 30 天后，灌根处理和喷洒处理烟叶中 NNN 含量均明显降低；晾制 40 天时，灌根处理和喷洒处理 NNN 含量分别比对照下降了 55.00% 和 45.22%；晾制结束时，喷洒处理烟叶中 NNN 比对照降低了 90.51%。对 NNK 而言，在采收至晾制 25 天时，3 个处理烟叶的 NNK 含量相对较低，灌根处理和喷洒处理对 NNK 含量影响不大；晾制 25 ～ 40 天期间，灌根处理烟叶中的 NNK 含量比对照低，而喷洒处理的含量则高于对照；在晾制 40 天时，灌根处理比对照下降了 37.99%，喷洒处理比对照增加了 24.05%；晾制结束时，喷洒处理对 NNK 含量影响较小。对 NAT+NAB 而言在采收至晾制 25 天时，喷洒和灌根处理 NAT+NAB 含量比对照高；晾制 40 天时，灌根处理和喷洒处理分别比对照降低了 49.92% 和 34.70%；晾制结束时，喷洒处理比对照下降了近 20%。

在晾制前期（晾制 20 天以前），烟叶叶片呈黄绿色和黄色，此时各处理烟叶中 TSNAs 含量均较低，变化也较小。随着晾制时间的延长，烟叶中水分逐渐散失，晾制 20 天以后，叶片变为褐色，细胞膜破坏，胞内营养物质外渗，再加上适宜的温湿度为微生物活动提供了良好条件，此时烟叶中的硝酸还原酶活性最强，烟叶中 TSNAs 含量增加较快（图 7-32）。晾制 20 天时，灌根处理烟叶中 TSNAs 含量达到整个晾制期间的最大值 4115.15 ng/g；晾制 30 天时，喷洒处理烟叶中 TSNAs 含量达到整个晾制期间的最大值 2458.50 ng/g；晾制 40 天时，对照处理烟叶中 TSNAs 含量才达到整个晾制期间的最大值 2985.38 ng/g，但此时（晾制 40 天）灌根处理 TSNAs 含量比对照下降了 50.98%，喷洒处理下降了 32.18%，特别是晾制结束时，喷洒处理比对照降低了 81.32%。

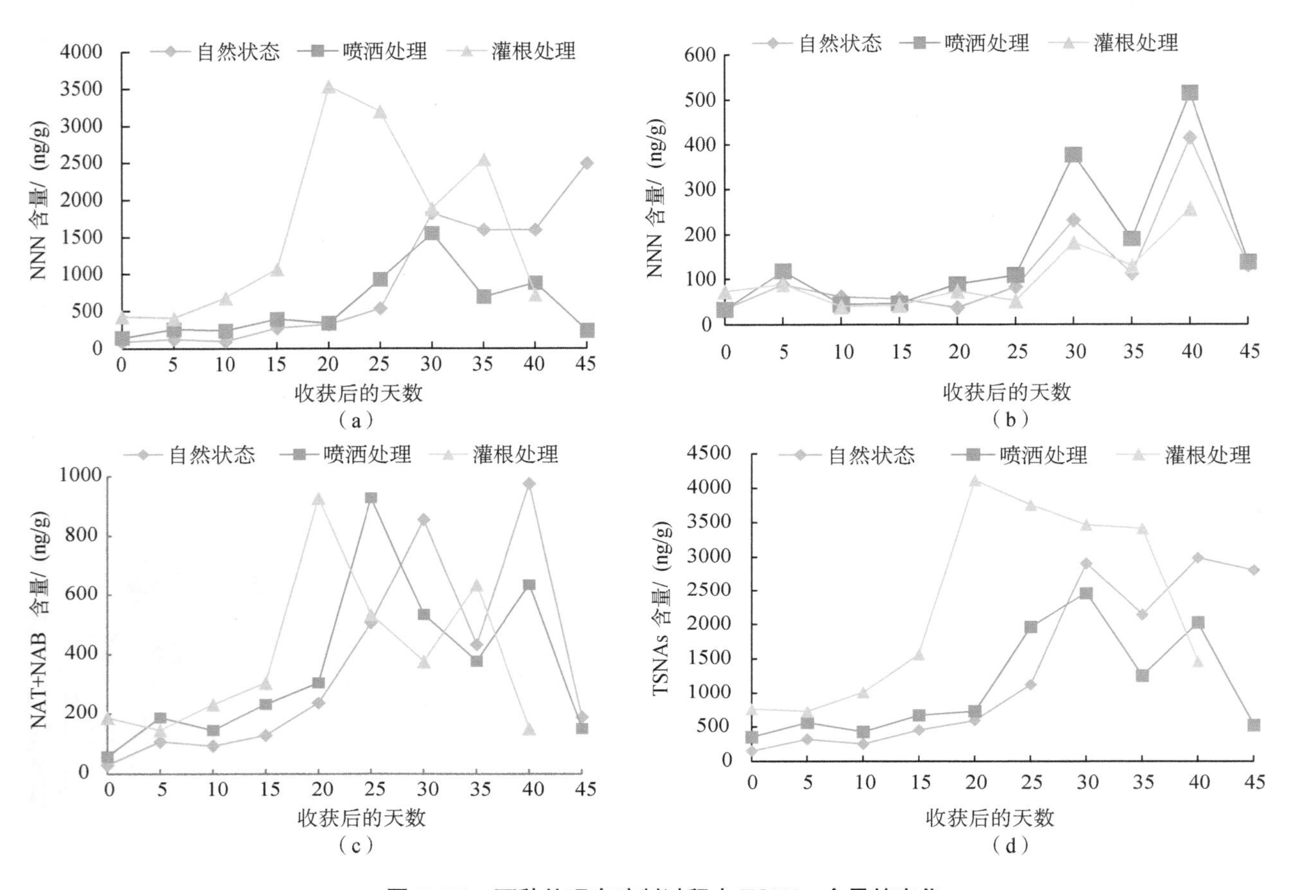

图 7-32 两种处理在晾制过程中 TSNAs 含量的变化

以 2003 年和 2004 年的烟叶为研究对象，喷洒 WB_5 菌剂的处理和对照在整个晾制期间烟叶中硝酸盐变化差异不大（图 7-33）。晾制前期（收获至 15 天），硝酸盐变化不大，趋势比较平缓；晾制中期（20～35 天），硝酸盐逐渐增加，尤其是对照更为明显，到晾制 35 天时，2003 年和 2004 年的硝酸盐均达到了最大值，对照分别为 1144.734 μg/g 和 1126.882 μg/g；喷洒处理分别为 1008.117 μg/g 和 928.761 μg/g；晾制末期（35～45 天），硝酸盐都呈现出降低趋势，特别是处理烟叶更为明显，晾制结束时，2003 年和 2004 年烟叶中的硝酸盐含量都低，对照分别降为 970.413 μg/g 和 897.013 μg/g，喷洒处理分别降为 861.875 μg/g 和 714.863 μg/g。总体而言，晾制前期处理对硝酸盐的影响很小，甚至稍高于对照，而从 25 天后，其含量都低于对照，这可能是喷洒 WB_5 还原了烟叶中部分硝酸盐和亚硝酸盐，促进了硝酸还原反应，从而降低了烟叶中的硝酸盐。不同时期下烟叶中硝酸盐也不同，这可能与各时期出现的菌株种类有关，特别是与其硝酸盐和亚硝酸盐还原酶的活性有关。

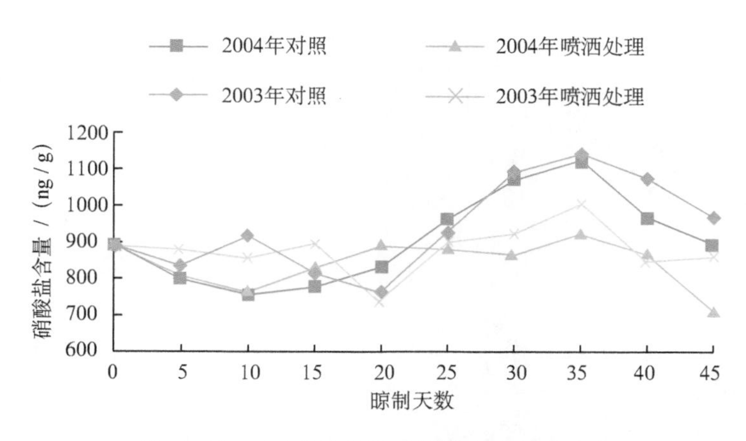

图 7-33　晾制期间烟叶中硝酸盐含量的变化

收获时，烟叶中亚硝酸盐含量最低（图 7-34）。晾制前期（0 ～ 20 天），烟叶中亚硝酸盐含量相对较低，且变化较小，处理烟叶中的亚硝酸盐含量与对照的较为相似；20 ～ 30 天，烟叶中亚硝酸盐含量迅速增加，到晾制 30 天时，2003 年对照和喷洒处理烟叶的亚硝酸盐均达到最大值，此时 2004 年喷洒处理烟叶也达到最大，而 2004 年对照达到最大值是在晾制 35 天时；晾制中后期，喷洒处理烟叶中的亚硝酸盐均低于对照烟叶，特别是在晾制末期，2003 年和 2004 年处理烟叶中的亚硝酸盐分别比对照降低了 47.99%、72.17%。

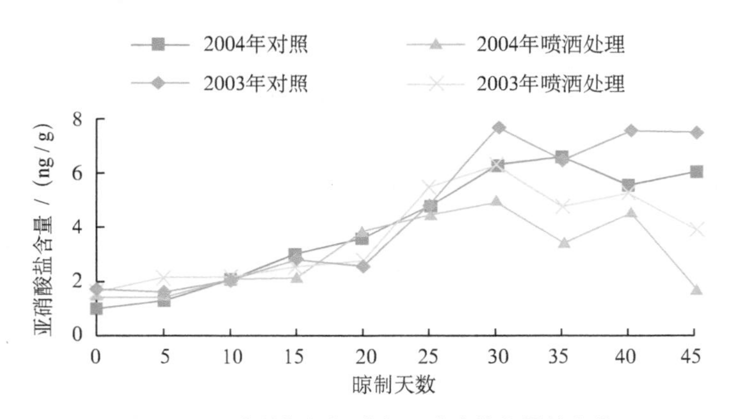

图 7-34　晾制期间烟叶中亚硝酸盐含量的变化

雷丽萍等认为 WB_5 菌株的硝酸盐和亚硝酸盐还原能力较强，可使亚硝酸盐还原为氨而挥发，因此可能会影响晾制 TSNAs 含量。测定结果表明，晾制前期和中期，WB_5 菌株对烟叶中 TSNAs 含量影响不大，甚至稍高于对照，而晾制后期，WB_5 菌株处理对烟叶中 TSNAs 含量起到了明显的降低作用。对 NNN、NNK、NAT+NAB 含量的影响结果表明，使用 WB_5 菌株可明显降低晾制后期烟叶中 NNN 含量。白肋烟中含量最多的是 NNN，降低 NNN 含量也就可以明显地降低 TSNAs 的含量。同时，由于微生物降低烟叶中 TSNAs 的复杂性，WB_5 降低白肋烟中 TSNAs 含量的稳定性及其作用机制等方面尚需进一步深入研究。

四、内生菌降低白肋烟 TSNAs 的生产示范

云南以宾川为基地的白肋烟生产示范如图 7-35 所示。近年来随着栽培晾制技术的提高，外观质量增进，内在主要化学成分得到了改善，质量有了明显提高。随着烟草业的不断发展，吸烟与健康问题的争论也越来越白热化，研制开发低焦油、高安全性的卷烟产品成了各国烟草业研究的方向。TSNAs 是烟草特有的 *N*-亚硝基类化合物，是烟叶中重要的有害成分，对吸烟者的健康有危害作用。因此，科研人

图 7-35　内生菌降低白肋烟 TSNA 的生产示范

员对微生物调控等方面开展了一系列控制白肋烟 TSNAs 含量的研究，总结出了微生物调控的综合技术措施，并进行了生产示范。

生产示范的三部位烟叶 NNN、NNK、NAT+NAB 含量分别为 0.780 μg/g、0.199 μg/g、0.315 μg/g，比同田大面积降低了 53.79%、21.96%、33.54%，总 TSNAs 含量比同田大面积的烟叶降低了 46.46%，减少烟叶有害成分效果明显，如表 7-11 所示。另外，喷洒菌株处理的烟叶，感官质量基本与对照相近，特别是香气质、香气量，这表明喷洒菌株处理不会改变烟叶的感官质量，是一项行之有效的降低 TSNAs 含量示范推广栽培措施，可以进行进一步示范推广。

表 7-11　生产示范烟叶 TSNAs 含量检测

单位：μg/g

处理	取样部位	NO_2^-	NO_3^-	NNN	NNK	NAT+NAB	TSNAs
示范生产	上部叶	1.535	51.050	0.742	0.210	0.599	1.551
	中部叶	1.820	63.650	1.206	0.227	0.463	1.896
	下部叶	0.760	57.550	0.391	0.160	0.252	0.803
	平均	1.372	57.417	0.780	0.199	0.315	1.294
同田大面积	上部叶	1.810	54.300	2.051	0.351	0.653	3.055
	中部叶	1.458	55.650	2.168	0.223	0.438	2.829
	下部叶	1.545	57.500	0.845	0.191	0.331	1.367
	平均	1.604	55.817	1.688	0.255	0.474	2.417

第五节　植物源减害剂降低 TSNAs 的应用

一、植物源减害剂材料筛选

根据烟叶 TSNAs 合成的基本原理及一些植物材料所含天然有机物的基本特性，探索提取几种植物源材料的粗提物对白肋烟烟叶 TSNAs 含量的影响，筛选最有应用前景的植物源材料，结果如表 7-12 所示。

表 7-12　植物源材料筛选试验

单位：ng/g

处理	中部叶				上部叶			
	TSNAs	降幅	NNK	降幅	TSNAs	降幅	NNK	降幅
马齿苋	27 225.05	60%	226.06	58%	45 774.64	30%	386.25	21%
Y	41 403.59	39%	404.80	26%	41 893.58	36%	516.60	—

续表

处理	中部叶				上部叶			
	TSNAs	降幅	NNK	降幅	TSNAs	降幅	NNK	降幅
W	56 075.01	18%	889.52	—	58 676.19	10%	456.55	6%
X	60 136.66	12%	175.76	68%	56 586.49	13%	260.96	46%
H	40 572.98	40%	266.72	52%	55 571.26	14%	242.44	50%
CK	68 624.71	—	546.45	—	64 979.54	—	486.43	—

由表7-12可知，施用这6种植物源材料提取液后，烟叶TSNAs含量、NNK含量均有不同程度的下降。中部叶TSNAs总量降幅最大的为马齿苋，H次之；NNK降幅最大的为X，马齿苋次之。上部叶TSNAs总量降幅最大的为Y，马齿苋次之；NNK降幅最大的为H，X次之，马齿苋降幅也达到21%。综合比较，植物源材料马齿苋对不同叶位的TSNAs和NNK均有较好的降低作用，且考虑到马齿苋的来源广泛，原材料较为廉价，因而具有最好的应用推广潜力，选择其为进一步研究的植物源材料。

二、马齿苋植物源减害剂简介

马齿苋，中文别名为马力苋、马苋菜、马齿菜、马蛇子菜、五行草、长寿菜，拉丁学名为*Portulacaoleracea*L.，植物分类学上属被子植物门、双子叶植物纲、原始花被亚纲、中央种子目、马齿苋亚目、马齿苋科、马齿苋属，是1年生肉质草本植物。叶肥厚多汁，无毛，茎常带紫红色或紫色并呈匍匐状斜生，叶互生或近对生，叶面呈楔状长圆形、倒卵形或匙形；夏季开花，花小型，黄色；果圆锥形。广泛分布于全世界温带和热带地区，中国各地均有极广泛的分布。马苋菜为药食两用植物，全草可供药用，有清热利湿、解毒消肿、消炎、止渴、利尿、止痢等作用；种子可明目，也可入药；嫩茎叶可作蔬菜，味酸，也可作饲料。

（一）马齿苋的药食两用性

马齿苋是一味清热解毒的传统中药，又是一种包括我国在内世界不少国家人们经常食用的食物，分布于全国各地，以及世界范围内的温带、亚热带、热带地区，资源丰富，来源广泛。现代研究表明，马齿苋含有丰富的去甲肾上腺素类物质和α-亚麻酸、维生素E、胡萝卜素、生物碱、黄酮等多种营养成分与植物活性物质，具有抗菌、降血脂、松弛肌肉、抗炎及促进伤口愈合等作用，还具有较强的抗衰老、抗氧化作用。马齿苋作为国家卫生部认定的药食同源野生植物之一，在我国已有千百年的利用史。近年来科学研究发现，它既是一种保健功能食品，又具有重大的药用价值。卫生部于2002年发布《关于进一步规范保健食品原料管理的通知》（卫法监发〔2002〕51号），批准马齿苋作为食品新资源使用的物质，马齿苋属于按照传统既是食品又是中药材物质目录中的产品。

（二）马齿苋的主要化学成分

马齿苋的主要化学成分：蛋白质、脂肪、碳水化合物、膳食纤维、钙、磷、铁、铜、胡萝卜素、维生素B_1、维生素B_2、烟酸、维生素A、维生素C、核黄素和钙、铁等矿物质。其ω-3脂肪酸含量在绿叶菜中占首位。每100 g马齿苋鲜嫩苋茎叶含蛋白质2.3 g、脂肪0.5 g、糖类3 g、粗纤维0.7 g、钙85 mg、磷56 mg、铁巨1.5 mg、胡萝卜素2.23 mg、维生素B_1 0.03 mg、维生素B_2 0.11 mg、烟酸0.7 mg、维生素C 23 mg。此外，还含有大量去甲肾上腺素、钾盐及丰富的柠檬酸、苹果酸、氨基酸及生物碱等成分。

另外，最新的药理实验从马齿苋水提液中分离出了菇类、脂肪酸类、生物碱类成分，同时，抗氧化实验表明其中含有大量饱和脂肪酸及不饱和脂肪酸（α-亚麻酸、亚油酸），是马齿苋水提物发挥抗氧化的主要成分。

（三）马齿苋的毒理学评价

有报道证实了马齿苋的安全性，马齿苋水提物是安全可靠的。

① AMES 细菌突变实验：对马齿苋水提液进行了 TA98 和 TA100 细菌突变实验，未发现马齿苋的致突变性。同时，研究人员发现马齿苋水提液具有一定的抗癌性。

②细胞毒性实验：通过对 PC12 细胞的研究发现，马齿苋水提物细胞毒性不大，而且能够降低外源化合物的细胞毒性，缓解其他外源性成分对细胞的损伤。

③微核实验：研究发现，马齿苋水提物无诱发小鼠骨髓多染红细胞微核率增高的作用，表明马齿苋水提物无遗传毒性。

三、植物源减害剂在打叶复烤生产中的应用

（一）实验设计

根据减害剂的不同浓度分别设置在线和离线处理如下：复烤前在线做减害实验共计 4 个实验方案，顺序依次为在线对照样、在线植物源 12.5%、在线植物源 25.0%、在线植物源 50.0%，浓度均为从低到高。复烤后离线实验用在线对照样产生的片烟，做 4 个离线实验，其中 1 个为离线对照样，其余分别为离线植物源 12.5%、离线植物源 25.0%、离线植物源 50.0%，离线实验为手喷减害剂实验，每个减害剂实验需用片烟 60 kg，共计需用 420 kg。离线实验顺序与在线相同，手工喷洒要求尽量施加均匀，施加量为烟叶重量的 3.5%，后续工艺环节略微调节烘干等工艺参数。

4 个浓度实验的具体顺序如下。

①在线 / 离线对照样（不含减害剂的等量清水）；

②在线 / 离线植物源 12.5%，马里兰烟-YH5-Q. 植物源减害剂（浓度：12.5%）；

③在线 / 离线植物源 25.0%，马里兰烟-YH5-2Q. 植物源减害剂（浓度：25.0%）；

④在线 / 离线植物源 50.0%，马里兰烟-YH5-4Q. 植物源减害剂（浓度：50.0%）。

（二）实验步骤

1. 植物源减害剂的在线施加

①施加减害剂：将减害剂注入供水箱，复烤前在线执行自动喷洒。具体操作：配制减害剂，将 35 L、70 L、140 L 植物源减害剂原液加注到加料箱（加料箱总容积 500 L）中，用清水补满至 140 L，搅拌均匀即可启动加料，其他复烤及压实包装（取样除外）等操作不变。

②取样：在加料处理的中段取在线样品，每样 60 kg 共计 240 kg 作为烟样。

2. 离线施用减害剂实验

取正常复烤后（未施减害剂）的 2013 年湖北宜昌马里兰烟 MB-S 烟叶 240 kg，按每处理 60 kg 在线下分别用 15 L 手动喷壶喷施 2.7 L，减害剂含量按处理设置配制。

3. 复烤后烟叶的处理

打叶复烤后的烟叶经在线切丝机切丝后，实验室小型自动卷烟机制成卷烟，对打叶复烤过程中施加了植物源减害剂的样品进行烟气中 TSNAs 含量检测。

4. 结果

结果如表 7-13 所示，与对照样相比，无论是在线或是离线施加植物源减害剂均对卷烟烟气中 TSNAs 的释放量具有较显著的降低作用。其中，在线施加效果更为显著，烟气中 NNK 释放量选择性降低 18.21% ～ 37.99%，总 TSNAs 释放量选择性降低 10.51% ～ 21.27%，以 25.0% 的浓度为最佳。

表 7-13 打叶复烤过程施加马齿苋后的卷烟烟气中 TSNAs 释放量

单位：ng/ 支

不同处理组	焦油量[a]	NNN	NAT	NAB	NNK	TSNAs
在线对照样	13.01	1925.76	725.37	86.65	155.50	2893.28
在线植物源 12.5%	14.87	2004.55	694.76	85.57	149.41	2934.29
在线植物源 25.0%	13.78	1702.34	575.03	66.16	105.63	2449.16
在线植物源 50.0%	13.28	1853.17	600.55	70.28	125.37	2649.37
离线对照样	13.44	2160.69	672.47	81.87	162.23	3077.26
离线植物源 12.5%	13.00	1935.77	681.84	85.06	120.16	2822.83
离线植物源 25.0%	14.60	1845.68	644.41	79.70	136.24	2706.03
离线植物源 50.0%	14.29	1619.31	568.94	64.22	138.78	2391.25

注：a 表示焦油量单位为 mg/ 支。

四、植物源减害剂在卷烟加工生产中的应用

在卷烟生产过程中，分别在白肋烟松散回潮、白肋烟加里料、白肋烟加表料、烤烟松散回潮、烤烟烟片加料、成品丝加香、梗丝加料及膨丝加料，8 个工艺环节分别施加浓度为 25.0% 的植物源减害剂，并制作卷烟样品，与未施加植物源减害剂的卷烟样品进行 TSNAs 释放量检测，最终确定了在卷烟加工生产过程的 8 个工艺环节中，成品丝加香和膨丝加料环节施加植物源减害剂时，对 NNK 及 TSNAs 的降低效果最好，结果如表 7-14 所示。在评价植物源减害剂的实际降害效果时，引入了对照样品，避免了加工工艺环节本身对 TSNAs 释放量的影响，由表 7-14 可以看出，在成品丝加香和膨丝加料环节施加植物源减害剂时，卷烟烟气中 NNK、TSNAs 释放量分别选择性降低 29.20%、22.78% 和 20.11%、23.51%。

表 7-14 卷烟生产过程中施加马齿苋后的卷烟烟气中 TSNAs 释放量

单位：ng/ 支

加工工序	NNK	NAT	NNN	NAB	TSNAs
白肋烟松散回潮（对照）	70.51	658.64	1214.80	58.71	2002.66
白肋烟松散回潮（施加）	63.02	610.49	987.27	55.83	1716.61
降低率	10.62%	7.31%	18.73%	4.91%	14.28%
白肋烟加里料（对照）	75.41	623.20	1375.04	61.09	2134.74
白肋烟加里料（施加）	68.00	572.60	1169.88	59.43	1869.91
降低率	9.83%	8.12%	14.92%	2.72%	12.41%
白肋烟加表料（对照）	68.07	594.23	1240.45	59.71	1962.46
白肋烟加表料（施加）	63.77	576.34	922.77	55.64	1618.52
降低率	6.32%	3.01%	25.61%	6.81%	17.53%

续表

加工工序	NNK	NAT	NNN	NAB	TSNAs
烤烟松散回潮（对照）	6.72	21.19	9.37	2.53	39.81
烤烟松散回潮（施加）	6.44	22.12	8.82	2.59	39.97
降低率	4.13%	–4.40%	5.83%	–2.42%	2.04%
烤烟烟片加料（对照）	7.18	24.40	10.04	2.87	44.49
烤烟烟片加料（施加）	7.02	25.11	10.93	2.73	45.79
降低率	2.22%	–2.91%	–8.91%	4.83%	–1.37%
成品丝加香（对照）	20.32	127.83	262.62	13.49	424.26
成品丝加香（施加）	14.39	103.64	210.04	9.76	337.83
降低率	29.20%	18.92%	20.02%	27.64%	20.11%
梗丝加料（对照）	4.35	14.89	9.43	2.27	30.94
梗丝加料（施加）	3.97	13.91	7.21	1.80	26.89
降低率	8.81%	6.61%	23.53%	20.52%	14.86%
膨丝加料（对照）	18.70	118.40	214.64	6.92	358.66
膨丝加料（施加）	14.44	128.49	157.95	5.76	306.64
降低率	22.78%	–8.52%	26.41%	16.70%	23.51%

将植物源减害剂应用于北京卷烟厂在线产品（产品 1、产品 2），并将应用了植物源减害剂的产品送到国家烟草质量监督检验中心，按照有关标准方法对卷烟烟气 NNK 释放量及危害性指数进行了检测评价，结果如表 7–15 所示。随着植物源减害剂在北京卷烟厂产品 1、产品 2 中的应用，两款北京卷烟厂在线产品卷烟危害性指数均有所降低，其中 NNK 释放量选择性降低 24.16% ～ 29.61%，卷烟危害性指数降低 4.78% ～ 20.29%。

表 7–15　应用植物源减害剂后成品卷烟 NNK 释放量及危害性指数

样品名称	总粒相物 /（mg/ 支）	烟碱 /（mg/ 支）	焦油量 /（mg/ 支）	抽吸口数 / 口	NNK/（ng/ 支）	卷烟危害性指数
产品 1 对照	8.19	0.58	7.00	6.10	15.45	9.20
产品 1 植物源减害剂	8.58	0.62	7.30	6.10	12.38	8.76
选择性降低率 / %	—	—	—	—	24.16	4.78
产品 2 对照	5.78	0.37	4.90	5.90	16.68	8.23
产品 2 植物源减害剂	5.67	0.39	4.80	5.40	11.40	6.56
选择性降低率 / %	—	—	—	—	29.61	20.29

按照标准评吸方法，对上述成品卷烟进行评吸，如表 7–16 所示，使用了植物源减害剂的卷烟与对照相比，卷烟感官质量得分没有明显差异，说明植物源减害剂的应用并未影响北京卷烟厂产品的在线产品的风格特征。

表 7-16 应用植物源减害剂后卷烟感官评价

项目		光泽			香气			谐调			杂气			刺激性			余味			合计
分数段		Ⅰ	Ⅱ	Ⅲ	Ⅰ	Ⅱ	Ⅲ	Ⅰ	Ⅱ	Ⅲ	Ⅰ	Ⅱ	Ⅲ	Ⅰ	Ⅱ	Ⅲ	Ⅰ	Ⅱ	Ⅲ	
样品编号	牌号	5	4	3	32	28	24	6	5	4	12	10	8	20	17	15	25	22	20	
1#	产品 1 植物源减害剂	4.0			29.0			5.0			10.2			18.5			21.0			87.7
2#	产品 1 对照	4.0			29.0			5.0			10.5			18.0			21.5			88.0
3#	产品 2 植物源减害剂	4.0			28.5			4.8			10.2			19.0			21.5			88.0
4#	产品 2 对照	4.0			29.0			5.0			10.5			18.5			21.8			88.8

五、植物源减害剂降低 TSNAs 的机制

上海烟草集团周骏团队对马齿苋降低 TSNAs 的机制进行了探讨，结合文献，锁定对 TSNAs 密切相关的亚硝酸盐，设计了相关实验进行验证。

实验方案 1 是向马齿苋提取液中按 1∶1 加入 4 种不同浓度的亚硝酸盐标准溶液，最终添加浓度分别是 5.0 mg/L、10.0 mg/L、25.0 mg/L 和 50.0 mg/L（仪器检测限为 1.5 ～ 100.0 mg/L）。实验中同时设计了马齿苋提取液和水的 1∶1 稀释液作为样品本底空白对照（马齿苋提取液本底中有一定浓度的亚硝酸盐），以及上面 4 种不同浓度的亚硝酸盐标准溶液对照组（这是考虑到亚硝酸盐有可能在空气中易被氧化的特点）。将配好的样品在室温下反应 2 h。反应结束后将样品加入到拦截分子量为 3 kDa 的 Millipore 超滤管中进行离心（离心后可以使分子量大于 3000 的大分子和杂质被留在滤膜上层，而小分子和溶剂会穿过滤膜至下层，此过程小分子浓度不会改变）。之后取下层清液迅速进行离子色谱分析，所有检测结果为重复进样两次取平均值，具体结果如图 7-36 所示。

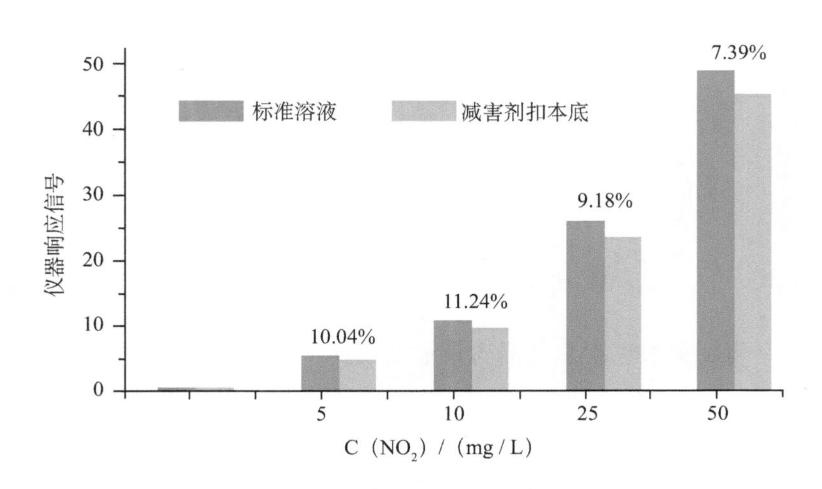

图 7-36 植物源减害剂与亚硝酸根相互作用结果

由图 7-36 可以看出，在植物源减害剂的作用下，不同浓度的亚硝酸盐标准溶液浓度均有一定程度的下降，降低率为 10% 左右，说明植物源减害剂对亚硝酸盐具有一定的降解作用。

实验方案 2 是将不同浓度的马齿苋水提液（12.5%、25.0%、50.0%）均匀喷施于晾晒烟烟叶原料中，检测烟叶原料中亚硝酸盐含量的变化，并将该原料卷制成烟支，检测卷烟烟气中 TSNAs 释放量，具体结果如表 7-17 所示。

表 7-17 植物源减害剂对烟叶原料中亚硝酸离子及 TSNAs 释放量的影响

样品名称	亚硝酸离子含量 /（mg/kg）	焦油量 /（mg/ 支）	NNN 释放量 /（ng/ 支）	NAT 释放量 /（ng/ 支）	NAB 释放量 /（ng/ 支）	NNK 释放量 /（ng/ 支）	TSNAs 释放量 /（ng/ 支）
对照样	7.45	13.44	2160.69	672.47	81.87	162.23	3077.26
植物源 12.5%	4.80	13.00	1935.77	681.84	85.06	120.16	2822.83
选择性降低率	35.57%	—	7.14%	-4.66%	-7.17%	22.66%	5.00%
植物源 25%	4.62	14.60	1845.68	644.41	79.70	136.24	2706.03
选择性降低率	37.99%	—	23.21%	12.80%	11.28%	24.65%	20.69%
植物源 50%	4.31	14.29	1619.31	568.94	64.22	138.78	2391.25
选择性降低率	42.15%	—	31.38%	21.72%	27.88%	20.77%	28.61%

由表 7-17 可以看出，不同浓度的植物源减害剂均对烟叶原料中的亚硝酸根含量起到明显的降低作用，降低率为 35.57% ～ 42.15%，同时卷烟烟气中 NNK 及 TSNAs 释放量也表现出了相应的降低趋势。

进一步研究植物源减害剂——马齿苋提取液的作用机制。有研究表明，马齿苋含有丰富的黄酮类物质，而黄酮类物质是优良的亚硝基化反应的阻断剂，能较好地清除亚硝酸盐，据韩国釜山国立大学的 Choi 等研究报道，19 种黄酮类化合物均对亚硝酸盐具有清除作用，清除效率受 pH、浓度及作用时间的影响。据四川大学胡利等研究报道，桑叶黄酮具有较强的清除亚硝酸盐能力，在浓度为 0.2 mg/mL 时，其对亚硝酸盐的清除率最大可达到 75.69%，该清除作用随着反应时间、温度及浓度的增加而增大，随着 pH 增大而减小。吴洪等还从 18 种中药中提取黄酮，测定对亚硝酸盐的清除率，作用较好的是化橘红、橘皮、竹叶、黄芩、金钱草、甘草、桑白皮、桑葚黄酮类，对亚硝酸盐清除率最大分别可达到 93.16%、89.49%、89.32%、80.82%、77.37%、75.07%、69.71%、67.85%。本研究采用芦丁 -UV 法检测该项目中使用的不同来源及不同年份所产马齿苋提取液中的总黄酮含量，结果如表 7-18 所示。

表 7-18 不同来源及年份马齿苋提取液总黄酮含量

马齿苋来源	2014 年恩施产	2014 年武汉产	2015 年恩施产	2015 年武汉产
总黄酮含量	6.58%	6.94%	7.88%	7.49%

由表 7-18 可知，马齿苋提取液中总黄酮含量最高可达 7.88%，不同产地不同年份马齿苋的总黄酮含量差异并不明显。

综上所述，亚硝酸盐作为 TSNAs 生成的重要反应物，亚硝酸盐含量的高低直接影响了打叶复烤过程中烟叶、制丝生产过程中烟草在制品和卷烟燃烧过程中 TSNAs 生成量的多少，而马齿苋提取液中含有丰富的黄酮类物质，而黄酮类物质是优良的亚硝基化反应的阻断剂，能较好地清除亚硝酸盐，植物源减害剂正是通过其中的黄酮类物质大幅度清除烟叶中的亚硝酸盐的，从而能够有效地抑制烟气中 TSNAs 的生成。总黄酮含量在 6% ～ 8% 的马齿苋提取液可作为优良的降低 TSNAs 的植物源减害剂。

附 录

附录 A 二维在线固相萃取 LC-MS/MS 法测定主流烟气中的 TSNAs

1 材料与方法

1.1 材料、试剂和仪器

在线 SPE 系统：Symbiosis（Pico）(Spark Holland 公司)，在线 SPE 系统如图 A-1 所示，主要由 SPH1240 梯度泵、Alias 多功能自动进样器（Alias）、高压注射泵（HPD）、自动小柱更换器（ACE）、HPLC 柱温箱 5 部分组成。API5500 质谱仪（美国应用生物系统公司）、Milli-Q50 超纯水议（美国 Millipore 公司）、CP2245 分析天平（感量 0.0001 g，德国 Sartorius 公司）、13 mm × 0.22 μm 水相针式滤器（上海安谱科学仪器有限公司）、TZ-2AG 台式往复旋转振荡器（北京沃德仪器公司）、BondElut PRS 柱、Hysphere C18 HD 柱(Spark Holland 公司)。标准品：*N*- 亚硝基降烟碱(NNN), 4-(*N*- 甲基亚硝胺基)-1-(3-吡啶基)-1- 丁酮(NNK), *N*- 亚硝基新烟草碱(NAT), *N*- 亚硝基假木贼碱(NAB), NNN-d_4, NNK-d_4, NAT-d_4, NAB-d_4(纯度 >98%，加拿大 TRC 公司)；超纯水（电导率≥ 18.2 MΩ · cm)；甲醇（色谱纯，美国 Fisher 公司)；乙酸、乙酸铵（色谱纯，美国 Tedia 公司)。

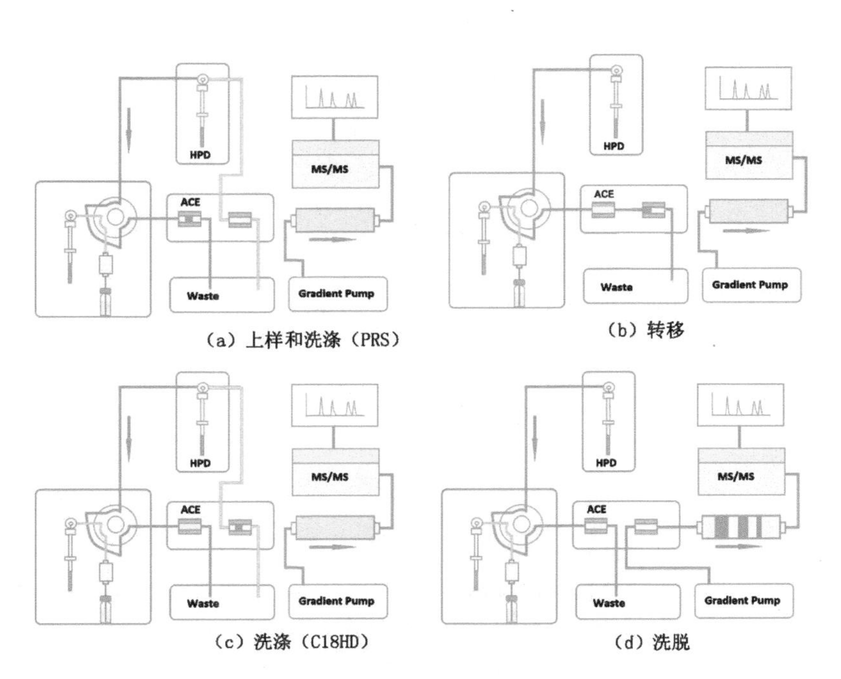

图 A-1 二维在线 SPE 系统示意

1.2 色谱与质谱条件

UPLC 参数：色谱柱：ACQUITY UPLC CSH C18（3.2 mm × 100 mm，1.7 μm，Waters）；柱温：50.0 ℃；进样量：10 μL；流动相：A：水（含 10 mmol/L 乙酸铵），B：甲醇（10 mmol/ L 乙酸铵）；梯度洗脱条件如表 A-1 所示。

表 A-1 色谱梯度洗脱条件

时间 / min	流速 /（mL/min）	流动相 A / %	流动相 B / %
00:01	0.30	82	18
05:00	0.30	40	60
06:00	0.30	5	95
09:00	0.30	5	95
09:01	0.30	82	18
12:00	0.30	82	18

质谱条件：离子源：电喷雾离子源（ESI）；扫描模式：正离子扫描；检测方式：多反应监测（MRM）；电喷雾电压（Ion Spray Voltage，IS）：5500 V；雾化气流速（GS1，N_2）：55 psi；辅助加热气流速（GS2，N_2）：55 psi；气帘气流速（Curtain gas，CUR，N_2）：15 psi；撞气流速（Collision gas，CAD，N_2）：8 psi；离子源温度（TEM）：600 ℃；驻留时间（Dwell Time）：50 ms。TSNAs 的 MRM 参数如表 A-2 所示。

表 A-2 TSNAs 的 MRM 参数

分析物	母离子 /（m/z）	子离子 /（m/z）	DP/V	CE/V	CXP/V
NNN	178.1[a]	148.1	39	15	15
	178.1[b]	120.1	39	26	15
NAT	190.1[a]	160.0	39	15	29
	190.1[b]	106.1	39	21	20
NAB	192.1[a]	162.1	39	16	13
	192.1[b]	133.1	39	29	13
NNK	208.1[a]	122.1	39	15	11
	208.1[b]	148.1	39	30	11
NNN-d_4	182.1	152.1	42	15	13
NAT-d_4	194.1	164.0	36	15	19
NAB-d_4	196.1	166.0	41	15	13
NNK-d_4	212.1	126.1	41	18	14

注：a 为定量离子；b 为定性离子。

1.3 样品分析

按 GB/T 5606.1 抽取卷烟样品。根据 GB/T 16450，样品卷烟在温度（22 ± 1）℃和相对湿度 60% ± 2% 条件下平衡 48 h。按 GB/T 19609 的规定收集 5 支卷烟的总粒相物。将滤片放入 100 mL 锥形瓶中，准确加入 20 mL 0.1 mol/L 的乙酸铵水溶液和 20 μL 内标，振荡萃取 40 min 后，取 1 mL 萃取液过 0.22 μm 的滤膜，收集至色谱瓶中待分析。

2　结果和讨论

2.1　二维在线 SPE 条件优化

NNK、NNN、NAT 和 NAB 在酸性条件下可以质子化，因此可以选用阳离子交换柱，pH 大于 7.0 时为中性，可以被反相萃取柱保留。因此，阳离子交换柱和反相萃取柱两种 SPE 小柱均可用于 TSNAs 的测定。为了获得最大萃取效率同时确保样品获得最好的净化效果，将萃取好的主流烟气样品依次选用 BondElut PRS（PRS）阳离子交换柱和 Hysphere C18 HD（C18HD）柱的一维 SPE 及 PRS 阳离子交换柱和 C18 HD 柱联用的二维 SPE 系统进行实验，并对相关参数进行优化，结果如图 A-2 所示。结果表明，与未使用在线 SPE 相比（图 A-2），单独使用阳离子交换小柱（图 A-3）和 C18 反相萃取小柱（图 A-4）均能在一定程度上去除烟气样品中的杂质，降低基质效应，使色谱峰得到改善，表现为色谱峰杂峰较少，噪音较小，响应也较高，但仍有一些杂质通过色谱柱进入质谱中，阳离子交换和 C18 反相萃取这两种不同的萃取机制可能有不同杂质存在共萃取和洗脱的情况，分析物色谱峰的周围依然存在较明显的杂质峰。图 A-5 为经 PRS 阳离子交换柱和 C18 HD 柱联用的二维 SPE 系统处理后 4 种 TSNAs 的色谱图，从色谱图可看出，经二维 SPE 处理过的色谱图较一维 SPE 杂质峰明显减少，噪音明显降低，响应明显提高，说明阳离子交换和 C18 反相萃取组成二维 SPE 系统更能有效地洗涤杂质，降低基质效应。

此外，为了得到最佳的洗涤和萃取效果，还对在线 SPE 的上样、转移、洗涤、洗脱等关键步骤进行了系统优化。项目选择 2% 甲酸作为 PRS 阳离子交换小柱的上样试剂，分别考察了不同上样量（Loading Volume）和上样速率（Loading Flow Rate）对在线 SPE 萃取效果的影响。图 A-6 表明上样量和上样速率对在线 SPE 萃取效果均有一定影响，上样量在 0.6 ～ 1.0 mL，上样速率在 0.4 ～ 0.8 mL/min，4 种 TSNAs 的响应最高，上样效果最好，当上样速率高于 0.8 mL/min 时，NNK 和 NNN 的响应逐渐降低，这可能是由于上样速率过高分析物和吸附剂无法充分接触导致萃取率降低。最终，方法选择上样量为 0.6 mL，上样速率为 0.8 mL/min。

选择 1% 氨水作为样品从 PRS 小柱到 C18 HD 小柱的转移试剂，并考察了转移试剂量（Transfer Volume）和转移速率（Transfer Flow Rate）对在线 SPE 萃取效果的影响。图 A-7 表明采用 0.8 mL 1% 氨水以 0.6 mL/min 速率进行时，样品转移效果最好。

洗涤的主要作用去除样品中的盐、色素、蛋白质及其他一些比 TSNAs 极性强的干扰物质。分别对 PRS 小柱和 C18 HD 小柱洗涤溶液（Washing solution）进行了优化。PRS 小柱采用两步洗涤，第一步先用 1 mL 2.0% 甲酸以 2 mL/min 速率洗涤，第二步采用 1 mL 2.0% 甲酸与甲醇的混合溶液以 2 mL/min 速率进行洗涤，并对第二步洗涤中甲醇的比例进行了优化，结果如图 A-8（a）所示。结果表明，采用含有 15% 的 2.0% 甲酸溶液洗涤 4 种 TSNAs 响应最高，洗涤效果最好。以同样的方法对 C18 HD 小柱的洗涤步骤进行了优化，结果如图 A-8（b）所示。结果表明，TSNAs 的响应随着洗涤液 1% 氨水中加入甲醇的比例迅速降低，洗涤液中不加甲醇 TSNAs 响应最高，表明洗涤液中加入甲醇可将分析物 TSNAs 洗掉，造成分析物响应降低，因此，采用 1 mL 1% 氨水以 2 mL/min 的速率对 C18 HD 小柱洗涤效果最好。

在线 SPE 洗脱采用流动相洗脱，洗脱时间过短，分析物可能洗脱不完全，洗脱时间过长易造成分析物拖尾，因此，实验对洗脱时间进行了优化，结果表明，2.0 min 分析物可洗脱完全。

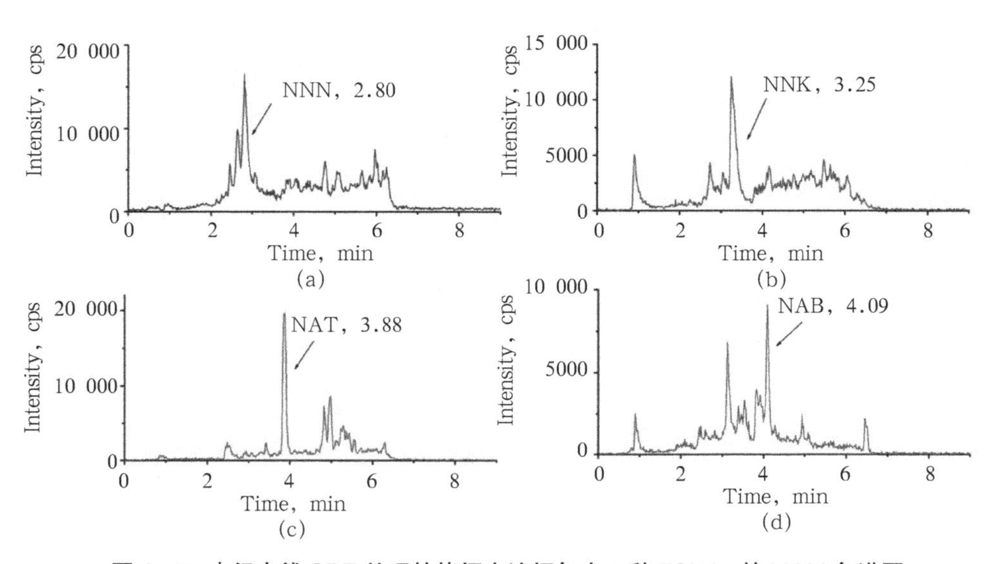

图 A-2　未经在线 SPE 处理的烤烟主流烟气中 4 种 TSNAs 的 MRM 色谱图

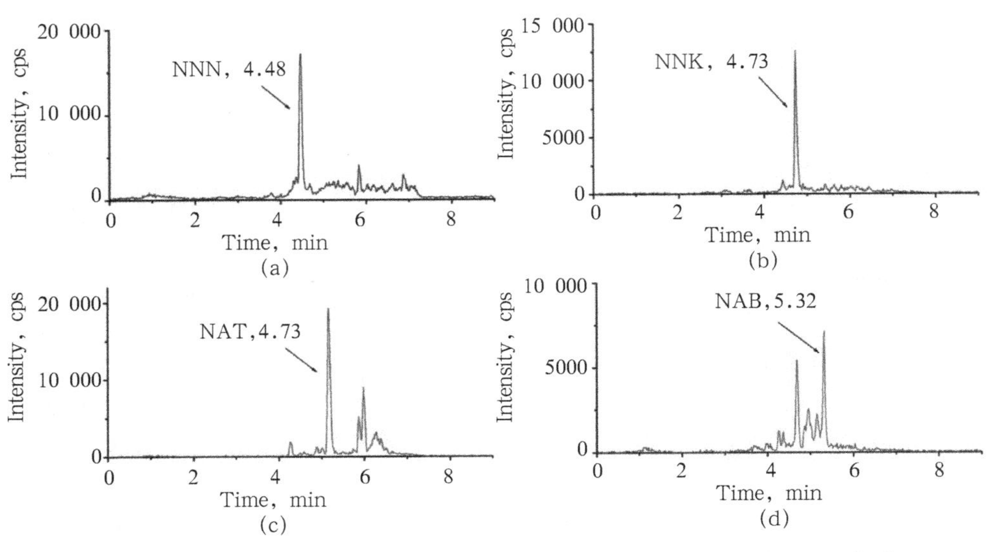

图 A-3　经 PRS 在线 SPE 处理后烤烟主流烟气中 4 种 TSNAs 的 MRM 色谱图

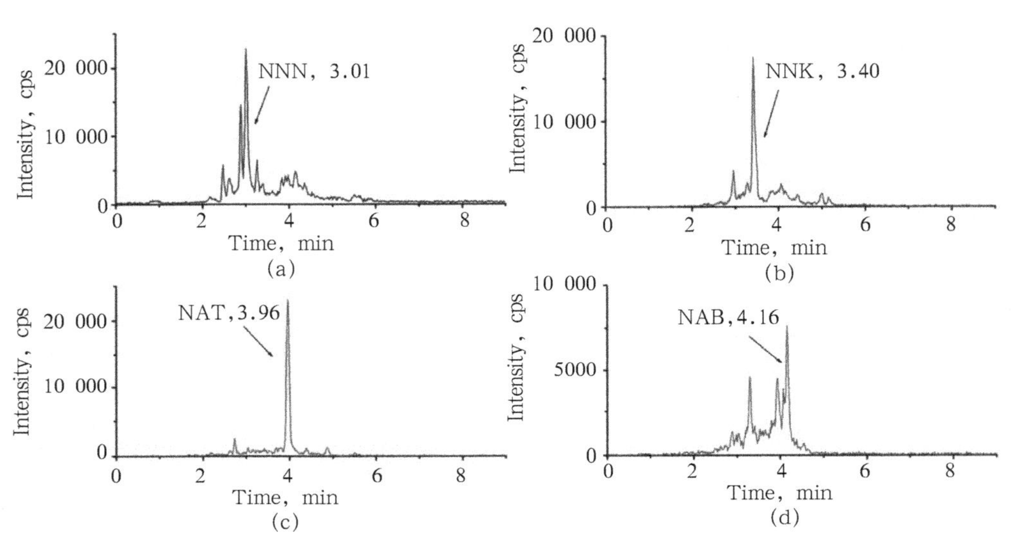

图 A-4　经 C18 HD 在线 SPE 处理后烤烟主流烟气中 4 种 TSNAs 的 MRM 色谱图

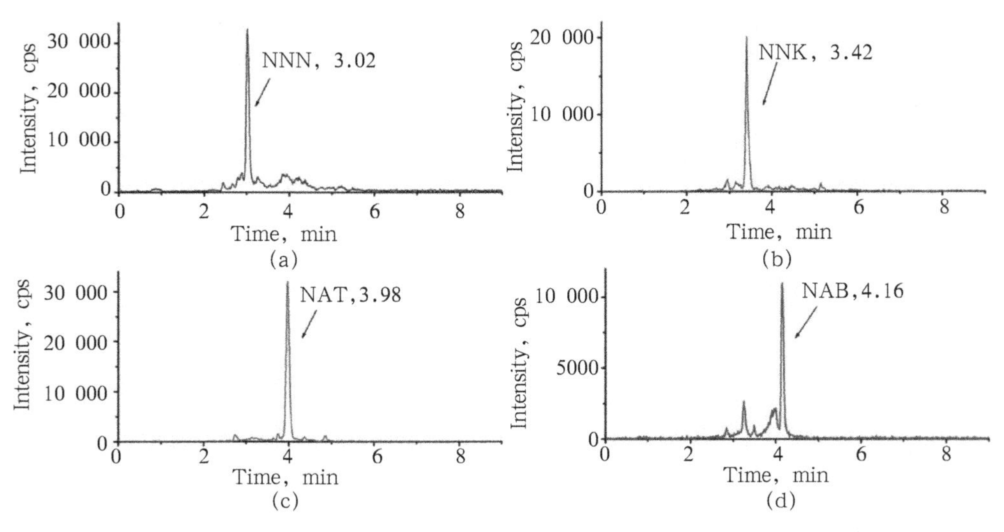

图 A-5　经二维在线 SPE 处理后烤烟主流烟气中 4 种 TSNAs 的 MRM 色谱图

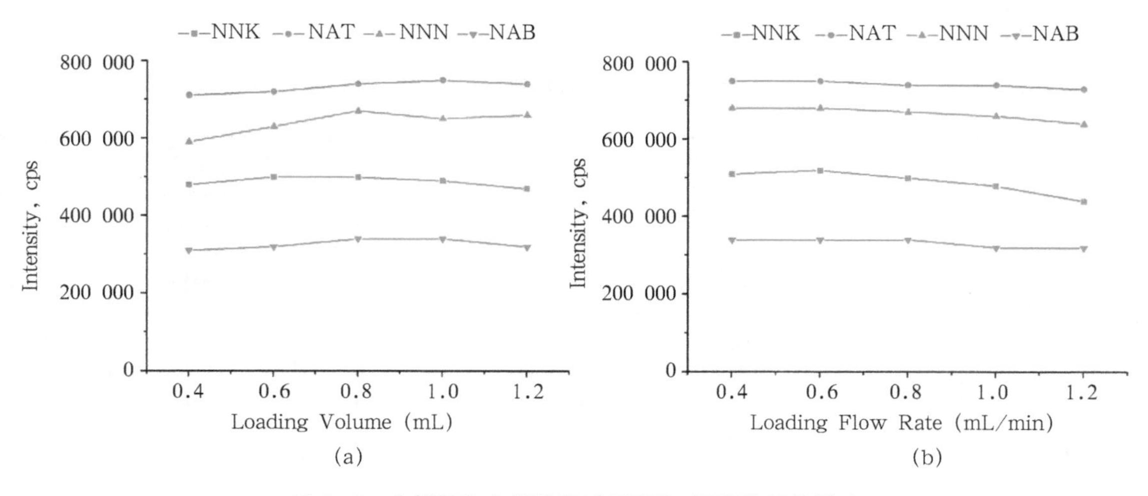

图 A-6 上样量和上样速率对 TSNAs 测定结果的影响

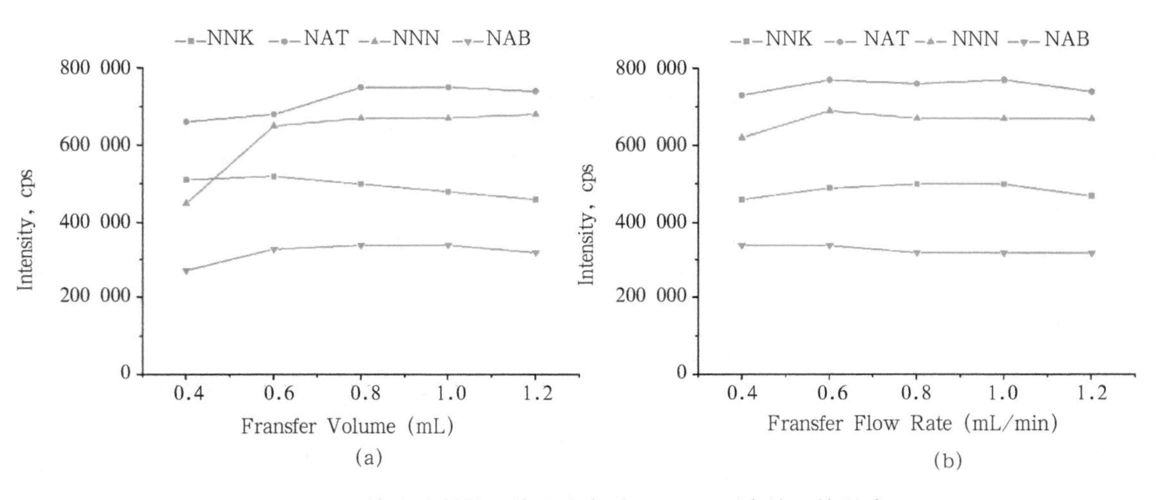

图 A-7 转移试剂量和转移速率对 TSNAs 测定结果的影响

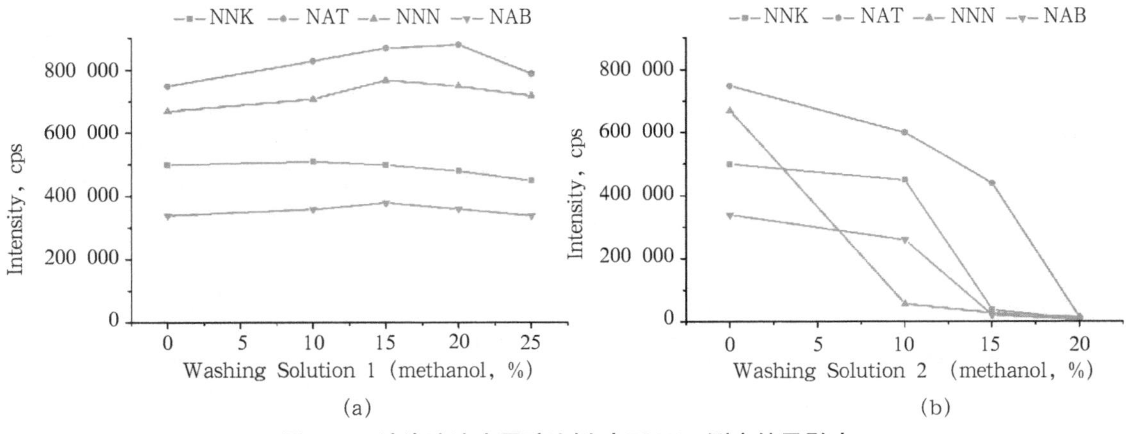

图 A-8 洗涤溶液中甲醇比例对 TSNAs 测定结果影响

2.2 方法评价

以标准曲线最低浓度的标准溶液稀释进样计算信噪比（S/N），以 3 倍信噪比作为检出限，以 10 倍信噪比作为定量限，并考察了不同进样量方法的检测限，结果如表 A–3 所示。

表 A–3 方法的检出限和定量限

单位：ng/mL

分析物	LOD[a]	LOD[b]	LOD[c]	LOQ[a]	LOQ[b]	LOQ[c]
NAT	0.0050	0.0020	0.0010	0.0170	0.0050	0.0030
NNK	0.0020	0.0005	0.0003	0.0080	0.0020	0.0010
NNN	0.0080	0.0030	0.0020	0.0270	0.0070	0.0060
NAB	0.0020	0.0004	0.0002	0.0050	0.0010	0.00060

注：a 进样量：10 μL；b 进样量：50 μL；c 进样量：100 μL。

选取 1R5F 和烤烟 A 的主流烟气样品，进行 6 次日内和 5 日间精密度测定，如表 A–4 所示。结果表明，4 种 TSNAs 日内、日间测定结果的相对标准偏差分别为 1.9% ～ 4.2% 和 3.4% ～ 4.9%，说明该方法具有较好的精密度。

表 A–4 方法的日内精密度和日间精密度

样品	分析物	日内精密度 /（%，RSD）	日间精密度 /（%，RSD）
1R5F	NAT	3.6	4.3
	NNK	4.2	4.7
	NNN	4.3	3.4
	NAB	1.9	4.5
A	NAT	3.0	3.9
	NNK	4.3	4.8
	NNN	3.3	4.7
	NAB	4.5	4.9

选取 1R5F 和烤烟 A 的主流烟气样品，分别按照低、中、高 3 种水平加入 NNN、NNK、NAT 和 NAB 标准品，每个添加水平重复测定 6 个样品。加标后的样品分别按前述处理步骤进行处理样品，在相同仪器分析条件进行样品分析，并由原含量、加标量及测定量计算回收率（见表 A–5）。结果表明，对于 1R5F 卷烟该方法测得 NNN、NNK、NAT 和 NAB 的加标回收率为 93.9% ～ 106.5%，对于烤烟 A 卷烟该方法测得的加标回收率为 92.8% ～ 107.3%，表明该方法测定准确，满足定量要求。

表 A–5 方法的回收率

样品	分析物	添加量 /（ng/mL）	计算值 /（ng/mL）	回收率 / %	RSD / %
1R5F	NAT	5.00	4.69	93.9	3.3
		10.00	10.23	102.3	3.8

续表

样品	分析物	添加量 / (ng/mL)	计算值 / (ng/mL)	回收率 / %	RSD / %
1R5F		20.00	19.59	97.9	3.6
	NNK	3.00	2.63	105.1	2.2
		5.00	4.92	98.5	2.9
		10.00	9.45	94.5	3.5
	NNN	5.00	4.78	95.7	3.9
		10.00	10.65	106.5	2.0
		20.00	20.92	104.6	4.3
	NAB	1.00	0.98	98.4	4.5
		2.00	1.89	94.4	2.7
		4.00	3.83	95.7	3.5
A	NAT	1.50	1.43	95.6	3.2
		3.00	2.92	97.2	3.7
		6.00	5.61	93.6	2.5
	NNK	0.75	0.72	95.1	3.9
		1.50	1.62	101.2	4.6
		3.00	3.27	106.6	2.8
	NNN	1.00	0.93	92.8	2.3
		2.00	1.90	94.8	4.0
		4.00	3.81	95.3	6.1
	NAB	0.20	0.21	103.9	4.0
		0.40	0.40	100.7	6.2
		0.80	0.86	107.3	2.3

2.3 样品分析

采用该方法测定了 25 种国内市场上代表性品牌卷烟主流烟气中 NNK、NAT、NNN 和 NAB 的释放量，其中，1 ～ 16 号为烤烟型卷烟，17 ～ 25 号为混合型卷烟。结果表明（表 A–6）：烤烟型卷烟主流烟气中 NNK 的释放量为 2.58 ～ 7.59 ng/cig，NAT 的释放量为 6.46 ～ 24.21 ng/cig，NNN 的释放量为 4.48 ～ 26.61 ng/cig，NAB 的释放量为 0.84 ～ 2.59 ng/cig；混合型卷烟主流烟气中 NNK 的释放量为 4.31 ～ 31.84 ng/cig，NAT 的释放量为 16.48 ～ 86.71 ng/cig，NNN 的释放量为 27.19 ～ 169.92 ng/cig，NAB 的释放量为 1.78 ～ 9.76 ng/cig。在所测定的卷烟中，混合型卷烟主流烟气中 NNK、NAT、NNN 和 NAB 的释放量显著高于烤烟型卷烟，4 种 TSNAs 中 NNN 和 NNT 释放量最高，其次是 NNK，NAB 释放量最低。

表 A-6　25 种品牌卷烟主流烟气中 TSNAs 的释放量

单位：ng/cig

样品编号	NNK	NAT	NNN	NAB
1	2.68 ± 0.10	12.30 ± 0.46	8.45 ± 0.14	1.12 ± 0.08
2	3.33 ± 0.23	22.47 ± 1.36	11.65 ± 0.64	1.92 ± 0.10
3	3.85 ± 0.18	8.49 ± 0.54	4.59 ± 0.11	0.97 ± 0.08
4	3.97 ± 0.16	15.19 ± 0.59	11.10 ± 0.45	1.63 ± 0.11
5	4.58 ± 0.16	18.39 ± 0.89	13.01 ± 0.55	2.16 ± 0.10
6	4.65 ± 0.25	9.30 ± 0.54	9.46 ± 0.65	1.06 ± 0.07
7	4.70 ± 0.34	15.66 ± 0.65	11.35 ± 0.37	1.58 ± 0.13
8	5.07 ± 0.26	10.26 ± 0.42	6.97 ± 0.50	1.04 ± 0.05
9	5.28 ± 0.26	23.31 ± 0.90	15.20 ± 0.58	2.51 ± 0.08
10	5.40 ± 0.30	6.89 ± 0.43	2.40 ± 0.19	0.91 ± 0.07
11	5.43 ± 0.39	10.92 ± 0.55	3.38 ± 0.25	1.23 ± 0.07
12	5.46 ± 0.26	10.87 ± 0.49	7.91 ± 0.48	1.09 ± 0.10
13	5.57 ± 0.09	20.71 ± 1.03	25.82 ± 0.79	2.48 ± 0.10
14	5.59 ± 0.35	7.51 ± 0.31	3.56 ± 0.22	0.96 ± 0.04
15	6.02 ± 0.25	11.28 ± 0.68	8.06 ± 0.48	1.15 ± 0.09
16	7.22 ± 0.37	14.86 ± 0.79	12.12 ± 0.89	1.71 ± 0.07
17	4.63 ± 0.32	19.36 ± 0.92	37.16 ± 2.68	3.08 ± 0.15
18	6.71 ± 0.46	17.40 ± 0.92	28.56 ± 1.37	1.85 ± 0.07
19	7.35 ± 0.02	34.41 ± 1.34	66.08 ± 3.00	3.49 ± 0.01
20	7.99 ± 0.48	40.46 ± 0.62	79.95 ± 6.70	3.73 ± 0.17
21	13.31 ± 0.32	81.35 ± 5.36	162.86 ± 7.06	9.25 ± 0.51
22	13.49 ± 0.64	61.77 ± 2.63	94.59 ± 4.43	7.04 ± 0.45
23	14.96 ± 1.23	75.43 ± 3.31	124.28 ± 4.67	8.95 ± 0.59
24	18.86 ± 1.13	50.76 ± 1.31	101.29 ± 3.87	5.74 ± 0.27
25	29.59 ± 2.25	60.26 ± 3.77	114.39 ± 7.19	6.37 ± 0.40

附录 B　降烟碱微生物菌剂的控制处理技术规范

1　范围

本标准对一种降烟碱微生物菌剂的使用技术做出要求。

本标准适用于一种降烟碱微生物菌剂产品。

2　规范性引用文件

下列文件中的条款通过本标准的引用而成为本标准的条款。凡是注日期的引用文件，其随后所有的修改单（不包括勘误的内容）或修订版均不适用于本标准，然而，鼓励根据本标准达成协议的各方研究是否可使用这些文件的最新版本。凡是不注日期的引用文件，其最新版本适用于本标准。

GB 3095—1996　环境空气质量标准

GB 3838—2002　地表水质量标准

3　生产环境及生产车间要求

3.1　生产环境

—— 厂区空气质量达到大气环境质量标准 GB 3095—1996 中Ⅱ类标准要求；

—— 发酵用水达到地表水质量标准 GB 3838—2002 中Ⅲ类水质要求，冷却水及其他用水达到标准中Ⅳ类水质要求。

3.2　生产车间

—— 发酵车间与吸附等后处理车间距离适当，相对隔离，有密闭且可以灭菌的传输通道；

—— 菌种的储藏间、无菌操作间与生产车间相对隔离；

—— 发酵等生产关键性车间采用双路供电或备用一套发电机；

—— 建立定期用消毒剂进行生产设备和环境消毒的车间环境卫生制度。

4　生产技术流程

这种降烟碱微生物菌剂的一般生产技术环节为：菌种→种子扩培→发酵培养→后处理→包装→产品质量检验→出厂，其实现的技术路线如图 B-1 所示。

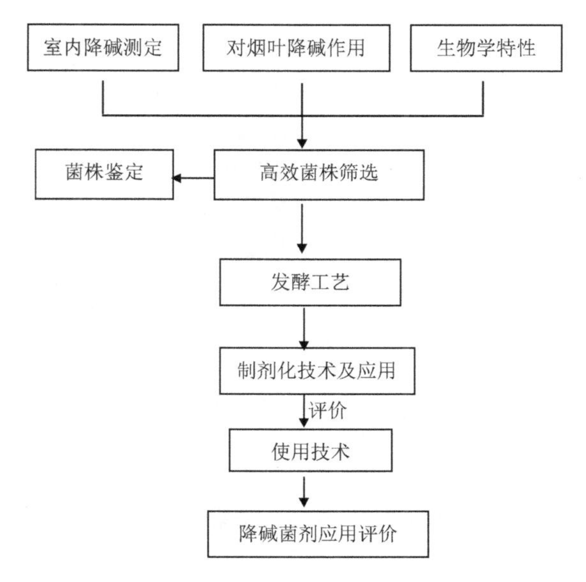

图 B-1　降烟碱微生物菌剂的技术路线

4.1　菌种

4.1.1　原种

原种是生产用菌种的母种，对原种的要求如下：

—— 有菌种鉴定报告；

—— 菌种的企业编号、来源等信息。

4.1.2 菌种的保存和管理

采用合适的方式保存菌种，确保无杂菌污染，菌种不退化。

4.1.3 菌种质量控制

在生产之前，应对所用菌种进行检查，确认其纯度和应用性能没有发生退化。出现污染或退化的菌种不能作为生产用菌种，需进行 4.1.4 或 4.1.5 操作。

4.1.4 菌种的纯化

菌种不纯时，应进行纯化。可采用平板画线分离法或稀释分离法，得到纯菌种。必要时可采用显微操作单细胞分离器进行菌种分离纯化。

对纯化的菌种应进行生产性能的检查。

4.1.5 菌种的复壮

菌种发生下列现象之一，应进行菌种复壮：

—— 菌体形态及菌落形态发生变化；

—— 代谢活性降低，发酵周期改变。

菌种复壮方法：回接到原宿主或原分离环境传代培养，重新分离该菌种。

4.1.6 本菌剂选用的生产菌株为荧光假单胞菌（*Pseudomonas fluorescens*）1206，CGMCC NO.3149。

4.2 发酵增殖

4.2.1 种子扩培

原菌种应连续转接活化至生长旺盛后方可应用。

种子扩培过程包括试管斜面菌种、摇瓶（或固体种子培养瓶）、种子罐发酵（或种子固体发酵）培养 3 个阶段，操作过程要保证菌种不被污染、生长旺盛。

4.2.2 培养基

培养基原料应满足一定的质量要求，包括成分、含量、有效期及产地等。对新使用的发酵原料需经摇瓶试验或小型发酵罐试验后方可用于发酵生产。

4.2.2.1 种子培养基

种子培养基要保证菌种生长延滞期短，生长旺盛。原料应使用易被菌体吸收利用的碳源、氮源，且氮源比例较高，营养丰富完全，有较强的 pH 缓冲能力。最后一级种子培养基主要成分应接近发酵培养基。

4.2.2.2 发酵培养基

发酵培养基要求接种后菌体生长旺盛，在保证一定菌体（或芽孢、孢子）密度的前提下兼顾有效代谢产物。原料应选用来源充足、价格便宜且易于利用的营养物质，一般氮源比例较种子培养基低。

可采用对发酵培养基补料流加的方法改善培养基的营养构成以达到高产。

4.2.3 灭菌

常用的灭菌方式。

4.2.3.1 高压蒸汽灭菌操作要求

a）液体培养基、补料罐（包括消泡剂）、管道、发酵设备及空气过滤系统灭菌温度为 121 ～ 125 ℃（压力 0.103 ～ 0.168 Mpa），时间 0.5 ～ 1.0 h。液体培养基装料量为 50% ～ 75% 发酵罐容积。

b）固体培养基物料灭菌温度为 121 ～ 130 ℃，时间为 1.0 ～ 2.0 h；或采用 100 ℃灭菌 2 ～ 4 h，24 h 后再灭菌一次。

c）在高温灭菌会产生对菌体生长有害的物质或对易受高温破坏物料灭菌时，应采用物料分别灭菌或降低灭菌温度延长时间。

培养基灭菌后按 4.2.3.2 进行检查。若灭菌不彻底，培养基不得使用。

4.2.3.2 灭菌效果检查

采用显微镜染色观察法和 / 或发酵管试验法检查培养基的灭菌效果。

4.2.3.2.1 染色观察法

a）对待检测培养基无菌操作取样，在洁净载玻片上涂片、染色、镜检。

b）若镜检发现有菌体，即可认为灭菌不彻底，需要进行 4.2.3.2.2 操作，无活菌体后培养基方可使用。

c）若未发现菌体，初步认为灭菌是否彻底，培养基可以使用。在必要时，可进行 4.2.3.2.2 操作，以进一步确认培养基灭菌是否彻底。

4.2.3.2.2 发酵管试验法

用无菌操作技术将 1 mL 供试培养基加至 5 mL 已灭菌的营养肉汤中，重复 3 次。置于 37 ℃培养，24 h 内无浑浊、镜检无菌体即可认为灭菌彻底。反之，即可判定培养基灭菌不彻底。

4.2.4 无菌空气

发酵生产中所通入的无菌空气采用过滤除菌设备制得，空气过滤系统应采用二级以上过滤。对制得的无菌空气按如下步骤检验合格后方可用于发酵生产。用无菌操作技术，向装有 100 ～ 200 mL 无菌肉汤培养基的三角瓶中通入待监测滤过空气 10 ～ 15 min。三角瓶置于 37 ℃培养，24 h 内无浑浊、镜检无菌体即判定合格。

4.2.5 本菌剂的种子培养

将荧光假单胞菌 1206 斜面菌种接种到配方为牛肉膏 3%、蛋白胨 0.5%、氯化钠 0.5%、其余为蒸馏水、pH 7.0 ～ 7.2 的培养液中，摇瓶转速为 150 rpm，在 28 ～ 30 ℃温度下培养 18 h，获得液体发酵种子。本菌剂的发酵罐发酵：将液体发酵种子接种到装有液体发酵体系的发酵罐中，培养基配方：麦芽糖 35 g/L、酵母膏 4.03 g/L、硫酸铵 4.72 g/L、K_2HPO_4 0.4 g/L、$MgSO_4 \cdot 7H_2O$ 0.075 g/L、$FeSO_4 \cdot 7H_2O$ 0.0005 g/L、$CaCl_2$ 0.015 g/L、NaCl 0.1 g/L。

4.3 发酵控制

4.3.1 接种量的要求

——摇瓶种子转向种子发酵罐培养的接种量为 0.5% ～ 5.0%；

——在多级发酵生产阶段，对生长繁殖快的菌种（代时＜ 3 h），从一级转向下一级发酵的接种量为 5% ～ 10%；对生长繁殖较慢的菌种（代时＞ 6 h），接种量不低于 10%。本菌剂的接种量为 5% ～ 10%。

4.3.2 培养温度

发酵温度应控制在 25 ～ 35 ℃，对特殊类型的菌种应根据其特性而定。在发酵过程中，可根据菌体的生长代谢特性在不同的发酵阶段采用不同的温度。本菌剂的发酵温度为 27 ～ 29 ℃。

4.3.3 供氧

通常采用的供氧方式是向培养基中连续补充无菌空气，并与搅拌相配合，或者采用气升式搅拌供氧。

对于好氧代谢的菌株或兼性厌氧类型菌株，培养基中的溶解氧不得低于临界氧浓度；严格厌氧类型菌株培养基的氧化还原电位不得高于其临界氧化还原电位。本菌剂的通气量为 5% ～ 10%。

4.3.4 物料含水量

固体发酵初期适宜发酵的物料含水量为 50% ～ 60%。发酵结束时，应控制在 20% ～ 40%。本菌剂的含水量为 25% ～ 30%。

4.3.5 发酵终点判断

下列参数为发酵终点判定依据：

——镜检观察菌体的形态、密度，要求芽孢菌发酵结束时芽孢形成率≥ 80%；

——监测发酵液中还原糖、总糖、氨基氮、pH、溶解氧浓度、光密度及黏度等理化参数；

——监测发酵过程中摄氧率、CO_2 产生率、呼吸熵、氧传递系数等发酵代谢特征参数；

——固体发酵中物料的颜色、形态、气味、含水量等变化。

本菌剂的发酵时间为 24 ～ 48 h。

4.4 后处理

后处理过程可分为发酵物同载体（或物料）混合吸附和发酵物直接分装两种类型。

4.4.1 发酵物同载体（或物料）混合吸附

对载体及物料的要求如下：

——载体的杂菌数≤ 1.0×10^4 个 /g；

——细度、有毒有害元素（Hg、Pb、Cd、Cr、As）含量、pH、粪大肠菌群数、蛔虫卵死亡率达到产品质量标准要求；

——有利于菌体（或芽孢、孢子）的存活。

发酵培养物与吸附载体需混合均匀，可添加保护剂或采取适当措施，减少菌体的死亡率。吸附和混合环节应注意无菌控制，避免杂菌污染。

4.4.2　发酵物直接分装

对于发酵物直接分装的产品剂型，可根据产品要求进行包装。

4.5　建立生产档案

每批产品的生产、检验结果应存档记录，包括检验项目、检验结果、检验人、批准人、检验日期等信息。

4.6　产品质量跟踪

定期检查产品质量，并对产品建立应用档案，跟踪产品的应用情况。

附录 C　常用培养基配方

1.YCED 培养基

蒸馏水 1 L，酵母粉 0.3 g，酪蛋白胨 0.3 g，葡萄糖 0.3 g，K_2HPO_4 2.0 g，琼脂 18 g，pH 7.2。

2.HVA 培养基

腐殖酸 1.0 g 溶于 10 mL 的 0.2 mol/L 的 NaOH 中，Na_2HPO_4 0.5 g，KCl 1.71 g，$MgSO_4 \cdot 7H_2O$ 0.05 g，$FeSO_4 \cdot 7H_2O$ 0.01 g，$CaCO_3$ 0.02 g，VBx_{100} 10 mL，琼脂 18 g，蒸馏水 1 L，pH 7.2。

VBx_{100}：VB_1 5 mg，VB_2 5 mg，VB_5 5 mg，VB_6 5 mg，肌醇 5 mg，泛酸钙 5 mg，生物素 5 mg，对氨基苯甲酸 5 mg，蒸馏水 100 mL，pH 4.5，过滤除菌。

3. 改良高氏 1 号培养基

可溶性淀粉 20 g，KNO_3 1 g，NaCl 0.5 g，K_2HPO_4 0.5 g，$MgSO_4 \cdot 7H_2O$ 0.5 g，$FeSO_4 \cdot 7H_2O$ 0.01 g，蒸馏水 1 L，琼脂 18 g，pH 7.2 ～ 7.4。

4. 淀粉铵琼脂培养基

$(NH_4)_2SO_4$ 2.0 g，$CaCO_3$ 3.0 g，K_2HPO_4 1.0 g，可溶性淀粉 20 g，$MgSO_4 \cdot 7H_2O$ 1 g，NaCl 1 g，琼脂 18 g，蒸馏水 1 L。

5.29 号培养基

牛肉膏 10 g，葡萄糖 10 g，蛋白胨 10 g，NaCl 5 g，蒸馏水 1 L，琼脂 15 g，pH 7.0。

6.PBS 缓冲液

K_2HPO_4 0.2 g，NaCl 8 g，Na_2HPO_4 1.1 g，KCl 0.2 g，蒸馏水 100 mL，pH 7.4。

7. 牛肉膏蛋白胨培养基（NA）

牛肉膏 5 g，蛋白胨 10 g，NaCl 5 g，琼脂 15 ～ 20 g，自来水 1000 mL，pH 7.0 ～ 7.2。

8. 查氏培养基

$NaNO_3$ 2 g，K_2HPO_4 1 g，KCl 0.5 g，$MgSO_4$ 0.5 g，$FeSO_4$ 0.01 g，蔗糖 30 g，琼脂 15 ～ 20 g，高纯水 1000 mL，pH 自然。

9. 马丁氏琼脂培养基

葡萄糖 10 g，蛋白胨 5 g，KH_2PO_4 1 g，$MgSO_4 \cdot 7H_2O$ 0.5 g，1/3000 孟加拉红 100 mL，琼脂 15 ～ 20 g，蒸馏水 800 mL，pH 自然。

10. 马铃薯培养基（PDA）

马铃薯 200 g，蔗糖 20 g，琼脂 15 ～ 20 g，高纯水 1000 mL，pH 自然。

11. 半固体肉膏蛋白胨培养基

肉膏蛋白胨液体培养基 100 mL，琼脂 0.35 ～ 0.40 g，pH 7.6。

12. 合成培养基

$(NH_4)_3PO_4$ 1 g，KCl 0.2 g，$MgSO_2 \cdot 7H_2O$ 0.2 g，豆芽汁 10 mL，琼脂 20 g，蒸馏水 1000 mL，pH 7.0。

13. 豆芽汁蔗糖培养基

黄豆芽 100 g，蔗糖 50 g，高纯水 1000 mL，pH 自然。

14. 油脂培养基

蛋白胨 10 g，牛肉膏 5 g，NaCl 5 g，香油或花生油 10 g，1.6% 中性红水溶液 1 mL，琼脂 15 ～ 20 g，蒸馏水 1000 mL，pH 7.2。

15. **淀粉培养基**

蛋白胨 10 g，NaCl 5 g，牛肉膏 5 g，可溶性淀粉 2 g，蒸馏水 1000 mL，琼脂 15 ～ 20 g。

16. **明胶培养基**

牛肉膏蛋白胨液 100 mL，明胶 12 ～ 18 g，pH 7.2 ～ 7.4。

17. **蛋白胨水培养基**

蛋白胨 10 g，NaCl 5 g，蒸馏水 1000 mL，pH 7.6。

18. **葡萄糖蛋白胨水培养基**

蛋白胨 5 g，葡萄糖 5 g，K_2HPO_4 2 g，蒸馏水 1000 mL。

19. **麦氏琼脂**

葡萄糖 1 g，KCl 1.8g，酵母浸膏 2.5 g，醋酸钠 8.2 g，琼脂 15 ～ 20 g，蒸馏水 1000 mL。

20. **柠檬酸盐培养基**

$NH_4H_2PO_4$ 1 g，K_2HPO_4 1 g，NaCl 5 g，$MgSO_4$ 0.2 g，枸橼酸钠 2 g，琼脂 15 ～ 20 g，蒸馏水 1000 mL，1% 溴香草酚蓝乙醇溶液 10 mL。

21. **醋酸铅培养基**

pH 7.4 的牛肉膏蛋白胨琼脂 100 mL，硫代硫酸钠 0.25 g，10% 醋酸铅水溶液 1 mL。

22. **血琼脂培养基**

pH 7.6 的牛肉膏蛋白胨琼脂 100 mL，脱纤维羊血（或兔血）10 mL。

23. **玉米粉蔗糖培养基**

玉米粉 60 g，KH_2PO_4 3 g，维生素 B_1 100 mg，蔗糖 10 g，$MgSO_4 \cdot 7H_2O$ 1.5 g，高纯水 1000 mL。

24. **酵母膏麦芽汁琼脂**

麦芽粉 3 g，酵母浸膏 0.1 g，高纯水 1000 mL。

25. **玉米粉综合培养基**

玉米粉 5 g，KH_2PO_4 0.3 g，酵母浸膏 0.3 g，葡萄糖 1 g，$MgSO_4 \cdot 7H_2O$ 0.15 g，高纯水 1000 mL。

26. **复红亚硫酸钠培养基**

蛋白胨 10 g，乳糖 10 g，K_2HPO_4 0.3 g，琼脂 20 ～ 30 g，蒸馏水 1000 mL，无水亚硫酸钠 5 g 左右，5% 碱性复红乙醇溶液 20 mL。

27. **伊红亚甲蓝培养基**

蛋白胨水琼脂培养基 100 mL，20% 乳糖溶液 2 mL，2% 伊红水溶液 2 mL，0.5% 亚甲蓝水溶液 1 mL。

28. **乳糖蛋白胨培养基**

蛋白胨 10 g，牛肉膏 3 g，乳糖 5 g，NaCl 5 g，1.6% 溴甲酚紫乙醇溶液 1 mL，蒸馏水 1000 mL。

29. **石蕊牛奶培养基**

牛奶粉 100 g，石蕊 0.075 g，高纯水 1000 mL，pH 6.8。

30. **LB 培养基**

蛋白胨 10 g，酵母膏 5 g，NaCl 10 g，蒸馏水 1000 mL，pH 7.0。

31. **基本培养基**

K_2HPO_4 10.5 g，KH_2PO_4 4.5 g，$(NH_4)_2SO_4$ 1 g，枸橼酸钠 · $2H_2O$ 0.5 g，蒸馏水 1000 mL，需要时灭菌后加入糖（20%）10 mL，维生素 B_1（硫胺素）（1%）0.5 mL，$MgSO_4 \cdot 7H_2O$（20%）1 mL，链霉素（50 mg/mL）4 mL，氨基酸（10 mg/ mL）4 mL，pH 自然。

32. **乳糖牛肉膏蛋白胨培养基**

乳糖 5 g，牛肉 5 g，酵母 5 g，蛋白胨 10 g，葡萄糖 10 g，NaCl 5 g，琼脂粉 15 g，高纯水 1000 mL，pH 6.8。

33. **尿素琼脂培养基**

尿素 20 g，琼脂 15 g，NaCl 5 g，KH_2PO_4 2 g，蛋白胨 1 g，酚红 0.012 g，蒸馏水 1000 mL，pH 6.8 ± 0.2。

附录 D　烟草微生物分离技术

烟草微生物指包括真菌、细菌、放线菌等不同的微生物类群，其分离是依据研究目的从不同材料基质中将微生物分离出来并获得纯培养菌株的过程。

1　烟草土壤中好气性细菌的分离

1.1　试验材料

新鲜植烟土壤样品（可依据不同目的采取相应的土样采集方法）。

培养基：牛肉膏蛋白胨培养基（NA）。

器具：培养皿、三角瓶、试管、试管架、超净工作台、酒精灯、移液器、移液管、接种环、培养箱等。

1.2　试验方法

1.2.1　土壤稀释液的制备

准确称取土壤样品 10 g，放入装有 90 mL 无菌水和放有小玻璃珠的 250 mL 三角瓶中，将三角瓶放到摇床上振荡 20 min，使微生物细胞分散，静置 20 ～ 30 s，制成 10^{-1} 土壤稀释液；用无菌枪头或吸管吸取 10^{-1} 土壤稀释液 1 mL，移入装有 9 mL 无菌水的试管中，吹吸 3 次，混合均匀，制成 10^{-2} 土壤稀释液；以此法连续稀释，制成 10^{-3}、10^{-4}、10^{-5}、10^{-6} 等一系列土壤稀释液。

1.2.2　分离方法

混菌法：将灭菌培养皿编上 10^{-6}、10^{-5}、10^{-4} 号码，每一号码设 3 个重复，用无菌枪头或吸管分别吸取稀释度为 10^{-6}、10^{-5}、10^{-4} 的土壤稀释液各 1 mL，放入相应编号的培养皿中（注：由低浓度向高浓度时，可不更换枪头或吸管）。然后，在各培养皿中分别倒入已融化并冷却至 45 ～ 50 ℃的 NA 培养基 15 mL 左右，轻轻转动平板，使菌液与培养基混合均匀，冷凝后倒置。

涂布法：先在无菌培养皿中，倒入已融化并冷却至 45 ～ 50 ℃的 NA 培养基 15 mL 左右制成平板。按上述方法将凝固后的平板分别编号，每一号码设 3 个重复，然后用无菌枪头或吸管分别吸取稀释度为 10^{-6}、10^{-5}、10^{-4} 的土壤稀释液各 0.1 mL 放入相应编号的 NA 平板上，再用灭菌玻璃涂布器将菌液在平板上涂布均匀，每个稀释度用一个灭菌玻璃涂布器（注：由低浓度向高浓度时，可不更换涂布器）。将涂布好的平板平放于桌上 20 ～ 30 min，使土壤稀释液渗透入培养基内，然后将平板倒置。

画线法：用灭菌接种环蘸取 10^{-1} 土壤稀释液 1 环于已凝固的 NA 平板上进行画线。画线方法分两种：一种为交叉画线法，即在平板的一边做第一次“Z”字形画线，然后转动培养皿约 70 度角，将接种环在火上烧过冷却后通过第一次画线部分，做第二次“Z”字形画线，以此方法做第三、第四次画线；另一种方法为连续画线法，即从平板边缘的一点开始，连续做紧密的波浪式画线，直至平板中央，转动培养皿 180 度角，再从平板另一边同样画线至平板中央（中间不烧接种环）。此法属于由线到点的稀释法，较适用于含菌比较单一的材料纯化，对土壤这类微生物高度混杂的样品则较少使用。

以上 3 种方法均应按无菌操作进行。NA 培养基倒平板前，可按 50 μg/mL 的浓度加入用乙醇溶解的制霉菌素或放线菌酮抑制霉菌生长。在分离放线菌时，可在制备土壤稀释液的无菌水中加 10 滴 100 g/L 的石炭酸溶液，抑制细菌生长。

1.2.3　培养

将上述接种过土壤稀释液的平板倒置，于 28 ～ 30 ℃恒温培养 24 ～ 36 h，观察菌落生长情况。

1.2.4　挑菌纯化

用接种环将具有不同菌落特征的单个菌落分别挑出移接到含有相应培养基的试管斜面上，同时做涂片检查；若不纯，应进一步调取此菌，采用划线法或稀释涂布法进行纯化，直至获得纯培养。其中，涂布法常用于烟草土壤、烟叶等各种样品中细菌、放线菌、酵母菌、真菌等不同类群微生物的分离和计数，其分离计数的关键是涂布时所选择的稀释度不同。一般样品中所含微生物数量多时，稀释度应高，反之则低。通常测定土壤中的细菌数量时，采用 10^{-6}、10^{-5}、10^{-4} 稀释度；测定放线菌时，采用 10^{-5}、10^{-4}、10^{-3} 稀释度；测定真菌数量时，采用 10^{-4}、10^{-3}、10^{-2} 稀释度。计数时细菌、放线菌、酵母菌以每皿 30 ～ 300 个菌落为宜，霉菌以每皿 10 ～ 100 个菌落为宜。选择好适合的计数稀释度后，即可统计计数每个平板上的菌落数，根据统计结果按以下公式计算每克原始土壤样品中相应的菌数：

每克原始土壤样品中的菌数 = 同一稀释度 3 次重复的菌落平均数 ×10× 稀释倍数。

如要折算为每克干土的含菌数，则需要测定每克原始土壤样品的含水量，其方法是将一定质量的土壤样品在105～110 ℃烘箱中烘干至恒重（约2 h），再称其干重后计算含水量，则每克干土的含菌数计算公式为：

每克干土的菌数 =（同一稀释度 3 次重复的菌落平均数 ×10× 稀释倍数）÷（1- 土壤样品含水量）。

2　烟草内生微生物的分离

2.1　材料

新鲜健康烟株的根、茎、叶等组织。

培养基：PDA、NA、改良高氏 1 号培养基等。

2.2　操作过程

2.2.1　材料选取

不同生长时期健康烟株的不同部位组织，均可作为分离材料。

2.2.2　内生真菌的分离

将采集烟株样品用自来水冲洗干净后，先用 70% 的酒精表面消毒（根部组织 3 min，茎和叶部各 2 min），再用无菌水冲洗 3～4 次。无菌条件下，将经处理的各组织用消过毒的剪刀剪成 3 mm 见方小块放于固体培养基上，每皿放 10 块组织小块，并以组织印迹法设置对照处理，以检测表面消毒是否彻底。在 25 ℃下恒温培养，待各组织的切面处长出菌丝后，挑取菌丝尖端部分，转接于固体培养基上获得纯培养，并于 PDA 斜面中保存菌种（李琦，2006）。

2.2.3　内生细菌的分离

每个烟株样品取 1 g，用自来水冲洗表面灰尘，吸水纸吸去水分，75% 乙醇浸 5 min，再转入含 0.05% Triton X-100 的 0.5% 次氯酸钠溶液中浸 5 min，无菌水反复冲洗，无菌吸水纸吸干，用无菌剪子剪碎在无菌研钵中，加 9 mL 无菌水充分研磨至匀浆，系列稀释后取适当浓度稀释液涂布于 TSA 平板上，35 ℃恒温暗培养 2～3 天直至长出单菌落。以最后一次的冲洗液涂布 NA 平板检查样品表面消毒是否彻底。根据菌落颜色、形态、干湿、高度、透明度、边缘等特征从涂布的 NA 平板挑取有代表性的单菌落保存于 TSA 斜面（祝明亮等，2004）。

2.2.4　内生放线菌的分离

按内生细菌分离方法制备组织稀释液，分别取 200 μL 涂布到改良高氏 1 号平板上，28 ℃培养 5～7 天后，从平板上按菌落形态的差异分别挑取单菌落纯化保存。为检验表面消毒效果，吸取少量最后一次表面消毒冲洗的无菌水，涂布于同样平板，经培养后若无微生物长出，表明表面消毒彻底（李庚花，2005）。

附录 E　烟草微生物培养技术

微生物培养是进行烟草微生物研究的基础。各类微生物经分离纯化后，必须通过合理的培养技术，提供适合微生物生长繁殖的条件，才能对烟草微生物进行进一步的研究。培养的方法是将纯化的菌种，根据试验的要求，移植到适当的固体或液体培养基上培养，后者可以静止或振荡培养。

1　真菌的培养

1.1　材料

菌种：青霉或曲霉菌株。

培养基：马铃薯琼脂培养基。

器皿：培养皿、载玻片、玻璃搁架、盖玻片、镊子等。

1.2　方法和步骤

①准备湿室：在培养皿底铺一层等大的滤纸，其上放一玻璃搁架、一块玻片和两块盖玻片，盖上皿盖，其外用纸包扎后，121 ℃下湿热灭菌 20 min，然后置 60 ℃烘箱中烘干，备用。

②融化培养基：将试管中的马铃薯葡萄糖培养基加热融化，然后放在 60 ℃左右的水浴中保温，待用。

③整理温室：以无菌操作技术，用镊子将载玻片放在湿室内便于操作的位置上。

④点接孢子：用接种针挑取少量孢子至载玻片的两个合适位置处。

⑤覆培养基：用无菌细口滴管吸取少量融化培养基，滴加到载玻片的孢子上，培养基应滴得圆整扁薄，直径约为 0.5 cm。

⑥加盖玻片：用无菌镊子取一片盖玻片盖在琼脂培养基上，然后均匀轻压，务必使盖片与载片留下约 1/4 mm 高度（严防压扁）。

⑦倒保湿剂：每湿室内倒入 3 ～ 5 mL 20% 的甘油，使皿内滤纸湿润，保持湿度防止载玻片上琼脂块干裂，利于霉菌生长。

⑧培养：把湿室置于 28 ℃培养箱内培养。

2　细菌的培养

将已接种好的培养基置 37 ℃培养箱内 18 ～ 24 h 时，好氧菌和兼性厌氧菌即可于培养基上生长。少数生长缓慢的细菌，需培养 3 ～ 7 天直至 1 个月才能生长。为使培养箱内保持一定湿度，可在其内放置一杯水。培养时间较长的培养基，接种后应将试管口塞棉塞后用石蜡、凡士林封固，以防培养基干裂。

2.1　斜面接种

①在试管上用记号笔标明待接种的菌种名称、日期和接种者。

②点燃酒精灯。

③将菌种试管和待接种的斜面试管，用大拇指和食指、中指、无名指握在左手中，试管底部放在手掌内并将中指夹在两试管之间，使斜面向上成水平状态，在火焰边用右手松动试管塞以利于接种时拔出。

④右手拿接种环通过火焰烧灼灭菌，在火焰边用右手的手掌边缘和小指，小指和无名指分别夹持棉塞（或试管帽）将其取出，并迅速烧灼管口。

⑤将灭菌的接种环伸入菌种试管内，先将环接触试管内壁或未长菌的培养基，使接种环的温度下降到冷却的目的，然后再挑取少许菌苔。将接种环退出菌种试管，迅速伸入待接种的斜面试管，用环在斜面上自试管底部向上端轻轻地划一直线。

⑥接种环退出斜面试管，再用火焰烧灼管口，并在火焰边将试管塞上。将接种环逐渐接近火焰再烧灼，如果接种环上沾的菌体较多时，应先将环在火焰边烤干，然后烧灼，以免未烧死的菌种飞溅出污染环境，接种病原菌时更应注意此点。

2.2　液体培养基接种

向牛肉膏蛋白胨液体培养基中接种少量菌体时，其操作步骤基本与斜面接种法相同，不同之处是挑取菌苔的接种环放入液体培养基试管后，应在液体表面处的管内壁上轻轻摩擦，使菌体分散从环上脱开，进入液体培养基，塞好试管塞后要摇动试管，菌体在培养液中分布均匀，或用试管振荡器混匀。

若向液体培养基中接种大量或要求定量接种时，可先将无菌水或液体培养基加入菌种试管，用接种环将菌苔刮下制成菌悬液（刮菌苔时要逐步从上向下将菌苔洗下，用手或振荡器振匀），再将菌悬液用塞有过滤棉花的无菌吸管定量吸出后加入，或直接倒入液体培养基，如果菌种为液体培养物，则可用无菌吸管定量吸出后加入或直接倒入液体培养基，整个接种过程都要求无菌操作。

2.3　穿刺接种

用接种针下端挑取菌种（针必须挺直），自半固定培养基的中心直刺入半固体培养基中，直至接近试管底部，但不要穿透，然后沿原穿刺线将针退出，塞上试管塞，烧灼接种针。

2.4　培养

将已接种的斜面，半固体和液体培养基放在 28 ～ 30 ℃温箱培养 2 ～ 3 天后取出观察结果。

3　放线菌的培养

3.1　材料

菌种：细黄链霉菌（Streptomyces　microflavus）。

培养基：灭菌的高氏 1 号琼脂。

仪器或其他用具（经灭菌）：平皿、玻璃管、盖玻片、玻璃棒、载玻片、接种环、接种铲、镊子、显微镜等。

3.2　操作步骤

3.2.1　倒平板

融化高氏 1 号琼脂培养基，冷却至 50 ℃左右倒平板，平板厚度约 20 mL，冷却待用。

3.2.2　插片法

用接种环以无菌操作法从斜面菌种上挑起少量孢子，在平板培养基的一侧（约一半面积）做来回画线接种。接种量可适当多些，然后以无菌操作法在接种线处插入无菌盖玻片（常以 40° ～ 50° 插入，深度约为盖玻片的 1/3 长度）即可。

3.2.3 培养

将插片平板倒置于 28 ℃温箱中培养 4 ～ 7 天（周庆德，2005）。

附录 F 烟草微生物鉴定技术

1 真菌的鉴定

1.1 真菌的特征及其分类依据

真菌菌丝呈管状，分隔或不分隔，分枝或不分枝，有的生长稀疏，有的致密，或交织成网状、絮状，或呈束状、绒毛状，或密结特化成菌核，其结构因种类而异，或无色透明，或呈棕色、暗褐色、黑色及各种鲜艳的颜色，有的还能分泌色素于菌丝体外。

真菌的繁殖方式较其他微生物复杂，它除了可借菌丝碎片增殖外，往往以各种无性或有性孢子来繁殖。不同种类的真菌，其产孢器官的性质、孢子着生的方式、孢子的排列和形态、大小等都有很大的差异，这些都是鉴定真菌极为重要的依据。

除显微特征外，真菌的培养特征、菌落生长速度、菌落的颜色、表面结构、质地、菌落边缘性状、高度、培养基颜色的变化、渗出物和气味等也是鉴定真菌的重要依据。

1.2 真菌形态显微观察

1.2.1 制片方法

制片时必须注意保持菌体的完整，常用的制片方法如下。

（1）直接制片法

于载玻片中央滴一滴封片液，在带菌材料或人工培养的菌落边缘取少许产孢组织放在载玻片上的封片液中，并用解剖针小心地将菌丝分散。然后在被检验物上加盖玻片，注意勿产生气泡。制片后即可在显微镜下观察。

产孢子多的菌种如青霉（*Penicillium*），往往因孢子过多而看不清楚分生孢子梗，因此，这类菌种制片时，应先用酒精和水冲洗后再加封片液。

（2）载玻片培养法

对于产生小而易碎的孢子梗的真菌，用上法制片难以获得完整而清楚的载玻片标本，为此可采用载玻片培养法或其他方法。

载玻片及盖玻片预先灭菌，然后取 10 mL 固体培养基注入培养皿中，凝固后用解剖刀切取约 1 cm 见方的培养基放在载玻片中央（或用接种环蘸培养基滴于载玻片上）。在培养基块四周接种少量待检菌丝或孢子再覆盖盖玻片于琼脂块上，轻轻加压使其紧贴于琼脂块上。在盖玻片与载玻片间留有少许空隙。为防止培养过程中琼脂干燥，可在培养皿中放一张滤纸，加 2 ～ 3 mL 水或 20% 甘油液，将载玻片放入保湿培养。随时可将玻片取出在低倍镜下观察，待孢子长出后可在载玻片与盖玻片之间加封片液，直接在高倍镜下观察，或将盖玻片取下倒放在另一玻片上加封片液镜检。

（3）盖玻片培养法

方法一：将灭菌盖玻片放在培养皿中的琼脂表面，在靠近盖玻片处接种待检菌，真菌可以直接生长到盖玻片上，在缺乏营养的盖玻片上菌丝稀释，且易产生分生孢子，便于镜检。培养数天后，将盖玻片取出倒放在加封片液的载玻片上镜检。盖玻片也可用玻璃纸等代替。

方法二：将灭菌盖玻片浸入适当成分的培养基中，然后取出放在空的灭菌培养皿中，于盖玻片中央接种待检菌种，保湿培养，生长好以后取出，倒放在滴加封片液的载玻片镜检。

1.2.2 镜检

一般镜检使用放大 1000 倍的生物显微镜，采用正常投射光就可以了。镜检时要注意产孢器官性质、孢子着生方式、形状、结构和排列方式、孢子的大小等。

1.3 真菌培养特征观察方法

为观察菌落特征，通常采用平板培养，在琼脂平板表面点植 1 ～ 3 个菌落，培养 4 天、7 天、10 天、14 天后记载生长速度和菌落特征。由于同种真菌菌落外观、生长速度等因培养基成分不同而有差异，因此需要固定一种或几种培养基。常用的培养基有麦芽汁或马铃薯蔗糖琼脂等。

1.3.1 点植培养法

（1）选用上述培养基倾入培养皿中（在直径 9 cm 培养皿中每皿约 15 mL），凝固后即成平板。

（2）培养基冷却后将培养皿倒置，揭开皿底，挑取少量待检菌种的菌丝块点植于平板上，每一平板可点植 1 ～ 3 点。

（3）于 25 ℃恒温箱中倒置培养。

1.3.2 菌落特征的观察和记录

（1）生长速度：培养一定天数测量菌落直径，分生长极慢、慢、中等、快 4 级。

（2）菌落的颜色：分别记载菌落表面和底部菌丝的颜色和菌落背面的颜色及其变化。

（3）菌落的表面：平滑或有皱纹，致密或疏松，有无同心环或辐射状沟纹等。

（4）菌落的结构：菌落外观似毡状、簇生或束状、羊毛状、粉粒状、明胶状等。

（5）菌落的边缘：全缘、锯齿状、树枝状等。

（6）菌落的高度：菌落扁平、丘状隆起、陷没、菌种中心部分凸起或凹陷。

（7）培养基颜色的变化：颜色的变化包括菌丝覆盖部分及扩散到菌落以外的部分。

（8）渗出物：有的真菌菌落表面渗出滴液，记载有无滴液渗出、数量及颜色。

2 细菌的鉴定

2.1 细菌鉴定的一般程序

①从自然分离获得的菌株，应尽快进行鉴定，以免在人工培养条件下发生变异。开始鉴定之前，一般用营养琼脂平板划线法，根据平板上出现单菌落的形态和折光特性及革兰氏染色反应等检查菌株的纯度。如果菌株不纯，则需利用划线法或稀释法反复纯化。

②染色镜检确定该菌是否生成芽孢。对于某些不生芽孢但怀疑其为芽孢菌的菌株，需接种至产孢培养基内，以进一步判定。

③在确定其革兰氏反应和是否可以生成芽孢之后，分别进行下列试验：革兰氏阳性芽孢杆菌：测定与氧的关系、葡萄糖产酸与否等项目；革兰氏阳性无芽孢杆菌：抗酸染色，镜检菌体有无分枝，是否使葡萄糖发酵产酸，对于产酸菌再用纸层析法检查所产的是否为乳酸，并观察菌体在不同培养时间的形态变化；革兰氏阴性无芽孢杆菌：进行葡萄糖氧化发酵、氧化酶、接触酶、鞭毛染色及色素等试验，菌体形态是球形者用固体及液体培养，观察幼龄菌体形态，细胞排列，不应有杆状菌，在无菌培养基上生长对糖的作用及产物等。根据以上各项试验，有些菌大致可鉴定到属，或可判断此菌属于哪一大群。然后全面考察这一大群内各属之间的异同，选择几个突出的鉴别特征，继续鉴定到属。最后，再按检索表上各种之间的异同，有的可以进一步鉴定到种。

2.2 形态结构和培养特性观察

①细菌的形态结构观察主要是通过染色，在显微镜下对其形状、大小、排列方式、细胞结构（包括细胞壁、细胞膜、细胞核、鞭毛、芽孢等）及染色特性进行观察，直观地了解细菌的形态结构特性，根据不同细菌在形态结构上的不同达到区别、鉴定的目的。

②不同细菌在某种培养基平板上生长繁殖所形成的菌落特征有很大差异，而同一种细菌在一定条件下，培养特征却有一定稳定性，以此可以对不同微生物加以区别鉴定。因此，细菌培养特性的观察也是细菌检验鉴别中的一项重要内容。

细菌的培养特征包括：在固体培养基上菌落的大小、形态、颜色（色素是水溶性还是脂溶性）、光泽度、透明度、质地、隆起形状、边缘特征及迁移性等；在液体培养中的表面生长情况（菌膜、环）、浑浊度及沉淀等；半固体培养基穿刺接种后的运动、扩散情况。

2.3 生理生化反应

生理生化反应是用化学反应来测定细菌代谢特征的一种方法。这种方法常用来鉴别一些在形态和其他方面不易区别的细菌，因此生理生化反应是细菌分类鉴定的重要依据之一。细菌鉴定中常用的生理生化反应如下。

2.3.1 糖酵解试验

不同细菌种类分解利用糖类的能力有很大差异，或能利用或不能利用，能利用者，或产气或不产气。可用指示剂及发酵管检验。

试验方法：以无菌操作，用接种针或环移取纯培养物少许，接种于发酵液体培养基管，若为半固体培养基，则用接种针做穿刺接种。接种后，置 36 ℃培养，每天观察结果，检视培养基颜色有无改变（产酸），小导管中有无气泡，微小气泡亦为产气阳性，若为半固体培养基，则检视沿穿刺线和管壁及管底有无微小气泡，有时还可看出接种菌有无动力，若有动力、培养物可呈弥散生长。

本试验主要是检查细菌对各种糖、醇和糖苷等的发酵能力，从而进行各种细菌的鉴别，因而每次试验，常需同时接种多管。一般常用的指示剂为酚红、溴甲酚紫、溴百里酚蓝和 An-drade 指示剂。如烟草空茎病的病原菌，能够发酵果糖、乳糖、果胶、葡萄糖和蔗糖。

2.3.2 淀粉水解试验

某些细菌可以产生分解淀粉的酶，把淀粉水解为麦芽糖或葡萄糖。淀粉水解后，遇碘不再变蓝色。

试验方法：以 18 ～ 24 h 的纯培养物，涂布接种于淀粉琼脂斜面或平板（一个平板可分区接种，试验数种培养物）或直接移种于淀粉肉汤中，于 36 ℃培养 24 ～ 48 h。然后将碘试剂直接滴浸于培养基表面，若为液体培养物，则加数滴碘试剂于试管中。立即检视结果，阳性反应（淀粉被分解）为琼脂培养基呈深蓝色、菌落或培养物周围出现无色透明环或肉汤颜色无变化。阴性反应则无透明环或肉汤呈深蓝色。

淀粉水解是逐步进行的过程，因而试验结果与菌种产生淀粉酶的能力、培养时间，培养基含有淀粉量和 pH 等均有一定关系。培养基 pH 必须为中性或微酸性，以 pH 7.2 最适。淀粉琼脂平板不宜保存于冰箱，因而以临用时制备为妥，如烟草青枯病病菌（*Pesudomonas solanacearum*）可以水解淀粉。

2.3.3 V-P 试验

某些细菌在葡萄糖蛋白胨水培养基中能分解葡萄糖产生丙酮酸，丙酮酸缩合，脱羧成乙酰甲基甲醇，后者在强碱环境下，被空气中氧氧化为二乙酰，二乙酰与蛋白胨中的胍基生成红色化合物，称 V-P 反应。

试验方法如下。

① O′ Meara 氏法：将试验菌接种于通用培养基，于（36 ± 1）℃培养 48 h，培养液 1 mL 加 O′ Meara 试剂（加有 0.3% 肌酸 Creatine 或肌酸酐的 40% 氢氧化钠水溶液）1 mL，摇动试管 1 ～ 2 min，静置于室温或（36 ± 1）℃恒温箱，若 4 h 内不呈现伊红，即判定为阴性。亦有主张在 48 ～ 50 ℃水浴放置 2 h 后判定结果者。

② Barritt 氏法：将试验菌接种于通用培养基，于（36 ± 1）℃培养 4 天，培养液 2.5 mL 先加入 5% α- 萘酚纯酒精溶液 0.6 mL，再加 40% 氢氧化钾水溶液 0.2 mL，摇动 2 ～ 5 min，阳性菌常立即呈现红色，若无红色出现，静置于室温或（36 ± 1）℃恒温箱，如 2 h 内仍不显现红色，可判定为阴性。

③快速法：将 0.5% 肌酸溶液 2 滴放于小试管中，挑取产酸反应的三糖铁琼脂（TSI）斜面培养物一接种环，乳化接种于其中，加入 5% α- 萘酚 3 滴，40% 氢氧化钠水溶液 2 滴，振动后放置 5 min，判定结果。不产酸的培养物不能使用。

本试验一般用于肠杆菌科各菌属的鉴别。在用于芽孢杆菌和葡萄球菌等其他细菌时，通用培养基中的磷酸盐可阻碍乙酰甲基醇的产生，故应省去或以氯化钠代替。例如，烟草野火病的病原菌丁香假单胞杆菌烟草致病变种的 V-P 试验为阴性。

2.3.4 甲基红试验

肠杆菌科各属菌都能发酵葡萄糖，在分解葡萄糖过程中产生丙酮酸，进一步分解中，由于糖代谢的途径不同，可产生乳酸、琥珀酸、醋酸和甲酸等大量酸性产物，可使培养基 pH 下降至 4.5 以下，使甲基红指示剂变红。

试验方法：挑取新的待试纯培养物少许，接种于通用培养基上，培养于 30 ℃下 3 ～ 5 天，从第 2 天开始，每日取培养液 1 mL，加甲基红指示剂 1 ～ 2 滴，阳性呈鲜红色，弱阳性呈淡红色，阴性为黄色。直至发现阳性或至第 5 天仍为阴性，即可判定结果。

甲基红为酸性指示剂，pH 范围为 4.4 ～ 6.0。在 pH 5.0 以下，随酸度而增强黄色，在 pH 5.0 以上，则随碱度而增强黄色，在 pH 5.0 或上下接近时，可能变色不够明显，此时应延长培养时间，重复试验。例如，烟草角斑病的病原菌假单胞杆菌属甲基红试验为阴性。

2.3.5 靛基质试验

某些细菌能分解蛋白胨中的色氨酸，生成吲哚。吲哚的存在可用显色反应表现出来。吲哚与对二甲基氨基苯醛结合，形成玫瑰吲哚，为红色化合物。

试验方法：将待试纯培养物小量接种于试验培养基管，于（36 ± 1）℃培养 24 h 后，取约 2 mL 培养液，加入 Kovacs 氏试剂 2 ～ 3 滴，轻摇试管，呈红色为阳性，或先加少量乙醚或二甲苯，摇动试管以提取和浓缩靛基质，待其浮于培养液表面后，再沿试管壁徐缓加入 Kovacs 氏试剂数滴，接触面呈红色，即为阳性。

实验证明靛基质试剂可与 17 种不同的靛基质化合物作用而产生阳性反应，若先用二甲苯或乙醚等进行提取，再加试剂，则只有靛基质或 5- 甲基靛基质在溶剂中呈现红色，因而结果更为可靠。例如，烟草空茎病的病原菌胡萝卜欧文氏杆菌胡萝卜亚种的靛基质试验为阴性，产生吲哚。

2.3.6　硝酸盐还原试验

有些细菌具有还原硝酸盐的能力，可将硝酸盐还原为亚硝酸盐、氨或氮气等。亚硝酸盐的存在可用硝酸试剂检验。

试验方法：临试前将试剂 A（磺胺酸冰醋酸溶液）和 B（α- 萘胺乙醇溶液）试液各 0.2 mL 等量混合，取混合试剂约 0.1 mL，加于液体培养物或琼脂斜面培养物表面，立即或于 10 min 内呈现红色即为试验阳性，若无红色出现则为阴性。

用 α- 萘胺进行试验时，阳性红色消退得很快，故加入后应立即判定结果。进行试验时必须有未接种的培养基管作为阴性对照。α- 萘胺具有致癌性，故使用时应加注意。例如，烟草空茎病的病原菌胡萝卜欧文氏杆菌胡萝卜亚种的硝酸盐还原试验为阴性。

2.3.7　明胶液化试验

有些细菌具有明胶酶（亦称类蛋白水解酶），能将明胶先水解为多肽，又进一步水解为氨基酸，失去凝胶性质而液化。

试验方法：挑取 18 ～ 24 h 待试菌培养物，以较大量穿刺接种于明胶培养基约 2/3 深度或点种于平板培养基。于 20 ～ 22 ℃下培养 7 ～ 14 天。明胶培养基亦可培养于（36 ± 1）℃。每天观察结果，若因培养温度高而使明胶本身液化时，应不摇动，静置冰箱中待其凝固后，再观察其是否被细菌液化，如确被液化，即为阳性试验。平板试验结果的观察为在培养基平板点种的菌落上滴加试剂，若为阳性，10 ～ 20 min 后，菌落周围应出现清晰带环，否则为阴性。例如，烟草角斑病的病原菌假单胞杆菌属的明胶液化试验为阳性。

2.3.8　尿素酶试验

有些细菌能产生尿素酶，将尿素分解，产生 2 个分子的氨，使培养基变为碱性，酚红呈粉红色。尿素酶不是诱导酶，因为不论底物尿素是否存在，细菌均能合成此酶。其活性最适 pH 为 7.0。

试验方法：挑取生长 18 ～ 24 h 的待试菌培养物大量接种于液体培养基管中，摇匀，于（36 ± 1）℃培养 10 min、60 min 和 120 min，分别观察结果。或涂布并穿刺接种于琼脂斜面，不要到达底部，留底部作变色对照。培养 2 h、4 h 和 24 h，分别观察结果，如阴性应继续培养至 4 天，做最终判定，变为粉红色为阳性。例如，烟草剑叶病的病原菌蜡状芽孢杆菌尿素酶试验为阳性。

2.3.9　氧化酶试验

氧化酶亦即细胞色素氧化酶，为细胞色素呼吸酶系统的终末呼吸酶，氧化酶先使细胞色素 C 氧化，然后此氧化型细胞色素 C 再使对苯二胺氧化，产生颜色反应。

试验方法：在琼脂斜面培养物上或血琼脂平板菌落上滴加试剂 1 ～ 2 滴，阳性者 Kovacs 氏试剂呈粉红色—深紫色，Ewing 氏改进试剂呈蓝色。阴性者无颜色改变。应在数分钟内判定试验结果。例如，烟草角斑病的病原菌假单胞杆菌属的氧化酶试验产生氧化酶，引起颜色的改变。

2.3.10　硫化氢（H_2S）试验

有些细菌可分解培养基中含硫氨基酸或含硫化合物而产生硫化氢气体，硫化氢遇铅盐或低铁盐可生成黑色沉淀物。

试验方法：在含有硫代硫酸钠等指示剂的培养基中，沿管壁穿刺接种，于（36 ± 1）℃培养 24 ～ 28 h，培养基呈黑色为阳性。阴性应继续培养至 6 天。也可用醋酸铅纸条法：将待试菌接种于一般营养肉汤，再将醋酸铅纸条悬挂于培养基上空，以不会被溅湿为适度，用管塞压住置（36 ± 1）℃培养 1 ～ 6 天，纸条变黑为阳性。例如，烟草青枯病的病原菌假单胞杆菌属的硫化氢试验，不产生硫化氢为阴性。

3　病毒的鉴定

3.1　生物学鉴定

一种病毒的鉴定要考虑许多性状，只从一个或少数性状是很难做出正确判断的。

3.1.1　病毒的症状

症状是病毒的鉴定性状。一种病毒和相似的病毒往往形成特定的症状。病毒病有外部症状和内部症状。外部症状是认识病毒的基础，症状不能作为最后鉴定的唯一性状，但可提供许多有关一种病毒的概念。

植物病毒的内含体形状和大小，以及存在的部位是一种病毒的特征，各种病毒或不同类型的病毒可形成大小和结构不同的内含体，对病毒的鉴定是非常重要的。有些内含体在光学显微镜下可以观察到，有些要用电子显微镜观察。

3.1.2　寄主范围测定

每种病毒都有一定的寄主范围，并在这些寄主上产生一定的症状类型。因此，通过寄主范围的测定可为病毒及其株系的诊断、鉴定提供依据。特定的病毒在特殊寄主上可产生特殊的症状，可以帮助我们确定病毒种类。有些相关病毒可能在某些寄主上产生类似症状，因此可以初步确定病毒所属的组。寄主范围测定还可以帮助我们了解病毒繁殖、测定及保存时选用什么样的寄主。但必须注意，病毒株系和寄主植物品种会影响病毒症状的类型，另外，环境对症状反应也有影响。

3.1.3　体外抗性测定

对机械传染的病毒，可通过病株榨出液的体外性状即钝化温度（Therma linactivation point，TIP）、稀释限点（Dilution end point，DEP）和体外存活期（Longevity in vitro，LIV）测定，可以作为间接诊断的依据。

①钝化温度。病株榨出液经恒温处理 10 min 即丧失侵入的温度，此为钝化温度（TIP）。一般是将待测病株榨出液分装于薄膜试管内，并置于恒温水浴中处理 10 min，立即移入冷水冷却后取出汁液接种健株，测定其侵染力。测定温度可设 50 ～ 100 ℃，每间隔为 10 ℃。不同病毒 TIP 差异很大，如烟草花叶病毒为 90 ℃，而番茄斑萎病毒 TIP 为 40 ～ 60 ℃。大多数病毒的钝化温度范围为 55 ～ 70 ℃。

②稀释限点。将病株榨出液加水稀释，当稀释到一定程度后，便不再能传染致病，那最后一个尚能引起发病的稀释度，就叫作稀释限点或稀释终点。各种病毒各有其稳定的稀释限点：如 CMV 为 1∶10 0000 ～（1∶10 000），TMV 可达 1∶1 000 000。通常把稀释限点很大的病毒称为传染性强的病毒。TMV 在田间主要由人为摩擦传染，与 DEP 有直接关系。

③体外存活期。将病株榨出液放在 20 ～ 22 ℃下，每经过一定时间就取其一部分进行接种，测定其侵染力，其保持侵染力的最长时间即为体外存活期。CMV 为 3 ～ 4 天，TMV 为 30 天以上。

3.1.4　传染方式测定

了解病毒的传染方式，对病毒诊断鉴定具有很高的价值。如果我们了解了某病毒是由某些特殊介体传染的，就可以初步确定病毒的特征。

3.1.5　交叉保护

一种寄主植物当受到某种病毒的某一株系侵染后，能对同种病毒的另一株系（或其他株系）的侵染起排斥作用，这种株系之间，主要是相关株系之间的相互排斥、相互保护的作用，即为交叉保护作用。交叉保护在植物病毒学发展早期常用于病毒鉴定及研究株系之间的关系。测定时一般可先在寄主植物上接种已知病毒，然后再接种另一未知病毒，如果前者能保护寄主不受后者侵染，则说明两者是同种的、相关的，否则，可能是不相关的两种不同的病毒。因此，利用这一现象是有一定诊断价值的。但不是所有的相关株系间都有交叉保护作用，因此，交叉保护目前已不常用于病毒鉴定。

3.1.6　沉降系数和分子量

沉降系数 S 是指一种物质在 20 ℃水中在 1 达因的引力中沉降的速度，单位是每秒若干厘米，因这一单位太大，多采用其千分之一，即 Svedberg 单位。近年来，在生物化学、分子生物学及生物工程等书刊文献中，对于某些大分子化合物，当它们的详细结构和分子量不是很清楚时，常常用沉降系数这个概念去描述它们的大小。如核糖体 RNA（rRNA）有 30 S 亚基和 50 S 亚基，这里的 S 就是沉降系数，现在更多地用于生物大分子的分类，特别是核酸。植物病毒的沉降系数常在 50 S 到数千 S 之间。沉降系数的测定要用超速分析离心机，根据该病毒在一定离心力沉降的速度来计算。有了沉降系数还可以来计算分子量。

3.1.7　光谱吸收特性

由于蛋白质和核酸都能吸收紫外线，蛋白质的吸收高峰在 280 nm 左右，核酸在 260 nm 左右。因此，260/280 的比值可以表现病毒核酸含量的多少，用于区分不同的病毒，比值小的多是线条病毒，比值高可能是球状病毒；对同一种纯化的病毒，紫外吸收值可以表示病毒的浓度；对未纯化的病毒其 260/280 比值偏离标准值的情况，说明病毒的纯度。

3.1.8　植物病毒的化学特性

主要是指核酸的类型、核酸的链数及核酸的分子量、核酸在病毒粒体中的百分含量等。病毒核酸的这些特性用在病毒的分科、分属之中。利用病毒的这些理化特性加上病毒粒体形态、寄主和介体的部分特性建立了植物病毒的密码，现在在植物病毒的描述中较少采用。

3.1.9　对其他理化因素的敏感性

植物病毒对一般的杀菌化学药品如升汞、酒精、硫酸铜及甲醛等的抵抗力均较真菌和细菌稍强，在一定浓度、时间处理后，往往还能保持一部分侵染力，如 TMV 在 0.1% 升汞液中浸泡 1 个月仍有一定的侵染力。各种病毒对酸碱度的反应有的在酸性溶液中较稳定，有的在碱性溶液中较稳定。

3.2 电子显微镜技术

与光学显微镜相比，电子显微镜使用光源的波长更短（属于短波电子流），因此分辨率大大提高（比光学显微镜高千倍以上）。但是电子束的穿透力低，样品厚度必须在 10 ～ 100 nm，所以电镜观察需要特殊的载网和支持膜，需要复杂的制样和切片过程。一般情况下，利用电子显微镜观察病毒常用的技术如下。

3.2.1 负染技术

所谓负染，是指通过重金属盐在样品四周的堆积而加强样品外围的电子密度，使样品显示负的反差，衬托出样品的形态和大小。与超薄切片（正染色）技术相比，负染不仅快速简易，而且分辨率高，目前广泛用于生物大分子、细菌、原生动物、亚细胞碎片、分离的细胞器、蛋白晶体的观察及免疫学和细胞化学的研究工作中，尤其是病毒的快速鉴定及其结构研究所必不可少的一项技术。

3.2.2 免疫电镜技术

免疫电镜技术是免疫学和电镜技术的结合，该技术将免疫学中抗原抗体反应的特异性与电镜的高分辨能力和放大本领结合在一起，可以区别出形态相似的不同病毒。在超微结构和分子水平上研究病毒等病原物的形态、结构和性质。配合免疫金标记可进行细胞抗原的定位研究，从而将细胞亚显微结构与其机能代谢、形态等各方面研究紧密结合起来。

3.3 血清学技术

血清学技术是病毒诊断和鉴定的基础方法，其基本原理是抗体与抗原之间的专化性结合。某些物质（特别是蛋白质）当引入动物体内后，可以引起动物产生特殊的免疫反应，并在动物的血清中产生相应抗体，这些物质称抗原和免疫原。抗原与抗体之间的专化性反应称免疫反应。许多植物病毒是良好的抗原，当注射入适当动物后可刺激产生抗体，抗体则可以用于不同的血清试验中。

3.3.1 抗血清制备

利用植物病毒衣壳蛋白的抗原特性，可以制备病毒特异的抗血清。先将纯化的植物病毒注射入小动物(兔子、小白鼠、鸡等）中，一定时间后取血，获得抗血清。血清制备的关键是病毒的纯化，纯度高的病毒才能获得特异性强的抗血清。植物病毒与血清的反应有好多种，但依据的原理是抗原与抗体的特异结合。

3.3.2 测定方法

3.3.2.1 琼脂双扩散法

在一定浓度的琼脂凝胶中，抗体与抗原互相扩散，在适当的位置形成沉淀，沉淀线的形状说明抗原与抗体的相互关系。

3.3.2.2 酶联免疫吸附（ELISA）法

该方法利用了酶的放大作业，使免疫检测的灵敏度大大提高。与其他检测方法相比较，ELISA 有突出的优点：①灵敏度高，检测浓度可达 1 ～ 10 ng/mL；②快速，结果可在几个小时内得到；③专化性强，重复性好；④检测对象广，可用于粗汁液或提纯液，对完整的和降解的病毒粒体都可检测，一般不受抗原形态的影响；⑤适用于处理大批样品，所用基本仪器简单，试剂价格较低，且可较长期保存。具有自动化及试剂盒的发展潜力。ELISA 是实现“快速、准确、经济”检测的好手段之一。

3.3.2.3 试管沉淀反应

常用于测定血清的效价。血清的效价是指能产生反应的血清的最大稀释度。试管沉淀反应常在小的薄壁试管内（直径 7 mm）进行。将病毒或血清用 0.9% 的生理盐水做倍数稀释，然后将 0.5 mL 的病毒与等体积的血清在试管内混合，36 ℃水浴，水面高度为试管液面的一半，以促进对流混合。一定时间后，以黑底为背景，对光观察是否形成沉淀。

3.3.2.4 微量沉淀反应

微量沉淀反应通常在培养皿上进行，将抗原和抗体滴入培养基上的固定位置，混合后加矿物油以防止液滴蒸发，放置一定时间后在显微镜下观察是否形成沉淀。

3.3.3 免疫测定技术（DBI）

DBI 方法利用硝酸纤维膜代替酶联板进行酶联免疫吸附测试，DBI 的操作与 ELISA 相似，大致如下。

①将硝酸纤维素膜纸（NC）裁成的纸条侵入 TBS 中，5 min 后取出，用滤纸吸干。

②用显微加样器点加抗原稀释液，每点 2 mL，室温放置 5 min 晾干。

③浸在含 2% 牛血清蛋白和 2% 聚乙烯吡咯烷酮（PVP– 吐温缓冲液）中 30 min，封闭未结合上病毒抗原的部分。

④洗涤，侵入 TBS– 吐温中 3 次，每次 5 min。

⑤侵入稀释的抗血清中，保湿培育 1 h。

⑥同前洗涤。

⑦侵入底物液中培育 30 min。

⑧水中冲洗 3 次终止反应，每次 5 min，晾干后观察反应。

3.3.4 双链核酸检测技术

从被病毒侵染的植物中提取并检测双链核酸（dsRNA），可用于病毒的快速诊断。一般认为，绝大多数植物的 RNA 是从 DNA 转录而来的，所有正常植物中很少含有 dsRNA，植物病毒的核酸类型主要为 RNA，除少数为双链外，绝大多数为单链核酸（ssRNA）。ssRNA 病毒在植物中增殖时通过产生互补 RNA 而形成一个碱基配对的 dsRNA，称为复制型核酸，它与原来的单链核酸等长，因此通过对 dsRNA 分析，可以证实病毒侵染及病毒的特性。dsRNA 检测包括提取 dsRNA 及电泳检测两部分。

3.3.5 杂交及 PCR 技术

血清学技术利用的是病毒衣壳蛋白的抗原性，检测的目标是蛋白。由于核酸才是有侵染性的，仅仅检测到蛋白并不能肯定病毒有无生物活性（如豆类、玉米种子的病毒大多失去侵染活性，但保持血清学阳性反应）。因此，核酸检测技术也是鉴定植物病毒的更可靠方法，主要有核酸杂交和聚合酶链式反应（PCR）方法，比较常用。

3.3.5.1 核酸杂交

主要在 DNA 和 RNA 之间进行，依据是 RNA 与互补的 DNA 之间存在着碱基的互补关系。在一定的条件下，RNA 与 DNA 形成异质双链的过程称为杂交。其中，预先分离纯化或合成的已知核酸序列片段叫作杂交探针（probe），由于大多数植物病毒的核酸是 RNA，其探针互补 DNA（complementary DNA，cDNA）也称为 DNA 探针。核酸检测不仅可以检测到目标病毒的核酸，而且还可以检测出相近病毒（或核酸）间的同源程度。

3.3.5.2 聚合酶链式反应（PCR）

PCR 是在短时间内大量扩增核酸的有效方法，用于扩增位于两端已知序列之间的 DNA 区段。从已知序列合成两端寡聚核苷酸作为反应的引物，它们分别与模板 DNA 两条链上的各一段序列互补且位于待扩增 DNA 进行加热变性。随之将反应混合液冷却至某一温度使引物与其靶序列发生退火。此后退火引物在耐热的 DNA 聚合酶作用下得以延伸，如此反复进行变性、退火和 DNA 合成这一循环。每完成一个循环，理论上就使目的 DNA 产物增加 1 倍，在正常反应条件下，经 25 ～ 30 个循环扩增倍数可达百万。PCR 扩增在检测标本中病原的核酸序列、由少量 RNA 生成 cDNA 文库、生成大量 DNA 以进行序列测定、突变的分析等方面已经得到广泛的应用。

附录 G 烟草微生物的筛选技术

1 生防微生物的筛选技术

1.1 害虫生防微生物的筛选

1.1.1 目标菌株筛选

利用平板稀释法从土壤中分离拮抗菌株。

对上述分离到的拮抗菌株逐个进行感染试验。

1.1.2 感染方法

1.1.2.1 制备菌液

将分离到的菌株用无菌水分别稀释 10^{-1}、10^{-3}、10^{-6} 3 个浓度梯度。

1.1.2.2 感染烟蚜

用新鲜烟叶浸蘸以上各稀释的菌液，浸泡数分钟后将烟叶取出晾干，装入直径为 2.5 cm 的大口试管中，每管接虫 50 头，双层净纸封口，置于 28 ℃恒温下分别于 10 天左右检查害虫死亡情况。同时设未蘸菌液的为空白对照。

1.2 病害生防微生物的筛选

以下以实例说明各种微生物杀菌剂的筛选方法。

1.2.1 烟草根病拮抗真菌的分离与筛选

1.2.1.1 分离致病原菌

供试病原菌和烟草采用方中达（1979）和日本土壤病害手册编委会（1984）方法，从烟草病部分离纯化致病病原菌。

1.2.1.2 拮抗真菌的分离与纯化

采集烟根根围土样，分离土壤腐生菌，分离采用常规土壤稀释平板法和土壤平板法。培养基用 PDA，在倒平板以前，加 300 μg/mL 链霉素以抑制细菌生长，在 25 ℃下培养 1 ～ 3 天，从每个样品中挑取不同类型菌落，纯化待测。

1.2.1.3 拮抗作用检测与筛选

待测分离物与供试病原物进行对峙培养，检测拮抗作用。两菌相距 3 cm，同时接种于直径 9 cm 的 PDA 平板上，1 周后检查对峙培养结果。根据两菌菌落发展速度，菌落之间有无抑菌带，菌落前缘菌丝是否发生稀疏和萎缩畸变等现象，判别分离物的拮抗作用。对具拮抗活性的菌株进行分类鉴定。

1.2.1.4 拮抗菌抑菌作用的测定

1.2.1.4.1 种子发芽测定

把培养 1 周的待测拮抗菌和供试病原菌斜面试管分别加蒸馏水（10 mL/ 管），制成悬浮液，菌丝片段或孢子在 10^5/mL 以上。先用 4 层吸水纸（同培养皿大小）吸足病原菌悬浮液放入培养皿底，再用 2 层吸水纸吸足拮抗菌悬浮液覆盖其上。将烟草种子浸泡 24 h，充分清洗后均匀散播于吸水纸上，每皿 50 粒，设灭菌水为对照，4 次重复。每天定时观察，视需要从培养皿边缘滴加灭菌水。记录发芽、生长及发病情况，统计抑菌效果。

1.2.1.4.2 盆栽试验

细砂加玉米粉按 50 ∶ 1 装瓶，加适量蒸馏水灭菌，培养病原物和待测拮抗菌。用直径 15 cm 的瓦盆装自然土 l kg，接种 50 g 砂培病原物，再用 30 g 砂培待测物在土表加一薄层，移栽十字期烟苗，设 4 次重复。在室内阳台保湿培养，第 15 天观察发病情况，统计防病效果。

1.2.2 烟草病原真菌拮抗性内生细菌的筛选

1.2.2.1 取样

在出苗期选取小苗整株（因烟苗在此时期植株细小而难于将根、茎、叶分开）；在出苗期后的十字期、生根期、成苗期、还苗期、伸根期、旺长期和成熟期分别对根、茎、叶取样。其中，大田期的后 3 个时期根部选取离土表 5 cm 内的样品，茎部选取离土表 10 ～ 15 cm 内的样品，对叶部用打孔器随机选取。以上每个样品均选取 1 g，3 次重复。

1.2.2.2 内生细菌分离培养

烟草种子消毒参照 1973 年 Blanchard 的方法，用含有 Tween-20 的 1.05% 次氯酸钠溶液浸泡 5 min（消毒时间经过表面杀菌是否彻底检测试验，即设置系列消毒时间梯度，随后用灭菌水清洗 3 ～ 4 次，取最后一次清洗液 0.1 mL 涂平板，置 30 ℃恒温箱培养 2 ～ 3 天，选取开始没有菌落长出的消毒时间为表面杀菌彻底的灭菌时间，下同）。

其余烟草材料消毒的方法，用自来水冲洗，滤纸吸去水分，75% 乙醇浸 5 min，转入含 0.05% Triton X-100 的 0.5% 次氯酸钠溶液中 3 ～ 15 min，无菌水冲洗，无菌纸吸干。将消毒后的材料移入无菌研钵中，加 9 mL 无菌水研磨后静置。取上清液按倍比稀释法系列稀释到 10^{-6} 后对每一浓度取 0.1 mL 涂布平板，每个稀释度 3 次重复。恒温 30 ℃培养 2 ～ 3 天。从每个皿中挑取不同类型菌落纯化待测。

1.2.2.3 拮抗活性测定

测定分离的内生细菌对烟草病菌的拮抗性采用平板对峙培养法。取一块直径 5 mm 病原真菌菌块接于平板中央，在距其 2.5 cm 处用移菌环挑取内生细菌菌悬液画线，重复 3 次。将各种处理置于 28 ～ 30 ℃恒温箱培养，3 ～ 5 天后检查结果。

1.2.3 产几丁质酶菌的分离、筛选技术

几丁质是由 N- 乙酰氨基葡萄糖组成的大分子物质，是植物病原真菌细胞壁和昆虫体壁的主要组成成分；几丁质酶和几丁质二糖酶能将几丁质降解成几丁质寡糖和单糖，从而破坏真菌的细胞壁，起到防治真菌性病害的作用。许多微生物都能产生几丁质，据不完全统计，已发现产生几丁质酶的微生物约有 46 属，近 70 种。几丁质酶、β-1，3- 葡聚糖对烟草赤星病等多种病原真菌有不同程度的拮抗作用。

1.2.3.1 烟草根际土样的采集

从发病区采用五点取样法，采集与根际接触的土样。

1.2.3.2 胶态几丁质的制备

参照徐红革等技术（2002）。

1.2.3.3 培养基

1.2.3.3.1 PDA 培养基

1.2.3.3.2 几丁质选择培养基

3 g（NH_4）$_2SO_4$、0.7 g K_2HPO_4、0.3 g KH_2PO_4、0.5 g $MgSO_4$、0.01 g $FeSO_4 \cdot 7H_2O$、3 g 胶态几丁质、13 个琼脂、1000 mL H_2O，pH 7.2。

1.2.3.3.3 发酵种子培养基

30 mL 10 g/L 胶态几丁质、0.06 g $MgSO_4 \cdot 7H_2O$、0.01 g $FeSO_4 \cdot 7H_2O$、0.3 g NH_4NO_3、0.2 g K_2HPO_4。用蒸馏水定容至 100 mL，装入 250 mL 三角瓶中高压灭菌后备用。

1.2.3.3.4 摇瓶产酶培养基

15 g 几丁质、2 g 蛋白质、2 g 酵母粉、0.7 g K_2HPO_4、0.3 g KH_2PO_4、0.5 g $MgSO_4 \cdot 7H_2O$、0.01 g $FeSO_4 \cdot 7H_2O$、1000 mL H_2O、pH 7.2。

1.2.3.4 采用平板稀释法

无菌操作条件下取土样 1 g，用无菌水以 10 倍梯度稀释成 10^{-6} ～ 10^{-1} 的稀释液，取 10^{-6} ～ 10^{-4} 稀释液各 0.5 mL 涂于几丁质选择平板上，30 ℃培养，挑取周围有透明圈的菌落，纯化并保存。对分离到的微生物一般可以鉴定到属。

1.2.3.5 产几丁质酶微生物的筛选

透明圈法：将待测菌株移植于胶态几丁质培养基平板上，在 30 ℃培养箱内培养 96 h，然后用直尺测量菌落的直径和透明圈的直径，计算出单位菌落透明圈的大小，即单位菌落透明圈大小＝透明圈直径 / 菌落直径。根据单位透明圈的大小来判断其产生几丁质酶的活性大小。

还原糖法：用挑针刮去发酵种子培养基平板上的菌落（不刮下培养基），分别接种到盛有发酵用培养液的 250 mL 三角瓶中。在摇床上以 168 r/min、26 ℃振荡培养 96 h，10 000 r/min 离心 20 min，保留上清液。在试管中加入发酵上清液（培养各菌株的发酵液离心后的上清液）、10 g/L 胶态几丁质各 1 mL，37 ℃恒温水浴 10 min，用水冷却至室温，观察颜色变化。以 100 ℃高温灭菌处理 15 min 的发酵上清液为对照，重复 3 次。

在几丁质酶产生菌的筛选中，采用了透明圈法，即以白色不溶的胶体几丁质为唯一氮源制成分离平板，以平板上菌落周围透明圈的大小判断菌株对几丁质的水解能力及几丁质酶活性的高低。

1.2.3.6 产几丁质酶发酵液的制备

将待测菌株接种在几丁质产酶培养基（100 mL）的摇瓶中，28 ℃条件下振荡培养 7 天，然后，经 5000 r/min 离心 20 min，去除菌体，留上清液备用。

1.2.3.7 对病原菌的抑菌实验

将病原真菌接种在 PDA 平板上，28 ℃培养 3 天，在菌苔周围距离菌苔边缘 1.0 cm 处放 4 个灭菌牛津杯，杯内注入产几丁质酶菌株发酵液 200 μL，继续培养 2 ～ 4 天，观察抑菌情况。

1.2.4 拮抗植物病害的放线菌的筛选

1.2.4.1 土壤样本的采集

从作物的土地采用五点取样的方法取样，每点挖 15 cm × 15 cm × 15 cm 的土壤，混匀后用塑料袋装回，风干粉碎，过 100 目筛，备用。

1.2.4.2 土壤放线菌的分离和纯化

分别称取已过 100 目筛的土壤标本 10 g 倒入盛有 90 mL 无菌水的广口瓶中，震荡 10 ～ 15 min，摇匀，分别稀释到浓度为 10^{-2}、10^{-3}、 10^{-4}。然后分别取 1 mL 置于无菌培养皿中，倒入 45 ℃左右的高氏 1 号培养基，每个处理 3 次重复，于 28 ～ 30 ℃恒温箱中培养，逐日观察，然后用接种针轻轻挑取单菌落，用画线法进行纯化，纯化后的菌种用低温保藏法和沙土保藏法进行保存，待用。

1.2.4.3 分离菌株的鉴定

使用平皿划线法将已纯化的放线菌移到高氏 1 号培养基平板上，并在所画线部斜插上经消毒的盖玻片（呈 45 度角），每皿插 2 ～ 3 片，置于 28 ～ 30 ℃恒温箱中培养 3 ～ 7 天后将盖玻片取出，于显微镜下观察（根据气生菌丝和基内菌丝的颜色，气丝枝上孢子丝的形状，孢子着生情况、是否形成菌核、孢子器或孢子囊等特征），按照《放线菌分类基础》《微生物学》等的分类方法进行初步分属鉴定。

1.2.4.4 拮抗菌株的筛选

在 PDA 琼脂培养平板上相距 2 cm 处分别接直径为 5 mm 的分离菌和烟草病菌。以单独接烟草病菌的平板做对照。每一处理 3 次重复，置于 28 ～ 30 ℃的恒温箱中培养，5 天后进行观察并记录拮抗菌的抑制情况。

2 降解烟碱微生物的筛选技术

2.1 培养基的配制

分离培养基：1.0 g 蛋白胨、0.5 g NaCl、2.0 g 琼脂和 0.2 g 烟碱，用蒸馏水溶解并定容至 100 mL，pH 7.0。

种子培养基：1.3 g $K_2HPO_4 \cdot 3H_2O$、0.1 g（NH_4）$_2SO_4$、0.4 g KH_2PO_4、0.1 g 酵母粉和 0.1 g 烟碱，用蒸馏水溶解并定容至 100 mL，摇匀，pH 7.0。

液体发酵培养基：1.3 g $K_2HPO_4 \cdot 3H_2O$、0.1 g（NH_4）$_2SO_4$、0.4 g KH_2PO_4、0.1 g 酵母粉、0.4 g 烟碱和 1 mL 微量元素溶液（1 g $MgSO_4 \cdot 7H_2O$、0.4 g $MnSO_4 \cdot 4H_2O$、0.2 g $CaCl_2 \cdot 2H_2O$ 和 0.2 g $FeSO_4 \cdot 7H_2O$），用 0.1 mol/L HCl 溶解并定容至 100 mL，用蒸馏水溶解并定容至 100 mL，摇匀，pH 7.0。

2.2 菌种初选

称取 5 g 土样，加入 45 mL 0.9% 生理盐水，30 ℃和 220 r/min 下摇床振荡 30 min，然后取 1 mL 上清液，加入 9 mL 0.9% 生理盐水，摇匀，即得 10 倍的菌液，再取 1 mL 10 倍的菌液，加 9 mL 0.9% 生理盐水，摇匀得 10 倍的菌液，如此反复稀释至 10^{-4} 和 10^{-5} 倍。吸取 0.1 mL 菌液，分别涂布于分离培养基平板，30 ℃下培养 2 天。挑选单菌落进一步画线分离，重复操作，直到获得纯单一菌株。

2.3 菌种复选

分别将经种子培养基斜面培养 2 天的纯单一菌株用接种环接种于液体发酵培养基中，于 30 ℃和 220 r/min 下摇床培养 48 h，取出，采用紫外分光光度法测定烟碱含量。根据培养基中烟碱降低量的多少优选菌株。

2.4 Z3 菌生长曲线的测定

在 600 nm 波长下测定培养液的吸光度，以 OD_{600} 吸光度表示菌体生长量。

2.5 粗酶液制备

将发酵培养液（OD_{600} 2.0）冷冻离心分离（8000 × g，15 min），得到的湿细胞用 20 mL 磷酸盐缓冲液（pH 6.85）重悬浮，超声波破碎（超声 5 s，间隔 10 s，90 次），离心分离，取上清液，4 ℃冷藏。

2.6 降解烟碱细菌的筛选

将初选得到的菌株在液体发酵培养基中培养并测试各自降解烟碱的能力，显示在同样条件下，菌体生长较旺盛，对烟碱的降解能力最强，确定其进一步研究菌株。

3 农残降解微生物的筛选技术

3.1 降解有机磷真菌的筛选

刘玉焕等分离出能够高效降解乐果的菌株，并对菌株的培养条件和降解特性进行了相应的研究。方法介绍如下。

3.1.1 菌株从农药厂的废水流经地土壤中分离得到

用查氏（Czapek）培养基。乐果选择培养基：乐果（纯度为 60%）2.0 mL、$NaNO_3$ 2.0 g、KCl 0.5 g、$MgSO_4 \cdot 7H_2O$ 0.5 g、$MnSO_4$ 0.02 g、$CaCl_2$ 0.04 g、蒸馏水 1000 mL、pH 7.0，121 ℃灭菌 15 min，需要时加入 2% 的琼脂配成固体培养基。

3.1.2 菌株的分离及纯化

称取一定量的土样，用无菌水进行充分混匀后，通过梯度稀释，取不同稀释浓度的溶液 0.1 mL 涂布于乐果选择培养基中，置 30 ℃恒温培养箱培养，挑取单菌落，经平板画线纯化后，转接斜面编号保存。

3.2 降解有机氯农药的微生物菌株分离筛选

3.2.1 土样采集

以过去大量施用过六六六、DDT 农药的烟草土壤作为分离筛选降解菌株的主要土壤来源，采集的土样利用土壤稀释法分离菌株，进行筛选。

3.2.2 筛选方法

根据微生物对环境因子的耐受范围具有可塑性、对营养物利用比较广泛的特性，在选择性培养基中能以加入的某些特殊碳源为营养物质，使样品中少数能分解利用此类物质的微生物大量繁殖，并将其分离出。本方法采用 Tonomura 无碳培养基加一定浓度的六六六、DDT 作为唯一碳源营养，将采集到的 103 个土样接入该培养基中，在 30 ℃恒温摇床上进行振荡富集培养 72 h，如此连续移接培养 5 次即得到以降解六六六、DDT 占优势的菌株富集培养液。将富集培养液用平板划线法，连续画线直至得到纯菌株用各纯菌株在不同浓度梯度的六六六、DDT 作培养基的平板上进行初筛选，挑选适应六六六、DDT 浓度高的、生长繁殖快而旺盛的单菌落进行降解能力的测定。

3.2.3 菌株降解能力的测定

将初筛出的各菌株接种到已知六六六、DDT 浓度的 Tonomura 培养基中，30 ℃恒温摇床振荡培养 3 天后，再静置培养 17 天，得到纯培养液。然后用正己烷作为纯培养液中残留的六六六、DDT 旧提取剂，再以气相色谱测定其六六六、DDT 的残留含量，求出静菌株在纯培养条件下的降解率，留取降解能力强的菌株进行细菌学鉴定。

附录 H 烟草内生细菌的分离方法

1. 分离方法

以烟草的根、茎、叶为试验材料，采样时选择生长性状良好、无病害症状的健康植株。样品从植株分离后装于密封的塑料袋中，低温保鲜，在 24 h 之内进行内生细菌的分离。

内生细菌分离和培养用改良的牛肉膏蛋白胨培养基（酵母浸出汁 3.0 g、牛肉浸膏 1.0 g、大豆蛋白胨 5.0 g、NaCl 5.0 g、琼脂 17.0 g、蒸馏水 1000 mL、pH 7.0）。

将烟草的根、茎、叶分别用自来水冲洗干净后，随机称取 0.4 g，先在 70% 酒精中振荡浸泡 1 min，再用有效氯含量 1% 的次氯酸钠溶液振荡浸泡 1 ～ 5 min，无菌水冲洗 4 次。将最后一次的冲洗水涂布 NA 平板上，28 ℃培养 48 h 后记录菌落数，计算表面除菌率以检验灭菌效果，每处理 3 次重复。表面除菌率 =（未经消毒剂处理的材料表面细菌数 – 消毒剂处理后的材料表面细菌数）/ 未经消毒剂处理的材料表面细菌数 × 100%。

取经检验表面灭菌彻底的材料 0.4 g，与一大一小灭菌钢珠一并放入 2 mL 灭菌离心管，加入 600 μL 无菌水，用 QIAGEN 高通量组织研磨器研磨 3 min，频率为 30 r/s。研磨后的汁液梯度稀释 10 ～ 10^4 倍，各取 200 μL 匀浆液涂平板，每处理重复 4 次。28 ℃黑暗培养 48 h 后，根据菌落形态、颜色等不同挑取单菌落，重新于平板上画线纯化，挑取划线培养的单菌落移入试管斜面保存。

2. 内生细菌的分离效果

本实验一共从烟草的根、茎、叶中分离纯化得到内生细菌 267 株（图 H–1）。

表面灭菌效果检验表明（表 H–1），用 1% NaClO 进行表面灭菌时，茎需要 3 min 可达到 100%，不同组织器官所需灭菌时间有差异。其中，根部样品经 5 min 灭菌处理后除菌率才能达到 100%，其次为茎，叶；叶片最少，仅需 1 min 表面除菌率便可达到 100%。这与烟草各组织器官的致密性及所处生长环境有关。考虑到消毒时间过长，消毒剂渗入可能会杀死部分内生细菌，对内生细菌的多样性研究有影响，因此，本书采用能使除菌率达到 100% 的最短灭菌时间，即叶片 1 min，茎 3 min，根 5 min。

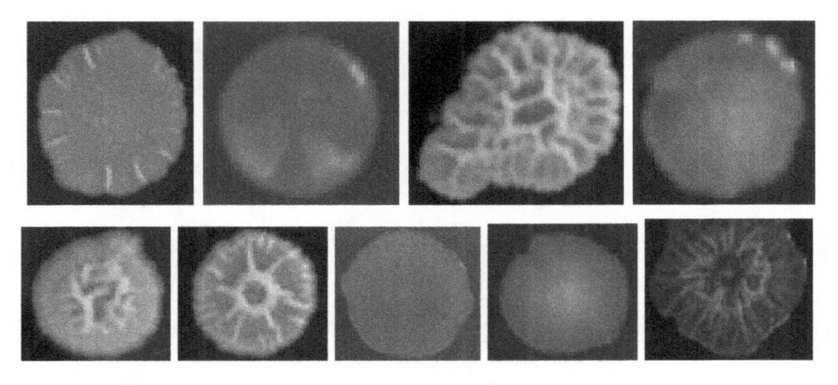

图 H–1 培养 48 h 的部分菌落实体照片（显示菌落的形态差异，未显示菌落大小）

表 H-1　各组织不同表面消毒时间的除菌率

样品	消毒时间				
	1 min	2 min	3 min	4 min	5 min
叶	100%	100%	100%	100%	100%
茎	85%	94%	100%	100%	199%
根	64%	74%	82%	92%	100%

表面消毒是植物内生细菌分离的关键步骤，必须将表面的微生物杀死，同时又不能伤害到植物组织内的细菌。这样既最大限度地保证了内生细菌调查的准确性，又彻底地杀死了材料表面的微生物，从而避免了人为扩大烟草内生细菌的多样性或丢失与烟草关系密切的内生细菌。

参考文献

[1] 雷丽萍，郭荣君，缪作清，等．微生物在烟草生产中应用研究进展 [J]. 中国烟草学报，2006，12（4）：47-51.

[2] 王志愿，姜清治，霍沁建．生物技术在烟草品质改良中的应用研究 [J]. 贵州农业科学，2011，39（1）：16-20.

[3] 严占勇，张定贵，易龙．微生物农药在烟草生产上的应用现状分析与建议 [J]. 植物保护，2009，5（4）：24-28.

[4] 谢剑平，王元英，郑新章，等．烟草科学与技术发展现状与趋势 [C]// 中国科学技术协会，中国烟草协会．2009—2010 烟草科学与技术学科发展报告．北京：中国科学技术出版社，2010：3-35，151-161.

[5] 邵孝侯，庄文贤，于静，等．有效微生物技术在烤烟生产中的应用研究及展望 [C]// 第五次全国土壤生物与生物化学学术研讨会．重庆，2009：30-33.

[6] 孙万儒．我国酶与酶工程及其相关产业发展的回顾 [J]. 微生物学通报，2014，41（3）：466-475.

[7] Neurath G, Pirmann B, Wichern H. Examination of *N*-Nitroso compounds in tobacco smoke/zur frage der *N*-Nitrosoverbindungen im Tabakrauch[J]. Contributions to Tobacco Research，1964，2（7）：311-319.

[8] Hoffmann D，Hecht S S，Wynder E L，et al. *N*-Nitrosonornicotine in tobacco[J]. Science，1974，186（4160）：265-267.

[9] Hecht S S，Ornaf R M，Hoffmann D. Determination of *N*-nitrosonornicotine in tobacco by high speed liquid chromatography[J]. Anal Chem，1975，47：2046-2048.

[10] Krull I S，Goff E U，Hoffman G G，et al. Confirmatory methods for the thermal energy determination of *N*-nitroso compounds attrace levels[J]. Anal Chem，1979，51（11）：1706-1709.

[11] 刘纳纳，张丽，姬厚伟，等．烟草特有 *N*–亚硝胺分析方法研究进展 [J]. 安徽农业科学，2014，42（24）：8348-8352.

[12] 谢复炜，金永明，赵明月，等．国内外主要品牌卷烟主流烟气中烟草特有 *N*–亚硝胺的对比分析 [J]. 中国烟草学报，2004，10（5）：8-15.

[13] 芮晓东，许永，张霞，等．卷烟主流烟气中 NNK 测量不确定度评定 [J]. 化学分析计量，2012（1）：7-10.

[14] Zhou J，Bai R，Zhu Y. Determination of four tobacco-specific nitrosamines in mainstream cigarette smoke by gas chromatography/ion trap mass spectrometry[J]. Rapid Commun Mass Sp，2007，21（24）：4086-4092.

[15] Sleiman M，Maddalena R L，Gundel L A，et al. Rapid and sensitive gas chromatography-ion-trap tandem mass spectrometry method for the determination of tobacco-specific *N*-nitrosamines in secondhand smoke[J]. J Chromatogr A，2009，1216（45）：7899-7905.

[16] 陆怡峰，吴达，顾文博，等．三重四极杆气质联用法测定卷烟主流烟气中 NNK[J]. 质谱学报，2012（2）：118-122.

[17] Wu D，Lu Y F，Lin H Q. Selective determination of tobacco-specific nitrosamines in mainstream cigarette smoke by GC coupled to positive chemical ionization triple quadrupole MS[J]. J Sep Sci，2013，36：2615-2620.

[18] Wu W，Ashley D L，Watson C H. Simultaneous determination of five tobacco-specific nitrosamines in mainstream cigarette smoke by isotope dilution liquid chromatography/electrospray ionization tandem mass spectrometry[J]. Anal Chem，2003，75（18）：4827-4832.

[19] Wagner K A，Finkel N H，Fossett J E，et al. Development of a quantitative method for the analysis of tobacco-specific nitrosamines in mainstream cigarette smoke using isotope dilution liquid chromatography/electrospray ionization tandem mass

spectrometry[J]. Anal Chem，2005，77：1001-1006.

[20] 陈霞，金立锋，刘萍萍，等 . UPLC-MS/MS 法同时测定烟叶中的 TSNAs[J]. 烟草科技，2016，49（3）：62-67.

[21] Zhang J，Bai R，Yi X，et al. Fully automated analysis of four tobacco-specific *N*-nitrosamines inmainstream cigarette smoke using two-dimensional online solid phase extraction combined with liquid chromatography–tandem mass spectrometry[J]. Talanta，2016，146：216-224.

[22] Hecht S S. Biochemistry，biology，and carcinogenicity of tobacco-specific *N*-Nitrosamines[J]. Chem Res Toxicol，1998，11（6）：559-603.

[23] Hecht S S，Chen，C B，Ohmori T，et al. Comparative carcinogenicity in F344 rats of the tobacco specific nitrosamines，*N'* -nitrosonornicotine and 4-（*N*-methyl-*N*-nitrosamino）-1-（3-pyridyl）-1-butanone [J]. Cancer Res，1980，40：298-302.

[24] Rivenson A，Hoffmann D，Prokopczyk B，et al. Induction of lung and exocrine pancreas tumors in F344 rats by tobacco-specific and Areca-derived *N*-nitrosamines[J]. Cancer Res，1988，48：6912-6917.

[25] Belinsky S A，Foley J F，White C M，et al. Dose-response relationship between O^6-methylguanine formation in Clara cells and induction of pulmonary neoplasia in the rat by 4-（methylnitrosamino）-1-（3-pyridyl）-1-butanone[J]. Cancer Res，1990，50：3772-3780.

[26] Boorman G A，Hailey R，Grumbein S，et al. Toxicology and carcinogenesis studies of ozone and 4-（*N*-nitrosomethylamino）-1-（3-pyridyl）-1-butanone in Fischer-344/N rats[J]. Toxicol Pathol，1994，22（5）：545-554.

[27] Hecht S S，Lin D，Castonguay A，et al. Effects of R-deuterium substitution on the tumorigenicity of 4-（methylnitrosamino）-1-（3-pyridyl）-1-butanone in F344 rats[J]. Carcinogenesis，1987，8：291-294.

[28] Chung F L，Kelloff G，Steele V，et al. Chemopreventive efficacy of arylalkyl isothiocyanates and *N*-acetylcysteine for lung tumorigenesis in Fischer rats[J]. Cancer Res，1996，56：772-778.

[29] Hoffmann D，Rivenson A，Abbi R，et al. Effect of the fat content of the diet on the carcinogenic activity of 4-（methylnitrosamino）-1-（3-pyridyl）-1-butanone in F344 rats[J]. Cancer Res，1993，53：2758-2761.

[30] Hecht S S，Trushin N，Castonguay A，et al. Comparative tumorigenicity and DNA methylation in F344 rats by 4-（methylnitrosamino）-1-（3-pyridyl）-1-butanone and *N*-nitrosodimethylamine[J]. Cancer Res，1986，46：498-502.

[31] Belinsky S A，Devereux T R，Foley J F，et al. Role of the alveolar type II cell in the development and progression of pulmonary tumors induced by 4-（methylnitrosamino）-1-（3-pyridyl）-1-butanone in the A/J mouse[J]. Cancer Res，1992，52：3164-3173.

[32] Oreffo V I C，Lin H W，Padmanabhan R，et al. K-ras and p53 point mutations in 4-（methylnitrosamino）-1-（3-pyridyl）-1-butanone-induced hamster lung tumors[J]. Carcinogenesis，1993，14：451-455.

[33] Castonguay A，Rivenson A，Trushin N，et al. Effects of chronic ethanol consumption on the metabolism and carcinogenicity of *N'* -nitrosonornicotine in F344 rats[J]. Cancer Res，1984，44（6）：2285-2290.

[34] Hoffmann D，Raineri R，Hecht S S，et al. Effects of *N'* -nitrosonornicotine and *N'* -nitrosoanabasine in rats[J]. J Natl Cancer Inst，1975，55：977-981.

[35] Griciute L，Castegnaro M，Bereziat J C，et al. Influence of ethyl alcohol on the carcinogenic activity of *N*-nitrosonornicotine[J]. Cancer Lett，1986，31：267-275.

[36] Koppang N，Rivenson A，Dahle H K，et al. Carcinogenicity of *N'*-nitrosonornicotine（NNN）and 4-（methylnitrosamino）-1-（3-pyridyl）- 1-butanone（NNK）in mink（Mustala vison）[J]. Cancer Lett，1997，111：167-171.

[37] 张同梅，赖百塘 . 烟草特有亚硝胺 NNK 与肺癌的关系 [J]. 中华流行病学杂志，2005，26（2）：140-142.

[38] 毛友安，魏新亮，刘巍 . 烟草特有亚硝胺的致癌作用及其抑制 [J]. 环境与健康杂志，2006，23（5）：468-471.

[39] 尚平平，李翔，聂聪，等 . 卷烟烟气中 4–*N*– 亚硝基甲基氨 –1–（3- 吡啶基）–1– 丁酮的量化健康风险评估 [J]. 癌变 • 畸变 • 突变，2012，24（5）：340-344.

[40] 张宏山，张阳，陈家堃，等 . 烟草中甲基亚硝胺吡啶基丁酮诱发人支气管上皮细胞恶性转化的研究 [J]. 癌症，2000，

19（10）：883-886.

[41] 吕兰海，杨陟华，尤汉虎，等 . 卷烟烟气及主要有害成分诱发细胞基因突变 [J]. 环境与健康杂志，2004，21（5）：286-288.

[42] Stephen S Hecht，Shelley Isaacs，Neil Trnshin. Lung tmnor induction in A/J mice by the tobacco smoke carcinogens 4-（methylnitrosamino）-1-（3-pyridyl）-1-butanone and benzo[a]pyrene：a potentially useful model for evaluation of chemopreventive agents[J]. Carcinogenesis，1994，15（12）：2721-2725.

[43] Alan Rodgman，Charles R Green. Toxic chemicals in cigarette mainstream smoke-hazard and hoopla[J]. Beiträge zur Tabakforschung International，2003，20（8）：481-543.

[44] Caldwell W S，Greene J M，Plowchalk D R，et al. The nitrosation of nicotine：a kinetic study[J]. Chem Res Toxicol，1991，4（5）：513-516.

[45] Mirvish S S，Sams J，Hecht S S. Kinetics of nornicotine and anabasine nitrosation in relation to *N′*-nitrosonornicotine occurrence in tobacco and to tobacco-induced cancer[J]. J Natl Cancer Inst，1977，59（4）：1211-1213.

[46] Hecht S S，Chen C B，Ornaf R M，et al. Reaction of nicotine and sodium nitrite：formation of nitrosamines and fragmentation of the pyrrolidine ring[J]. J Org Chem，1978，43（1）：72-76.

[47] Serban C Moldoveanu，Michael Borgerding. Formation of tobacco specific nitrosamines in mainstream cigarette smoke Part 1，FTC smoking[J]. Beiträge zur Tabakforschung International，2008，23（1）：19-31.

[48] J D Adams，S J Lee，N Vinchkoski，et al. On the formation of the tobacco-specific carcinogen 4-（methylnitrosamino）-1-（3-pyridyl）-1-butanone during smoking[J]. Cancer Lett，1983，17（3）：339-346.

[49] Fischer S，Spiegelhalder B，Eisenbarth J，et al. Investigations on the origin of tobacco-specific nitrosamines in mainstream smoke of cigarettes[J]. Carcinogenesis，1990，11（5）：723-730.

[50] 史宏志，L P Bush，黄元炯 . 我国烟草及其制品中烟草特有亚硝胺含量及其前体物的关系 [J]. 中国烟草学报，2002，8（1）：14-19.

[51] Hayes A，Lusso M F G，Lion K，et al. Impact on *N*-nitrosonornicotine（NNN）of varying nitrogen rates for Burley TN90 isolines with variable genetic potential for nicotine to nornicotine conversion[C]//CORESTA Congress. Sapporo，Japan，2012.

[52] Bhide A V，Nair J，Maru G B，et al. Tobacco-specific *N*-Nitrosamines（TSNA）in green mature and processed tobacco leaves from India[J]. Beiträge zur Tabakforschung International，1987，14（1）：29-32.

[53] Mirjana V Djordjevic，Jingrun Fan，Lowell P Bush，et al. Effects of storage conditions on levels of tobacco-specific *N*-nitrosamines and *N*-nitrosamino acids in U S moist snuff[J]. Journal of Agricultural and Food Chemistry，1993，41（10）：1790-1794.

[54] 陈秋会，赵铭钦 . 降低烟叶中硝酸盐和亚硝酸盐含量的途径 [J]. 西南农业学报，2008（2）：508-512.

[55] 李天飞，雷丽萍，柴家荣 . 白肋烟的成熟、采收与调制 [J]. 云南农业科技，1995（3）：9-10.

[56] 李宗平，覃光炯，陈茂胜，等 . 不同调制方法对烟草烟碱转化及 TSNA 的影响 [J]. 中国生态农业学报，2015（10）：1268-1276.

[57] 姚庆艳，李天飞，陈章玉，等 . 烟草中的特有亚硝胺 [M]. 昆明：云南大学出版社，2002.

[58] Roton de C，Wiernik A，Wahlberg I，et al. Factors influencing the formation of tobacco-specific nitrosamines in French air-cured tobaccos in trials and at the farm level[J]. Beiträge zur Tabakforschung International，2005，21（6）：305-320.

[59] Koga K，Narimatsu C，S Fujii，et al. Suppression of TSNA formation in Burley cured leaves using a bulk curing barn[C]//CORESTA Congress. Kyoto，Japan，2004.

[60] Wiernik A，Christakopoulos A，Johansson L，et al. Effect of air-curing on the chemical composition of tobacco[J]. Rec Adv Tob Sci，1995，21：39-80.

[61] Saito H，Komatsu H，Ishiwata Y. Heat treatment and TSNA formation in burley tobacco[J]. Tobacco Science Research

Conference，2003.

[62] Morin A，Porter A，Ratavicius A，et al. Evolution of tobacco-specific nitrosamines and microbial populations during flue-curing of tobacco under direct and indirect heating[J]. Beiträge zur Tabakforschung International，2004，21（1）：40-46.

[63] Harold R Burton，G Childs，Roger A Andersen，et al. Changes in chemical composition of burley tobacco during senescence and curing 3 Tobacco-specific nitrosamines[J]. Journal of Agricultural and Food Chemistry，1989，3：1125-1131.

[64] Lion K，Lusso M，Morris W，et al. Tobacco specific nitrosamine（TSNA）levels of the U S domestic Burley crop and their relationship with relative humidity conditions during curing[C]// CORESTA Congress. Izmir，Turkey，2015.

[65] Staaf M，Back S，Wiernik A，et al. Formation of Tobacco-specific nitrosamines（TSNA）during air-curing：conditions and control[J]. Beiträge zur Tabakforschung International，2005，21（6）：321-330.

[66] Ritchey E，Bush L P. The influence of post-harvest storage method on TSNA and grade of Burley tobacco[C]//CORESTA Congress. Kyoto，Japan，2004.

[67] 《卷烟工艺》编写组 . 卷烟工艺 [M]. 北京：北京出版社，2000.

[68] Verrier Jean-Louis，Anna Wiernik，Mikael Staaf，et al. The influence of post-curing handling of burley and dark air-cured tobacco on TSNA and nitrite levels[C]//CORESTA Congress. Shanghai，China，2008.

[69] Verrier Jean-Louis，Anna Wiernik，Mikael Staaf，et al. TSNA accumulation during post-cure storage of air-cured tobacco-2009 experiment[C]//CORESTA Congress. Edinburgh，UK，2010.

[70] Rodgers J C，Bailey W A，Hill R A. Effect of maturity and field wilting method on TSNA in dark fire-cured tobacco[J]. Tobacco Workers Conference（TWC），USA，2014.

[71] 左天觉 . 烟草的生产、生理和生物化学 [M]. 朱尊权，等译 . 上海：上海远东出版社，1993.

[72] 李宗平，李进平，王昌军 . 生态及栽培因子对白肋烟烟碱转化的影响 [J]. 中国烟草科学，2010，31（2）：54-58.

[73] 李宗平，覃光炯，陈茂胜，等 . 不同栽培方式对白肋烟烟碱转化率及 TSNA 含量的影响 [J]. 中国烟草科学，2015，36（6）：62-67.

[74] Chamberlain W J，Chortyk O T. Effects of curing and fertilization on nitrosamine formation in bright and burley tobacco[J]. Beiträge zur Tabakforschung International，1992，15（2）：87-92.

[75] Wahlberg I，Long R C，Brandt T P，et al. The development of low TSNA air-cured tobaccos I effects of tobacco genotype and fertilization on the formation of TSNA[C]// CORESTA Congress. Innsbruck，Austria，1999.

[76] Duncan G A，Calvert J，Smith D，et al. Further studies of fertility levels and barn and chamber curing environments on TSNA formation in Burley tobacco[C]// CORESTA Congress. Kyoto，Japan，2004.

[77] 杨焕文，周平，李永忠，等 . 采收和调制方法对晾制白肋烟中一些重要物质的影响 [J]. 云南农业大学学报，1997（4）：32-37.

[78] Christian de Roton，Christian Girard，Laëtitia Jacquet，et al. Potential changes of TSNA composition in stored tobacco powder：consequences for sample preparation and ground tobacco storage[C]// CORESTA Congress. Kyoto，Japan，2004.

[79] IARC. Agents classified by the IARC monographs，Volume 1-111[EB/OL]. [2016-12-02].http://monographs.iarc.fr/ENG/Classification/.

[80] John R Jalas，Stephen S Hecht，Sharon E Murphy. Cytochrome P450 enzymes as catalysts of metabolism of 4-（methylnitrosamino）-1-（3-pyridyl）-1-butanone，a tobacco specific carcinogen[J]. Chem Res Toxicol，2005，18（2）：95-110.

[81] 张然 .4-（甲基亚硝胺基）-1-（3- 吡啶基）-1- 丁酮代谢及导致 DNA 损伤的体外实验研究 [D]. 北京：北京工业大学，2013.

[82] Lang H，Wang S，Zhang Q，et al. Simultaneous determination of NNK and its seven metabolites in rabbit blood by hydrophilic interaction liquid chromatography-tandem mass spectrometry[J]. Anal Bioanal Chem，2013，405（6）：2083-2089.

[83] Liu Xingyu，Zhang Jie，Zhang Chen，et al. The inhibition of cytochrome P450 2A13-catalyzed NNK metabolism by NAT，NAB and nicotine[J]. Toxicology Research，2016，5（4）：1115-1121.

[84] Patten C J，Smith T J，Murphy S E，et al. Kinetic analysis of the activation of 4-（methylnitrosamino）-1-（3-pyridyl）-1-butanone by heterologously expressed human P450 enzymes and the effect of P450-specific chemical inhibitors on this activation in human liver microsomes[J]. Arch Biochem Biophys，1996，333（1）：127-138.

[85] Smith T J，Guo Z，Gonzalez F J，et al. Metabolism of 4-（methylnitrosamino）-1-（3-pyridyl）-1-butanone in human lung and liver microsomes and cytochromes P-450 expressed in hepatoma cells[J]. Cancer Res，1992，52（7）：1757-1763.

[86] Smith T J，Guo Z，Guengerich F P，et al. Metabolism of 4-（methylnitrosamino）-1-（3-pyridyl）-1-butanone（NNK）by human cytochrome P450 1A2 and its inhibition by phenethyl isothiocyanate[J]. Carcinogenesis，1996，17（4）：809-813.

[87] Smith T J，Stoner G D，Yang C S. Activation of 4-（methylnitrosamino）-1-（3-pyridyl）-1-butanone（NNK）in human lung microsomes by cytochromes P450，lipoxygenase，and hydroperoxides[J]. Cancer Res，1995，55（23）：5566-5573.

[88] Penman B W，Reece J，Smith T，et al. Characterization of a human cell line expressing high levels of cDNA-derived CYP2D6[J]. Pharmacogenetics，1993，3（1）：28-39.

[89] 赵贝贝，王昇，王娟，等 . HPLC-MS/MS 法测定家兔血液中的 NNN 及其代谢物 [J]. 烟草科技，2012（2）：43-46，51.

[90] 冯明飞，刘俊辉，卢斌斌，等 . UPLC-Q Exactive 轨道阱高分辨质谱法测定小鼠血液中的 NNN 及其 7 种代谢物 [J]. 烟草科技，2015，48（6）：40-44.

[91] Zarth A T T，Upadhyaya P，Yang J，et al. DNA adduct formation from metabolic 5'-hydroxylation of the tobacco-specific carcinogen *N'*-nitrosonornicotine in human enzyme systems and in rats[J]. Chem Res Toxicol，2016，29（3）：380-389.

[92] Bao Z，He X Y，Ding X，et al. Metabolism of nicotine and cotinine by human cytochrome P450 2A13[J]. Drug Metab Dispos，2005，33（2）：258-61.

[93] Denton T T，Zhang Xiaodong，Cashman J R. Nicotine-related alkaloids and metabolites as inhibitors of human cytochrome P450 2A6[J]. Biochemical Pharmacology，2004，67（4）：751-756.

[94] Weymarn Von L B，Brown K M，Murphy S E. Inactivation of CYP2A6 and CYP2A13 during nicotine metabolism[J]. J Pharmacol Exp Ther，2006，316（1）：295-303.

[95] Kramlinger V M，Weymarn Von L B，S E Murphy. Inhibition and inactivation of cytochrome P450 2A6 and cytochrome P450 2A13 by menthofuran，beta-nicotyrine and menthol[J]. Chem Biol Interact，2012，197（2-3）：87-92.

[96] Vleet Van T R，Bombick D W，R A Coulombe Jr. Inhibition of human cytochrome P450 2E1 by nicotine，cotinine，and aqueous cigarette tar extract in vitro[J]. Toxicol Sci，2001，64（2）：185-191.

[97] Ordonez P，Sierra A B，Camacho O M，et al. Nicotine，cotinine，and beta-nicotyrine inhibit NNK-induced DNA-strand break in the hepatic cell line HepaRG[J]. Toxicol In Vitro，2014，28（7）：1329-1337.

[98] Upadhyaya P，Hecht S S. Identification of adducts formed in the reactions of 5'-acetoxy-*N'*-nitrosonornicotine with deoxyadenosine，thymidine，and DNA[J]. Chem Res Toxicol，2008，21（11）：2164-2171.

[99] Zhao L，Balbo S，Wang M，et al. Quantitation of pyridyloxobutyl-DNA adducts in tissues of rats treated chronically with（R）- or（S）-*N'*-nitrosonornicotine（NNN）in a carcinogenicity study[J]. Chem Res Toxicol，2013，26（10）：1526-1535.

[100] 陈福星，王磊，莫湘涛，等 . 烟叶微生物发酵的探讨 [J]. 微生物学通讯，1990，2：37-39.

[101] 陈瑞泰 . 世界烟草病害形势 [J]. 中国烟草，1989，3：5-11.

[102] 陈志荣 . 烟草历史与反烟斗争 [J]. 解放军健康，1998，4：26.

[103] 杜秉海，李贻学，宋国菡，等 . 烟田土壤微生物区系分析 [J]. 中国烟草，1996，2：30-32.

[104] 范坚强 . 仓储烟叶霉变的原因及烟叶霉变预防的初探 [J]. 福建烟草，1992，1：57-61.

[105] 方中达 . 中国农业百科全书：植物病理学卷 [M]. 北京：农业出版社，1996.

[106] 冯克宽，余燕，曾家豫．水烟霉变菌的分离鉴定及防霉剂的筛选 [J]. 西北师范大学学报（自然科学版），1996，32（2）：61-65.
[107] 宫长荣，于建军．烟草原料初加工 [M]. 北京：中国轻工业出版社，1993.
[108] 郭汉华，易建华，贾志红，等．施肥对烟草生长和根际土壤微生物数量的影响 [J]. 烟草科技，2004，6：40-43.
[109] 郭红祥，刘卫群，姜占省．施用饼肥对烤烟根系土壤微生物的影响 [J]. 河南农业大学学报，2002，4：344-347.
[110] 郭晓雪，金保锋，沈光林．烟叶发酵研究进展 [J]. 烟草科技，2004，11：7-9，14.
[111] 韩锦峰，朱大恒，刘卫群．陈化发酵期间烤烟叶面微生物活性及其应用研究 [J]. 中国烟草科学，1997（4）：13-14.
[112] 洪健，李德葆，周雪平．植物病毒分类图谱 [M]. 北京：科学出版社，2001.
[113] 继法，爱云，呈奎，等．论烤烟储藏期霉变的特点与防治 [J]. 烟草研究与管理，1994，2：5-8.
[114] 李魁，李廷生，王平诸，等．我国烟草真菌区系调查及霉变成因的研究 [J]. 郑州工程学院学报，2003，24（3）：20-24.
[115] 李隆庆．新大陆的一份沉重礼物：烟草的发现、传播及其他 [J]. 华中师范大学学报（哲学社会科学版），1997，5：86-92.
[116] 李绍兰，陈有为，杨丽源，等．云南玉溪烤烟土壤真菌的初步研究 [J]. 微生物学杂志，2002，3：22-25.
[117] 刘凌凤，王柯敏，谭蔚泓，等．一种基于分子信标荧光探针快速检测烟草花叶病毒的新方法 [J]. 分析化学，2003，31（9）：1030-1035.
[118] 刘万峰，王元英．烟叶中烟草特有亚硝胺（TSNA）的研究进展 [J]. 中国烟草科学，2002，2：11-14.
[119] 莫笑晗，秦西云，陈海如，等．RT-PCR 技术快速检测烟草丛顶病研究 [J]. 云南农业大学学报，2002，17（4）：444.
[120] 钱浚，唐欣昀，季咏梅，等．银光膜覆盖对烟田土壤微生物的数量影响 [J]. 烟草科技，1993，4：37-40.
[121] 沙涛，程立忠，王国华，等．秸秆还田对植烟土壤中微生物结构和数量的影响 [J]. 中国烟草科学，2000，3：40-42.
[122] 苏德成．中国烟草栽培学 [M]. 上海：上海科学技术出版社，2005.
[123] 王革，张中义，孔华忠，等．云南烟叶贮藏期霉变研究（1）：曲霉 [J]. 云南农业大学学报，2002，17（4）：356-359，363.
[124] 王敬国．植物营养的土壤化学 [M]. 北京：北京农业大学出版社，1995.
[125] 王万能，肖崇刚．烟草内生细菌 118 防治黑胫病的机理研究 [J]. 西南农业大学学报，2003，25（1）：28-31.
[126] 王智发．1996a. 中国农业百科全书：植物病理学卷 [M]. 北京：农业出版社，1996a.
[127] 王智发．1996b. 中国农业百科全书：植物病理学卷 [M]. 北京：农业出版社，1996b.
[128] 谢和，韩忠礼，赵维娜．微生物发酵对烤烟内在品质的影响 [J]. 山地农业生物学报，1999，4：227-230.
[129] 谢勇，王云月，陈建兵，等．烟草黑胫病菌分子检测 [J]. 云南农业大学学报，2000，15（2）：38.
[130] 徐洁，张修国，郑小嘎，等．烤烟诱香微生物及其制剂的研究初选 [J]. 云南烟草，2003，1：25-29.
[131] 杨虹琦，周冀衡，罗泽民，等．微生物和酶在烟叶发酵中的应用 [J]. 湖南农业科学，2003，6：63-66.
[132] 姚槐应，何振立．红壤微生物量在土壤－黑麦草系统中的肥力意义 [J]. 应用生态学报，1999，10（6）：725-728.
[133] 易龙，肖崇刚，马冠华，等．防治烟草赤星病有益内生细菌的筛选及抑菌作用 [J]. 微生物学报，2004，44（1）：19-22.
[134] 湛方栋，田茂洁，黄建国．烟草 VA 菌根研究进展 [J]. 烟草科技，2004，3：40-42，45.
[135] 张晓海，邵丽，张晓林．秸秆及土壤改良剂对植烟土壤微生物的影响 [J]. 西南农业大学学报，2002，2：169-172.
[136] 张晓海，杨春江，王绍坤，等．烤烟施用菜籽饼后根际微生物数量变化研究 [J]. 云南农业大学学报，2003，3：14-19.
[137] 张修国，罗文富，苏宁，等．烟草黑胫病发生动态与黑胫病菌全基因组（DNA）遗传分化关系的研究 [J]. 中国农业科学，2001，34（4）：379-384.
[138] 章家恩，刘文高．微生物资源的开发利用与农业可持续发展 [J]. 土壤与环境，2001，10（2）：154-157.
[139] 周德庆．微生物学教程 [M]. 北京：高等教育出版社，2002.
[140] 朱大恒，韩锦峰，周御风，等．利用产香微生物发酵生产烟用香料技术及其应用 [J]. 烟草科技，1997，1：30-31.

[141] 朱桂宁，黄福新，黄思良，等 . 7 种防霉剂对烟仓霉变微生物的抑制作用及防霉效果的初步研究 [J]. 广西农业生物科学，2006，25（2）：150-154.

[142] 祝明亮，李天飞，汪安云 . 白肋烟内生细菌分离鉴定及降低 *N*–亚硝胺含量研究 [J]. 微生物学报，2004，44（4）：422-426.

[143] 祝明亮，王革，王绍坤，等 . 云南仓储烟叶霉变菌种类鉴定初报 [J]. 云南农业大学学报，2000，15（2）：127-129.

[144] 祝明亮，韦建福，王革，等 . 醇化烟叶中有益微生物的筛选 [C]// 面向 21 世纪的科技进步与社会经济发展（中国科协首届学术年会论文集）. 北京：中国科学技术出版社，1999.

[145] 左天觉 . 世纪之交的烟草科学技术：回顾与展望 [J]. 世界烟草动态，1999，3：12-14.

[146] Davis D L，Nielsen M T. 烟草——生产，化学和技术 [M]. 北京：化学工业出版社，2003.

[147] Anderson P J. Pole rot of tobacco[J]. Conn Agr Expt Sta Bull，1948：517.

[148] Bai D，Reeleder R，Brandle E. Identification of two RAPD markers tightly linked with the Nicotiana debneyi for resistance to black root rot of tobacco[J]. Theoretical and Applied Genetics，1995，91（8）：1184-1189.

[149] Colas V L，Ricci P，Vanlerberghe M F，et al. Diversity of virulence in Phytophthora parasitica on tobacco，as reflected by nuclear RFLP[J]. Phytopathology，1998，88：205-212.

[150] Dixon L F，Darkis F R，Wolf F A，et al. Studies on the fermentation of tobacco[J]. Ind Eng Chim，1936，28：180.

[151] English C F，Bell E J，Berger A J. Isolation of thermophiles from broadleaf tobacco and effect of pure culture inoculation on cigar aroma and mildness[J]. Appl Microbio，1967，15：117-119.

[152] Fan J H，Liu M，Huang W. Comparision the microbiology characteristics of green house with vegetable plot of South Xinjiang[J]. Soil Fertility，2003，1：31-33.

[153] Garner W W. Effect of light on plants：a literature review—1950[M]. USDA，ARS，Crops Research Bull，1962.

[154] Geiss V L. Control and use of microbes in tobacco product manufacturing[J]. Recent Advance in Tobacco Science，1990，15：182.

[155] Giacomo M D，Paolino M，Silvestro D，et al. Microbial Community structure and dynamics of dark fire-cured tobacco fermentation[J]. Applied and Environment Microbiology，2007，73（3）：825-837.

[156] Holdeman Q L，Burkholder W H. The identity of barn rots of flue-cured tobacco in South Carolina[J]. Phytopathology，1956，46：69-72.

[157] Johnson J. Studies on the fermentation of tobacco[J]. J Agr Res，1934，49：137-160.

[158] Koiwai A，Matsumoto，Nishida K，et al. Studies on the fermentation of tobacco[J]. Tob Sci，1970，14：103-105.

[159] Koller J B C. Der tabak in naturwissenschaftlicher[M]. Augsburg：Landwirtschaft licher and technischerbezichung，1858.

[160] Lucas G B. Diseases of Tobacco[M]. 3rd Ed. Biological Consulting Associates，Raleigh，N C，USA，1975.

[161] Miyake Y，Tagawa H. Studies on industrial use of tobacco stalk：changes in micro-organism and chemical components during the air-tight pile fermentation[C]//CORESTA，1982.

[162] Mo X H，Qin X Y，Wu J，et al. Complete nucleotide sequence and genome organization of a Chinese isolate of tobacco bushy top virus[J]. Archives of Virology，2003，148（2）：389-397.

[163] Reid J J，Gribbons M F，Haley D E. The fementation of cigar-leaf tobacco as influenced by the addition of yeast[J]. J Agric Reserch，1944，69：373-381.

[164] Reid J J，Mckinstry D W，Haley E E. Studies on the fermentation of tobacco：the microflora of cured and fermenting cigar-leaf tobacco[J]. Pennsylvania Agricultural Experiment Station Bulletin，1933，356：1-17.

[165] Stephen R C. Control measures for tobacco diseases[M]. Tobacco Research Board of Rhodesia and Nyasaland，Interior Rept No 4，1955.

[166] Tamayo A I，Cancho F G. Microbiology of the fermentation of Spanish tobacco[J]. International Congress of Microbiology，1953，6：48-50.

[167] Tamayo I A. Effects of some bacteria（mainly Micrococcus）in the process of tobacco fermentation[C]//CORESTA，1978.

[168] Tso T C. Physiology and biochemistry of tobacco plants[M]. Dowden：Hutchinson and Ross Inc，Stroudsburg，PA，USA，1972.

[169] Welty R E，Lucas G B，Fletcher J T，et al. Fungi isolated from tobacco leaves and brown-spot lesions before and after flue-curing[J]. Applied Microbiology，1968b，16（9）：1309-1313.

[170] Welty R E，Lucas G B. Fungi isolated from damaged flue-cured tobacco[J]. Applied Microbiology，1968a，16（6）：851-854.

[171] Welty R E，Lucas G B. Fungi isolated from flue-cured tobacco at time of sale and after storage[J]. Applied Microbiology，1969，13（3）：360-365.

[172] Wolf F A. Tabacco disease and decays[M]. Durham，NC：Duke Univ Press，1957.

[173] Yi Y H，Rufty R C，Wernsman E A. Identification of RAPD markers linked to the wildfire resistance gene of tobacco using bulked segregant analysis[J]. Tobacco Science，1998，42（3）：52-57.

[174] Zhang J E，Liu W G，Hu G. The relationship between quantity index of soil microorganisms and soil fertility of different land use systems[J]. Soil and Environment，2002，11（2）：140-143.

[175] 陈石根，周润琦 . 酶学 [M]. 上海：复旦大学出版社，2005.

[176] 郭勇 . 酶学 [M]. 北京：科学出版社，2009.

[177] 郭勇 . 酶工程研究进展与发展前景 [J]. 华南理工大学学报，2002，30（11）：130-133.

[178] 马晓建 . 酶工程研究的新进展 [J]. 化工进展，2003，22（8）：813-817.

[179] 李伟 . 外加酶在烟草行业中的应用 [J]. 中国农学通报，2006，22（9）：66-70.

[180] 姚光明 . 降低烟叶中蛋白质含量的研究 [J]. 烟草科技，2000，148（9）：6-8.

[181] 马林 . 利用生物技术改变烟草化学组分提高其吸食品质和安全性的研究 [J]. 郑州工程学院学报，2001，22（3）：40-42.

[182] 肖明礼 . 风味蛋白酶提升烟叶抽吸品质的研究 [J]. 浙江农业学报，2014，26（1）：181-185.

[183] 胥海东 . 枯草芽孢杆菌降解片烟中淀粉和蛋白质的研究 [D]. 武汉：湖北工业大学，2011.

[184] 宋朝鹏 . 微生物制剂对上部烟叶蛋白质及中性香气含量的影响 [J]. 安徽农业科学，2009（3）：1147-1148.

[185] 姚光明 . 烤烟中残留淀粉的酶降解研究 [J]. 郑州轻工业学院学报，2000（3）：25-27.

[186] 闫克玉 . 混合酶制剂改善上部烟叶品质研究 [J]. 郑州轻工业学院学报，2004（1）：52-55.

[187] 牛燕丽 . 酶法降解河南烤烟烟叶 B2F、C3F 和 X2L 淀粉的初步试验 [J]. 烟草科技，2005（3）：26-28.

[188] 程彪 . 烟草工业中微生物和酶作用的控制与利用 [J]. 烟草科技，1999，136（3）：8-11.

[189] 李敏莉，夏炳乐，张扬 . 外源酶改善烟叶内在化学成分的研究 [C]// 中国烟草学会工业专业委员会烟草化学学术研讨会论文集 . 海南：中国烟草学会，2005.

[190] 赵利剑 . 复配酶在烤烟陈化中的作用研究 [D]. 昆明：昆明理工大学，2006.

[191] 钱卫 . 烤烟叶面微生物 5 种水解酶的产生、温度稳定性及其在烟叶人工陈化中的应用 [J]. 山东大学学报（理学版），2006（5）：155-160.

[192] 赵铭钦，齐伟城，邱立友 . 烟草发酵增质剂对烤烟发酵质量的影响 [J]. 河南农业科学，1998（12）：7-9.

[193] 邓国宾，李雪梅，李成斌 . 降果胶菌改善烟叶品质研究 [J]. 烟草科技，2003（11）：17-18，20.

[194] 阎克玉，刘凤珠 . 酶降解烟叶中细胞壁物质 [J]. 生物技术，2001（4）：19-22.

[195] Silberman H C. Pressed stems - enzyme treated tobacco stems[C]//USA，Philip Morris Tobacco Company，1967.

[196] 周长春，安毅，陈晓春 . 用生物技术降解木质素提高烟梗使用价值初探 [C]// 中国烟草学会工业专业委员会烟草化学学术研讨会论文集 . 海南：中国烟草学会，2005：360-361.

[197] 何汉平，贺世梁，蔡冰 . 造纸法烟草薄片萃取浓缩液酶法降解与增香 [C]// 中国烟草学会工业专业委员会烟草化学学术研讨会论文集 . 海南：中国烟草学会，2005：56-59.

[198] 吴亦集 . 造纸法再造烟叶原料的加酶萃取 [J]. 烟草科技，2011（7）：33-36.

[199] 刘志昌 等．仿酶体系处理烟草薄片的研究 [J]. 中国造纸，2011（5）：26-29.

[200] Gaisch H，Ghiste L P D，Schulthess D. Method of tobacco treatment to produce flavors[C]//USA，1985.

[201] 任军林，李小斌，杜红梅．加酶烟叶挥发性致香物质与感官质量变化的研究 [C]// 中国烟草学会工业专业委员会烟草化学学术研讨会论文集．海南：中国烟草学会，2005：307-310.

[202] 阮祥稳，任平，陈卫锋．酶对烟叶发酵内在品质的影响 [J]. 食品研究与开发，2005（1）：67-68.

[203] 任军林，刘振宇．施加高活性微生物转化酶提高卷烟感官质量的实验 [J]. 烟草科技，2000（4）：9-10.

[204] 张立昌．烟叶酶处理的作用效果 [J]. 烟草科技，2001（4）：7-9.

[205] 李雪梅，唐自文，周瑾．酶法水解明胶蛋白及合成棕色化产物的研究 [J]. 烟草科学研究，2001，65（2）：55-58.

[206] Ravishankar G A，Mehta A R. Regulation of nicotine biogenesis：biochemical basis of increased nicotine biogenesis by urea in tissue cultures of tobacco[J]. Canadian Journal of Botany，1982，60（11）：2371-2374.

[207] 陈洪，等．微生物酶法降解烟草总植物碱试验 [J]. 烟草科技，2004（4）：12-16.

[208] 陶刚．木霉几丁质酶对烟草赤星病菌的作用机制 [D]. 北京：中国农业科学院，2003.

[209] 韦杰，冀志霞，陈守文．复合酶处理废次烟末制备烟草浸膏 [J]. 现代食品科技，2012（2）：176-181.

[210] 史宏志．不同产地和品种白肋烟烟草特有亚硝胺与前体物关系 [J]. 中国烟草学报，2012（5）：9-15.

[211] Miller R D，Bush L P. Alkaloid and tobacco specific nitrosamine content of commercial burley tobacco varieties，in 56th Tobacco Science Research Conference Lexington[C]//TSRC：Lexington，USA，2002.

[212] Shi H，Huang Y，Bush L P. Alkaloid and TSNA contents in Chinese tobacco and cigarettes[C]//CORESTA Congress. CORESTA：Lisbon，Portugal，2000.

[213] Shi H，Kalengamaliro N，Hempfling W P. Difference in nicotine to nornico tine conversion between lamina and midrib in burley tobacco and its contribution to TSNA formation[C]//56th Tobacco Science Research Conference. TSRC：Lexing ton，USA，2002.

[214] 李超，史宏志，刘国顺．烟草烟碱转化及生物碱优化研究进展 [J]. 河南农业科学，2007（6）：14-17.

[215] Siminszky B，et al. Conversion of nicotine to nornicotine in Nicotiana tabacum is mediated by CYP82E4，a cytochrome P450 monooxygenase[J]. Proc Natl Acad Sci USA，2005，102（41）：14919-14924.

[216] Pakdeechanuan P，et al. Non-functionalization of two CYP82E nicotine *N*-demethylase genes abolishes nornicotine formation in Nicotiana langsdorffii[J]. Plant Cell Physiol，2012，53（12）：2038-2046.

[217] Gavilano L B，Siminszky B. Isolation and characterization of the cytochrome P450 gene CYP82E5v2 that mediates nicotine to nornicotine conversion in the green leaves of tobacco[J]. Plant Cell Physiol，2007，48（11）：1567-1574.

[218] Wang S，et al. Molecular dynamics analysis reveals structural insights into mechanism of nicotine *N*-demethylation catalyzed by tobacco cytochrome P450 mono-oxygenase[J]. PLoS One，2011，6（8）：e23342.

[219] Gavilano L B，et al. Genetic engineering of Nicotiana tabacum for reduced nornicotine content[J]. J Agric Food Chem，2006，54（24）：9071-9078.

[220] 史宏志．烟草烟碱去甲基化研究进展 [J]. 作物研究，2006（3）：276-280.

[221] Hayes A，et al. From seed to smoke：*N*-nitrosonornicotine（NNN）level in smoke is significantly reduced in experimental Burley isolines bred to have stable low nornicotine content[C]//CORESTA Meeting. CORESTA：Seville，Spain，2013.

[222] Lusso M，et al. From seed to smoke：*N*-nitrosonornicotine levels in blended cigarettes containing Burley or flue-cured tobacco stable for low nornicotine content[C]//CORESTA Congress. CORESTA：Quebec，Canada，2014.

[223] 郭波，李海燕，张玲琪．一种产长春碱真菌的分离 [J]. 云南大学学报（自然科学版），1998，20（3）：214-215.

[224] 韩伟．云南烟草内生真菌生物多样性 [D]. 泰安：山东农业大学，2004.

[225] 纪丽莲．芦竹内生真菌 F0238 对烟草赤星病的防治作用 [J]. 江苏农业科学，2005，2：54-55.

[226] 兰琪，姬志勤，顾爱国，等．苦皮藤内生真菌中杀虫杀菌活性物质的初步研究 [J]. 西北农林科技大学学报，2004，32（10）：79-84.

[227] 李海燕，张无敌．一种桃儿七内生真菌的分离初报 [J]. 云南大学学报（自然科学版），1999，21（3）：243-243.

[228] 刘晓光，高克祥，谷建才．毛白杨内生菌优势种毛壳 ND35 室内拮抗作用的研究 [J]. 林业科学，1999，35（5）：57-61.

[229] 马冠华，肖崇刚，李浩申．烟草病原真菌拮抗性内生细菌的筛选 [J]. 烟草科技，2004，8：44-45.

[230] 南志标．内生真菌对布顿大麦草生长的影响 [J]. 草业科学，1996，13（1）：16-18.

[231] 邱德有，朱至清．一种云南红豆杉内生真菌的分离 [J]. 真菌学报，1994，13（4）：314-316.

[232] 汪安云，黄琼．一株降低烟草中特有亚硝胺细菌的分离鉴定及特性研究 [J]. 环境科学学报，2006，26（1）：1914-1920.

[233] 王瑞．内生真菌提高高羊茅对褐斑病抗性的研究 [D]. 兰州：甘肃农业大学，2002.

[234] 王万能，全学军，肖崇刚．烟草内生细菌防治烟草黑胫病及促生作用研究 [J]. 植物学通报，2005，22（4）：426-431.

[235] 徐静，张青文，田海月，等．玉米内生杀虫工程菌对玉米螟的离体及活体生物测定 [J]. 昆虫学报，1998，41（增刊）：126-131.

[236] 杨海莲，孙晓璐，宋未，等．水稻内生联合固氮细菌的筛选，鉴定及其分布特性 [J]. 植物学报，1999，41（9）：927-931.

[237] 杨靖，江东福，马萍．特异性真菌作用于龙血树材质形成血竭的研究 [J]. 中草药，2004，35（5）：572-574.

[238] 尹华群，易有金，罗宽，等．烟草青枯病内生拮抗细菌的鉴定及小区防效的初步测定 [J]. 中国生物防治，2004，20（3）：219-222.

[239] 张集慧，郭顺星．兰科药用植物的 5 种内生真菌产生的植物激素 [J]. 中国医学科学院学报，1999，21（6）：460-465.

[240] 张玲琪，谷苏．发酵产鸢尾酮真菌的分离鉴定及生香特性的初步研究 [J]. 菌物系统，1999，18（1）：49-54.

[241] 张玲琪，邵华．长春花内生真菌的分离及其发酵产生药用成分的初步研究 [J]. 中草药，2000，31（11）：805-807.

[242] 张玲琪，王海昆，邵华，等．美登木内生真菌产抗癌物质球毛壳甲素的分离及鉴定 [J]. 中国药学杂志，2002，37（3）：172-175.

[243] Arechavaleta M，Bacon C W，Hoveland C S. Effect of the tall fescue endophyte on plant response to environmental stress[J]. Agron，1989（81）：83-90

[244] Bacon C W，Richardson M D，White J F Jr. Modification and uses of endophyte-enhanced turfgrasses：a role for molecular technology[J]. Crop Science，1997，37：1415-1425.

[245] Bacon C W，Yates I E，Hinton D M，et al. Biological control of Fusarium moniliforme in maize[J]. Environmental Health Perspectives，2001，109（Suppl 2）：325-332.

[246] Bunyard B，McInnis T M Jr. Evidence for elevated phytohormone levels in endophyte infected tall fescue[J]. Baton Rouge：Louisiana Agricultural Experiment Station，1990：185-188.

[247] Carroll F E，Müller E，Sutton B C. Preliminary studies on the incidence of needle endophytes on some European conifers[J]. Sydowia，1977，29：87-103.

[248] Clay K，Cheplick G P，Wray S M. Impact of the fungus Balansia henningsiana on the grass Panicum agrostoides：frequency of infection，plant growth and reproduction，and resistance to pests[J]. Oecologia，1989，80：374-380.

[249] De Bary A. Morphologie und physiologie der pilze，flechten und myxomyceten[M]. Leipzig：Engelmann，1866.

[250] Elmi A A，West C P，Robbins RT，et al. Endophyte effects on reproduction of a root-knot nematode（Meloidogyne marylandi1）and osmotic adjustmen in tall feseue[J]. Grass&Forge Sci，2000，55：166-172.

[251] Findlay J A，Li G，Johnson J A. Bioactive compounds from needles[J].Can J Chem，1997，75：716-719.

[252] Funk C R，Halisky P M，Johnson M C，et al. An endophytic fungus and resistance to sod webworms[J]. Biotechnology，1993（1）：189-191.

[253] Häemmerli U A，Brändle U E，Petrini O，et al. Differentiation of isolates of Discula umbrinella（teleomorph：Apiognomonia errabunda）from beech，chestnut and oak using RAPD markers[J]. Mol Plant-Microbe Interactions，1992，5：479-483.

[254] Huang Y，Wang J，Li G，et al. Antitumor and antifungal activities in endophytic fungi isolated from pharmaceutical plants Taxus mairei，Cephalataxus fortunei and Torreya grandis[J]. FEMS Immunol Med Mierobiol，2001，31（2）：163-167.

[255] Johnson M C，Bush L P，Siegel M R，et al. Infection of tall fescue with Acremonium coenophialum by means of callus culture[J].Plant Disease，1986，70：380-382.

[256] Kloepper J W，Besucherap C J. A review of issues related to measuring colonization of plant roots by bacteria[J]. Can J Microbiol，1992，38：1219-1232.

[257] Larrya C，John A F，Noamn J W，et al. Metabolites toxic to spruce budworm from balsam fir needle endopgytes[J]. Mycol Res，1992，96（4）：281-286.

[258] Latch G C M，Christensen M J. Artificial infection of grasses with endophytes[J]. Ann Appl Biol，1985，107：17-24.

[259] Leuchtmann A，Clay K. Isozyme variation in the fungus Atkinsonella hypoxylon within and among populations of its host grasses[J]. Can J Bot，1989，67：2600-2607.

[260] Petrini O，Fisher P J. A comparative study of fungal endophytes in xylem and whole stem of Pinus sylvestris and Fagus sylvatica[J]. Trans Br Mycol Soc，1988，91：233-238.

[261] Petrini O. Taxonomy of endophytic fungi in aerial plant tissues[M]. Cambridge：Cambridge University Press，1986.

[262] Read J C，Camo B J. The effect of the fungl endophyte Acremonium coenophialum in tall fescue on animal performance，toxicity，and stand maintenance[J]. J Agron，1986，78：848-850.

[263] Sayonara M P A，Rosa L R M，Sami J，et al. In Advance in biological control of Plant Diseases[C]//Beijing：China Agricultural University Pressing，1996.

[264] Sieber T N. Endophytic fungi in twigs of healthy and diseased Norway spruce and white fir[J]. Mycological Research，1989，92：322-326.

[265] Stone J K，Bacon C W，White J F Jr. An overview of endophytic microbes：endophytism defined[J]. New York：Marcel Dekker，2000：3-29.

[266] Strobel G A，Miller R V，Martinez-Miller C，et al. Cryptocandin，a potent antimycotic from the endophytic fungus Cryptosporiopsis cf quercina[J]. Microbiology，1999，145：1919-1925.

[267] Strobel G，Stierle A，Stierle D. Taxomyces andreana：a proposed new taxon for a bulbilliferous by phomycete associated with pacific yewto xus brevifolia[J]. Mycotaxon，1993，40（7）：71-81.

[268] Sturz A V，Matheson B G. Population of endophytic bacteria which influence host-resistance to erwinio-induced bacleria soft rot in potato[J]. Plant and Soil，1996，184：256-271.

[269] Vilich V，Dolfen M，Sikora R A. Chaetomium spp colonization of barley following seed treatment and its effect on plant growth and Erysiphe graminis f sp hordei disease severity[J]. Journal of Plant Diseases and Protection，1998，105：130-139.

[270] White J F J，Morrow A C，Morgan-Jones G，et al. Endophyte-host associations in forage grasses：primary stromata formation and seed transmission in Epichloë typhina developmental and regulatory aspects[J]. Mycologia，1991，83：72-81.

[271] Wilson D. Endophyte-the evolution of a term，and clarification of its use and definition[J].Oikos，1995，73：274-276.

[272] 邓斌 . 论卷烟工业仓储烟叶自然发酵及工艺管理 [C]// 湖南烟草产业可持续发展论坛论文集 . 2004.

[273] 李梅云，高家合，王革，等 . 微生物对烟叶蛋白质含量的影响 [J]. 生物技术通报，2006（增刊）：376-380.

[274] 刘萍，张广民，郑小嘎，等 . 烟叶表面微生物及其应用 [J]. 微生物学通报，2003，30（6）：105-110.

[275] 罗家基，朱子高，罗毅，等 . 微生物在烟叶发酵过程中的作用 [J]. 烟草科技，1998，1：16.

[276] 马林，武怡，曾晓鹰，等 . 降解烟碱微生物的筛选及其酶在烟草中的应用 [J]. 烟草科技，2005，9：6-8.

[277] 邱立友，赵铭钦，岳雪梅，等 . 自然发酵烤烟叶面微生物区系的分离鉴定 [J]. 烟草科技，2000，3：14-17.

[278] 孙君社，马林，武仪，等 . 利用微生物降解烟草烟碱的方法：中国，CN1465300[P]. 2004.

[279] 万方 . 几株芳香族化合物降解菌某些特性的研究 [D]. 武汉：中国科学院武汉病毒研究所，1989.

[280] 汪长国，戴亚，朱立军，等 . 采收前叶面喷施微生物制剂改善烟叶品质试验 [J]. 烟草科技，2006，4：31-34.

[281] 王革，马永凯，马翔，等 . 一株烟草产香菌的生物学特性、香产物分析及在烟草定向改造上的运用 [J]. 云南烟草，2003，4：35-41.

[282] 王革，马永凯，王颖琦，等 . 自然发酵烟叶的优势有益菌群分析 [J]. 云南烟草，2003，74（2）：27-30.

[283] 王革 . 一种微生物（NO.1）及其制备方法：中国，CN02113393[P]. 2003.

[284] 王革 . 一种微生物（NO.3）及其制备方法：中国，CN02113391[P]. 2003.

[285] 王革 . 一种微生物（NO.4）及其制备方法：中国，CN02113392[P]. 2003.

[286] 王革 . 一种微生物（NO.J1）及其制备方法：中国，CN02113394[P]. 2003.

[287] 王应昌 . 烟叶醇化剂的开发利用效果研究 [J]. 河南烟草，2000，1：28-30.

[288] 肖协忠 . 烟草化学 [M]. 北京：中国农业科技出版社，1997.

[289] 谢和，秦京，王亮，等 . 优势微生物在烤烟人工过程中的作用 [J]. 贵州农学院丛刊，1990，1：95-107.

[290] 许平，王书宁，杜毅，等 . 微生物代谢烟碱研究进展 [J]. 中国生物工程，2004，24（7）：50-54.

[291] 闫克玉，屈剑波，吴殿信，等 . 烤烟在人工发酵过程中主要化学成分变化规律的研究 [J]. 烟草科技，1998，4：5-7.

[292] 张彦东，罗昌荣，王辉龙，等 . 微生物降解烟碱研究应用进展 [J]. 烟草科技，2003，12：3-7.

[293] 赵铭钦，邱立友，刘伟城，等 . 烤烟发酵增香菌株的鉴定和初步应用研究 [J]. 黑龙江烟草，1999，18（3）：17-20.

[294] 赵铭钦，邱立友，张维群，等 . 陈化期间烤烟叶片中生物活性变化的研究 [J]. 华中农业大学学报，2000，19（6）：537-542.

[295] 赵铭钦，岳雪梅，邱立友，等 . 微生物发酵增质剂对卷烟酸性组分含量及品质效应的影响 [J]. 中国烟草科学，2000，1：11-14.

[296] 郑勤安 . 造纸法再造烟叶生产过程中微生物增质剂的应用研究 [J]. 浙江工业大学学报，2004，32（4）：442-446，458.

[297] 郑小嘎，刘萍，张修国 . 烟叶人工发酵过程中增香途径的研究进展 [J]. 山东农业大学学报，2003，34（1）：144-147.

[298] 郑小嘎，张修国，张天宇，等 . 真菌菌剂改善烟叶品质的初步研究 [J]. 微生物学通报，2003，30（6）：10-13.

[299] 郑新章，张仕华，邱纪青 . 卷烟降焦减害技术研究进展 [J]. 烟草科技，2003，11：8-13.

[300] 周冀衡，朱小平，王彦亭，等 . 烟草生理与生物化学 [M]. 合肥：中国科学技术大学出版社，1996.

[301] 周瑾，李雪梅，许传坤，等 . 利用高蛋白酶活性微生物水解烟叶蛋白及其产物的 Maillard 反应研究 [J]. 烟草科学研究，2002，1：43-47.

[302] 周瑾，李雪梅，许传坤，等 . 利用微生物发酵改良烤烟碎片品质的研究 [J]. 烟草科技，2002，6：3-5.

[303] 朱大恒，陈再根，陈锐，等 . 烤烟自然醇化与人工发酵过程中微生物变化及其与酶活性关系的研究 [J]. 中国烟草学报，2001，2：26-30.

[304] 朱大恒，韩锦峰，张爱萍，等 . 自然醇化与人工发酵对烤烟化学成分变化的影响比较研究 [J]. 烟草科技，1999，1：3-5.

[305] 祝明亮 . 醇化烟叶酵母菌分离鉴定及其生物学特性研究 [J]. 工业微生物，2006，36（2）：22-25.

[306] Gatfield L L. 利用酶和微生物合成香料 [J]. 世界烟草动态，1998，19（3）：36-40.

[307] Brandsch R，Baitsch D，Sandu C，et al. Igloi gene cluster on pA01 of Arthrobacter nicotinovorans involved in degradation of the plant alkaloid nicotine：cloning，purification，and characterization of 2，6-dihydroxypyridine 3-hydroxylase[J]. J Bacteriology，2001，183：5262-5267.

[308] Caponigro V，Contillo R. La degradation microbienne de la nicotine：note préliminaire[J]. Ann Ist Sper Tobacco，1979，6：87-101.

[309] Casida T E Jr. Bacterial oxidation of nicotine formation of aminobutyric（AB）acid[J]. J Bacterial，1958，75：474-479.

[310] Civilini M，Domenis C，Sebastianutto N et al. Nicotine decontamination of tobacco agro-industrial waste and its degradation by micro-organisms[J]. Waste Manage Res，1997，15（4）：349-358.

[311] Dawson R F. Talk on the cigarette filler symposium[M]. Philip Morris Tobacco Company，1965.

[312] Eberhardt，Hans-Jochen. The biological degradation of nicotine by nicotinophilic microorganisms[J]. Beitr Tabakforsh Int，1995，16（3）：119-129

[313] Edwards W B，McCuen R. Préparation deR-（+）-nicotine optiquement pure：etudes surla degradation microbienne des nicotinoïdes[J]. J Org Chem，1983，48（15）：2484-2487.

[314] Enders C，Windisch S. The decomposition of nicotine by yeast[J]. Biochem，1947，318：54-62.

[315] Frankenburg W G，Vaitekunas A A. Chemical studies on nicotine degradation by microorganism derived from the surface of tobacco seeds[C]//CORESTA，1957，1：34.

[316] Geiss V L. Control and use of microbes in tobacco product manufacturing[J]. Rec Adv Tob Sci，1989，182（15）：182-209.

[317] Giovannozzi. Industrial experiments of fermentation with addition of microbic cultures[J].Tobacco，1947，573（51）：6-15.

[318] Giovannozzi-Sermanni G. A new species of Corynebacterium causing nicotine degrading[C]//COERSTA，1957，3：605.

[319] Giovannozzi-Sermanni G. Arthrobacter nicotianae，a new type of Arthrobacter causing nicotine degradation[C]//COERSTA，1959，3：2595.

[320] Gutierrez R. Degradation of Nicotine by bacteria：enterobacter cloacae[J]. An Inia Ser Agric，1983，22：85-98.

[321] Henri. Silberman. Pressed stems-enzyme treated tobacco stems[M]. Philip Morris Tobacco Company，1967.

[322] Izquierdo Tamayo A，Ruiz Gutierrez V. Etudes sur la flore bactérienne du tabac：Rôle des bactéries Durant le processes de fermentation du tabac et de degradation de la nicotine[J]. An Inst Nac Investig Agrar Seragricola，1982，18：117-142.

[323] Izquierdo Tamayo A. Bacteria in tobacco fermentation[J]. TA，1958，2：2146

[324] Kasaki，Maeda，Uchida. Microbial degradation of nicotine-1′-*N*-oxide degradation products[J]. Agri Biol Chem，1977，42（8）：1445-1460.

[325] Lawrence E Gravely，Louisville Ky，Vernon L Geiss，et al. Process for reduction of nitrate and nicotine content of tobacco by microbial treatment：US，4557280[P].1978.

[326] Malik V S，Semp，et al. Thermophilic denitrification of tobacco：US，4685478[P].1987.

[327] Meher K K，Panchwagh A M，Rangrass S，et al. Biomethanation of tobacco waste[J]. Environ Pollut，1995，90：199-202.

[328] Noguchi M，Satoh Y，Nishidi K. Studies on storage of leaf tobacco part：changes in the content of aminosugar compounds during aging[J]. Agri Biol Chem，1971，35（1）：65-70.

[329] Quest International BV. 用微生物细胞给烟草加香：WO94/9653[P].1994.

[330] Uchida S，Maeda S，Kisaki T. Conversion of nicotine into nornicotine and *N*-methylmyosmine by fungi[J]. Agric Biol Chem，1983，47（9）：1949-1953.

[331] Uchida，Maeda，Masubuchi，et al. Isolation of nicotine-degrading bacteria and degradation of nicotine in shredded tobacco and tobacco extract[J]. Sci Pap，1976，118：197-201.

[332] Wahlberg I，Karlsson K，Austin J. Effects of fluecruing and aging on the volatile，neutraland acidic constituents of virginia tobacco[J]. Phytochemistry，1977，16：1217-1231.

[333] Ward E. Microbial degradation of the tobacco alkaloids and some related compounds[J]. Arch Biochem Biophys，1958，72（1）：145-162.

[334] Wright H E. Cartotenoids and related colorless polyenes of aged burley tobacco：the nondialyzable fraction[J]. Arch Biochem Biophys，1960，86：94-101.

[335] Andersen R A，Fleming P D，Burton H R. Effect of air-curing environment on alkaloid-derived nitrosamines in tobacco[J]. IARC Science，1987：451-455.

[336] Djordjevic M V，Gay S L，Bush L P，et al. Tobacco-specific nitrosamine accumulation and distribution in flue-cured

tobacco alkaloid isolines[J]. J agric food Chem，1989，37（3）：752-756.

[337] 史宏志，Bush L P，Krauss M. 烟碱向降烟碱转化对烟叶麦斯明和 TSNA 含量的影响 [J]. 烟草科技，2004，207（10）：27-30.

[338] 宫长荣 . 烟叶调制学 [M]. 北京：中国农业出版社，2003.

[339] 王能如 . 烟叶调制与分级 [M]. 合肥：中国科学技术大学出版社，2002.

[340] 张树堂，祝明亮，杨雪彪 . 烘烤方式及烘烤条件对烤烟烘烤中细菌变化的影响 [J]. 烟草科技，2001，4：42-43.

[341] 张玉玲，黄琼，汪安云，等 . 白肋烟晾制期间烟叶中细菌的分离和鉴定 [J]. 中国烟草学报，2007，13（2）：37-40.

[342] 张玉玲，汪安云，黄琼，等 . 施用细菌菌株（WB_5）对烟草特有亚硝胺含量变化的初步研究 [J]. 中国烟草学报，2004，10（6）：29-32.

[343] 朱贤朝，王彦亭，王智发 . 中国烟草病害 [M]. 北京：中国农业出版社，2001.

[344] Harvey W S Jr，Arnold H Jr. 烘烤过程中亚硝胺随炕腐病的发展而增加 [C]// 中国烟草学会，中国科技大学烟草与健康研究中心 . 第 57 届烟草科学研究会议论文集 . 2003：53.

[345] Burton H R，Childs G H，Anderson R A，et al. Changes in chemical composition of tobacco during senescence and curing tobacco-specific nitrosamines[J]. J Agric Food Chem，1989，37（2）：426-430.

[346] Burton H R，Dye N K，Bush L P. Relationship between tobacco-specific nitrosamines and nitrate from different air-cured tobacco varieties[J]. J Agric Food Chem，1994，42（11）：2007-2011.

[347] Bush L P，Hamilton J L，Davis D L. Chemical quality of burley tobacco modified by curing regime[J]. Tob Chem Res Con，1979，33：10.

[348] Cui M W，Burton R H，Bush L P. Effect of maleic hydrazide application on accumulation of tobacco-specific nitrosamines in air-cured burley tobacco[J]. J Agric Food Chem，1994，42（12）：2912-2916.

[349] Katsuya S，Koga K，Saito H. Reduction of TSNA in burley tobacco leaves using bacteria[J]. CORESTA Congress，2006：73.

[350] Koga K，Katsuya S，Sakanushi M，et al. Change in nitrate-reducing bacteria flora on leaves of burley tobacco during air-curing and nitrate-reducing abilities of isolated bacteria[J]. Tobacco Science Research Conference Abstract，2001.

[351] Tso T C. Production，physiology，and biochemistry of tobacco plant[J]. Maryland：Ideals Inc Beltsville：1990，753.

[352] Bernhardt R，Cytochromes P450 as versatile biocatalysts[J]. J Biotechnol，2006，124（1）：128-145.

[353] Grogan G，Cytochromes P450：exploiting diversity and enabling application as biocatalysts[J]. Curr Opin Chem Biol，2011，15（2）：241-248.

[354] Julsing M K，et al. Heme-iron oxygenases：powerful industrial biocatalysts [J]. Curr Opin Chem Biol，2008，12（2）：177-186.

[355] Yen G C，Chen H Y，Peng H H.Evaluation of the cytotoxicity，mutagenicity and antimutagenicity of emerging edible plants[J]. Food Chem Toxicol，2001，39（11）：1045-1053.